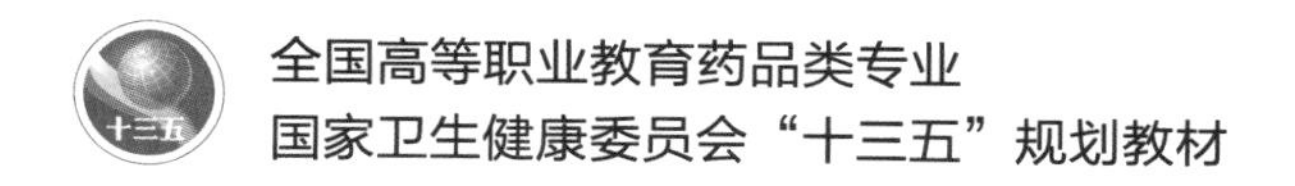

全国高等职业教育药品类专业
国家卫生健康委员会“十三五”规划教材

供药品生产技术、药物制剂技术、制药设备应用技术、
中药生产与加工专业用

药物制剂设备

第3版

主　编　王　泽

副主编　王健明　任红兵　杨宗发

主　审　汤为民

编　者　（以姓氏笔画为序）

王　泽　（中国药科大学）

王健明　（广东食品药品职业学院）

任红兵　（江苏省连云港中医药高等职业技术学校）

祁永华　（黑龙江中医药大学佳木斯学院）

杨宗发　（重庆医药高等专科学校）

谢　亮　（重庆三峡医药高等专科学校）

人民卫生出版社

图书在版编目（CIP）数据

药物制剂设备/王泽主编.—3 版.—北京：人民卫生出版社，2018

ISBN 978-7-117-25597-4

Ⅰ.①药… Ⅱ.①王… Ⅲ.①化工制药机械-制剂机械-高等职业教育-教材 Ⅳ.①TQ460.5

中国版本图书馆 CIP 数据核字(2018)第 032134 号

药物制剂设备

第 3 版

主　　编：王　泽
出版发行：人民卫生出版社（中继线 010-59780011）
地　　址：北京市朝阳区潘家园南里 19 号
邮　　编：100021
E - mail：pmph @ pmph.com
购书热线：010-59787592　010-59787584　010-65264830
印　　刷：人卫印务（北京）有限公司
经　　销：新华书店
开　　本：850×1168　1/16　**印张：**20
字　　数：470 千字
版　　次：2009 年 1 月第 1 版　2018 年 6 月第 3 版
2024 年 11 月第 3 版第 14 次印刷（总第 26 次印刷）
标准书号：ISBN 978-7-117-25597-4/R·25598
定　　价：55.00 元

全国高等职业教育药品类专业国家卫生健康委员会“十三五”规划教材出版说明

《国务院关于加快发展现代职业教育的决定》《高等职业教育创新发展行动计划(2015-2018年)》《教育部关于深化职业教育教学改革全面提高人才培养质量的若干意见》等一系列重要指导性文件相继出台，明确了职业教育的战略地位、发展方向。为全面贯彻国家教育方针，将现代职教发展理念融入教材建设全过程，人民卫生出版社组建了全国食品药品职业教育教材建设指导委员会。在该指导委员会的直接指导下，经过广泛调研论证，人卫社启动了全国高等职业教育药品类专业第三轮规划教材的修订出版工作。

本套规划教材首版于2009年，于2013年修订出版了第二轮规划教材，其中部分教材入选了“十二五”职业教育国家规划教材。本轮规划教材主要依据教育部颁布的《普通高等学校高等职业教育(专科)专业目录(2015年)》及2017年增补专业，调整充实了教材品种，涵盖了药品类相关专业的主要课程。全套教材为国家卫生健康委员会“十三五”规划教材，是“十三五”时期人卫社重点教材建设项目。本轮教材继续秉承“五个对接”的职教理念，结合国内药学类专业高等职业教育教学发展趋势，科学合理推进规划教材体系改革，同步进行了数字资源建设，着力打造本领域首套融合教材。

本套教材重点突出如下特点：

1. **适应发展需求，体现高职特色** 本套教材定位于高等职业教育药品类专业，教材的顶层设计既考虑行业创新驱动发展对技术技能型人才的需要，又充分考虑职业人才的全面发展和技术技能型人才的成长规律；既集合了我国职业教育快速发展的实践经验，又充分体现了现代高等职业教育的发展理念，突出高等职业教育特色。

2. **完善课程标准，兼顾接续培养** 本套教材根据各专业对应从业岗位的任职标准优化课程标准，避免重要知识点的遗漏和不必要的交叉重复，以保证教学内容的设计与职业标准精准对接，学校的人才培养与企业的岗位需求精准对接。同时，本套教材顺应接续培养的需要，适当考虑建立各课程的衔接体系，以保证高等职业教育对口招收中职学生的需要和高职学生对口升学至应用型本科专业学习的衔接。

3. **推进产学结合，实现一体化教学** 本套教材的内容编排以技能培养为目标，以技术应用为主线，使学生在逐步了解岗位工作实践，掌握工作技能的过程中获取相应的知识。为此，在编写队伍组建上，特别邀请了一大批具有丰富实践经验的行业专家参加编写工作，与从全国高职院校中遴选出的优秀师资共同合作，确保教材内容贴近一线工作岗位实际，促使一体化教学成为现实。

4. **注重素养教育，打造工匠精神** 在全国“劳动光荣、技能宝贵”的氛围逐渐形成，“工匠精神”在各行各业广为倡导的形势下，医药卫生行业的从业人员更要有崇高的道德和职业素养。教材更加强调要充分体现对学生职业素养的培养，在适当的环节，特别是案例中要体现出药品从业人员的行为准则和道德规范，以及精益求精的工作态度。

5. 培养创新意识，提高创业能力　为有效地开展大学生创新创业教育，促进学生全面发展和全面成才，本套教材特别注意将创新创业教育融入专业课程中，帮助学生培养创新思维，提高创新能力、实践能力和解决复杂问题的能力，引导学生独立思考、客观判断，以积极的、锲而不舍的精神寻求解决问题的方案。

6. 对接岗位实际，确保课证融通　按照课程标准与职业标准融通，课程评价方式与职业技能鉴定方式融通，学历教育管理与职业资格管理融通的现代职业教育发展趋势，本套教材中的专业课程，充分考虑学生考取相关职业资格证书的需要，其内容和实训项目的选取尽量涵盖相关的考试内容，使其成为一本既是学历教育的教科书，又是职业岗位证书的培训教材，实现“双证书”培养。

7. 营造真实场景，活化教学模式　本套教材在继承保持人卫版职业教育教材栏目式编写模式的基础上，进行了进一步系统优化。例如，增加了“导学情景”，借助真实工作情景开启知识内容的学习；“复习导图”以思维导图的模式，为学生梳理本章的知识脉络，帮助学生构建知识框架。进而提高教材的可读性，体现教材的职业教育属性，做到学以致用。

8. 全面“纸数”融合，促进多媒体共享　为了适应新的教学模式的需要，本套教材同步建设以纸质教材内容为核心的多样化的数字教学资源，从广度、深度上拓展纸质教材内容。通过在纸质教材中增加二维码的方式“无缝隙”地链接视频、动画、图片、PPT、音频、文档等富媒体资源，丰富纸质教材的表现形式，补充拓展性的知识内容，为多元化的人才培养提供更多的信息知识支撑。

本套教材的编写过程中，全体编者以高度负责、严谨认真的态度为教材的编写工作付出了诸多心血，各参编院校对编写工作的顺利开展给予了大力支持，从而使本套教材得以高质量如期出版，在此对有关单位和各位专家表示诚挚的感谢！教材出版后，各位教师、学生在使用过程中，如发现问题请反馈给我们（renweiyaoxue@163.com），以便及时更正和修订完善。

人民卫生出版社

2018年3月

全国高等职业教育药品类专业国家卫生健康委员会
“十三五”规划教材
教材目录

序号	教材名称	主编	适用专业
1	人体解剖生理学(第3版)	贺　伟　吴金英	药学类、药品制造类、食品药品管理类、食品工业类
2	基础化学(第3版)	傅春华　黄月君	药学类、药品制造类、食品药品管理类、食品工业类
3	无机化学(第3版)	牛秀明　林　珍	药学类、药品制造类、食品药品管理类、食品工业类
4	分析化学(第3版)	李维斌　陈哲洪	药学类、药品制造类、食品药品管理类、医学技术类、生物技术类
5	仪器分析	任玉红　闫冬良	药学类、药品制造类、食品药品管理类、食品工业类
6	有机化学(第3版)*	刘　斌　卫月琴	药学类、药品制造类、食品药品管理类、食品工业类
7	生物化学(第3版)	李清秀	药学类、药品制造类、食品药品管理类、食品工业类
8	微生物与免疫学*	凌庆枝　魏仲香	药学类、药品制造类、食品药品管理类、食品工业类
9	药事管理与法规(第3版)	万仁甫	药学类、药品经营与管理、中药学、药品生产技术、药品质量与安全、食品药品监督管理
10	公共关系基础(第3版)	秦东华　惠　春	药学类、药品制造类、食品药品管理类、食品工业类
11	医药数理统计(第3版)	侯丽英	药学、药物制剂技术、化学制药技术、中药制药技术、生物制药技术、药品经营与管理、药品服务与管理
12	药学英语	林速容　赵　旦	药学、药物制剂技术、化学制药技术、中药制药技术、生物制药技术、药品经营与管理、药品服务与管理
13	医药应用文写作(第3版)	张月亮	药学、药物制剂技术、化学制药技术、中药制药技术、生物制药技术、药品经营与管理、药品服务与管理

序号	教材名称	主编	适用专业
14	医药信息检索（第3版）	陈　燕　李现红	药学、药物制剂技术、化学制药技术、中药制药技术、生物制药技术、药品经营与管理、药品服务与管理
15	药理学（第3版）	罗跃娥　樊一桥	药学、药物制剂技术、化学制药技术、中药制药技术、生物制药技术、药品经营与管理、药品服务与管理
16	药物化学（第3版）	葛淑兰　张彦文	药学、药品经营与管理、药品服务与管理、药物制剂技术、化学制药技术
17	药剂学（第3版）*	李忠文	药学、药品经营与管理、药品服务与管理、药品质量与安全
18	药物分析（第3版）	孙　莹　刘　燕	药学、药品质量与安全、药品经营与管理、药品生产技术
19	天然药物学（第3版）	沈　力　张　辛	药学、药物制剂技术、化学制药技术、生物制药技术、药品经营与管理
20	天然药物化学（第3版）	吴剑峰	药学、药物制剂技术、化学制药技术、生物制药技术、中药制药技术
21	医院药学概要（第3版）	张明淑　于　倩	药学、药品经营与管理、药品服务与管理
22	中医药学概论（第3版）	周少林　吴立明	药学、药物制剂技术、化学制药技术、中药制药技术、生物制药技术、药品经营与管理、药品服务与管理
23	药品营销心理学（第3版）	丛　媛	药学、药品经营与管理
24	基础会计（第3版）	周凤莲	药品经营与管理、药品服务与管理
25	临床医学概要（第3版）*	曾　华	药学、药品经营与管理
26	药品市场营销学（第3版）*	张　丽	药学、药品经营与管理、中药学、药物制剂技术、化学制药技术、生物制药技术、中药制剂技术、药品服务与管理
27	临床药物治疗学（第3版）*	曹　红　吴　艳	药学、药品经营与管理
28	医药企业管理	戴　宇　徐茂红	药品经营与管理、药学、药品服务与管理
29	药品储存与养护（第3版）	徐世义　宫淑秋	药品经营与管理、药学、中药学、药品生产技术
30	药品经营管理法律实务（第3版）*	李朝霞	药品经营与管理、药品服务与管理
31	医学基础（第3版）	孙志军　李宏伟	药学、药物制剂技术、生物制药技术、化学制药技术、中药制药技术
32	药学服务实务（第2版）	秦红兵　陈俊荣	药学、中药学、药品经营与管理、药品服务与管理

序号	教材名称	主编	适用专业
33	药品生产质量管理(第3版)*	李　洪	药物制剂技术、化学制药技术、中药制药技术、生物制药技术、药品生产技术
34	安全生产知识(第3版)	张之东	药物制剂技术、化学制药技术、中药制药技术、生物制药技术、药学
35	实用药物学基础(第3版)	丁　丰　张　庆	药学、药物制剂技术、生物制药技术、化学制药技术
36	药物制剂技术(第3版)*	张健泓	药学、药物制剂技术、化学制药技术、生物制药技术
	药物制剂综合实训教程	胡　英　张健泓	药学、药物制剂技术、化学制药技术、生物制药技术
37	药物检测技术(第3版)	甄会贤	药品质量与安全、药物制剂技术、化学制药技术、药学
38	药物制剂设备(第3版)	王　泽	药品生产技术、药物制剂技术、制药设备应用技术、中药生产与加工
39	药物制剂辅料与包装材料(第3版)*	张亚红	药物制剂技术、化学制药技术、中药制药技术、生物制药技术、药学
40	化工制图(第3版)	孙安荣	化学制药技术、生物制药技术、中药制药技术、药物制剂技术、药品生产技术、食品加工技术、化工生物技术、制药设备应用技术、医疗设备应用技术
41	药物分离与纯化技术(第3版)	马　娟	化学制药技术、药学、生物制药技术
42	药品生物检定技术(第2版)	杨元娟	药学、生物制药技术、药物制剂技术、药品质量与安全、药品生物技术
43	生物药物检测技术(第2版)	兰作平	生物制药技术、药品质量与安全
44	生物制药设备(第3版)*	罗合春　贺　峰	生物制药技术
45	中医基本理论(第3版)*	叶玉枝	中药制药技术、中药学、中药生产与加工、中医养生保健、中医康复技术
46	实用中药(第3版)	马维平　徐智斌	中药制药技术、中药学、中药生产与加工
47	方剂与中成药(第3版)	李建民　马　波	中药制药技术、中药学、药品生产技术、药品经营与管理、药品服务与管理
48	中药鉴定技术(第3版)*	李炳生　易东阳	中药制药技术、药品经营与管理、中药学、中草药栽培技术、中药生产与加工、药品质量与安全、药学
49	药用植物识别技术	宋新丽　彭学著	中药制药技术、中药学、中草药栽培技术、中药生产与加工

序号	教材名称	主编	适用专业
50	中药药理学(第3版)	袁先雄	药学、中药学、药品生产技术、药品经营与管理、药品服务与管理
51	中药化学实用技术(第3版)*	杨　红　郭素华	中药制药技术、中药学、中草药栽培技术、中药生产与加工
52	中药炮制技术(第3版)	张中社　龙全江	中药制药技术、中药学、中药生产与加工
53	中药制药设备(第3版)	魏增余	中药制药技术、中药学、药品生产技术、制药设备应用技术
54	中药制剂技术(第3版)	汪小根　刘德军	中药制药技术、中药学、中药生产与加工、药品质量与安全
55	中药制剂检测技术(第3版)	田友清　张钦德	中药制药技术、中药学、药学、药品生产技术、药品质量与安全
56	药品生产技术	李丽娟	药品生产技术、化学制药技术、生物制药技术、药品质量与安全
57	中药生产与加工	庄义修　付绍智	药学、药品生产技术、药品质量与安全、中药学、中药生产与加工

说明：* 为“十二五”职业教育国家规划教材。全套教材均配有数字资源。

全国食品药品职业教育教材建设指导委员会
成员名单

莫国民 上海健康医学院

顾立众 江苏食品药品职业技术学院

倪　峰 福建卫生职业技术学院

徐一新 上海健康医学院

黄丽萍 安徽中医药高等专科学校

黄美娥 湖南食品药品职业学院

晨　阳 江苏医药职业学院

葛　虹 广东食品药品职业学院

蒋长顺 安徽医学高等专科学校

景维斌 江苏省徐州医药高等职业学校

潘志恒 天津现代职业技术学院

前　言

随着我国医药事业的蓬勃发展和《药品生产质量管理规范》(GMP)的进一步深入实施，药物制剂设备在制药生产中的作用日益凸显，药品生产企业对既具有药学专业知识，又懂得工程技术(如GMP车间设施、设备等)的复合型技能人才的需求与日俱增。这就要求药学类高职学生必须掌握药物制剂设备的基础理论知识和基本技能，才能满足未来药品生产实践的需要。

本教材在教学内容上以"订单式"培养为方向，突出实践技能的培养。依据我国现行《药品生产质量管理规范》《药品生产质量管理规范实施指南》与《药品生产质量管理规范验证指南》的要求，针对高职的培养目标，结合社会调查结果，切合工学结合、校企合作等教学模式，以适应"基于工作过程导向"和"以就业为导向"的教学理念，进行"倒推式"的课程教学内容体系改革。即按"企业职业能力需求→确定培养方向→设计课程教学内容"的倒推模式，对教学内容进行再设计，吸收先进的生产技术及设备，突出实践性、技能性、职业性，使教学内容更加符合生产一线对职业能力的要求。教材以药物制剂生产过程各岗位所需的相关设备的基础知识和基本技能为依据，以生产工艺流程为主线，围绕现行GMP对制药设备的要求进行编写。内容包括GMP与药物制剂设备、固体制剂设备、制药用水设备、无菌制剂设备、口服液体制剂设备、中药制剂设备、药品包装设备、其他制剂设备和净化空调设备等。

本教材为供药品生产技术、药物制剂技术、制药设备应用技术、中药生产与加工专业使用的高职教材。通过对本门课程的学习，使学生掌握药物制剂设备的基本知识和基本技能；熟悉常用药物制剂设备的基本构造、基本原理；掌握其操作与维护方法。树立GMP观念，以适应现代制药企业大规模生产的需要，从而达到教学过程与生产过程的对接、课程内容与职业标准的对接。

在本书编写过程中，结合高职教育的特殊性，突出以下特点：

1. 在知识结构和能力培养上有所侧重。为了体现"以就业为导向，以能力为本位，以发展技能为核心"的职业教育培养理念，理论知识强调"必需、够用"，强化技能培养，突出实用性。在编写过程中，弱化通用机械理论知识，强化与药物制剂设备使用与维护相关的机械理论知识，着重介绍典型药物制剂设备的使用、维护方法及故障排除等内容，突出解决工程实际问题能力的培养。同时，结合高职教育的现状及教学改革的需要，力求做到深入浅出，以实用为主、够用为度，兼顾知识体系的系统性。

2. 编写形式上有所创新。在原有的"点滴积累""目标检测""课堂活动""知识链接""案例分析"等栏目的基础上，新增了"导学情景""边学边练"等栏目，充分调动学生的学习积极性，使学生能够学以致用，达到拓展知识面和提升创新能力的目的。

3. 数字化融合教材有所突破。本教材以纸质教材为基本载体，融合富媒体资源，读者只要通过扫描纸质教材各章节内的二维码，即可获取富媒体内容、进行在线测试和学习互动。其中，富媒体资源中包含大量的药物制剂设备实物图片、结构和原理动画、生产实训教学视频和教学课件等，既能突出学科特点，又能实现功能与内容的衔接，并具有良好的扩展性，可以与其他数字产品、平台和服务互相融合，以满足学生自主学习的需要。

全书共十一章，其中第一、第四和第十一章由王泽编写；第二、第三章由王健明编写；第五、第八章由任红兵编写；第六章由杨宗发编写；第七、第九章由祁永华编写；第十章由谢亮编写；全书由王泽统稿。

全书由江苏七〇七天然制药有限公司的高级工程师汤为民总经理担任主审，笔者在此深表感谢。

本书在编写过程中，得到了主编单位中国药科大学及各参编单位的大力支持和帮助，在此一并表示感谢。

由于时间仓促、水平有限，教材中缺点和错误在所难免，恳请使用本教材的师生能够提出批评与改正意见。

编者

2018 年 3 月

目　　录

第一章 绪 论

导学情景

情景描述：

开学了，小明和班上的同学们在老师的带领下到药厂参观。听着老师的介绍，看着洁净的 GMP 车间和一台台现代化的制药设备，小明心里嘀咕着："听老师说，我们参加工作后，很多同学都要使用这些设备，而且很可能我们以后用的设备比这些还要先进，更为复杂，自动化程度更高，我能胜任未来的工作吗？"

学前导语：

亲爱的同学们，如果你和小明有同样的想法，通过对本课程的努力学习，你一定可以胜任未来的工作，加油！

第一节 概述

药物是指用于预防、治疗、诊断人的疾病，有目的地调节人体的生理功能并规定有适应证或者功能主治、用法和用量的物质。将药物制成适合临床需要并符合一定质量标准的药物制剂需要对药物进行加工。药物制剂的加工，国内外最早都是从手工操作开始的。在古代，中国的医药不分家，医生行医开方、配方并加工制剂，大多数制剂是即配即用。到唐代开始了作坊加工，即"前店后坊"，如位于长安（今西安）的宋清经营药店。到了南宋，全国熟药所均改为"太平惠民局"，推动了中成药的发展。当时的生产力水平极其低下，加工器械主要是称量器、盛器、切削刀、粉碎机、搅拌棒、筛滤器、炒烤锅和模具等。明代以后，随着商品经济的发展，作坊制售成药进一步繁荣。1669 年北京同仁堂开业，以制售安宫牛黄丸、苏合香丸驰名海内外。1790 年广州敬业堂开业，所生产的回春丹很有名。19 世纪中叶以后西药开始输入，1882 年首个由国人创办的西药店"泰安大药房"在广州挂牌，1907 年，由德国商人在上海创办了第一家西药厂"上海科发药厂"。到 1949 年前夕，我国的制药生产仍处于十分落后的状态，生产设备极其简陋、落后。新中国成立后，从 20 世纪 50 年代初开始组建各类药厂，较多的工序由机械化生产取代了手工制作。改革开放以来由于对外交流扩大，特别是《药品管理法》和《药品生产质量管理规范》（GMP）的颁布实施，加速了制剂生产从手工制作到机械化、自动化的转化。在我国国民经济发展中，医药工业有着不可低估的影响作用，而医药工业的发展是与制药设备和制药工程的水平紧密相关的。药品生产企业为生产用于医疗、预防、诊断的药品所采用的各种机械设备统称为制药设备，其中包括制药设施、制药通用设备和专用设备。药物制剂设备属于制药专用设备范畴。

课堂活动

你参观医院制剂室时看见过制药设备吗？ 或者在中药店配制中药时看见过中药粉碎设备吗？

一、药物制剂设备课程的内容和任务

药物制剂设备课程是药品生产技术专业的一门重要专业课，通过该课程的学习使学生掌握药物制剂设备的基本理论、基本知识和基本技能，熟悉常用药物制剂设备的基本结构、基本原理，掌握常用药物制剂设备的操作与维护。增强 GMP 观念，以适应现代制药企业大规模生产实际的需要，从而达到教学过程与生产过程的对接、课程内容与职业标准的对接，把学生培养成为高素质的职业应用型专门人才。

本课程的教学目标是使学生具备本专业所必需的制药设备的基础理论、基本知识和基本技能，具有解决实际问题的能力，为学习专业知识、职业技能和继续学习打下坚实的基础，要求学生能够做到：

1. 掌握药物制剂设备的基础理论和基本知识。

2. 对常用药物制剂设备做到懂结构、懂原理、懂性能、懂用途；会使用、会维护保养、会排除常见故障。

3. 明确国家标准和规范对药物制剂设备管理的要求和管理常识。

二、制药设备的分类

按国家、行业标准，依据制药设备的基本属性，将其分为以下八大类：

1. 原料药机械及设备（L） 实现生物、化学物质转化，利用植物、动物、矿物制取医药原料的工艺设备及机械。

2. 制剂机械（Z） 将药物制成各种剂型的机械与设备。

3. 药用粉碎机械（F） 用于药物粉碎（含研磨）并符合药品生产要求的机械。

4. 饮片机械（Y） 对天然药用动物、植物、矿物进行选、洗、润、切、烘、炒、煅等方法制取中药饮片的机械。

5. 制药用水设备（S） 采用各种方法制取制药用水的设备。

6. 药品包装机械（B） 完成药品包装过程以及与包装过程相关的机械与设备。

7. 药物检测设备（J） 检测各种药物成品、半成品或原辅材料质量的仪器与设备。

8. 其他制药机械及设备（Q） 执行非主要制药工序的有关机械与设备。

其中，第 2 项制剂机械（Z）又按剂型分为 14 类：

（1）片剂机械（P）：将原料药与辅料经混合、制粒、压片、包衣等工序制成各种形状的片剂的机械与设备。

片剂机械

（2）小容量注射剂机械（A）：将药液制作成安瓿针剂的机械与设备。

(3)抗生素粉注射剂机械(K):将粉末状药物制作成西林瓶装抗生素粉注射剂的机械与设备。

(4)大容量注射剂机械(S):将药液制作成大容量注射剂的机械与设备。

(5)硬胶囊剂机械(N):将药物充填于空心胶囊内制作成硬胶囊制剂的机械与设备。

小容量注射剂机械

抗生素粉注射剂机械

大容量注射剂机械

硬胶囊剂机械

(6)软胶囊剂机械(R):将药液包裹于明胶膜内的制剂机械与设备。

(7)丸剂机械(W):将药物细粉或浸膏与赋形剂混合,制成丸剂的机械与设备。

(8)软膏剂机械(G):将药物与基质混匀,配制成软膏,定量灌装于软管内的制剂机械与设备。

(9)栓剂机械(U):将药物与基质混合,制成栓剂的机械与设备。

(10)口服液剂机械(Y):将药液制成口服液剂的机械与设备。

(11)药膜剂机械(M):将药物浸渗或分散于多聚物薄膜内的制剂机械与设备。

(12)气雾剂机械(Q):将药液和抛射剂灌注于耐压容器中,制作成药物以雾状喷出的制剂机械与设备。

(13)滴眼剂机械(D):将药液制作成滴眼药剂的机械与设备。

(14)酊水、糖浆剂机械(T):将药液制作成酊水、糖浆剂的机械与设备。

三、GMP 对制剂设备的要求

《药品生产质量管理规范》(GMP)是药品生产管理和质量控制的基本要求,其贯穿于药品生产的各个环节,以控制产品质量。GMP 中关于设备的要求主要有以下内容:

第七十一条　设备的设计、选型、安装、改造和维护必须符合预定用途,应当尽可能降低产生污染、交叉污染、混淆和差错的风险,便于操作、清洁、维护,以及必要时进行的消毒或灭菌。

第七十二条　应当建立设备使用、清洁、维护和维修的操作规程,并保存相应的操作记录。

第七十三条　应当建立并保存设备采购、安装、确认的文件和记录。

第七十四条　生产设备不得对药品质量产生任何不利影响。与药品直接接触的生产设备表面应当平整、光洁、易清洗或消毒、耐腐蚀,不得与药品发生化学反应、吸附药品或向药品中释放物质。

第七十七条　设备所用的润滑剂、冷却剂等不得对药品或容器造成污染,应当尽可能使用食用级或级别相当的润滑剂。

第七十九条　设备的维护和维修不得影响产品质量。

第九十一条　应当确保生产和检验使用的关键衡器、量具、仪表、记录和控制设备以及仪器经过校准,所得出的数据准确、可靠。

第九十七条　水处理设备及其输送系统的设计、安装、运行和维护应当确保制药用水达到设定的质量标准。水处理设备的运行不得超出其设计能力。

GMP与制剂设备

制剂设备直接与药品、半成品和原辅料接触，是造成药品生产差错和污染的重要因素之一，设备优劣决定药品质量。制剂设备是否符合GMP要求，直接关系到生产企业实施GMP的质量。评价一台制剂设备是否符合GMP要求，不仅在于它的外表，更要看它是否同时具备以下条件：满足生产工艺要求；不污染药物和生产环境；有利于在线清洗、消毒和灭菌；适应验证需要。这些原则要求体现在每一台设备上都将有它具体的内容。

对制剂设备的一般技术要求如下：

1. 设备传动结构应尽可能简单，宜采用连杆机构、气动机构、标准件传动机构等。

2. 设备接触药品的表面易清洁，表面光洁、平整，无死角，易清洗。

3. 接触药品的材料应采用不与药品发生反应、吸附或向药品中释放有影响物质的材料，通常多采用超低碳奥氏体不锈钢、聚四氟乙烯、聚丙烯、硅胶等材料。禁止使用吸附药品组分和释放异物的材料。

4. 设备的润滑和冷却部位应可靠密封，防止润滑油脂、冷却液泄漏对药品或包装材料造成污染，对有药品污染风险的部位应使用食品级润滑油脂和冷却液。

5. 对生产过程中释放大量粉尘的设备，应局部封闭并有吸尘或除尘装置，应经过过滤后排放至厂房外，设备的出风口应有防止空气倒灌的装置。

6. 易发生差错的部位应安装相适应的检测装置，并有报警和自动剔除功能。

（一）对设备设计、选型的要求

设备的采购应根据生产能力、生产工艺、操作需求、清洁需求、可靠性需求、防污染需求、防差错需求、法规要求等进行设备的调研、设计、选型。制剂设备的设计、选型需慎重考虑防污染、防交叉污染和防差错，合理满足工艺需求因素。

制剂设备的设计、选型需要考虑以下因素：

1. 产品的物理特性和化学特性。

2. 生产规模。

3. 生产工艺要求。

4. 设备材质要求。

5. 清洁要求。

6. 在给定条件下设备的稳定性需求。

7. 根据生产工艺要求和生产条件确定设备安装区域、位置、固定方式。

8. 根据生产工艺和产品特性提出对环境的需求。

9. 包装材料要求。

10. 外观要求。

11. 满足安全要求和环境要求。

12. 操作要求。

13. 维修要求。

14. 计量要求。

（二）对设备安装、调试的要求

1. 设备在到货后，需要对设备的外观包装、规格型号、外购零部件、附属仪表仪器、随机备件、工具、说明书及其他相关资料逐一进行检查核对，并将检查记录作为设备安装资料的一部分存档。

2. 设备的安装施工和调试过程应符合设计要求、符合相关行业标准规范，并有施工记录，需组织专业人员对施工全过程进行检查验收，该检查验收需事先起草一份检查验收文件并经审核批准后执行。

3. 设备安装调试完成后需进行设备验证确认工作，即安装确认、运行确认和性能确认。

4. 设备启用前需建立运行和维护所需的基本信息，包括建立设备技术参数、设备财务信息、售后服务信息、仪表校验计划、预防维修计划、设备技术资料存档、设备备件计划、设备标准操作程序、清洗清洁操作程序、设备运行日志等。

5. 设备的操作和维修人员应得到相应培训。

（三）对设备使用、清洁的要求

药品的生产主要通过设备实现，应按照规定的要求，规范地使用、管理设备，主要包括清洁、使用等都应有相对应的文件和记录，所有活动都应由经过培训合格的人员进行，每次使用后及时填写设备相关记录和设备运行日志，设备使用或停用时的状态应该显著标示等。

设备使用过程中应明确环境、健康、安全管理方面的要求，不仅要规定设备使用过程中对人员、设备安全保障、劳动防护等方面的措施，还应对设备使用过程中释放的废水、废气、噪声等对环境、人员安全健康造成损害方面提出相关要求及控制。因此，设备使用人员应严格按制定的《标准操作程序》操作设备，并按要求进行日常保养。对设备的清洗、清洁需按《清洗、清洁标准操作程序》进行。

应建立详尽的生产设备清洗文件或程序，规定设备清洗的目的、适用范围、职责权限划分等。针对不同类型设备的清洁，包括在线清洗、清洗站清洗容器、附属设备设施等；不同情况的设备清洁包括例行换班、换批、换产品等特殊情况的设备清洁，分别做出不同的定义。

按照设备清洁的步骤，详细描述清洁过程各环节的工作方法和工作内容，包括动作要领、使用的工具、使用的清洗剂和消毒剂等，确定清洁标准和验收标准。对于在清洗过程中需拆装的设备设施，还要明确拆卸和重新安装设备及其附属设施每一部件的指令、顺序、方式等，以便能够正确清洁。需对设备清洗中使用的清洗剂、消毒剂的名称、浓度规定、配制要求、适用范围及原因等做出明确规定。

应当对清洁前后的状态标识、清洁后保存的有效期限等做出明确规定，如移走或抹掉先前批号等标识的要求、用恰当的方式标识设备内容物和其清洁状态、规定工艺结束和清洁设备之间允许的最长时间、设备清洁后可放置的时间等。

应对清洁后的设备的储存、放置方式、环境、标识、有效期等做出规定，必要时需对清洁区域的人员、物品，特别是不同清洁状态的物品流向、定置要求等做出规定，以确保清洁效果，防止污染、交叉污染和混淆等。

对用于药品制造、包装、存储的自动化设备、电子设备及相关系统等，使用前需进行功能测试，以确保设备、设施能够满足规定要求。需要建立书面的程序，对投入使用的此类设备的日常校准、检查、核准等做出规定，并保存相关验证和检查记录，以确保设备、设施符合规定的性能要求。

需要对自动化设备、电子设备等的生产、参数和信息改变的控制做出规定，确保这些改变必须由授权的人员进行，必须确保设备、设施和系统的输入、输出信息准确无误。输入、输出确认的繁简与频率应由设备、设施及系统的复杂程度确定。此类设备在生产使用过程中，应当由第二位操作人员或系统本身来核实操作、输入的准确性。

设备清洁规程范例

（四）对设备维护、维修的要求

设备的维护、维修等都应有相应的文件和记录。操作人员负责执行设备的日常保养计划和实施工作，其主要包括检查、清洁、调整、润滑等。设备的日常维修以选择预防维修为主，以纠正性维修、故障维修等为辅。在所有的维修类型中预防维修具有最高优先权，关键设备预防维修的执行受质量管理体系的监督。

对于导致产品质量问题或频繁设备故障的现象，应按事先制定的程序对设备故障进行分析并采取相应的纠正性措施，并建立设备故障趋势图，通过对其分析，以决定设备的可靠性和未来工作状况，然后采取相应措施进行预防性改进。

隧道烘箱维修、保养范例

点滴积累

1. 制药设备包括制药设施、制药通用设备和专用设备。药物制剂设备属于制药专用设备范畴。
2. 药物制剂设备课程主要研究设备的结构、原理，通过学习掌握设备的使用、维护、维修技能。
3. 制药设备分为八大类，其中第 2 项制剂机械（Z）又按剂型分为 14 个小类。
4. 制剂设备是否符合 GMP 要求，直接关系到生产企业实施 GMP 的质量。
5. 医药企业应建立设备使用、清洁、维护和维修的操作规程，并保存相应的操作记录。
6. 主要固定管道应标明内容物名称和流向。
7. 生产设备不得对药品质量产生任何不利影响。与药品直接接触的生产设备表面应当平整、光洁、易清洗或消毒、耐腐蚀，不得与药品发生化学反应、吸附药品或向药品中释放物质。

第二节　GMP 认证与验证

一、药品 GMP 认证

药品 GMP 认证是国家依法对药品生产企业（车间）及药品品种实施监督检查并取得认可的一种制度。药品 GMP 认证由国家药品监督管理部门组织 GMP 评审专家对企业人员、培训、厂房设施、生产环境、卫生状况、物料管理、生产管理、质量管理、销售管理等企业生产涉及的所有环节进行检查和评定。

药品 GMP 认证分为国家和省两级进行，根据《中华人民共和国药品管理法实施条例》的规定，省级以上人民政府药品监督管理部门应当按照《药品生产质量管理规范》和国务院药品监督管理部门规定的实施办法和实施步骤，组织对药品生产企业的认证工作；符合《药品生产质量管理规范》的，发给认证证书。其中，生产注射剂、放射性药品和国务院药品监督管理部门规定的生物制品的药品生产企业的认证工作，由国务院药品监督管理部门负责。

药品 GMP 认证有两种形式，一是药品生产企业（车间）的 GMP 认证，另一种是药品品种的 GMP 认证。药品生产企业（车间）GMP 认证的对象是企业（车间），药品品种 GMP 认证的对象是具体药品。药品 GMP 认证的标准为《药品生产质量管理规范》《中华人民共和国药典》《中华人民共和国卫生部药品标准》及《中国生物制品规程》等。

二、验证

为了保证药品生产质量，人们制定了 GMP，试图从人员、厂房、设施、设备、物料、卫生、生产管理、质量管理等各个环节加强监督，防止药品的污染、混药和交叉污染，以保证生产出合格的药品。在实践中，人们发现药品生产仅靠强化工艺监控和成品抽样检验来保证药品质量的手段仍有局限性。早期的 GMP 缺乏证明在药品生产过程所使用的厂房、设施、设备、检验方法、工艺过程等方面的可靠性，这就需要对影响产品质量的关键系统、设备、检验方法、工艺过程等进行验证，以说明经过验证的项目确保防止污染，确保可以始终如一稳定地生产出符合预期质量标准的合格产品。

验证是证明任何操作规程（或方法）、生产工艺或系统能够达到预期结果的一系列活动，也就是证明在药品生产和质量管理中与其有关的机构与人员、厂房与设施、设备、物料、卫生、文件、生产工艺、质量控制方法等是否确实能够达到预期目的的一系列活动。验证是药品生产企业质量系统运行的基础，验证文件是药品生产企业有效实施 GMP 的重要依据。确认在此处特指制剂设备验证，是指对制剂设备的设计、选型安装及运行的正确性以及工艺适应性的测试和评估，证实该设备能达到设计要求及规定的技术指标。根据确认与验证的定义，可以把确认与验证的目的归结为保证药品的生产过程和质量管理以正确的方式进行，并证明这一生产过程是准确和可靠的，且具有重现性，能保证最后得到符合质量标准的药品。

只要有药品生产就必须实施 GMP，只要实施 GMP 就必须进行不同形式的验证。只要药品生产活动存在，验证活动就不能终止。药品生产企业应采取措施验证其生产所用的物料、方法、生产工艺和设备、设施等是否能够达到预期的结果，以达到稳定的生产条件和无缺陷的生产管理。验证管理准则应保证药品研发、生产和管理等事项是可靠的，并具有重现性。遵守规定的生产工艺和管理方法能够生产出预期质量的产品，一句话，验证合格的标准就是验证过程中是否已经获得充分的证据，保证设备、设施、物料及工艺等能够始终如一地产生预计的结果。

验证工作是 GMP 认证的重要内容之一。《药品生产质量管理规范》对药品生产过程的验证内容规定必须包括以下 7 项内容：

1. 空气净化系统验证。

2. 工艺用水系统验证。

3. 生产工艺及其变更验证。

4. 设备清洗验证。

5. 主要原辅料变更验证。

6. 灭菌设备验证(对无菌药品生产)。

7. 药液滤过及灌封或分装系统验证(对无菌药品生产)。

药品生产验证主要包括设备确认与验证、设备清洁验证、产品验证及工艺验证和再验证等方面。其中,设备验证是药品生产企业验证工作的重要部分,设备验证的目的是对设计、选型、安装及运行等进行检查,安装后进行试运行,以证明设备达到设计要求及规定的技术指标;然后进行模拟生产试机,证明该设备能够满足生产操作需要,而且符合工艺标准要求。设备验证分为设计确认、安装确认、运行确认及性能确认 4 个阶段。

(一) 产品验证与工艺验证

产品验证指在特定监控条件下的试生产。试生产可分为模拟试生产和产品试生产两个步骤。产品验证前应进行原辅料验证、检验方法验证,然后按生产工艺规程进行试生产,这是验证工作的最后阶段也是对前面各项验证工作的各项考察。

工艺验证指与加工产品有关的工艺过程的验证,其目的是证实某一工艺过程确实能始终如一地生产出符合预定规格及质量标准的产品。工艺验证是以工艺的可靠性和重现性为目标,即在实际的生产设备和工艺条件下,用试验来证实所设定的工艺路线和控制参数能够确保产品的质量。

(二) 再验证

再验证指一项工艺、一个过程、一个系统、一个设备或一种材料已经过验证并运行一个阶段后进行的,旨在证实已验证的状态没有产生漂移而进行的验证。设备再验证是指设备经过确认与验证或设备清洁标准操作规程(SOP)经过验证后,某些验证过的内容发生了较大的变化,原来的相关验证失去了意义,需要重新验证。设备再验证一般在下列情况下进行:

1. 设备清洁 SOP 所规定的清洁剂改变或清洁程序有重要改变。

2. 生产产品的质量发生改变(怀疑设备造成的)或生产相对更难清洁的产品。

3. 设备有重大变更(设备结构有重大改变或设备发生故障经过大修)。

4. 清洁 SOP 有定期再验证的要求。

5. 设备验证有效期到达时(一般验证有效期为 1 年)。

(三) 设备确认与验证管理

我国新修订的 GMP(2010 年修订)第一百四十八条规定“确认或验证应当按照预先确定和批准的方案实施,并有记录。确认或验证工作完成后,应当写出报告,并经审核、批准。确认或验证的结果和结论(包括评价和建议)应当有记录并存档”。验证文件主要包括验证计划、验证方案、验证报告、验证总结(包括验证小结和项目验证总结)等。这一条隐含了对验证文件的管理,制药企业应制定对验证文件的管理程序,并按文件编码系统对验证文件统一分类并进行管理。设备确认与验证管理工作应注意以下几个方面:

1. 药品生产企业对验证文件的管理应纳入整个企业文件管理系统中去,也可视企业需要对验证文件管理单独制定程序或细则。

2. 验证文件缩写本的准备:验证程序全部结束后应以验证文件为蓝本准备一份对外的主要是供药品监督管理部门或企业负责人审阅的验证报告缩写本。这不仅有利于日常的药品监督管理,更主要的是在准备 GMP 认证申请或复查资料时便利。有关验证文件及其缩写本由主管验证的机构归档,按国家有关档案法规管理。

3. 验证文件的归档:验证报告审批通过后由验证总负责人批准后出具验证合格证书,完整的验证文件应归档。验证证书和验证报告可复制若干份,复制件应盖上红印章(注明复印件),其中一份存档其余分发给各相关部门作为日常工作中查考。

4. 验证文件的标识编码应与本企业文件编码系统相一致。一个药品生产企业应有一份关于文件编码系统的规定对文件管理进行控制,以便于识别追踪,同时可避免使用或发放过时的文件。

验证资料是 GMP 认证的申报资料之一,验证程序中的责任人员都应签注姓名和日期以示负责。验证过程中的数据和分析内容均应以文件形式保存,验证结束后有关资料由主管验证的常设机构或兼职机构归档。

三、设备的设计、安装、运行和性能确认

设备的设计、安装、运行和性能确认既是 GMP 的要求,也是对设备供应商的考核,同时也是药品生产企业降低药品生产风险的行之有效且必不可少的方法之一。本项工作既是对药品生产企业负责,也是对国家和广大患者负责。

在设计或选择工艺路线时设备的属性认定工作实际上已经开始了(预确认),以后的工作就是制造(或购买)和安装,最后对设备能否达到设计要求进行认定;设备的属性认定还要求编制出设备运行的标准操作规程,编制预防性维修计划,验证设备清洁规程。

(一)设备的设计确认

设计确认通常指对欲订购设备技术指标适用性的审查及对供应商的选定。设计确认是从设备的性能、工艺参数、价格方面考察工艺操作、校正、维护保养、清洗等是否合乎生产要求,主要包括以下内容:①在设计阶段形成的计算书、设计图纸、技术说明书、材料清单等文件;②GMP 符合性分析;③关键参数控制范围及公差;④与供应商的技术协议、供应商的报价文件、审计报告;⑤证实设计文件中的各项要求已完全满足了生产需求;⑥合格的供应商。

在设计确认阶段,应着重对设备的材质、结构、零件计量仪表和供应商进行确认。

1. 设备材质要求 GMP 规定制药设备的材料需具有安全性、辨别性及适当的使用强度,不得对药品性质、纯度等质量因素产生影响。因而在选用时应考虑材料与药品等介质接触时在腐蚀、接触、气味等条件下具有不发生反应,不释放微粒,不易附着或吸湿的性质,无论是金属材料还是非金属材料均应具有这些性质。

2. 设备的结构设计 设备的结构具有不变性。若设备结构整体或局部不合理、不适用,一旦投入使用,要改变就会较困难。因此,对设备的结构设计在采购前必须按照本企业的实际情况提出明

确要求。

3. 计量仪表 制药设备通常附带相应的计量仪表,设备在正式投入生产前需要经过确认。计量仪表确认内容主要包括计量仪表与设备是否配套;安装是否完好;计量仪表是否灵敏;计量仪表的精度是否符合要求;计量仪表是否通过技术监督部门检验,是否具有检验合格证等。

4. 供应商的确认 供应商确认内容主要包括供应商是否是合法的企业;供应商是否具有生产本类制药设备的资质等。

(二)设备的安装确认

安装确认指机器设备安装后进行的各种系统检查及技术资料文件化工作。主要以下主要内容:①设备的安装地点及整个安装过程符合设计和规范要求;②设备上的计量仪表、记录仪、传感器应进行校验并制定校验计划,制定校验仪器的标准;③标准操作规程;④列出备件清单;⑤制定设备保养规程及建立维修记录;⑥制定清洗规程。

(三)设备的运行确认

设备的运行确认是指确认设备的运行是否确实符合设定的标准,即单机试车及系统试车是否能够达到预期的技术要求。设备的运行确认是根据设备 SOP 草案对设备的每一部分及整体进行空载模拟试验。主要考虑因素如下:①标准操作规程草案的适用性;②设备运行的稳定性;③设备运行参数的波动性;④仪表的可靠性。

设备安装确认与运行确认的通过是验收设备的先决条件。

(四)设备的性能确认

性能确认指加载模拟生产试验。它一般先用空白料试车,以初步确定设备的适用性。对简单和运行稳定的设备,可以依据产品特点直接采用物料进行验证。主要考虑以下因素:①进一步确认运行确认过程中考虑的因素;②对产品外观质量的影响;③对产品内在质量的影响。

设备性能确认可以供应商与用户一起进行,也可以用户单独进行。设备性能确认主要依据设备随机附带的设备使用说明书,确认设备是否能够达到说明书标明的性能,是否能够满足药品生产的要求。

四、设备的清洁验证

(一)设备清洁验证

为确保生产药品质量稳定,符合 GMP 要求,生产药品所用的设备在使用前和使用后均应按照适当的程序予以清洁。药品生产企业制定的用于清洁设备的标准程序即为设备的清洁 SOP。设备的清洁验证是证明按照清洁程序清洁后,设备上的残留物可以达到预定标准的限度要求,不会对接续生产的产品造成交叉污染。

凡是直接或间接接触药品,对药品质量可能造成影响的生产设备,均应制定设备的清洁 SOP,并进行清洁验证。设备清洁程序的建立,应根据产品的性质、设备特点、生产工艺等因素拟定清洁方法并制定设备清洁 SOP,对清洁操作人员要按照设备清洁 SOP 进行培训。

（二）设备清洁验证方法

1. 取样点的选择 取样点应具有代表性，除了容易清洁和容易取样的部位外，还应包括最难清洁的部位，凡是死角、清洁剂不易接触到的部位，如带密封垫圈的管道连接处、开孔补强处、液体流速迅速变化的部位如有歧管或岔管处、管径由小变大处、容易吸附残留物的部位如设备内表面不光滑处等，都应视为最难清洁的部位。

2. 取样方法验证 通过回收率试验验证取样过程的回收率和重现性。清洁验证所用的取样方法通常有两种，一种是直接从设备表面擦拭取样，另一种是使用淋洗溶液淋洗取样。直接从设备表面擦拭取样的优点是可以评估难以清洁的区域，进而可以确定每个给出的表面区域的污染物或残留物的级别。另外，难于溶解的残留物可以通过物理切除的方法来取样。淋洗溶液淋洗取样有两个优点，一个是可以大面积取样，另一个是可以对人为难以达到或常规不易拆卸的部件或系统进行取样和评估。本法的缺点是残留物或污染物有可能难于溶解或堵塞在设备中，用淋洗溶液淋洗后，不能代表设备的清洁程度。因此，在评价设备清洁程度时不应只依据淋洗溶液检测的结果，还要看隐蔽环境是否真正达到清洁状态。

3. 已清洁设备存放有效期的确认 通过对已清洁设备进行存放，存放期间不得遭受污染，人为地将存放时间分成若干时间段后按照取样方法分别取样、检测，根据检测结果确认设备清洁后存放的有效期（一般已清洁设备存放的有效期为 1 周左右）。

4. 清洁验证批次 设备清洁验证批次应不少于连续生产某品种 3 批。如果验证的结果未达到既定的标准，应进一步分析查找原因，重新研究制定验证方案进行验证，直到最终检测结果符合要求。否则，该设备不得投入生产使用。

如果经过验证设备清洁 SOP 不符合要求，必须重新修订清洁 SOP。

五、实施验证的一般程序

药品生产企业内部验证的一般程序为提出验证要求；建立验证组织；明确验证项目并制定验证方案；审批验证方案并组织实施；写出验证报告，审批验证报告，发放验证证书，验证文件归档。

（一）提出验证要求

在药品生产企业中，验证是一项比较复杂的、系统的、大量的、综合知识性很强的工作。设备确认与验证或设备清洁 SOP 验证要求可以由设备所在部门（例如相关生产车间）、质量管理部门、设备主管部门等依据企业验证规划和验证相关要求以书面形式提出，报企业负责验证机构审核，由企业相关负责人批准立项。

直接或间接接触药品的设备可能对药品质量造成影响，需要进行确认或验证，设备清洁 SOP 需要验证。一般设备确认与验证在下列情况下提出：

1. 新购进或新生产的设备准备投入药品生产之前。

2. 生产药品的质量发生改变，排除原材料、生产工艺、人员操作、环境等因素外，怀疑设备造成时。

3. 设备结构有重大改变或设备出现重大故障经过大修后，原来的相关验证失去意义。

4. 设备清洁 SOP 所规定的清洁剂改变或清洁程序有重要改变。

5. 清洁 SOP 有定期再验证的要求。

6. 设备验证有效期到达时。

(二) 建立验证组织

完善健全的验证组织有两种形式，一种是常设机构，另一种是兼职机构；也可根据不同的验证对象由各有关部门负责人组成的验证工作委员会（验证领导小组）分别建立，分别由各相关专业人员组成若干验证小组，由验证工作委员会任命各验证小组组长。在验证小组组长的带领下，开展具体的验证工作。

(三) 明确验证项目并制定验证方案

药品生产企业在验证前应当确定一个总的验证计划以确定待验证的对象（验证项目）、验证的范围及时间进度表。验证项目可由各有关部门如生产、技术、质量、工程等部门或验证小组提出，验证总负责人批准后立项。

药品生产企业的验证项目一般可分为四大类：①厂房设施及设备；②检验及计量；③生产过程；④产品。每一大类又可分为很多较细的验证项目，即凡可能出现人为差错造成污染和交叉污染的设施、设备、人员、物料等都要设定验证项目。

验证方案的主要内容有验证目的、要求、质量标准、实施所需的条件、测试方法和时间进度表等。

验证方案应包括以下内容：

1. 验证项目名称、编号、制订部门、审核部门人员及批准人签名、签署日期。

2. 验证目的、要求等。

3. 验证范围。

4. 验证小组组成及职责。

5. 验证项目相关质量标准。

6. 验证前的准备工作。

7. 验证实施。

8. 验证数据要求及评估方法。

9. 偏差处理。

10. 验证报告评审。

具体的验证方案应随所验证的系统或产品种类不同而有所区别，但所有的验证方案都应使得所验证的系统或产品能恒定地再现预定的质量要求。

(四) 审批验证方案并组织实施

书面的验证方案在正式实施以前必须经过严格的人员审查分析和批准。在审查时首先要证实验证方案所有书面文件的内容完整和清晰；其次要审查书面的检验规程，证实其与质量标准吻合的一致性。同时，还要研究验证试验对 GMP 的遵循情况。

实施验证通常采用分阶段验证的形式，对于前验证来说一般包括设计确认、安装确认、运行确认、性能确认及试生产的产品验证 5 个阶段。

1. 设计确认阶段 设计确认即预确认，本阶段主要是对待订购设备技术指标适用性的审查以及对供应商的优选，对要订购设备的考察应从硬件、软件、外围条件及综合评价等方面写出考察报告，待专家论证后决策。

2. 安装确认阶段 主要是进行各种检查以确认设备的安装符合 GMP 标准、供应商的标准及本企业的技术要求，将供货单位的技术资料归档，收集制定有关管理软件。

3. 运行确认阶段 主要是确定机器设备的运行是否确实符合设定的标准，即单机试车及系统试车是否达到预期的技术要求。

4. 性能确认阶段 即模拟生产试验。

5. 试生产验证阶段 即在特殊监控条件下的试生产，对试生产的产品进行验证。

验证小结是项目验证中的某一子系统完成验证活动后进行总结的书面材料，在小结中应总结所有相关的验证报告。内容应包括：

1. 简介 概述验证总结的内容和目的。

2. 系统描述 简要地对验证的子系统进行描述，包括其组成、功能以及在线的仪器仪表等情况。

3. 相关的验证文件 将相关的验证计划、验证方案、验证报告列一索引表，以便必要时进行追溯调查。

4. 人员及职责 说明参加验证的人员及各自的职责，特别是外部资源的使用情况。

5. 验证合格的标准 可能时标准应用数据表示，如系法定标准、药典标准或规范的通用标准（如洁净区的级别）应注明标准的出处。

6. 验证的实施情况 包括偏差及措施等。

（五）审批验证报告和发放验证证书

验证工作完成以后，各成员单位将结果整理汇总，验证负责人收到全部报告后要与总负责人审查各份报告。此时可以以一个简要的技术报告的形式汇总验证的结果，并根据验证的最终结果给出结论。

验证报告是在完成验证工作后简明扼要地将结果整理汇总的技术性报告。验证报告的内容应包括：

1. 验证项目名称、文件编号、制订部门、审核部门人员及批准人签名、签署日期。

2. 验证对象。

3. 验证日期。

4. 验证小组组成及职责。

5. 验证结果。验证结果应包括：

（1）验证方案的实施情况：主要陈述验证方案所规定的各项指标或指标的误差范围的实现情况。

（2）数据综述：综述试验过程中所得到的各项关键性数据，一般情况下原始记录不包括在报告中，但可附在验证报告之后或存档于验证资料档案中。

(3)偏差情况分析：验证过程中的特殊或异常情况应在报告中加以说明。例如某些验证试验没有完成或将在今后完成，若在验证过程中某些试验结果与标准有偏差也应在报告中加以分析说明。

(4)图表：必要的图表有利于分析评价。例如干热灭菌器的灭菌过程验证中，负载时的装载状态图、热电隅的分布图、微生物指示剂或细菌内毒素的位置图。又如尘埃粒子监测位置分布图及各种数据表，在验证过程中发生的异常情况如有必要亦应有图表说明。

典型设备验证范例

6. 最终结论。在统计分析的基础上进行评价，给出结论。

7. 附件(验证记录等)。

根据 GMP 要求进行验证和审批的验证报告确信已达到 GMP 要求，由企业负责人发放验证证书。最后验证文件应归档管理。

点滴积累

1. 药品 GMP 认证是国家依法对药品生产企业（车间）及药品品种实施药品监督检查并取得认可的一种制度，是政府强化药品生产企业监督的重要内容，也是确保药品生产质量的一种科学、先进的管理手段。
2. 验证是证明任何操作规程（或方法）、生产工艺或系统能够达到预期结果的一系列活动。
3. 验证一般包括厂房与设施的验证、设备确认与验证、生产工艺验证、清洁验证和检验方法验证。
4. 设备验证是药品生产企业验证工作的重要部分，分为设计确认、安装确认、运行确认及性能确认 4 个阶段。

第三节 制药设备材料及防腐蚀

一、制药设备材料

制药设备材料可分为金属材料和非金属材料两大类，其中金属材料可分为黑色金属和有色金属，非金属材料可分为陶瓷材料、高分子材料和复合材料。

(一) 金属材料

金属材料主要有金属和金属合金，根据所含金属的不同分为黑色金属和有色金属。

1. 黑色金属 黑色金属包括铸铁、钢、铁合金，其性能优越、价格低廉、应用广泛。

铸铁管

(1)铸铁：铸铁是含碳量>2. 11%的铁碳合金，有灰口铸铁、白口铸铁、可锻铸铁、球墨铸铁等，其中灰口铸铁具有良好的铸造性、减摩性、减震性、切削加工性等，在制剂设备中应用最广泛，但其也有机械强度低、塑性和韧性差的缺点，多作机床床身、底座、箱体、箱盖等受压但不易受冲击的部件。

(2)钢：钢是含碳量<2. 11%的铁碳合金。按组成可分为碳素钢和合金钢，按用途可分为结构钢、工具钢和特殊钢，按所含有害杂质(硫、磷等)的多少可分为普通钢、优质钢和高级优质钢。这类

材料使用非常广泛，根据其强度、塑性、韧性、硬度等性能特点，可分别用于制作钢钉、钢丝、薄板、钢管、容器、紧固件、轴类、弹簧、连杆、齿轮、刃具、模具、量具等。如特殊钢中的不锈钢因其耐腐蚀性而广泛应用于医疗器械和制药装备中。一般把能够抵抗空气、蒸气和水等弱腐蚀性介质腐蚀的钢称为不锈钢；能够抵抗酸、碱、盐等强腐蚀性介质腐蚀的钢称为耐酸钢。在日常习惯上把不锈钢和耐酸钢统称为不锈钢。常用的有铬不锈钢和铬镍不锈钢。

（3）奥氏体不锈钢：以铬镍为主要合金元素的奥氏体不锈钢是应用最为广泛的一类不锈钢，此类钢包含 Cr18-Ni8 系不锈钢以及在此基础上发展起来的含铬镍更高并含铂、硅、铜等合金元素的奥氏体类不锈钢。这类钢的特点是具有优异的综合性能，包括优良的力学性能，冷、热加工和成型性，可焊性和在许多介质中的良好耐蚀性，是目前用来制造各种贮槽、塔器、反应釜、阀件等设备的最广泛的一类不锈钢材。

不锈钢管

铬镍不锈钢除具有氧化铬薄膜的保护作用外，还因镍能使钢形成单一奥氏体组织而得到强化，使得在很多介质中比铬不锈钢更具耐蚀性。如对浓度 65% 以下、温度低于 70℃或浓度 60% 以下、温度低于 100℃的硝酸，以及对苛性碱（熔融碱除外）、硫酸盐、硝酸盐、硫化氢、醋酸等都很耐蚀。但对还原性介质如盐酸、稀硫酸则是不耐蚀的。在含氯离子的溶液中，有发生晶间腐蚀的倾向，严重时往往引起钢板穿孔腐蚀。

2. 有色金属　有色金属是指黑色金属以外的金属及其合金，为重要的特殊用途材料，其种类繁多，制剂设备中常用铝和铝合金、铜和铜合金。

（1）铝和铝合金：工业纯铝一般只作导电材料，铸造铝合金只用于铸造成型，形变铝合金塑性较好可用于冷、热加工和切削加工。

（2）铜和铜合金：工业纯铜和黄铜具有极好的导热性、优越的低温力学性能和耐腐蚀性能，可用于制造深度冷冻设备的换热器。青铜具有良好的耐腐蚀性和耐磨性，主要用来制造轴瓦、蜗轮等机械零件和泵壳、阀门等制药设备。

（二）非金属材料

非金属材料是指除金属材料以外的其他材料，主要包括高分子材料、陶瓷材料和复合材料等。

1. 高分子材料　高分子材料包括塑料、橡胶、合成纤维等。其中工程塑料运用最广，包括热塑性塑料和热固性塑料。

（1）热塑性塑料：热塑性塑料受热软化，能塑造成形，冷后变硬，此过程有可逆性，能反复进行。具有加工成形简便、机械性能较好的优点。氟塑料、聚酰亚胺还有耐腐蚀性、耐热性、耐磨性、绝缘性等特殊性能，是优良的高级工程材料，但聚乙烯、聚丙烯、聚苯乙烯等的耐热性、刚性却较差。

（2）热固性塑料：热固性塑料包括酚醛塑料、环氧树脂、氨基塑料、聚苯二甲酸二丙烯树脂等。此类塑料在一定条件下加入添加剂能发生化学反应而致固化，此后受热不软化、加溶剂不溶解。其耐热和耐压性好，但机械性能较差。

2. 陶瓷材料　陶瓷材料包括各种陶器、耐火材料等。

（1）传统工业陶瓷：传统工业陶瓷主要有绝缘瓷、化工瓷、多孔滤过陶瓷。绝缘瓷一般作绝缘器件，化工瓷作重要器件、耐腐蚀的容器和管道及设备等。

(2)特种陶瓷:特种陶瓷亦称新型陶瓷,是很好的高温耐火结构材料。一般用作耐火坩埚及高速切削工具等,还可作耐高温涂料、磨料和砂轮。

(3)金属陶瓷:金属陶瓷既有金属的高强度和高韧性,又有陶瓷的高硬度、高耐火度、高耐腐蚀性,是优良的工程材料,用作高速工具、模具、刃具。

3. 复合材料 复合材料中最常用的是玻璃钢(玻璃纤维增强工程塑料),它是以玻璃纤维为增强剂,以热塑性或热固性树脂为黏结剂分别制成热塑性玻璃钢和热固性玻璃钢。热塑性玻璃钢的机械性能超过了某些金属,可代替一些有色金属制造轴承(架)、齿轮等精密机件。热固性玻璃钢既有质量轻以及比强度、介电性能、耐腐蚀性、成型性好的优点,也有刚度和耐热性较差、易老化和蠕变的缺点,一般用作形状复杂的机器构件和护罩。

二、设备材料防腐蚀

(一)设备材料腐蚀

腐蚀是金属材料和外部介质发生化学作用或电化学作用而引起的破坏,腐蚀性破坏总是由表面开始的。按造成腐蚀的原因可分为化学腐蚀和电化学腐蚀两种。

1. 化学腐蚀 金属的化学腐蚀是金属与周围介质直接发生化学反应而引起的损坏,它的特点是腐蚀过程中没有电流在金属内部流动。这类腐蚀主要包括金属在干燥气体中的腐蚀和金属在非电解质溶液中的腐蚀。干燥气体腐蚀主要指金属在高温下的氧化或与其他气体作用而产生的破坏,如金属在铸造、锻造、轧制、焊接及热处理过程中都有高温氧化的发生。金属在非电解质溶液中的腐蚀主要指金属受不导电的或导电性不良的有机物质作用而发生的破坏,例如无水乙醇、苯类、石油及其加工产物等对金属设备的腐蚀。

2. 电化学腐蚀 金属的电化学腐蚀实质上是由于金属在腐蚀过程中形成原电池而引起的。在研究金属的电化学腐蚀中,这种原电池称为腐蚀电池。与化学腐蚀不同,在电化学腐蚀中有电流产生。两种不同的金属在电解质溶液中由于它们的电位不同,可以构成腐蚀电池,电位较低的金属会遭到腐蚀。若是同一种金属,只要其各部分的电位不相同,同样可以构成腐蚀电池,其电位较低的部分是阳极,会遭到腐蚀。

(二)设备材料防腐蚀

1. 非金属防腐蚀材料的施工及使用 非金属材料具有较好的耐腐蚀性能,且原料来源广泛,容易生产,多数材料的价格便宜,故在药厂已越来越多地作为耐腐蚀设备材料。非金属设备的施工质量对于设备的防腐蚀性能尤为重要,很多非金属材料如涂料、砖板衬里、玻璃钢、硬聚氯乙烯等其施工质量及加工水平的好坏直接影响设备的防腐蚀效果。

非金属材料对温度、压力及介质的腐蚀性都有一定的适应范围,当设备内介质发生温度急骤变化或压力突然增高等操作事故时容易造成开裂、严重腐蚀等不良后果。因此,非金属材料构成的设备及管道在搬运、安装、使用、维修等过程中不宜强力拉长或压缩、用力敲击、振动、撞击和跌落等,否则会造成设备损坏。同时非金属设备中的某些防腐蚀材料如橡树脂、固化剂、橡胶板等都有一定的储存期,过期就会变质、失效,影响其耐腐蚀性能。

2. 金属覆盖保护层法 金属覆盖保护层法是用耐腐蚀性较好的金属(包括合金)材料覆盖耐蚀性较差的主体金属,使主体金属免遭介质腐蚀的一种防腐蚀方法。金属覆盖保护层法可分为阳极覆盖法和阴极覆盖法两种。阳极覆盖法是保护层金属的电位比被保护金属的电位低,在腐蚀性介质中前者为阳极、后者为阴极,如铁上镀锌等。阴极覆盖法就是保护层的电位比被保护金属的电位高,这时只有当保护层完整时才能起到防腐蚀作用,如铁上镀锡、铅、镍等。实施金属覆盖的方法有热镀、喷镀、电镀、化学镀等。

3. 电化学保护法 电化学保护法是根据电化学腐蚀原理对被保护金属设备通以直流电源进行极化,以消除或减低金属在电解质溶液中的腐蚀速度。这是一种较新的防腐蚀方法,但要求介质必须是导电的、连续的,对不导电的有机介质和大气、蒸气介质就不适用。电化学保护法又可分为阴极保护法和阳极保护法两种。

4. 处理介质保护法 当腐蚀介质量不大时,可采用“处理介质保护法”,即去掉介质中的有害物质或添加缓蚀剂来防止金属的腐蚀。湿氯气的干燥脱水、存放金属样品用的干燥器中放入硅胶以吸收空气中的水分等属于去掉有害成分以达到防腐的实例。

扫一扫,知重点

点滴积累

1. 在制药工业中,常用的材料有金属材料和非金属材料两大类。
2. 金属材料有碳钢、铸铁、不锈钢、铝、铅和铜等。
3. 非金属材料是指除金属材料以外的其他材料,主要包括有机高分子材料、陶瓷材料和复合材料等。

目标检测

一、单项选择题

1. 厂房、设施、设备、生产工艺等投入使用前必须完成并达到设定要求的验证称为(　　)
   A. 前验证　　B. 回顾性验证　　C. 同步验证　　D. 再验证
2. 以下哪项不属于制剂机械(　　)
   A. 片剂机械　　B. 丸剂机械　　C. 胶囊机械　　D. 饮片机械
3. 设备清洁验证批次应不少于连续生产某品种多少批(　　)
   A. 3 批　　B. 6 批　　C. 9 批　　D. 12 批
4. 设备清洁验证的目的是(　　)
   A. 证明设备已经被清洁　　B. 证明设备清洁方法科学可靠
   C. 证明设备污染物、残留物符合要求　　D. 证明产品不会产生污染

二、多项选择题

1. GMP 对制药设备的要求是(　　)

A. 易于消毒灭菌　　B. 便于操作和维修　　C. 易于清洗
D. 能防止差错　　E. 不会被污染

2. 制药设备应符合以下哪几项要求(　　)
A. 功能设计要求　　B. 结构设计要求　　C. 材料选用要求
D. 外观设计要求　　E. 设备接口要求

3. 制药设备应具备的功能有(　　)
A. 净化功能　　B. 清洗功能　　C. 在线监测与控制功能
D. 安全保护功能　　E. 自动分析功能

4. 在制药设备中使用的材料应是(　　)
A. 不生锈的　　B. 不掉渣的　　C. 不耐热的
D. 不松散的　　E. 以上全不是

三、简答题

1. 什么是制药设备?
2. 什么是制药设备管理?
3. 简述制药设备的分类。
4. 简述设备维护保养规程的主要内容。
5. 阐述制药设备材料分类及防腐措施。
6. 什么是验证? 验证的意义是什么?
7. 什么是设备的清洁验证?
8. 简答设备验证的一般程序。

(王 泽)

第二章

粉碎、筛分和混合设备

导学情景

情景描述：

秋冬季节，天气干燥，教师、广播员等频繁用嗓的职业人群常见咽喉炎发作，医生为他们开出双料喉风散减轻咽喉肿痛的症状。

学前导语：

双料喉风散由珍珠、人工牛黄、冰片、黄连等中药制成，生产时经过粉碎、过筛、混合等步骤。 你知道药厂采用什么设备来完成这些操作吗？ 本章我们将一起学习粉碎、过筛、混合设备的常用种类及其结构、原理和基本操作，以及维护保养等相关知识。

第一节　粉碎设备

粉碎是利用机械力将大块固体物料制成适宜粒度的碎块或细粉的操作过程。粉碎操作是药物制剂生产中的基本操作单元之一，其目的是减小药物的粒径，增加药物的比表面积，加快药物的溶解和吸收，提高药物的生物利用度；固体原料药物或辅料粉碎成细粉有利于混合均匀并制成各种剂型；加速药材中有效成分的浸出。

一、粉碎方法与粉碎比

常用的粉碎方法有干法粉碎、湿法粉碎、混合粉碎、单独粉碎、低温粉碎等。干法粉碎是通过干燥处理使物料中的含水量降至一定限度（一般应少于5%）再进行粉碎的方法，这种粉碎方法是药物制剂生产中最常用的粉碎方法。湿法粉碎是在物料中加入适量液体进行研磨粉碎的方法，主要用于刺激性较强或有毒物料的粉碎，所用的液体应不影响药物的疗效，且不使物料溶解或膨胀。由于是在含有液体的环境中操作，不产生粉尘，有利于劳动保护。混合粉碎是将物理性质及硬度相似的物料掺合在一起进行粉碎的方法。混合粉碎可避免一些黏性物料或热塑性物料在单独粉碎时黏壁以及物料间的附聚现象，又可使粉碎与混合操作同时进行，提高生产效率。单独粉碎是将处方中的共熔成分、可爆成分、贵重物料、毒剧物料进行独自粉碎的方法。低温粉碎是利用物料在低温下脆性增大、韧性与延伸率降低的性质进行粉碎的方法。应根据物料的性质和使用要求，选用合适的粉碎方法和粉碎设备。

固体物料的粉碎效果常用粉碎比来表示。固体物料在粉碎前后的粒度之比称为粉碎比，即

$$n = d/d_1$$

式中，n 为粉碎比；d 为粉碎前固体物料颗粒的平均直径，mm 或 μm；d_1 为粉碎后固体物料颗粒的平均直径，mm 或 μm。

由式中可知，粉碎比与粉碎后颗粒的平均直径成反比，粉碎比越大，所得物料颗粒的粒径就越小。粉碎比是衡量粉碎效果的一个重要指标，也是选择粉碎设备的重要依据。

二、常见粉碎设备

制药工业所需粉碎的物料种类很多，性质各异，粒径要求也各不相同，应根据具体情况选择合适的粉碎机。

（一）万能粉碎机

万能粉碎机是以冲击力为主，伴有撕裂、研磨作用的粉碎设备，应用广泛。

1. 结构　万能粉碎机由机座、电机、料斗、入料口、固定齿盘、活动齿盘、环状筛、抖动装置、出粉口等组成，如图 2-1 所示。固定齿盘与活动齿盘呈不等径同心圆排列，对物料起粉碎作用。在粉碎过程中会产生大量粉尘，故设备一般都配有粉料收集和捕尘装置。

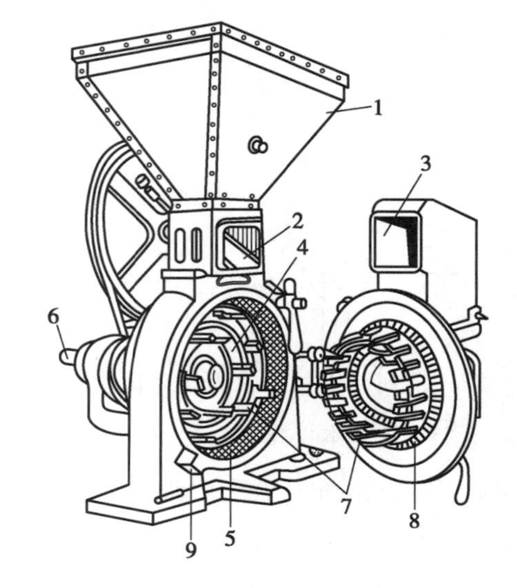

图 2-1　万能粉碎机示意图
1. 料斗；2. 抖动装置；3. 入料口；4. 齿盘；5. 环状筛；6. 轴；7. 钢齿；8. 齿圈；9. 出粉口

2. 工作原理　物料从料斗进入粉碎室，活动齿盘高速旋转产生的离心力使物料由中心部位被甩向室壁，在活动齿盘与固定齿盘之间受钢齿的冲击、剪切、摩擦及物料间的撞击作用而被粉碎，最后物料到达转盘外壁环状空间，细粒经环状冲制筛由底部出料，粗粉在机内重复粉碎。

3. 设备标准操作规程　以 20B 型万能粉碎机为例重点介绍。

（1）操作前准备：①检查设备清洁状况；②检查设备润滑情况；③检查机器的所有紧固螺钉是否全部拧紧，尤其是活动齿盘的固定螺母是否松动；④检查上、下皮带轮在同一平面内是否平行，皮带是否张紧；⑤用手转动时应无卡阻现象，主轴运转自如；⑥检查电机的完整性；⑦检查主机腔内有无铁屑等杂物；⑧检查物料，不允许有金属等，防止发生意外事故。

（2）开机运行：①打开收集箱门，在出粉口扎上专用布袋，关闭收集箱门；②根据产品工艺要求选择筛网，安装筛网；③检查将要粉碎的物料是否需要进行预处理；④依次启动吸尘机、粉碎机，听设备空转声音无异常，再加入物料，以防物料卡死，烧坏电机；⑤根据物料的易碎程度和粉碎细度要求调节进料速度；⑥粉碎操作结束或要停机前，应先停止加料，让机器继续运转至粉碎室内的物料基本粉碎；⑦关闭电机和吸尘机，打开收集箱门，取出物料待用；⑧如粉碎物料量大，可重复操作，直至物料全部粉碎；⑨操作结束后，关闭所有电源开关。

4. 清洁规程

（1）清洁实施的条件和频次：①每批生产结束后；②连续生产每个班次结束后。

（2）清洁液与消毒液：饮用水、纯化水、75%乙醇。

（3）清洁方法

1）粉碎室：①打开室门，用毛刷刷掉物料粉末；②拆洗活动齿盘、筛网和布袋，清洗固定齿盘和料斗；③清洗完成后，清理设备表面，用干净的抹布擦拭，抹布上应无残留物痕迹，整机外观光洁；④用75%乙醇擦拭设备进行消毒；⑤清理工作现场，经检查合格后，悬挂清洁合格状态标志，并填写清洁记录。

2）除尘机组：①打开机组门，将捕集袋拆下清洗；②除尘机组用湿布抹洗干净。

5. 维护保养规程

（1）机器润滑：①查看设备运行记录、润滑记录；②每半年打开轴承上的遮板，对前后轴承加润滑脂，对转动部位加耐高温的润滑油。

（2）机器保养：①每班使用后对机器整体检查 1 次，每月定期检查 1 次。②每次使用完毕或停工时，刷洗机器各部分残留粉尘；如停用时间较长，应全面清洗。③定期检查齿盘及其他易损部件，检查其磨损程度，发现缺损应及时更换或修复。④新机运转时，应注意调节皮带的松紧度，确保皮带的寿命。⑤从油杯口注入滚动轴承的润滑油。

6. 设备常见故障及排除方法　万能粉碎机常见故障、产生原因及排除方法见表 2-1。

表 2-1　万能粉碎机常见故障、产生原因及排除方法

常见故障	产生原因	排除方法
主轴转向相反	电源线三相连接不正确	检查并重新接线
操作中有焦臭味	皮带过松或损坏	调紧或更换皮带
粉碎声音沉闷、卡死	加料过快或皮带松	减慢加料速度；调紧或更换皮带
机身喷粉	除尘布袋排风不畅；加料过多	更换布袋；减慢加料速度
粉碎室内有剧烈的金属撞击声	有坚硬杂物进入粉碎室；粉碎室内螺丝等连接件脱落；销齿局部碎裂崩落	停机检查

7. 特点及应用范围　万能粉碎机结构简单，操作维护方便，粉碎强度大，适用于多种干燥物料的粉碎，如结晶性药物、非组织性脆性药物、植物药材的根和茎等，但不宜粉碎含大量挥发性成分的物料、热敏性及黏性物料。

边学边练

万能粉碎机的操作及维护保养，请见**实训一　粉碎、筛分和混合设备实训**。

（二）球磨机

球磨机是一种广泛使用的粉碎器械，特别适用于中药的加工。

1. 结构　球磨机的基本结构包括罐体、研磨介质、轴承及动力装置等，如图 2-2 所示。罐体一般

呈圆柱形筒体，由不锈钢或瓷制成，固定在轴承上，由电动机通过减速器带动旋转。研磨介质多为直径 20~150mm 的钢制或瓷制圆球，盛放于球罐内，装入量为罐体有效容积的 25%~35%（干法粉碎）或 35%~50%（湿法粉碎），罐内物料的量以充满球间空隙为宜。

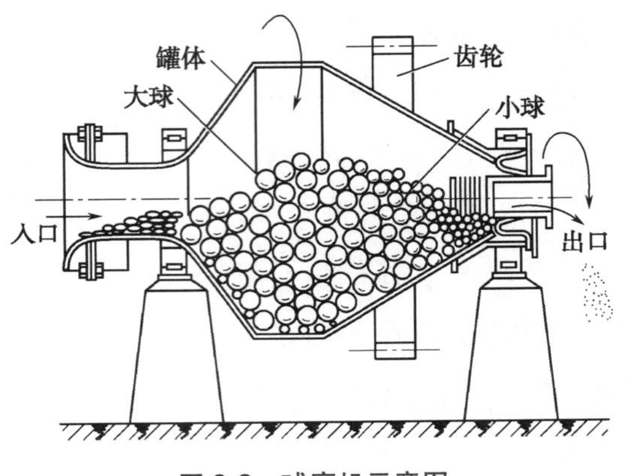

图 2-2　球磨机示意图

2. 工作原理　罐体绕水平轴线回转，使罐体内的研磨介质被带到一定的高度后由于重力作用抛落，物料借助圆球落下时的撞击、劈裂作用以及球与球之间、球与球罐壁之间的研磨、摩擦从而被粉碎。

3. 影响球磨机粉碎效果的因素　在其他条件相同的情况下，同一球磨机以不同的转速运转，研磨介质呈现 3 种不同的运动状态：

（1）当罐体转速较小时，由于罐体内壁与圆球之间的摩擦作用，研磨介质被提升的高度较小，圆球依旋转方向只能向上偏转一定的角度，然后沿罐壁斜坡滚下，如图 2-3（a）所示，此时主要发挥摩擦作用，冲击力比较小，粉碎效果不理想。

（2）当球罐转速过大时，研磨介质产生较大的离心力，随罐体内表面一起做等速圆周运动，如图 2-3（b）所示，在这种情况下无介质的冲击作用，摩擦作用也很弱，无法粉碎药物。

（3）调整球罐转速在一定值，使研磨介质上升到一定高度后向下抛落，如图 2-3（c）所示，此时在研磨介质落下的部位，物料受到研磨介质的强烈撞击、研磨作用而被粉碎，此种状态粉碎效率最高。

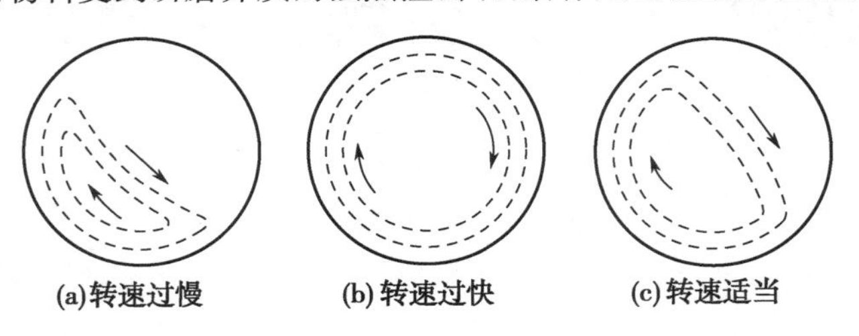

图 2-3　球磨机研磨介质运动状态

球磨机罐体的回转速度、研磨介质粒径、大小配比、填充率以及被粉碎物料的装量等均会影响球磨机的粉碎效果，其中罐体的回转速度是影响球磨机粉碎效果的主要因素。操作时要注意其工作转速应为临界转速的 60%~80%，并及时地筛去符合要求的细粉。

4. 特点及应用范围　球磨机粉碎程度高，密闭性好，无粉尘飞扬，适应性强。适用于结晶性药物、引湿性药物、浸膏、挥发性药物及贵重药物的粉碎。球磨机既适用于干法粉碎、湿法粉碎，也可对物料进行无菌粉碎。设备有间歇式、连续式操作多种机型，结构简单，维修方便。但能耗大，粉碎时间长，效率低，操作时噪声较大，并伴有较强的振动。

（三）微粉机

微粉机又称为振动磨，是目前常用的超微粉碎设备。微粉机的类型按筒体数目分为单筒式、双筒式和多筒式振动磨；按其特点分为惯性式、偏旋式微粉机；按操作方法分为间歇式和连续式微粉机。微粉机操作的主要技术参数及影响因素有振动强度、振幅、振动频率、研磨介质形状、大小、填充率及研磨筒体尺寸等。

1. 结构　微粉机由磨机筒体、激振器（偏心轮）、支承弹簧、挠性轴套、研磨介质及驱动电机等部件组成，如图 2-4 所示。磨机筒体通常采用优质无缝钢管。激振器用于产生微粉机所需的工作振幅，是由安装在主轴两端的偏心轮组成的，偏心轮可在 0°~180°范围内进行调整。电动机通过挠性轴套带动激振器中的偏心轮旋转，产生周期性的激振力，使设备正常有效工作，同时又对电机起隔振作用。研磨介质有球形、柱形和棒形等多种形状。

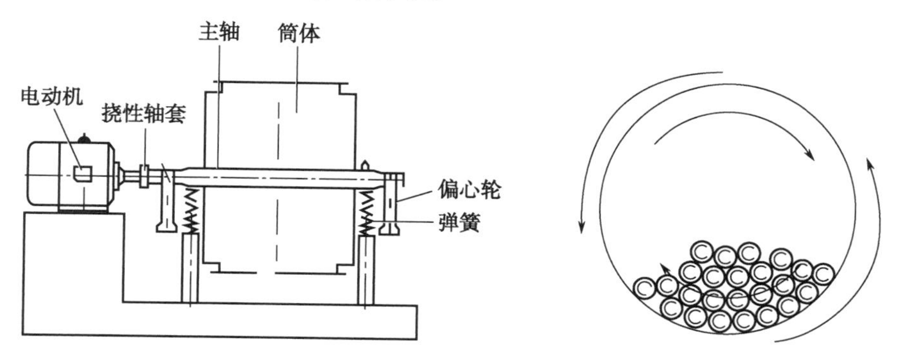

图 2-4　微粉机结构示意图

2. 工作原理　物料与研磨介质一同装入弹簧支承的磨筒内，由偏心轮激振装置驱动磨机筒体做圆周运动，通过研磨介质本身的高频振动、自转运动及旋转运动，使研磨介质之间、研磨介质与筒体内壁之间产生强烈的冲击、摩擦、剪切等作用力而对物料进行均匀粉碎。

知识链接

超微粉技术简介

超微粉技术是近年兴起的一项前沿科技技术。超微粉是指粒径在 0.1~10μm的粉体。药物超微粉化是提高药效的基础，西药超微粉化可提高药物的生物利用度，减少用药量；中药超微粉化后，细胞破壁率达 95%以上，可大幅提高药效。超微粉化的常用方法有固体分散法、微晶结晶法及机械粉碎法。机械粉碎法常用的设备有机械冲击式微粉碎机、气流式粉碎机、辊压式磨机、介质运动式磨机等。采用机械超微粉化时应注意：①物料不能含有砂石、铁屑等杂质，以免机械受损；②应根据药物性质严格控制物料水分，如果超微粉水分过多，需要再干燥时，往往容易“结块”，影响质量；③为了降低粉碎成本，物料应预碎；④并非所有的药物都可超微粉化，凡超微粉化后能使稳定性降低的药物（如红霉素）以及刺激性药物（如呋喃妥因等）均不宜采用。

3. 特点及应用范围　微粉机对于纤维状、高韧性、高硬度物料均可适用，粉碎能力较强；微粉机既适用于干法粉碎，也适用于湿法粉碎；封闭式结构，可通入惰性气体用于易燃、易爆、易氧化物料的粉碎；可通过调节磨机筒体外壁夹套冷却水的温度和流量控制粉碎温度。缺点是机械部件强度及加工要求高，振动噪声大。

（四）锤击式粉碎机

锤击式粉碎机是一种以撞击为主的粉碎设备，该机适用于大多数物料的粉碎，但不适用于高硬度物料及黏性物料的粉碎。该机结构简单，操作方便，维修和更换易损件容易，粉碎成品粒度比较均匀，且对原料要求不高，适用于生产不同规格的原料。缺点是机器部件易磨损，产热量大。

1. 结构　锤击式粉碎机是由设置在高速旋转主轴上的T形锤、带有内齿形衬板的机壳、筛网、加料斗、螺旋加料器等组成的，如图2-5所示。锤击式粉碎机的主要部件为高速转子，转子上固定着多个T形锤。由于锤头是锤击式粉碎机的主要磨损件，通常采用304或316L不锈钢制作，并要求锤头的形状、大小尺寸和重量能有效地破碎物料。

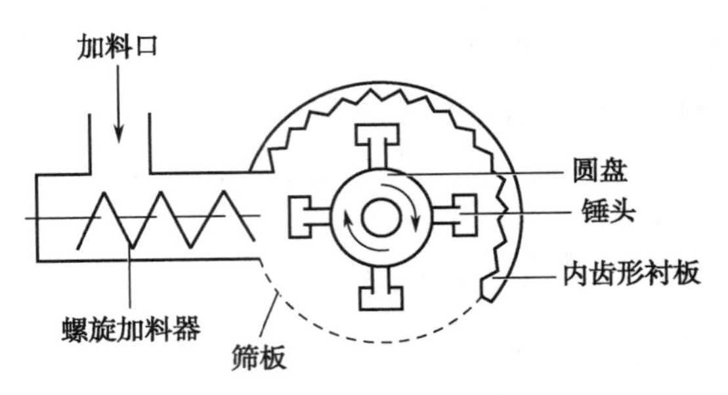

图2-5　锤击式粉碎机结构示意图

2. 工作原理　粉碎机工作时，粒径<10mm的固体物料自加料斗连续定量加入粉碎室粉碎。由于离心力的作用，物料被锤击或与衬板内齿撞击而被破碎。粉碎后的微粒通过筛网由出口排出。

（五）气流粉碎机

气流粉碎机又称为流体能量磨，是利用高速气体（压缩空气、高压过热蒸气或惰性气体）使药料颗粒之间以及颗粒与器壁之间碰撞而产生强烈的粉碎作用。现介绍两种典型的气流粉碎机。

1. 圆盘型气流式粉碎机　该机的动力来源于高速高压气流。高速高压气流使物料颗粒之间及颗粒与室壁之间碰撞而被粉碎。该机由喷嘴、空气室、粉碎室、分级涡、进料口、出料口等构成，如图2-6所示。空气室内壁装有数个喷嘴，高压空气由喷嘴以超音速喷入粉碎室，物料由进料口经空气引射入粉碎室，被经喷嘴喷出的高速气流所吸引并加速到50～300m/s，由于物料颗粒间的碰撞及受到高速气流的剪切作用而粉碎。物料到达靠近内管的分级涡处，空气夹带细粉通过分级涡由内管从上方出料，粗粒由于重力作用从下方出料。

操作过程：压缩空气由压缩机经冷却器、贮罐、过滤器等分水、分油及除尘后分两路进入圆盘型微粉磨，物料由料斗经定量加料器被压缩空气引射进入微粉磨，被粉碎的微粒由底部出口进入旋风分离器得成品。如果物料粉碎粒度未达到规定要求，可通过在底部的旁通管重新进入微粉磨，直至粒度达到要求为止。尾气进入脉冲袋滤器捕集细粉后放空。

2. 轮型气流式粉碎机　该机无活动部件，似空心轮胎，为典型的气流式粉碎机结构。如图2-7所示，高压气流以0.709～1.01MPa的压力自底部喷嘴引入，此时高压气流在下部膨胀变为音速或超音速气流在机内高压循环，待粉碎物料自加料斗经文杜里送料器进入机内高速气流中，物料在粉碎室互相碰撞摩擦而被粉碎，并随气流上升到分级器，微粉由气流带出进入收集袋中。粉碎室顶部的离心力使大而重的颗粒分层向下返回粉碎室，重新被粉碎为细小颗粒。

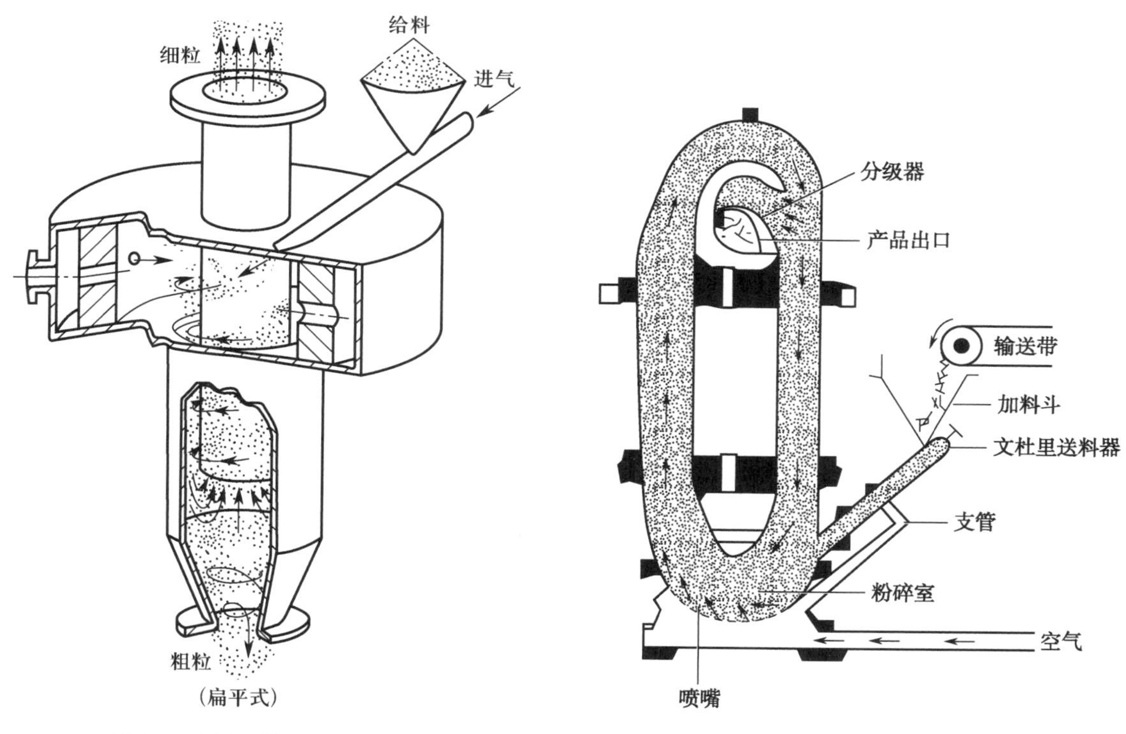

图 2-6　圆盘型气流式粉碎机

图 2-7　轮型气流式粉碎机

轮型气流式粉碎机的粉碎动力来自于高压空气，高压空气从喷嘴喷出时产生冷却效应，使温度下降，在粉碎过程中温度几乎不升高，故抗生素、酶等热敏性物料和低熔点物料粉碎选择流能磨较为适宜。由于设备简单，易于对机器及压缩空气进行无菌处理，故无菌粉末的粉碎适宜采用气流式粉碎机。此外，粒度要求在 3~20μm 的超微粉碎可选用该机。但与其他粉碎机相比，该机粉碎费用高，只有在粒度要求非常细的情况下才选用。

（六）胶体磨

胶体磨分为立式、卧式两种。适用于各类乳状液的均质、乳化、粉碎，广泛应用于混悬液和乳浊液的制备。卧式胶体磨液体自水平轴进入，通过转子和定子之间的间隙被乳化，在叶轮的作用下自出口排出。立式胶体磨液料自料斗的上口进入胶体磨，在转子和定子的间隙通过时被乳化，乳化后的液体在离心盘的作用下自出口排出。

立式胶体磨

卧式胶体磨

1. 结构　胶体磨主机由壳体、转子、定子、调节机构、电机等组成，如图 2-8 所示。

2. 工作原理　胶体磨的工作原理是利用高速旋转的定子与转子之间的可调节狭隙，使物料受到强大的剪切、摩擦及高频振动等作用，有效地粉碎、乳化、均质，从而获得满意的精细加工产品。

3. 设备标准操作规程　下文以 JML-50 型胶体磨为例重点介绍。

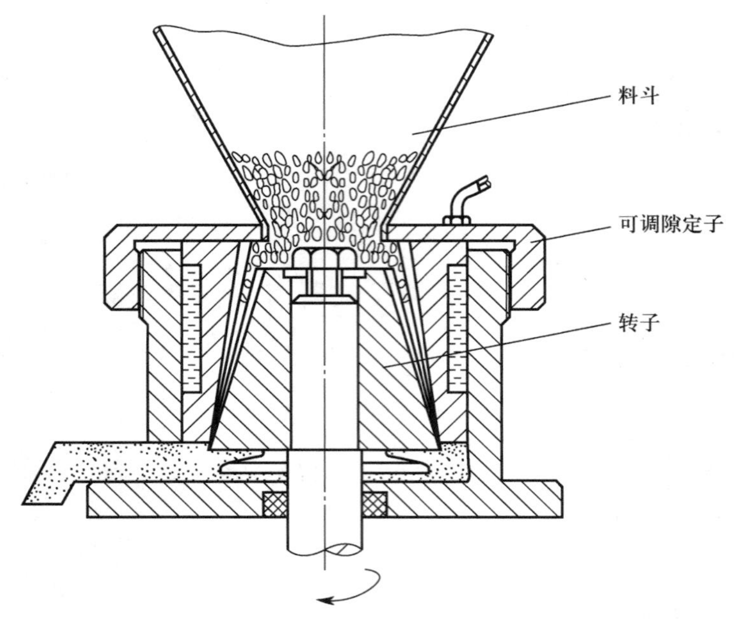

图 2-8　胶体磨结构示意图

(1)开机前准备:①检查设备的卫生条件是否达到生产要求;②检查下料斗内是否有异物,以免开机时损伤机器;③检查各部件是否安装牢固,有无松动现象;④检查电器部件是否安全,有无漏电现象。

(2)开机运行:①接通电源,点动 2~3 次,无异常现象后,方可开机试运转 5~10 分钟;②空转试车时,要注意观察电机、轴承及电器控制系统是否正常,若发现温度过高或异常响声等现象,应立即停车检查,排除故障后,先试运转,一切正常后方可投入生产;③物料研磨前应清除杂物,物料粒度<1mm,物料硬度不得过高,严禁铁质及碎石颗粒等硬物进入磨头,以防损坏机器;④接通冷却水后,注入 1~2kg 液料或其他与加工物料相关的液体,并将湿料保持在经过循环管回流状态,然后才可启动胶体磨,待运转正常后立即投料入胶体磨中加工生产;⑤生产结束后,按“停止”键,切断主电源。

4. 清洁规程

(1)清洁实施的条件和频次:①生产操作前后各清洁 1 次;②换品种、换规格、换批号时清洁 1 次;③特殊情况随时清洁。

(2)清洁液与消毒液:纯化水、75%乙醇。

(3)清洁方法:①研磨结束后,用饮用水或清洗剂冲洗,待物料残余物及清洗剂排尽后,停机切断电源;②将进料斗、出料管、出料嘴、转齿、定齿及间隙调节套拆卸下来,移至清洁间内,先用清洁剂清洗后,再用饮用水冲洗干净,最后用纯化水冲洗,用 75%乙醇溶液擦洗 1 遍,自然晾干;③用清洁布擦去设备外的粉尘及油垢;④用清洁剂刷洗其余部件至干净;⑤再用饮用水冲洗干净至无清洁剂残留物,最后用纯化水冲洗;⑥用干清洁布及时擦干;⑦最后用 75%乙醇溶液擦洗 1 遍,自然晾干。

5. 维护保养规程

(1)检查胶体磨管路及结合处有无松动现象,转动胶体磨,观察其是否灵活。

（2）向轴承体内加入轴承润滑机油，观察油位应在油标的中心线处，润滑油应及时更换或补充。

（3）拧下胶体磨泵体的引水螺塞，灌注引水（或引浆）。

（4）关好出水管路的闸阀和出口压力表及进口真空表。

（5）点动电机，观察电机转向是否正常。

（6）开动电机，当胶体磨正常运转后，打开出口压力表和进口真空泵视其显示出适当压力后，逐渐打开闸阀，同时检查电机负荷情况。

（7）尽量控制胶体磨的流量和扬程使其在标牌上注明的范围内，以保证胶体磨在最高效率点运转，才能获得最大的节能效果。

（8）胶体磨在运行过程中，环境温度控制在35℃以下，轴承所能承受的最高温度不得超过80℃。

（9）如发现胶体磨有异常声音应立即停车检查原因。

（10）胶体磨在工作的第1个月内，经100小时更换润滑油，以后每500小时换油1次。

（11）经常调整填料压盖，保证填料室内的滴漏情况正常（以成滴漏出为宜）。

（12）定期检查轴套的磨损情况，磨损较大后应及时更换。

（13）胶体磨在寒冬季节使用时，停车后需将泵体下部放水螺塞拧开将介质放净，防止冻裂。

（14）胶体磨长期停用，需将泵全部拆开，擦干水分，将转动部位及结合处涂以油脂装好，妥善保存。

知识链接

胶体磨定、转子间隙调整方法

1. 松动两个手柄、扳动手柄带动大卡盘旋转，进行间隙的调整。定位盘顺时针旋转间隙缩小，物料粒度变细；逆时针旋转间隙加大，物料粒度变粗。

2. 定、转子间隙调整后，应同时拧紧两个手柄（顺时针）。根据加工物料的粒度和批量要求，选择最佳定、转子间隙后即可调整限位螺钉达到限位目的。

3. 定子总成的拆卸（请注意定子总成一、二、三绝对不能分解）。先除去料斗去掉进出水嘴，松掉盖形螺钉，取下刻度盘，手握手柄，逆时针旋转取下大卡盘，向上提起磨头盖即可将定子总成取出。

4. 转子总成的拆卸（请注意转子总成一、二级转子绝对不能分解）。把定子提后，拆下出料口拧下左旋螺钉就可将转子和叶轮拆下。转子和定子的组装可按上面相反的顺序进行，装配前每个零件应清洗干净。安装时，需要在各接触面和螺纹部分涂抹符合要求的润滑油后装配。

5. 拆装时应注意各密封圈不得损坏、错装和丢失。

6. 特点及应用范围　胶体磨的优点是结构简单，设备保养维护方便，适用于较高黏度的物料以及较大颗粒的物料。但是由于其结构的特殊性，具有以下缺点：①由于做离心运动，其流量是不恒定的，对于黏性的物料其流量变化很大，粉碎效果欠佳；②由于转定子和物料间高速摩擦，故产生较大的热量，易使被处理物料变性；③表面较易磨损，而磨损后细化效果会显著下降。

案例分析

案例

某药厂粉碎车间需要临时粉碎少量物料，操作工人用塑料袋代替物料收集器，结果造成粉碎车间内粉尘飞扬。

分析

塑料袋不透气，使袋中气压过大，药粉从入料口飞出。

预防措施

应选用细密并具良好透气性的物料收集器。 细密可防止细粉透出，良好的透气性可保证粉碎机内气流通畅。

点滴积累

1. 粉碎是利用机械力将大块固体物料制成适宜粒度的碎块或细粉的操作过程。
2. 常用的粉碎方法有干法粉碎、湿法粉碎、混合粉碎、单独粉碎、低温粉碎等。
3. 制药工业中常用的粉碎设备有万能粉碎机、球磨机、微粉机、锤击式粉碎机等。

第二节　筛分设备

一、概述

（一）筛分的含义与目的

筛分是用一个或一个以上的筛子将物料按粒径大小进行分级的操作过程，又称为过筛。是粉碎好的物料借助筛网，通过振动及旋转等机械力，将粗粉与细粉分离的操作。

筛分的目的是使粉末粗细分等，获得均匀的粒子群，保证制剂生产的顺利进行和药品的质量。影响筛分效果的因素有：

（1）物料的性质：①物料的粒径范围：物料的粒度越接近于分界直径时越不易分离；②物料的含水量与黏性若较大，则易成团或堵塞筛孔；③粒子的形状若不规则或密度小，则不易过筛。

（2）物料的运动方式与速度。

（3）物料层厚度。

（4）筛分设备的类型及构造。

（二）标准药筛与粉末分级

筛分设备所用的筛面有两种：一种是冲制筛，是在金属板上冲压出圆形、长方形、八字形等筛孔制成的。这种筛坚固耐用，孔径不易变动，但筛孔不能很细，常用在高速粉碎筛选联动的粉碎机上或用于丸剂大小分档的筛选机上。另一种是编织筛，是用有一定机械强度的金属丝（黄铜丝、不锈钢丝等)，或其他材料的丝(尼龙丝、绢丝等)编织而成的。编织筛比冲制筛轻，有效面积大。《中国药典》(2015年版)所用的药筛是国家标准的R40/3系列，共分为9种筛号，一号筛的筛孔内径最大，依次减小。另外，制药工业习惯使用的是每英寸(2.54cm)筛网长度上的孔数作为各筛号的名称，用"目"表示。具体规定见表2-2。

表2-2　《中国药典》(2015年版)规定的药筛与工业筛对照标准

筛号	筛孔内径（平均值）	目号
一号筛	2000μm±70μm	10目
二号筛	850μm±29μm	24目
三号筛	355μm±13μm	50目
四号筛	250μm±9.9μm	65目
五号筛	180μm±7.6μm	80目
六号筛	150μm±6.6μm	100目
七号筛	125μm±5.8μm	120目
八号筛	90μm±4.6μm	150目
九号筛	75μm±4.1μm	200目

为了便于区别固体粒子的大小，《中国药典》(2015年版)将粉末分为六等，并规定了散剂、颗粒剂等粒度检查的标准，见表2-3。

表2-3　《中国药典》(2015年版)粉末分等标准

等级	分等标准
最粗粉	指能全部通过一号筛，但混有能通过三号筛不超过20%的粉末
粗粉	指能全部通过二号筛，但混有能通过四号筛不超过40%的粉末
中粉	指能全部通过四号筛，但混有能通过五号筛不超过60%的粉末
细粉	指能全部通过五号筛，并含能通过六号筛不少于95%的粉末
最细粉	指能全部通过六号筛，并含能通过七号筛不超过95%的粉末
极细粉	指能全部通过八号筛，并含能通过九号筛不超过95%的粉末

二、常见筛分设备

常用的筛分设备依据其使物料充分运动采用的运动方式分为摇动筛、旋振筛和振荡筛。由于摇动筛属于慢速筛粉机，工作效率较低，只适用于小规模生产，故重点介绍旋振筛及振荡筛。

（一）旋振筛

旋振筛筛选效率高、精度高，可得到20～400目的粉粒体产品；体积小、质量轻、安装维修方便，在制药工业中应用广泛。

1. 结构　旋振筛是一种高精度粗细粒筛分设备，是由粗料出口、上部偏心块、弹簧、下部偏心块、电机、细料出口、筛网等组成的，如图2-9所示。

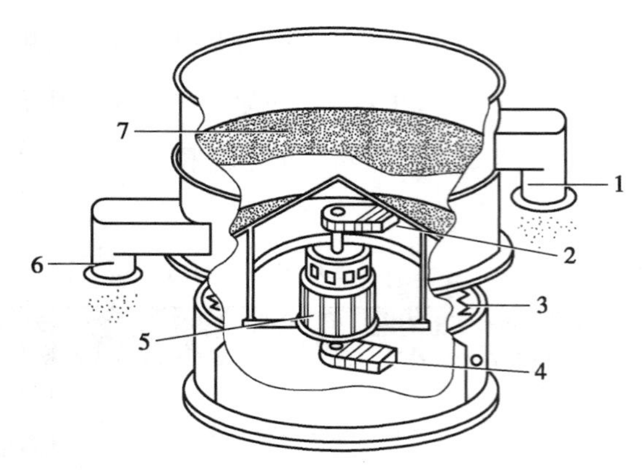

图 2-9　旋振筛结构示意图
1. 粗料出口；2. 上部偏心块；3. 弹簧；4. 下部偏心块；
5. 电机；6. 细料出口；7. 筛网

旋振筛实物图

2. 工作原理　利用在旋转轴上配置不平衡偏心块或配置有棱角形状的凸轮使筛产生振动。电动机的上轴及下轴各装有不平衡偏心块，筛框以弹簧支承于底座上，上部偏心块使筛网产生水平圆周运动，下部偏心块使筛网发生垂直方向运动，故筛网的振动方向具有三维性。筛体的激振源装在筛子的底部，筛底之上装有各层筛框及筛网架，各部件固定后形成整体参振，参振部件由弹簧隔振支撑，物料由筛顶中间孔投入，排料口在各层筛框侧面，各排料口应错开一定角度，以便于放容器收集物料。筛网的三维振荡使物料在筛内形成轨道漩涡，粗料由上部排出口排出，筛分的细料由下部排出口排出。

3. 设备标准操作规程　以 ZS-515 型旋振筛为例重点介绍。

（1）操作前准备：①开机前检查设备清洁情况符合卫生要求，有清洁合格标识或清场合格证，并核对其有效期；②检查旋振筛是否具有设备完好标识，确认各部位润滑良好，符合生产要求；③检查盛接物料的容器符合清洁要求，有清洁合格标识；④检查筛箱内无异物，根据品种制剂工艺规程的要求，取用符合规定的筛网，仔细检查筛面有无破损，若有破损应及时更换；⑤按《旋振筛标准清洁规程》对筛网、接触药粉的设备表面及所用容器进行消毒，将筛网装入筛网架，锁紧卡子（抱箍），防止松动；⑥在出料口套上洁净的连接布袋，布袋末端放入盛接物料的容器，防止粉料的溢散；⑦依次装好橡皮垫圈、钢套圈、筛网、筛盖，并将盖用压杆压紧。

（2）开机运行：①插上电源，先点动试车两次，再试开空机，观察设备运行，应无碰擦和异常声响，如有异常应迅速停机检查，若不能排除应请机修人员处理；②确认设备运行正常，由进料口缓缓加入物料进行过筛；③检查出料情况，如发现有油污、金属、黑杂点等异物应停机，妥善处理；④筛粉过程中要控制流量，保持筛网上所加物料数量适中，不可过多，并随时检查设备各处的外露螺栓和螺母是否松动；⑤生产结束先按“停止”键，断开电源；⑥完成过筛后应按设备由上至下的顺序清理残留在筛中的粗颗粒和细粉。

4. 注意事项

（1）检查全部螺栓的紧固程度。

（2）确保所有运动件与固定物之间的最小间隙。

（3）设备应在没有负荷的情况下启动，待筛子运行平稳后，方能开始投料，停机前应先停止投料，待筛面上的物料排净后再停机。

（4）为避免发生误操作引起严重后果或引起安全事故，禁止在未装筛网或卡子松动的情况下开机。

（5）禁止在超负荷情况下开机。

（6）过筛时应均匀加料，防止机器超负荷运转。

（7）禁止在机器运行时将手伸入运动部位进行任何调整。

5. 清洁规程

（1）清洁频率：①每次使用前后需清洁；②更换品种时，必须彻底进行清洁；③特殊情况随时清洁。

（2）清洁液与消毒液：饮用水、纯化水、75%乙醇。

（3）清洁方法：①关闭电源，拔下电源插头，清理筛内外粉尘，将可拆卸的部件拿到清洗间进行清洗，不可拆卸的在现场清洗；②用清洁剂刷洗旋振筛投料口、内外壁、筛网、出料口及其他部位，然后用饮用水冲洗至无清洁剂残留物，再用纯化水冲洗 2 遍；③将集料袋表面的细粉清理干净，放于桶内，加清洁剂搓洗干净，然后用饮用水漂洗至无清洁剂残留物，再用纯化水漂洗 2 遍，置低温干燥臭氧灭菌箱中烘干；④用饮用水润湿抹布擦拭设备外表面至无异物，再用纯化水擦洗 3 遍；⑤用消毒剂消毒设备，在洁净自然风下干燥；⑥填写设备清洁记录，交本岗位负责人审核签字；⑦请 QA 人员检查，挂“已清洁”状态标识牌；⑧更换批次、品种、规格及设备维修后必须彻底清洁设备，并按清场程序清理现场，请 QA 人员检查合格后发“清场合格证”。

6. 维修保养规程

（1）与筛箱连接的螺栓为高强度螺栓，不允许用普通螺栓代替，必须定期检查紧固情况，最少每月检查 1 次。其中任意一个螺栓松动，也会导致其他螺栓剪断，引起筛机损坏。

（2）更换编织筛网时，应保证筛箱两侧板与筛网钩子之间有相等的间隙。接触不好、张力不够或者不匀是筛网过早损坏的重要原因之一。

7. 设备常见故障及排除方法　旋振筛常见故障、产生原因及排除方法见表 2-4。

表 2-4　旋振筛常见故障、产生原因及排除方法

常见故障	产生原因	排除方法
物料粒度不均匀	筛网安装不紧密，有缝隙或筛网破损	检查并重新安装，或更换筛网
旋振筛传动慢	传动皮带松	拉紧传动皮带
轴承发热	轴承缺乏润滑油，轴承堵塞，轴承磨损	向轴承注入润滑油，清洗轴承，检查更换密封圈，更换轴承
筛分质量不佳	筛网的筛孔堵塞，入筛的物料增多，给料不均匀，料层过厚，筛网拉得不紧	减轻旋振筛负荷，改变筛框倾斜角度，调整给料，减少给料，拉紧筛网
振动过剧	安装不良或偏心块脱落	重新配置，平衡旋振筛
筛框横向振动	偏心距的大小不同	调整偏心块
在工作中发出不正常的声音	轴承磨损，筛网拉得不紧，轴承固定螺钉松动，弹簧损坏	更新轴承，拉紧筛网，拧紧螺钉，更换弹簧

边学边练

旋振筛的操作及维护保养，请见**实训一　粉碎、筛分和混合设备实训**。

（二）振荡筛

振荡筛为直线运动的箱式结构，有吊式或座式振荡筛，其筛面的倾斜角通常在8°以下，筛面的振动角一般为45°，筛面在激振器的作用下做直线往复运动。如图2-10(a)为吊式振荡筛，图2-10(b)为座式振荡筛。座式振荡筛筛体下部安装振动电机，有效地保证了物料的过筛。底座采用可调式，可根据物料特性调整过筛时筛面的倾斜角度，以获得最佳过筛效果。该机结构紧凑，筛体下部采用弹簧减振，使整机在平稳状态下工作。振荡筛具有结构简单、操作方便、体积小、噪声低、抗腐蚀、低故障、寿命长、振幅可调、耗能低、拆装方便、清洗无死角等优点。

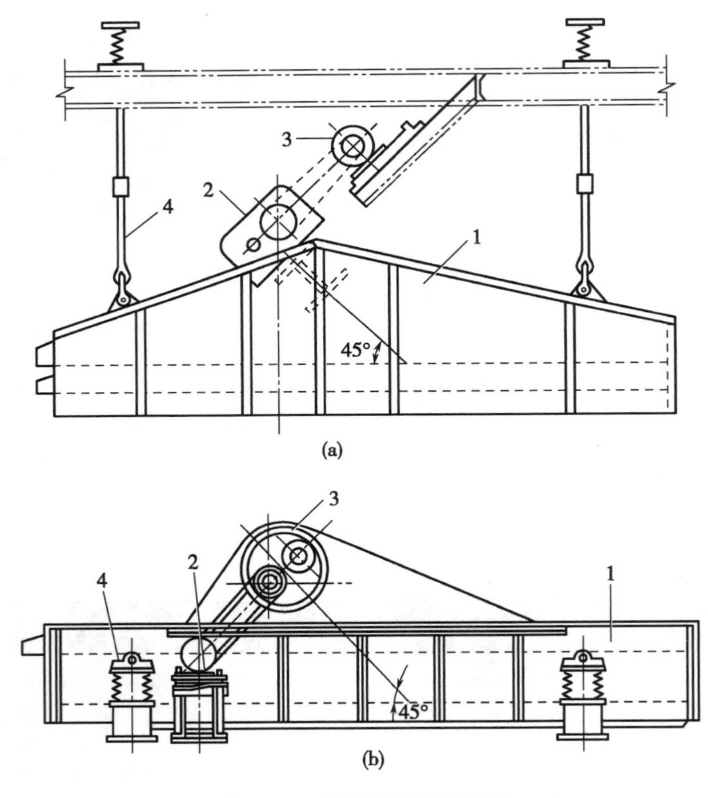

振荡筛实物图

图2-10　振荡筛结构示意图
(a)吊式振荡筛　1. 筛箱；2. 激振器；3. 电动机；4. 悬挂装置
(b)座式振荡筛　1. 筛箱；2. 电动机；3. 激振器；4. 弹簧及支撑装置

课堂活动

生产中需要将甲药制成粗粉、乙药制成细粉，你能生产出来吗？ 请说出生产过程。

点滴积累

1. 筛分是用一个或一个以上的筛子将物料按粒径大小进行分级的操作过程，又称为过筛。
2.《中国药典》(2015 年版）将药筛分为 9 种型号，将粉末分为 6 种等级。
3. 制药工业中常用的筛分设备有旋振筛、振荡筛等。

第三节　混合设备

一、概述

（一）混合的含义与目的

混合是指用机械的方法使两种或两种以上的粉体相互分散而达到均匀状态的操作过程。其目的是使药物各组分在制剂中混匀,保证药物剂量准确,用药安全。混合是生产固体制剂的一个重要操作单元,因为关系到药品质量的均一性。

（二）混合的基本原理

在混合设备内,需要混匀的各种粉体粒子以对流、剪切、扩散等形式运动,使粒子发生相对位移而产生混合。在实际操作过程中 3 种运动形式同时发生,但在不同的条件下(混合设备、粉体性质、操作条件等)3 种运动形式会有所差异。一般来说,在混合开始阶段以对流和剪切为主导作用,随后扩散作用增加。必须注意,不同粒径的自由流动粉体以剪切和扩散机制混合时常伴随离析,从而影响混合程度。

（三）混合方法

常用的混合方法有搅拌混合、研磨混合、过筛混合。

1. 搅拌混合　系将各药粉置于适当大小容器中搅匀的操作。此法简便但不易混匀,多作初步混合之用。

2. 研磨混合　系将各药粉置于乳钵中共同研磨的混合操作。此法适用于少量尤其是结晶性药物的混合,不适用于引湿性及爆炸性成分的混合。

3. 过筛混合　系将各药粉先搅拌做初步混合,再通过适宜孔径的筛网一次或几次使之混匀的操作。由于较细、较重的粉末先通过筛网,故在过筛后仍须加以适当的搅拌,才能混合均匀。

二、常见混合设备

制药工业中多采用搅拌或容器旋转的方式,使物料产生整体或局部移动而达到混合的目的。

（一）槽型混合机

槽型混合机为单桨混合机,主要用于不同比例的干性或湿性粉状物料的均匀混合,也可用于制备软材。该机通过蜗杆、蜗轮带动 S 式搅拌桨旋转,推动物料往返运动,从而达到均匀混合的目的。

1. 结构　槽型混合机主要由混合槽、搅拌桨、固定轴等部件组成,如图 2-11 所示。

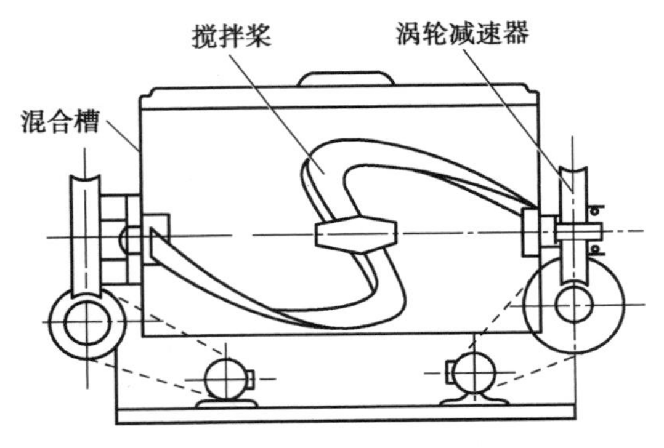

图 2-11　槽型混合机结构示意图

槽型混合机实物图

2. 工作原理　主电机通过蜗轮减速器带动搅拌桨旋转时，使物料不停地上下翻滚，同时通过物料对混合槽左右两侧产生一定角度的推挤力，使得混合槽内任一角落的物料都不能静止，从而达到均匀混合的目的。通过扳动手柄或副电机可使混合槽绕水平轴转动，使混合槽倾斜 105°，便于卸料。混合以对流混合为主，混合时间较长。

3. 设备标准操作规程　以 Ch-20 型槽型混合机为例重点介绍。

(1)操作前准备：①检查混合机全部连接件的紧固程度、减速机内的润滑油的油量和设备的完整性；②闭合总开关，接通电源，进行空转试车，逐项检查有无不正常的响声、轴承档及减速机温度是否迅速升高，一切正常后方可投入生产。

(2)开机运行：①将需要混合的物料依次放入混合槽内，盖好盖板，以免物料溅出；②按下开机按钮开关，开始混合，计时开始；③按制备工艺达到混合规定时间后，按下停机按钮，设备停机；④拧开混合槽固定螺丝，扳手柄将混合槽倾斜接近机座时即停止，以免损坏机件；⑤将物料自料槽倒出后，将料槽恢复原位，拧紧固定螺丝。

4. 清洁规程

(1)清洁频率：①每次使用前后对混合机清洁 1 次；②更换品种时，必须彻底进行清洁。

(2)清洁液与消毒液：饮用水、纯化水、75%乙醇。

(3)清洁方法：①向槽型混合机混合槽中注入约 1/3 体积的饮用水，用毛巾将混合机内表面及搅拌桨表面所附着的可见药品清洗干净，开动搅拌桨数次，将混合槽内死角处的附着物清洗干净，用清洁球擦拭不易清洗的附着物，并用毛巾将混合机内表面抹拭 1 遍，倾出洗涤水，设备外表面用毛巾、饮用水擦拭干净；②向槽型混合机混合槽中注入约 1/3 体积的纯化水，用毛巾将混合机内表面及搅拌桨表面擦拭 1 遍(毛巾需事先用纯化水清洗干净)，然后倾出洗涤水，用拧干的毛巾抹干；③最后用 75%乙醇擦拭设备内表面。

5. 注意事项

(1)必须严格按操作规程进行操作。

(2)检查设备的密封胶垫是否损坏，漏粉时应及时更换。

(3)定期检查所有外露螺栓、螺母，并拧紧。

(4)检查机器润滑油是否充足、外观完好。

(5)混合机使用中如发现机器振动异常或发出异常响声,应立即停车检查排除问题后再重新开启混合机。

(6)操作时应盖好机盖,在运转过程中不得将手或工具伸入槽内或在机器上方传递物件。如需铲刮混合槽内壁物料,应停机用工具操作,切不可用手,以免造成伤手事故。

(7)机器在检查、检修及清洁时必须处于停机状态。

6. 维护保养规程

(1)检查电器系统中各元件和控制回路的绝缘电阻等的可靠性,以确保用电安全。

(2)加料、清洗时应防止损坏进料口及槽内抛光镜面,以防止密封不严或物料黏积。

(3)定期检查传动装置的松紧,经常检查各运动部位紧固件是否松动,若有松动,应立即拧紧,必要时进行调整或更换,以保证连接的牢固性。

(4)保持设备表面清洁、周围无杂物,清洗混合槽时不要将水溅到控制系统上。

(5)每年清洗 1 次各部位的轴承,并更换润滑脂。

(二) V 型混合机

1. 结构　V 型混合机主要由水平旋转轴、支架和 V 形圆筒、动力系统等组成,V 形圆筒交叉角为 80°或 81°,装在水平轴上,动力系统由电机、传动带、蜗轮蜗杆等组成,如图 2-12 所示。

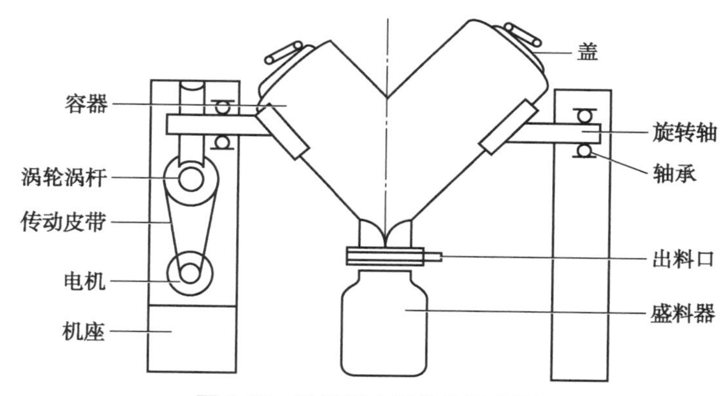

图 2-12　V 型混合机结构示意图

2. 工作原理　电机通过传动带带动蜗轮蜗杆使 V 形混合筒绕水平轴转动,物料在 V 形混合筒内旋转时被反复分开和聚合,这样通过不断循环,在较短时间内即能将物料混合均匀。该混合机以对流混合为主,混合速度快,混合效果好。

3. 特点及应用范围　V 型混合机的混合筒结构独特、混合功效高、无死角混合均匀,可用于流动性较好的干性粉状或颗粒状物料的均匀混合。加入配套强制搅拌器,能适合较细的粉粒、块状及含有一定水分的物料混合。操作中的最适宜转速可取临界转速的 30%~40%,适宜充填量为 30%。

(三) 二维运动混合机

1. 结构　二维运动混合机主要由机座、动力系统、混合筒及电器控制系统组成。机座由钢框架、可拆式不锈钢面板组成,内装驱动系统,以有效稳定整机驱动系统采用摆线减速机通过链轮带动主动轴,驱动轮使混合筒旋转,同时,位于机架内的蜗轮蜗杆减速机通过连杆组件摇动上机架,使混合筒做一定角度的摆动。

二维运动混合机实物图

2. 工作原理　混合筒一方面绕其对称轴做旋转运动，在自转的同时，混合筒环绕一根与其对称正交的水平轴做摇摆运动，独特的运动方式使物料在混合筒内既有扩散混合，又有对流混合（摇摆迫使物料做轴向移动产生对流混合），大大提高了混合的效率和精度。混合筒在运动时，做前后倾倒（上下倾角是 30°）和左右旋转（旋转角度是 360°），这样多方向、多角度的运动可使物料充分混合。

3. 特点及应用范围　二维运动混合机的混合筒出料口偏离混合筒圆筒部分的中心线，使其具有混合迅速、混合量大、出料便捷等特点。装有正反转开关，通过正反方向的运动，可以使物料达到更高的均匀度。操作简单、卸料方便，适用于制药、化工、食品等行业，特别适用于大批量物料的混合。

（四）三维运动混合机

三维运动混合机适用于制药、食品、化工等行业的粉状或颗粒状物料的高均匀度的混合，筒体装料率可达 80%，混合时间短，效率高。筒体各处均为圆弧过渡，易出料、不积料、易清洗。该机是目前较理想的混合设备，有各种不同的规格，在制药企业中应用广泛。

1. 结构　三维运动混合机由机座、传动系统、电机控制系统、多向运动机构和混合筒组成，如图 2-13 所示。

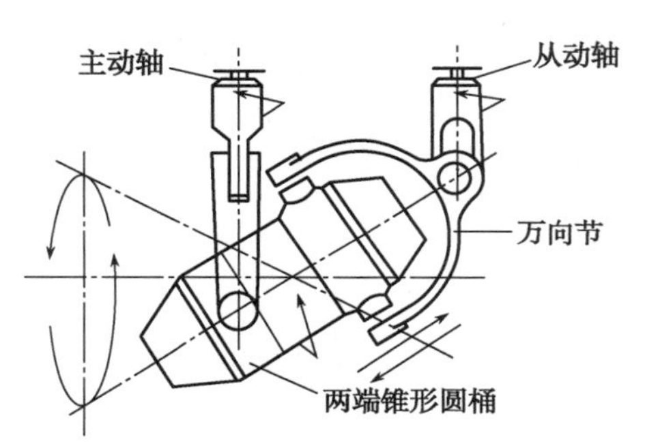

图 2-13　三维运动混合机运动轨迹示意图

2. 工作原理　本机工作时，装料的筒体在主动轴的带动下做平行移动及摇滚等复合运动，促使物料沿着筒体做环向、径向和轴向的三向复合运动，使被混合的物料在频繁和迅速的翻动作用下进行着物料间扩散、流动与剪切，使物料达到混合。此外，混合筒的翻转运动又使物料在无离心力作用下混合，保证了混合物料在短时间内达到理想的混合效果。

3. 设备标准操作规程　以 HS-50 型三维运动混合机为例重点介绍。

（1）操作前准备：①开机前应检查设备各紧固件，确保无松动；②检查减速箱油位是否正常；③检查电控设备是否灵敏有效；④空载运行 2~3 分钟，确定各部件无异常后停机。

（2）开机运行：①打开混合机筒盖，装入待混合物料，关紧筒盖；②启动电机，调整工作转数，一般以 7~12r/min 为宜；③按操作规程设定混合时间，混合完毕自动停机；④将出料口置于最低点位置，开启出料口出料；⑤工作完毕，关闭电源，清洁设备。

4. 注意事项

（1）在混合筒运动区范围外应设隔离标志线，以免人员误入运动区。

（2）开机前，应对混合筒运动区进行清场，确保人员和物品清离运动区域，且设备运转时，严禁进入混合筒运动区内。

（3）设备运转时，若出现异常振动和声音时，应停机检查，并通知维修工。

（4）经常检查设备密封垫的完好程度，如发现损坏应及时更换。

5. 清洁规程

（1）清洁频率：①每次使用前后对混合机清洁 1 次；②更换品种时，必须进行彻底清洁。

（2）清洁液与消毒液：饮用水、纯化水、75%乙醇。

（3）清洁方法：①用饮用水将混合筒内的物料残迹刷洗干净；②用清洁剂刷洗整个设备至清洁；③用饮用水冲洗干净至无清洁剂残留物，再用纯化水冲洗；④用干洁净布擦净；⑤用 75%乙醇溶液擦洗 1 遍，自然晾干。

6. 维护保养规程

（1）切断电源后，方可进行进料、出料及清洁操作。

（2）加料要适量、均匀，不得超过额定装料量。

（3）经常检查各紧固件是否牢固。

（4）使用时，要经常观察电机、轴承及电器控制系统是否正常，若发现温度过高或异常响声等现象，应立即停车检查。排除故障后，先试运转，一切正常后方可投入生产。

（5）清洁时，注意不要让水进入电器控制部位。

（6）减速机及轴承应每半年更换 1 次润滑油（脂）。

边学边练

三维运动混合机的操作及维护保养，请见**实训一　粉碎、筛分和混合设备实训**。

（五）双螺旋锥形混合机

双螺旋锥形混合机实物图

双螺旋锥形混合机适应性广，可用于干燥的、润湿的、黏性的固体粉粒的混合，从底部卸料，劳动强度低。

1. 结构　双螺旋锥形混合机主要由锥形容器、螺旋推进器、转臂、传动系统等组成。

2. 工作原理　双螺旋锥形混合机由锥形容器和内装的 1~2 个螺旋推进器组成。螺旋推进器的轴线与容器锥体的母线平行，在容器内既有自转又有公转，自转的速度约为 100r/min，公转的速度约为 5r/min。在混合过程中，物料在螺旋推进器的自转作用下自底部上升，又在公转的作用下在全容器内产生漩涡和上下循环运动，如图 2-14 所示。

3. 特点及应用范围　双螺旋锥形混合机柔和的搅拌速度不会对易碎物料产生破坏，其搅拌作用对物料的化学反应有更好的配合作用。在混合过程中，物料混合过程温和，对物料颗粒不会压碎或破碎，适用于混合比重悬殊、粉体颗粒大的物料。对热敏性物料不会产生过热现象。

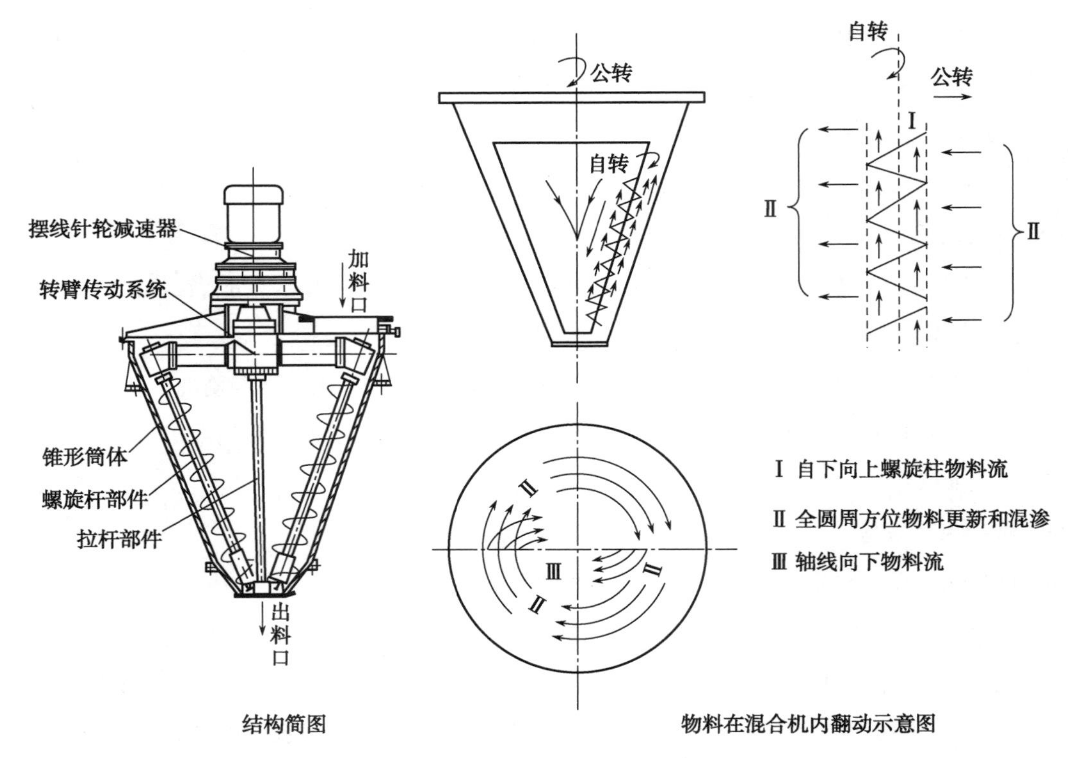

图 2-14　双螺旋锥形混合机示意图

点滴积累

1. 混合是指用机械的方法使两种或两种以上的粉体相互分散而达到均匀状态的操作过程。
2. 混合基本原理分为对流混合、剪切混合和扩散混合。
3. 制药工业中常用的混合设备有槽型混合机、V 型混合机、二维运动混合机、三维运动混合机、双螺旋锥形混合机等。

扫一扫，知重点

目标检测

一、单项选择题

1. 将物理性质及硬度相似的物料掺合在一起进行粉碎的方法是(　　)

　A. 干法粉碎　　B. 湿法粉碎　　C. 混合粉碎　　D. 低温粉碎

2. 干法粉碎时物料中的含水量是(　　)

　A. 一般应少于 3%　　B. 一般应少于 5%

　C. 一般应少于 8%　　D. 控制在 5%～8%最好

3. 球磨机的工作转速应为临界转速的(　　)

　A. 25%～35%　　B. 35%～50%　　C. 50%～60%　　D. 60%～80%

4. 流体能量磨的粉碎原理是（　　）

A. 高速流体使药物颗粒之间或颗粒与器壁之间产生碰撞作用

B. 不锈钢齿的研磨与撞击作用

C. 圆球的研磨与撞击作用

D. 机械面的相互挤压与研磨作用

5. 能全部通过五号筛，并含能通过六号筛不少于95%的粉末为（　　）

A. 粗粉　　B. 中粉　　C. 细粉　　D. 最细粉

6. 旋振筛出现物料粒度不均匀的现象，可能是由何种原因引起的（　　）

A. 筛网安装不紧密，有缝隙　　B. 传动皮带松

C. 偏心距的大小不同　　D. 多槽密封套被卡住

7. 关于V型混合机的叙述错误的是（　　）

A. 在旋转型混合机中应用较广泛　　B. 筒体装量率可达80%

C. 以对流混合为主　　D. 最适宜转速可取临界转速的30%～40%

8. 混合筒可做多方向运转的复合运动的设备是（　　）

A. V型混合机　　B. 三维运动混合机

C. 槽型搅拌混合机　　D. 锥形螺旋混合机

9. 物料在全容器内产生漩涡和上下循环运动的设备是（　　）

A. V型混合机　　B. 三维运动混合机

C. 槽形搅拌混合机　　D. 双螺旋锥形混合机

10. 下列结构中不属于微粉机的是（　　）

A. 磨机筒体　　B. 激振器　　C. 支承弹簧　　D. 混合筒

二、多项选择题

1. 混合的基本原理包括（　　）

A. 对流混合　　B. 剪切混合　　C. 扩散混合

D. 旋转混合　　E. 冲击混合

2. 实验室常用的混合方法有（　　）

A. 搅拌混合　　B. 研磨混合　　C. 扩散混合

D. 过筛混合　　E. 旋转混合

3. 下列设备中属于粉碎设备的有（　　）

A. 万能粉碎机　　B. 锤击式粉碎机　　C. 球磨机

D. 旋振筛　　E. 双螺旋锥形混合机

4. 常用轮型气流式粉碎机进行粉碎的药物是（　　）

A. 抗生素　　B. 酶类　　C. 植物药

D. 低熔点药物　　E. 矿物药

三、简答题

1. 叙述万能粉碎机的工作过程。为什么万能粉碎机必须先空转一段时间再投料进行粉碎？

2. 试说明三维运动混合机的工作原理及特点是什么？

3. 万能粉碎机、旋振筛、槽型混合机的结构及工作原理是什么？

四、实例分析题

1. 某药厂粉碎车间的操作工人在用万能粉碎机粉碎中药浸膏，结果浸膏黏结并堵塞筛网，使粉碎无法进行。请问这是为什么？应如何预防？

2. 某药厂采用三维运动混合机对多种物料进行混合时，出现混合不均匀的问题，试根据本章所学内容分析其原因，并找出解决方法。

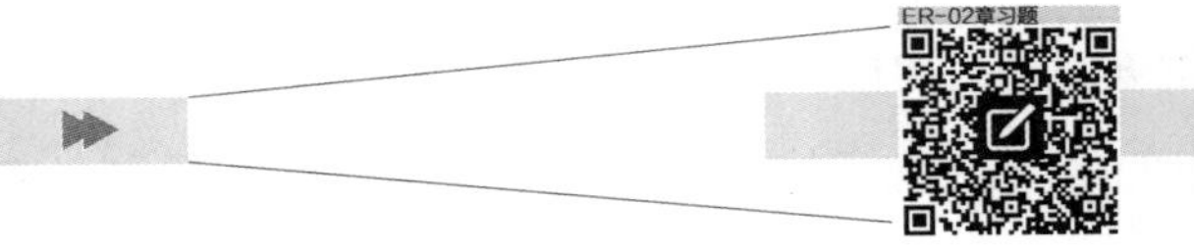

（王健明）

第三章

制粒、干燥设备

导学情景

情景描述：

春天是感冒高发季节，妈妈们给感冒的小孩服用小儿氨酚黄那敏颗粒用于缓解普通感冒及流行性感冒引起的发热、打喷嚏、流鼻涕等症状。

学前导语：

颗粒剂是日常生活中常用的固体制剂，生产时包括制粒、干燥等步骤。你知道药厂采用什么设备来制粒和干燥吗？本章我们将一起学习制粒、干燥设备的常用种类及其结构、原理和基本操作，以及维护保养等相关知识。

第一节 制粒设备

制粒是将细小粉末、颗粒经过加工，制成具有一定形状与大小的粒状物的操作。在片剂、颗粒剂、胶囊剂等固体制剂生产中，均需要制粒工艺单元操作。

制粒的目的：①改善物料的流动性；②防止因物料的密度不同而产生的成分离析；③防止粉尘飞扬，利于GMP的生产管理；④调整堆密度，改善药物的溶解性能；⑤压片过程中使压力传递均匀；⑥便于服用、携带方便等。

常用的制粒技术有湿法制粒和干法制粒。

一、湿法制粒设备

湿法制粒是指将药粉、辅料与黏合剂混合，通过设备使粉末聚结在一起制成颗粒的方法。常用的设备有摇摆式颗粒机、高效混合制粒机、流化床制粒机等。

（一）摇摆式颗粒机

1. 结构 摇摆式颗粒机由加料斗、刮粉轴、筛网以及传动装置组成，如图3-1所示。

2. 工作原理 工作时，将提前制好的软材投入加料斗，利用齿轮齿条机构，驱动刮粉轴往复旋转，软材被强制性挤过筛网制成颗粒。

3. 操作要点

（1）操作前准备：①根据生产要求选择适宜目数的筛网；②安装筛网，先小心将筛网塞进两侧夹管的缝隙，向外转动夹管手柄至筛网紧布在刮粉轴上；③通过夹管手柄调整筛网松紧适当，固定好棘爪；④空机运转约 20 秒，观察设备是否有异常，无异常方可运行；⑤加入适量软材试制颗粒。

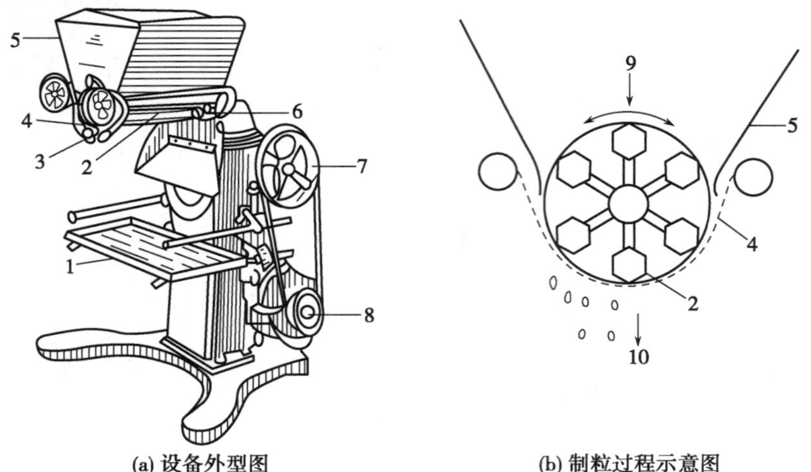

(a) 设备外型图

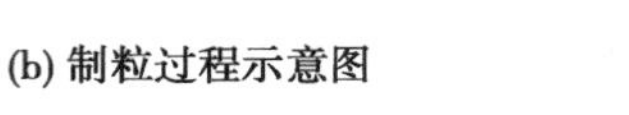

(b) 制粒过程示意图

ER-3-1

摇摆式颗粒机实物图

图 3-1　摇摆式颗粒机示意图

1. 接收盘；2. 刮粉轴；3. 夹管；4. 筛网；5. 加料斗；6. 轴；7. 皮带轮；8. 电动机；9. 物料；10. 颗粒

(2)开机运行：①按下开机按钮，往料斗加入适量的软材制成合格的颗粒；②待软材全部通过筛网后，按下停机按钮；③取出盛装颗粒的料盘及时进行下一步的干燥环节操作。

4. 注意事项

(1)软材制备：软材性能决定制出颗粒的质量，药物与辅料应混合均匀，保证成品颗粒中主药的均匀性；润湿剂的用量要控制好，以“握之成团，轻按即散”为标准，确保所制得的软材干湿适当。

(2)筛网安装应既平且紧，如筛网安装不平，松的地方出颗粒慢且颗粒呈条状，紧的地方出颗粒快但颗粒细小。

(3)加入软材要适量，太少不利于成粒，太多负荷大影响设备寿命。

(4)制粒过程中由于筛网被挤压和摩擦，容易造成筛丝移动甚至断裂，故生产时应经常检查并及时更换筛网。

5. 清洁规程

(1)清洁实施的条件和频次：①每批生产结束后；②更换品种、规格、批号时必须清洗；③设备维修后必须彻底清洁、消毒。

(2)清洁液与消毒液：饮用水、纯化水、75%乙醇。

(3)清洁方法：①用毛刷刷掉物料粉末，松开筛网夹管固定棘爪，拆下筛网和刮粉轴并清洗；②清洗加料斗，然后用纯化水将各部件冲洗干净；③用 75%乙醇擦拭设备进行消毒；④清理工作现场，经检查合格后，悬挂清洁合格状态标志，并填写清洁记录。

6. 维护保养规程

(1)经常检查传动部分的松紧程度，并及时调整。

(2)每月检查 1 次机件，包括检查蜗轮、螺杆、轴承等运动部分是否转动灵活以及磨损情况，发现缺陷应及时更换。

(3)每3个月检查电机主轴轴承,并做好润滑工作。

(4)每3个月对设备彻底清洗1次。

7. 设备常见故障及排除方法　摇摆式颗粒机常见故障、产生原因及排除方法见表3-1。

表3-1　摇摆式颗粒机常见故障、产生原因及排除方法

常见故障	产生原因	排除方法
有异常声音	软材过湿堵死转动轴或软材混有金属等杂物	立即停机检查,排除故障后方可重新开机
筛网部分掉下或漏料	筛网过松或忘记固定棘爪等	立即停机,重新安装筛网
颗粒大小不均匀	筛网破损或撕裂	立即停机,更换新筛网
不出颗粒或出颗粒较慢	软材干湿不均,部分软材团成块挤到转动轴前后形成死区	立即停机,调整软材干湿程度

8. 特点及应用范围　摇摆式颗粒机结构简单,具有产量较大,操作、装卸、清理方便等特点。既适用于多种湿物料的制粒,又适用于干颗粒的整粒。

边学边练

摇摆式颗粒机的操作及维护保养,请见**实训二　制粒、干燥设备实训**。

(二)高效混合制粒机

1. 结构　主要由制粒锅、搅拌桨、制粒刀、控制面板、出料口、电机等组成,如图3-2所示。

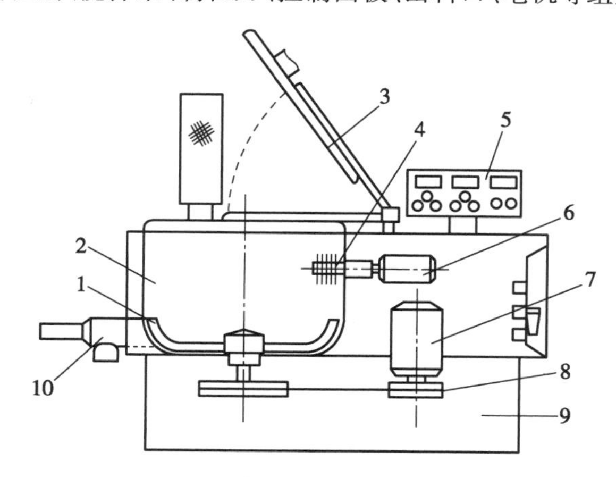

图3-2　高效混合制粒机示意图

1. 搅拌桨;2. 制粒锅;3. 锅盖;4. 制粒刀;5. 控制面板;6. 制粒刀电机;7. 搅拌电机;8. 传动皮带;9. 机座;10. 出料口

2. 工作原理　制粒锅内的干粉物料在搅拌桨旋转运动下快速混合均匀,加入黏合剂制成软材,制粒刀将软材绞碎、切割成湿颗粒。

3. 操作要点　以HLSG-10高效混合制粒机为例。

(1)操作前准备:①接通水、气和电源,检查设备各部件是否正常,水压、气压是否正常;②打开电源开关,操作出料的开关按钮,检查出料阀门是否灵活,可通过调节气缸下面的接头式单向节流阀

调整出料阀的运动速度至适宜；③打开搅拌和制粒刀开关，观察机器的运转情况，应在无刮擦器壁，无异常声音；④检查各转动部件是否灵活，安全联锁装置是否可靠。

（2）开机运行：①打开气阀，检查气压是否合适，所有显示灯红灯亮；②打开制粒锅盖，将原辅料投入锅内，拧紧锅盖固定螺栓，直至"就绪"指示灯亮；③打开操作台下进气旋钮；④启动搅拌桨，调节转速应由最小逐渐调至中低速，1~2 分钟后再调至中高速；⑤同时通过锅盖上的观察口往锅内加入黏合剂，搅拌约 5 分钟；⑥启动制粒刀进行制粒，2~3 分钟后完成制粒；⑦将容器放在出料口，按"出料"按钮，直至颗粒基本排尽，停止搅拌桨和制粒刀。

4. 注意事项

（1）按工艺要求设置干混、湿混、制粒时间及搅拌桨、切割刀的转速。

（2）控制好黏合剂的用量及加入方式，一般以一次加入为好。

（3）投料量应适宜，如一次投料量过多，搅拌桨负荷过大且混合不均，容易造成物料黏壁，影响颗粒成型。

5. 清洁规程

（1）清洁实施的条件和频次：①生产前、生产后清洁、消毒；②更换品种、规格、批号时必须清洗；③设备维修后必须彻底清洁、消毒。

（2）清洁液与消毒液：饮用水、纯化水、75%乙醇。

（3）清洁方法：①打开通水阀，通入饮用水，水位不可超过制粒刀转轴；②关闭制粒锅盖，打开通气阀，启动搅拌桨和制粒刀运转约 2 分钟，再打开锅盖，刷洗内腔；③打开出料阀放尽水，反复洗涤 3 次，至无残留药粉；④用纯化水冲洗制粒锅 2 次；⑤依次用饮用水、纯化水冲洗出料口各 2 次；⑥用纯化水湿润的抹布分别擦拭设备表面；⑦更换品种时须卸下搅拌桨及制粒刀，送至清洗间清洗，待制粒锅内壁擦干净后，再将搅拌桨、制粒刀安装回原位；⑧清洁完毕挂上"已清洁"状态标志。

6. 维护保养规程　①每月检查 1 次锅盖密封圈是否完整，主搅拌密封、制粒密封；②每运行 1 个月，检查减速机皮带的磨损和松紧情况，如有必要，可用长紧螺钉进行调节；③设备启用 2 个月后，减速器要换油，以后每半年换 1 次油。

7. 特点及应用范围　本机制得的颗粒大小均匀、质地结实、流动性好、生产效率高，仅用 8~10 分钟就可制备 1 批颗粒，较传统工艺少用 25%左右的黏合剂，可节省成本。在同一封闭容器内完成干混-湿混-制粒工艺，符合 GMP 生产管理要求。但不适合黏性大且不耐热的物料。

边学边练

高效混合制粒机的操作及维护保养，请见**实训二　制粒、干燥设备实训**。

（三）流化床制粒机

流化床制粒机也称沸腾制粒机、一步制粒机，能将混合、制粒、干燥三步合在一台设备中完成。

1. 结构　由物料容器、喷雾室、气体分布装置（如筛板等）、喷嘴、气-固分离装置（如图中袋滤器）、空气进口和出口等组成，物料容器多为倒锥形，以消除流动"死区"，如图 3-3 所示。

2. 工作原理　流化床制粒（又称沸腾制粒）是利用自下而上的气流使药物和辅料粉末呈悬浮流化

状态，喷入液体黏合剂使粉末聚结成粒的制粒方法。操作时，把物料粉末装入物料容器中，从床层下部筛板吹入适宜温度的气流，使物料在流化状态下混合均匀，然后开始喷入液态黏合剂，粉末聚结成粒，经过反复的喷雾和干燥，直到颗粒的大小符合要求时停止喷雾，形成的颗粒继续在床层内被热风干燥至含水量符合规定即可出料。

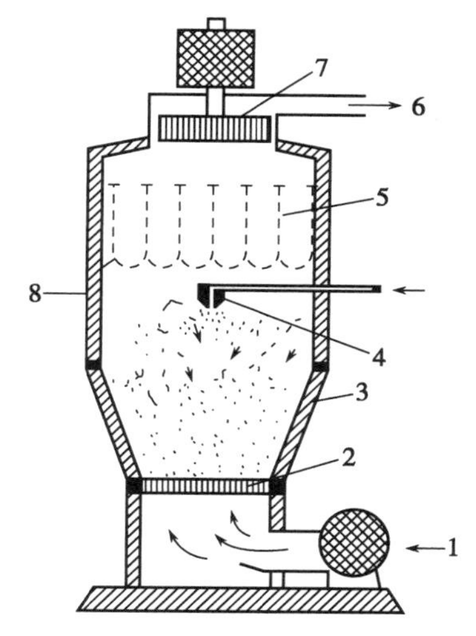

图 3-3　流化床制粒机示意图

1. 空气进口；2. 筛板；3. 物料容器；4. 喷嘴；5. 袋滤器；6. 空气出口；7. 排风机；8. 喷雾室

3. 操作要点

（1）操作前准备：①检查设备标识状态正常且已清洁才能使用。②检查油雾器油杯内是否有油，并加注到位；检查油雾器前冷却水贮杯是否有冷却水，并排尽。③拉出物料容器和喷雾室，系上清洁干燥的过滤布袋，并检查是否完好、连接是否牢固。④将物料容器和喷雾室推入，注意容器与底座间要吻合。⑤接通电源并检查进气口风门调节装置是否在合适位置。⑥启动空压机电源开关，调节输出压力为 0.45MPa。⑦按工艺要求设定进风温度。⑧检查电流表、电压表指示是否正常。⑨检查温控仪表是否正常。⑩开启气封开关，密封主塔；将自动/手动开关调至“自动”位置，检查自动程序是否正常；雾化器调节：将喷枪取出，启动输液泵。根据黏合剂黏度和需雾化程度调节雾化压力为 0.2~0.4MPa，启动供液泵，调节压缩气压、泵运转速度及雾化器前的调节帽使雾化均匀适度。

（2）开机运行：①在输液泵进料管内加满黏合剂。②装好喷枪，设定雾化空气量、黏合剂量及空气压力等。③启动风机，将吸料管插入物料，待吸料完成后取下吸料管，盖上并封闭好真空吸料管盖，关闭风机，打开进风口的风门。④手工装料时，按“升/降”按钮，降下盛料器推车，拉出小车，将物料倒进车内并摊平，推回小车，按“升/降”按钮，密封主塔。⑤参数设定：通过操作面板设定进风温度、报警温度、恒温时间、风机工作时间、自动抖袋时间等参数，关闭微调风门。⑥启动引风机，逐步开启微调风门，直至物料被吸至筒体视窗处锁死手柄。⑦按“加热”“自动抖袋”按钮进行制粒。⑧制粒结束后，先关闭加热开关，使物料温度降至室温后关闭风机。⑨按“手动风门”关闭引风管道。⑩通过按“手动抖袋”按钮，抖袋几次；按“升/降”按钮，降下物料小车脱离主塔，拉出小车，及时取出成品干颗粒。

4. 注意事项

（1）投料前需检查筛板，确认完整无破损、筛孔无堵塞现象。

（2）按工艺要求设置好进风温度、风门开启度、雾化压力、喷雾流量及喷枪角度等工艺参数，并且不要轻易改变这些工艺参数，否则有可能产生较多细粉或粗粒，甚至结块现象。

（3）控制好黏合剂黏度，以保证喷雾均匀。

（4）袋滤器抖袋间隔时间应短些，既可使黏附在滤袋上的细粉及时抖落至容器内，又可保证滤袋的通透性，维持流化床内一定的负压，使物料形成良好的流化状态，制得的颗粒更加均匀、质量更好。

5. 清洁规程

(1)黏合剂喷完后,加入少许温水继续喷雾,既可对输液泵进行清洗,同时也对喷枪、输液管进行了清洗,可避免喷枪阻塞。

(2)空气过滤袋应每班拆下清洗,避免因灰尘在袋内集聚过多造成阻塞,影响流化态的建立和制粒的效果,更换品种时,主机应清洗。

6. 维护保养规程

(1)油雾器要经常检查,定期加油,润滑油为5#、7#机械油,如果缺油会造成气缸故障或损坏,分水滤气器要定期放水,一般情况下应每班放1次。

(2)要定期清除鼓风机内的积灰、污垢等杂质,防止锈蚀,每次拆修后应更换润滑脂。

(3)若设备因故闲置时,应每隔30天启动1次,启动时间不少于1小时,防止气阀因时间过长润滑油干枯而造成的损坏。

7. 特点及应用范围

(1)在一台设备内可完成混合、制粒、干燥,甚至包衣等操作,简化了生产工艺。

(2)制得的颗粒密度小、粒度均匀,流动性、压缩成型性好。

(3)设备占地面积小,自动化程度高,工艺参数明确,生产条件可控,故在制药工业已被广泛应用。

案例分析

案例

一天，某药厂门卫看到车间楼顶“烟雾滚滚”，以为是车间发生火灾，急忙拨打119电话并通知厂部。厂部紧急调查每一间车间，没有任何车间起火，再仔细观察“烟雾”，发现“烟雾”原来是“尘雾”。再继续调查，发现“尘雾”出自于正在工作中的流化床制粒机。停机检查，发现流化床制粒机的袋滤器严重破裂。

分析

流化床制粒机依靠袋滤器阻止药粉飞出，袋滤器破裂，药粉随气流从制粒机空气出口排出，进入车间排气管道，造成误会。

预防措施

药粉飞出，不仅造成浪费，还直接影响产品质量，所以在安装袋滤器之前，一定要认真检查其是否完好，有漏洞要补好，如果已经严重破损，则应更换新的袋滤器。

二、干法制粒设备

干法制粒是把药物粉末直接压缩成较大的片剂或片状物后,重新粉碎成所需大小的颗粒的方法。其优点在于不加入任何液体,也不需进行干燥,使物料避免了湿和热的影响,提高了产品的质量,又解决了防爆问题和废气排放问题。适合对湿、热不稳定且易压缩成型的药物。干法制粒设备相对湿法制粒，省时省工，节约辅料，降低成本，同时制粒过程中不使用湿性黏合剂，制成的片剂容易崩解。缺点是制粒过程中易出现粉末飞扬，且采用干法制粒时，应注意由于压缩引起的晶形转变及活性降低等影响药物的溶出速率。

干法制粒方法有压片法和滚压法。

1. 压片法　将固体粉末先用重型压片机压制成直径为20~25mm的坯片，然后再将坯片破碎成所需大小的颗粒的方法。该法所用的设备是压片机和粉碎机。压片机需用巨大压力，冲模等机械部件损耗率大。粉碎时产生的细粉较多，需要反复加压、粉碎，故生产效率较低。

2. 滚压法　滚压法常用的设备有如下结构和工作原理。

（1）结构：主要由加料斗、送料螺杆、滚压轮、压力调节器、粉碎装置等组成，如图3-4所示。

（2）工作原理：利用转速相同的两个滚压轮之间的缝隙，将药物粉末滚压成片状物，然后通过颗粒机破碎装置制成一定大小的颗粒。片状物的形状由滚压轮表面的凹槽花纹来决定。

（3）特点及应用范围：该设备将滚压、碾碎、整粒一起完成，操作简单，可全部实现自动化，生产效率高，设备投资少，经济效益好，应用越来越广。

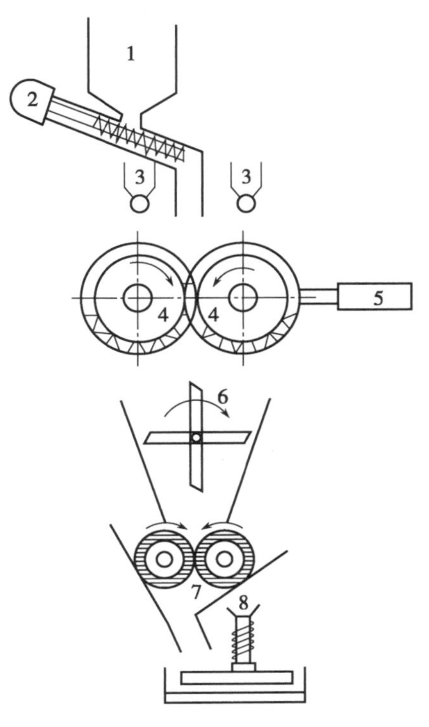

图3-4　滚压法制粒机结构示意图
1. 加料斗；2. 送料螺杆；3. 润滑剂喷雾器；4. 滚压轮；5. 液压缸；6. 粗粉碎装置；7. 滚碎装置；8. 整粒装置

课堂活动

有一批中药浸膏，其有效成分对热不稳定，生产中需要制成颗粒。你会选用哪一种方法制粒？说出选择的理由。

点滴积累

1. 摇摆式颗粒机利用齿轮齿条机构，使刮粉轴往复旋转，软材被强制性挤过筛网制成颗粒。
2. 高效混合制粒机的制粒锅内的干粉物料在搅拌桨旋转运动下快速混合均匀，加入黏合剂制成软材，制粒刀将软材绞碎、切割成湿颗粒。
3. 流化床制粒机也称沸腾制粒机、一步制粒机，能将混合、制粒、干燥三步合在一台设备中完成。
4. 干法制粒机把药物粉末直接压缩成片状物后，重新粉碎成所需大小的颗粒的方法，可避免湿、热对药物稳定性的影响。

第二节　干燥设备

在药物制剂生产过程中，经常会遇到各种湿物料，如新鲜药材、中药饮片、药用原辅料、半成品和成品等，不便于储存、运输、加工和使用，因此必须对其进行干燥。干燥的目的是除去湿物料中的水分或溶剂，提高稳定性，以便于储存、运输、加工和使用。干燥是制药工业生产中一项基本的单元操作。

一、干燥概述

湿物料中所含的水分或其他溶剂称为湿分。干燥是利用热能使湿物料中的湿分（水分或其他溶剂）汽化，并利用气流或真空带走已汽化的湿分，从而获得干燥产品的固液分离操作。在工业生产中，一般先用机械法最大限度地除去物料中的湿分，再用干燥法除去剩余的湿分，最后获得合格的干燥产品。除去湿分的方式主要有：①机械除湿法：采用压榨、过滤、离心分离、沉降等机械方法除去湿分。该法除湿快、费用低，但不彻底。②加热或冷冻干燥法：采用加热或冷冻使物料中的湿分蒸发或升华而除去。该法除湿程度高，费用也较高。③化学除湿法：采用吸湿剂如硅胶、无水氯化钙、生石灰等与湿物料共置于密封容器中，吸潮除湿。该法可除去物料中的少量湿分，但费用也较高。

干燥后的产品并不是说水分含量越低越好，而应根据被干燥物料的性质、预期干燥程度、实际生产条件、工艺要求等采用相应的干燥方法和设备，适当地控制干燥的程度和水分含量。

干燥可分为以下几类：①按操作方式可分为间歇式、连续式。工业上以连续式为主，其干燥的特点是生产能力大、产品质量均匀、热效率高及劳动条件好。②按操作压力可分为常压干燥、真空干燥。③按热量传递方式可分为传递、对流、辐射、介电加热干燥等。

（一）干燥的基本要求

在药物制剂生产过程中，根据所采用的质量标准和生产工艺不同，干燥设备的类型不相同，一般对干燥操作的基本要求如下：

1. 必须满足干燥产品的质量要求，如达到工艺要求的干燥程度及含水量，不影响产品的外观性状和药用价值等。

2. 设备生产能力高，热效率高，干燥速度快、时间短。

3. 干燥操作的环境良好，符合 GMP 对空气洁净度的要求。

4. 工艺科学，经济性好，辅助设备费用低。

5. 操作方便，生产、维护容易。

（二）干燥的基本原理

在干燥过程中，湿物料与热空气接触时，热空气将热量传递至物料，这是一个传热过程；湿物料吸收热量后，物料内部的水分不断汽化，并向空气中转移，这是一个传质过程。因此物料的干燥是传热和传质过程同时进行，如图 3-5 所示。物料的表面温度为 t_w；湿物料表面的水蒸气分压为 P_w（物料充分润湿时 P_w 为 t_w 下的饱和蒸气压）；物料表面黏附有一层气膜，其厚度为 δ，传热、传质的阻力集中于气膜；气膜以外是热空气主体，其温度为 t，空气中的水蒸气分压为 P。

由于热空气的温度 t 高于物料的表面温度 t_w，热能从空气传递到物料表面，传热的推动力是温差 $t-t_w$。而物料表面所产生的水蒸气分压 P_w>空气中的水蒸气分压 P，水蒸气必然从物料表面扩散到热空气中，其传质推动力为 P_w-P。

应予指出，干燥过程得以进行的重要条件是必须具备传热和传质的推动力。即湿物料表面的水蒸气分压必须大于空气中的水蒸气分压（即 $P_w-P>0$），两者压差越大，干燥过程进行得越快。所以，及时将汽化的湿分带走（同时还可减小气膜厚度 δ），可保持一定的传质（汽化）推动力。若 $P_w-P=0$，表示空气与物料中的水蒸气达到平衡，干燥即停止；若 $P_w-P<0$，物料不仅不能干燥，反而吸潮。同时，尚需保持热空气与湿物料之间的温差（即 $t-t_w>0$），以保持传热的推动力。

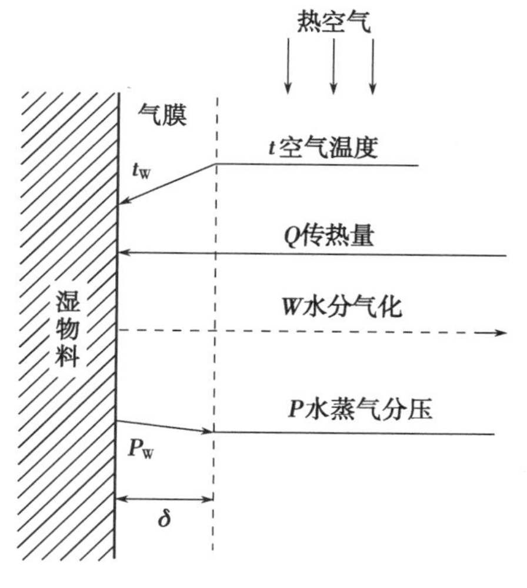

图 3-5　热空气与湿物料间的传热和传质示意图

课堂活动

思考一下，日常生活可通过哪些手段加速物品的干燥？　其原理是什么？

二、常用干燥设备

下面介绍制药工业中常用的几种干燥设备。

（一）厢式干燥器

厢式干燥器小型的称为烘箱，大型的称为烘房。整体呈厢形，外壁包上绝热层，厢内支架上有多个长方形的料盘，湿物料置于盘中，堆放厚度为 10～100mm，热空气由厢体入口送入，流过盘间物料层表面，对物料进行加热干燥。热空气流动方式可分为水平气流式和穿流式。

厢式干燥器一般为间歇式，也有连续式。将物料放在可移动的小车上或直接铺在移动的传送带上。

优点：适应性强，装卸容易，适用于干燥多种物料；每批物料可以单独处理，温度便于控制；满足制药工业生产批量少、品种多的要求；结构简单，物料破损少，粉尘少等。

缺点：物料盛于盘中，静态干燥，需时长，底层物料受热慢，干燥中途需要翻动物料；若物料量大，所需的设备容积也大；翻动或装卸物料时粉尘飞扬，易造成污染；热效率低（一般为 40%左右，每干燥 1kg 水分约需消耗加热蒸汽 2.5kg 以上）。

适用于易碎物料，胶黏性、可塑性物料，颗粒状、膏状物料，棉纱纤维状及坯状制品等。

厢式干燥器根据干燥介质的流动方式可分为水平气流厢式干燥器、穿流气流厢式干燥器、真空厢式干燥器等。

1. 水平气流厢式干燥器

（1）结构：由厢体、循环风机、空气加热器（如蒸汽加热翅片管或电加热元件）和可调节的气体挡板组成。如图 3-6 所示。

(2)工作原理:干燥过程中物料保持静止状态,热风沿着物料表面和烘盘底面水平流过,同时与湿物料进行热交换并带走物料汽化的湿气,传热传质后的热风在循环风机作用下,部分从排风口放出,同时由进风口补充部分湿度较低的新鲜空气,与部分循环的热风一起加热进行干燥循环。当物料的含湿量达到工艺要求时停机出料。

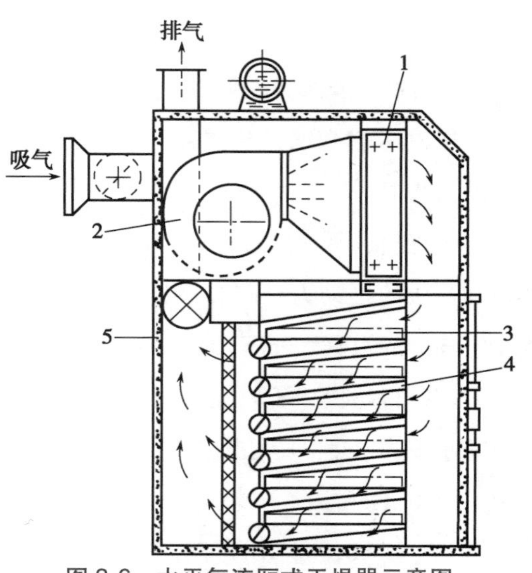

图 3-6　水平气流厢式干燥器示意图
1. 加热器;2. 循环风机;3. 支架;
4. 干燥板层;5. 干燥箱主体

(3)操作要点

1)操作前准备:①按要求检查设备是否清洁,尤其是厢体内壁;②检查设备各部件是否完好,如发现异常及时排除;③检查电器控制面板各仪表及按钮、开关是否完好;④检查蒸汽管道及电磁阀有无泄漏。

2)开机运行:①将物料推入厢体,关严厢门;②接通电源,按下风机按钮,启动风机;③切换开关,置于"自动"位置,设定好温度控制点、极限报警点,然后将仪表拨动开关放在测量位置;④关掉电磁阀两边的截止阀,打开旁通阀,同时打开疏水器旁通阀,放掉管道中的污水,然后按相反顺序关掉旁通阀,打开截止阀;⑤将切换开关置于"手动"位置,按下加热按钮开关,反复进行几次,检查电磁阀开关是否灵活,若无异常现象,将切换开关置于"自动"位置投入使用;⑥待温度升到设定值后,打开排湿系统;⑦待物料干燥合格后,关掉排湿、加热、风机,断开电源,取出物料。

(4)注意事项:①设备处于工作状态,禁止打开烘箱门;②推、拉料车时,要谨慎操作,防止料盘滑落或料车与厢体发生剧烈碰撞;③清洗设备时,防止电器部件进水。

(5)清洁规程:待温度降至常温后,可先用吸尘器吸净厢体内药物残留的粉末,然后用软布依次用饮用水和纯化水擦拭干净。

(6)维护保养规程:①保持设备清洁,各部件完好;②每班按要求检查蒸汽管路、风筒等部件是否有漏气现象;③控制仪表等要定期校验;④经常检查各紧固件是否松动,如松动应加以紧固;⑤设备长期不用时应在电镀件上涂中性油脂或凡士林,防止腐蚀。

2. 穿流气流厢式干燥器　穿流气流厢式干燥器如图 3-7 所示,其料盘底部为金属筛网或多孔板,可供热风均匀地穿流通过料层。此种干燥器克服了水平气流厢式干燥器的热风只在物料表面流过、传热系数较低的缺点,提高了传热效率。其干燥效率为水平气流式的 3~10 倍,但能量消耗较大。

3. 真空厢式干燥器　真空厢式干燥器系将被干燥物料置于密封的干燥器内,操作时用真空泵抽出由物料中蒸发的湿分或其他蒸气。其优点是干燥的温度低、速度快、时间短,干燥物品疏松易于粉碎、质量高。适用于热敏性、易氧化的物料,生物制品等,或所含湿分为有毒、有价值需要回收蒸气以及防止污染的场合。同时,此种方法减少药物与空气的接触,避免了粉尘飞扬,适合小批量价值昂贵的物料。

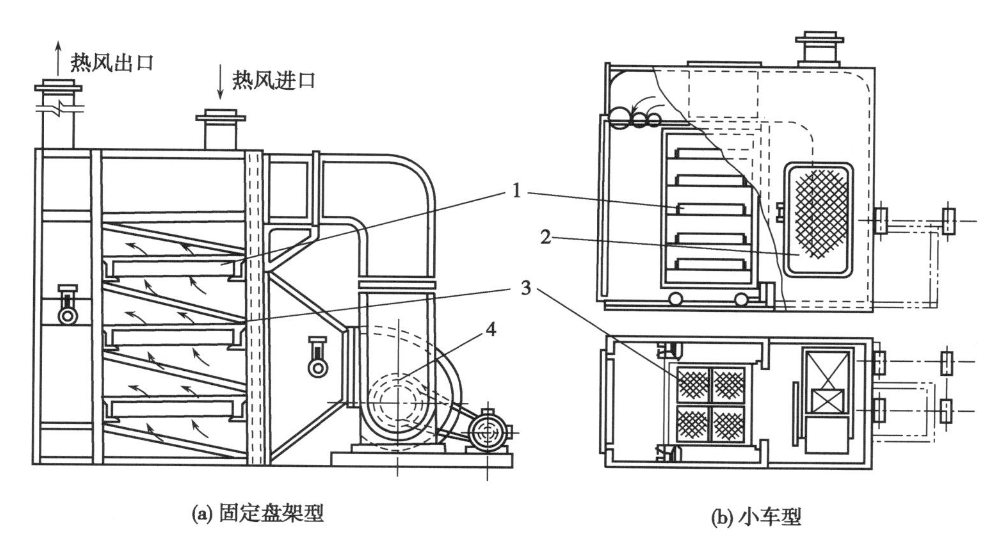

图 3-7 穿流气流厢式干燥器示意图
1. 料盘;2. 过滤器;3. 盖网;4. 风机

真空厢式干燥器的结构如图 3-8 所示,内设多层空心隔板,隔板中通入加热蒸汽或热水。由进气多支管通入蒸汽,由冷凝液多支管流出冷凝水。

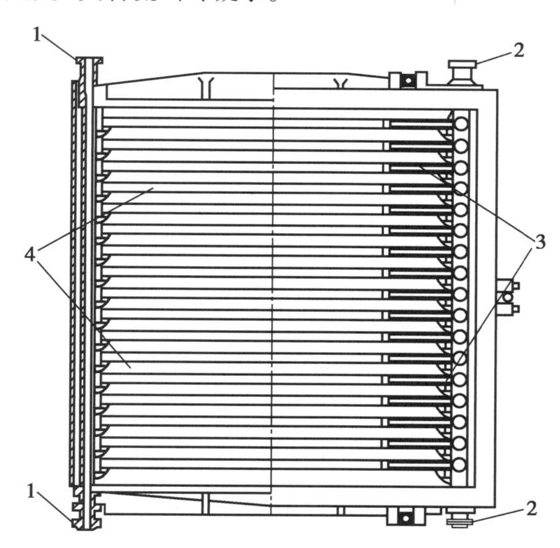

图 3-8 真空厢式干燥器示意图
1. 进气多支管;2. 冷凝液多支管;3. 连接多支管与空心隔板的短管;4. 空心隔板

(二)带式干燥器

带式干燥器是最常用的连续式干燥器。其内置传送带,多为筛网状或多孔状,气流与物料呈错流,被干燥的物料随传送带的移动与热空气接触而被干燥。通常在物料的运动方向上分成许多个独立的单元段,每个单元段都装有循环风机和加热装置。在不同的单元段上,气流方向、气体温度、湿度和速度等参数可进行独立控制。

带式干燥器结构简单,安装方便,能长期运行,发生故障时可进箱体内检修,维修方便。但占地面积大,运行时噪声较大。

1. 单级带式干燥器　典型的单级带式干燥器的结构如图 3-9 所示。物料经加料装置均匀分布到传送带上。外部空气经滤过后由循环风机抽入，被加热器加热后，经分布板由传送带下部垂直上吹，流过物料层，物料中的水分被汽化，空气增湿，温度降低。一部分湿空气排出箱体，另一部分则在循环风机吸入口前与新鲜空气混合再次循环。为了使物料层上下脱水均匀，空气继向上吹之后又向下吹。最后干燥产品与外界空气或其他低温介质接触冷却后，由出料口卸料取出（图 3-10）。

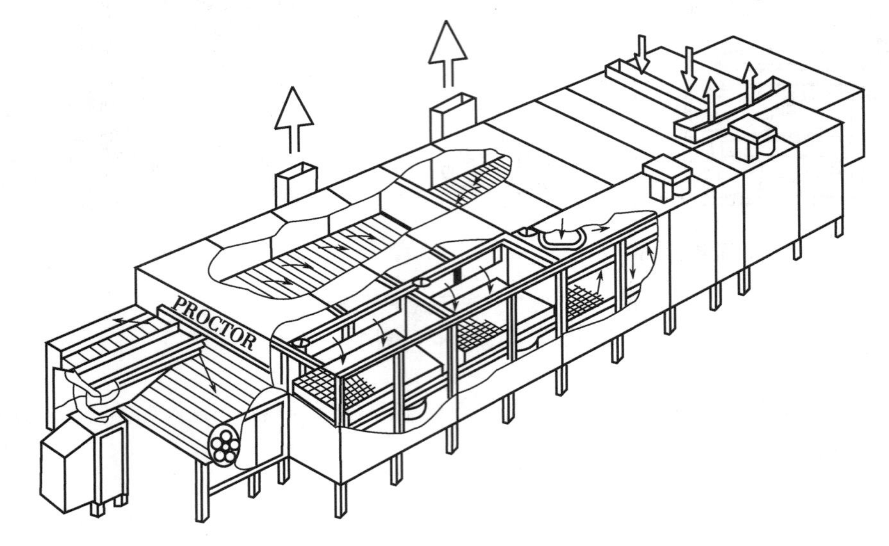

图 3-9　单级带式干燥器结构透视图

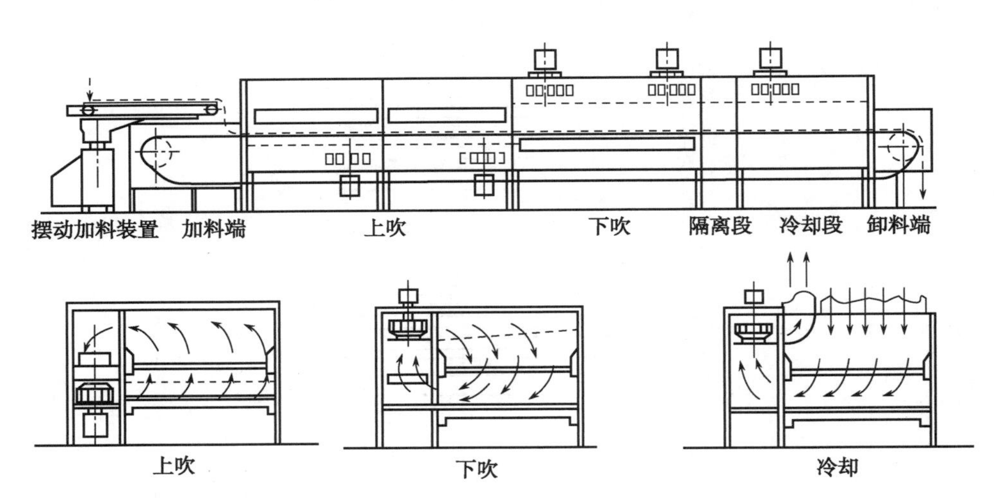

图 3-10　单级带式干燥器工作原理示意图

干燥介质以垂直向上或向下穿过物料层进行的干燥称为穿流式带式干燥器。干燥介质在物料层上方做水平流动进行的干燥称为水平气流式带式干燥器。后者因干燥效率低，现已很少使用。

2. 多层带式干燥器　如图 3-11 所示，干燥室内设有多层传送带，层数可达 15 层，最常用 3～5 层。干燥室是一个不隔成独立控制单元段的加热箱体；物料送至干燥室内后，在移动过程中从上一层自由撒落于下一层的带面上，如此反复运动，通过整个干燥器的带层，直至最后到达干燥器的底层由物料排出口收集获得干燥物料。

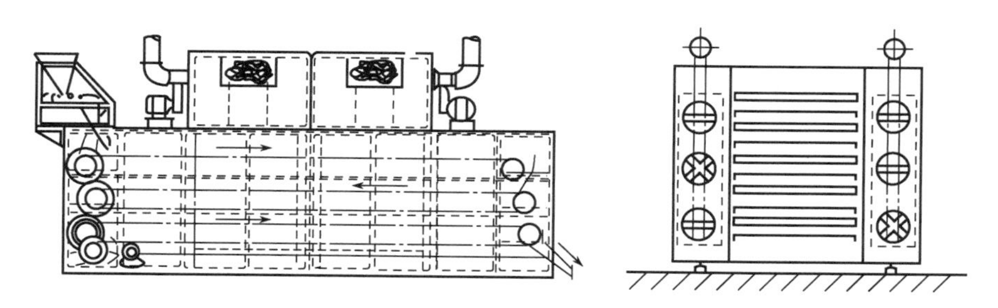

图 3-11 多层带式干燥器示意图

在整个干燥过程中操作条件(如干燥介质的流速、温度及湿度等)基本保持恒定。干燥时间为5~120分钟,干燥器占地小,结构简单,广泛使用于中药饮片的干燥。但由于干燥过程物料要经过多次从上层传送带转移到下层,因此不适用于干燥易黏附传送带及不允许破损的物料。

(三)流化床干燥器

流态化是指固体颗粒在流体的作用下呈现出与流体相似的流动性能的现象。在流体作用下呈现流(态)化的固体粒子层称为流化床。

1. 单室流化床干燥器

(1)结构:流化床干燥器又称沸腾干燥器,由原料输入系统、热空气供给系统、干燥室及空气分布板、气-固分离系统、产品回收系统和控制系统等组成。如图 3-12 所示。

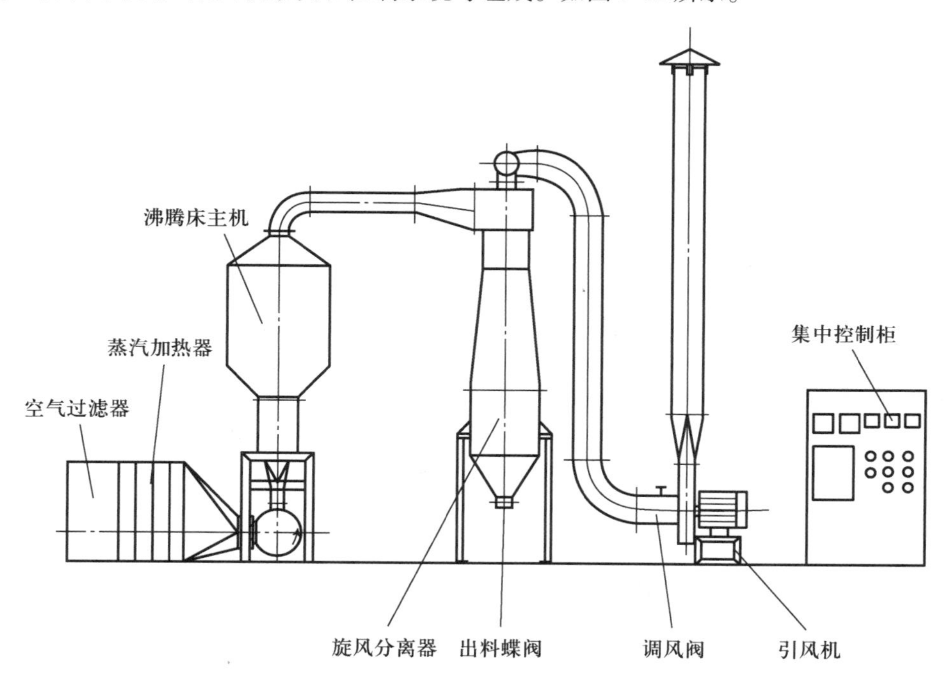

图 3-12 沸腾干燥机组结构示意图

(2)工作原理:空气经过滤和加热后,自盛料器底部的多孔分布板(筛网)通入,使颗粒状湿物料悬浮而上下翻动,犹如“沸腾”一样形成流化态,物料吸收热空气中的热量后使水分汽化,干燥后的物料由排料口卸出。湿热气体进入流化床顶部由旋风分离器回收细粉,然后气体排入大气中。

(3)分类:根据加料方式不同,可分为连续式或间歇式两种。连续式加料不能保证物料干燥的均匀性,因此在制药工业中常用采用间歇式加料。

(4)主要特点:①传热系数大,传热良好,干燥速率高,可在小装置中处理大量的物料;②流化床内温度均一,可得到均匀的干燥产品;③结构简单,造价低廉,维修费用低;④密封性能好,物料不接触传动机械,因此不会有杂质混入;⑤由于要使物料流态化,因此对物料的含水量、形状和粒径有一定限制,一般要求被干燥物料的粒度范围为0.3~6mm、粉料的含水量为2%~5%、湿颗粒的含水量为10%~15%,对易结块和含水量高的物料易发生堵塞和黏壁现象;⑥干燥过程中易发生摩擦,使脆性物料产生过多细粉。

(5)操作要点:以GFG40A型沸腾干燥机为例。

1)操作前准备:①将捕集袋套在袋架上,一并放入清洁的上气室内,松开捕集袋吊绳定位手柄后摇动手柄使吊绳放下,然后将捕集袋架套在吊绳末端的螺栓上,并拧紧螺母将袋架固定在吊绳上,摇动手柄升高到尽头,将袋口边缘四周翻出密封槽外侧,勒紧绳索,打结;②将物料加入盛料器内,检查密封圈内的空气是否排空,排空后可将盛料器缓缓推入上下气室之间,调整位置使盛料器以及机身上的联轴器吻合,盛料器与密封圈同心;③接通压缩空气及设备电源,面板上的电源指示灯亮;④将总进气减压阀压力调到0.5MPa左右,气封减压阀调到0.1MPa,气封压力可根据充气密封情况适当调整,但不得超过0.15MPa,否则密封圈易爆裂;⑤预设进风温度;⑥选择"手动"设置。

2)开机运行:①开启"气封"开关,待指示灯亮后观察充气密封圈的鼓胀密封情况,密封后方可进行下一步操作。②启动风机,观察窗内物料沸腾情况,调节出风量,以物料沸腾度适中(出风量过大,真空度太高,导致过激沸腾,使得颗粒易碎,细粉多,且热量损失大,干燥效率低;出风量过小,物料难以沸腾,易使物料结块,不易干燥)。③启动电加热,约半分钟后启动"搅拌",待物料接近干燥时,应关闭搅拌。④在取样口取样,检测物料的含水量。⑤含水量合格,即可结束干燥,关闭加热器。⑥待出风口温度下降至接近室温时,关闭风机。⑦约1分钟后,按"抖袋"按钮8~10次,使捕集袋内的物料掉入盛料器内。⑧关闭"气封",待充气密封圈恢复原状后,拉出盛料器小车,卸料。

(6)操作注意事项:①电气操作顺序:启动:风机开→加热开→搅拌开;停机:加热关→搅拌关→风机关。②关闭风机后,必须等约1分钟再按"抖袋",确保捕集袋不致在排气未尽的情况下因抖动而破损。③关闭"气封"后,必须待密封圈内的空气放尽后方可拉出盛料器,否则易损坏充气密封圈。

(7)清洁规程:①拉出盛料器后,放下捕集袋架,取下过滤袋,关闭风门;②用饮用水冲洗残留在主机各部分的物料,卸料后的盛料器的分布板缝隙要彻底清洗干净,不能冲洗的部位用软毛刷或湿布擦拭;③捕集袋应及时清洗干净,烘干备用。

(8)维护保养规程:①保证设备的各部件完好可靠;②设备外表及内部应洁净,无污物聚积;③每班次应向各润滑油杯和油嘴加润滑油和润滑脂;④气动系统的空气过滤器应清洁,每隔半年清洗或更换滤材;⑤气动阀活塞应完好可靠;⑥水冲洗系统无泄漏;⑦流化床干燥机机身和盛料器、沸腾室内壁可用水冲洗或用湿布擦干净,但要防止电器箱受潮、密封圈进水以及气封管路内进水,清洗下气室时水量不能高于进风口,以防加热器和风机受潮;⑧空气过滤器的容尘量为1800g,应每隔半年清洗或更换滤材。

（9）应用范围：特别适用于处理湿性粉粒状而不易结块的物料，如片剂湿颗粒及颗粒剂的干燥。对于干燥要求较高或所需干燥时间较长的物料，可采用多室沸腾干燥器。

边学边练

沸腾干燥机的操作及维护保养，请见**实训二　制粒、干燥设备实训**。

2. 卧式多室流化床干燥器　卧式多室流化床干燥器与单层立式相比，热利用率较好，产品干燥程度亦较均匀，产品质量易于控制。

（1）结构：为一长方形箱式流化床，如图 3-13 所示。干燥器内按一定间距设置垂直隔板，构成多室（一般为 4~8 室）。隔板可以是固定的或活动的，可上下移动，以调节其与筛板的间距，使物料能逐室通过，到达出料口。

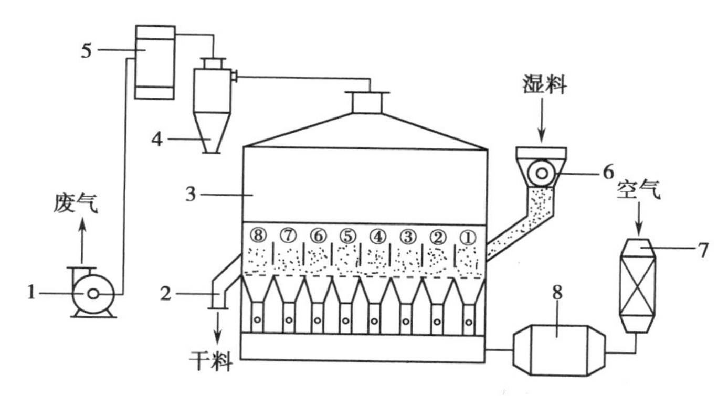

图 3-13　卧式多室流化床干燥器示意图
1. 引风机；2. 卸料管；3. 干燥器；4. 旋风分离器；5. 袋式分离器；
6. 摇摆颗粒机；7. 空气过滤器；8. 加热器

（2）工作原理：卧式多室流化床相当于多个流化床串联使用，每一室相当于一个流化床。热空气分别通入各室，各室的热空气温度、湿度和流量均可以调节。如第一室中由于物料较湿，热空气量可调大；至最后一室可通入低温空气，冷却产品。这类干燥器可使每个室内的干燥速率达到最大，且不降低效率或不破坏热敏性物料。

（3）特点：①结构简单，制造方便，没有运动部件；②卸料方便，容易操作；③干燥速度快，处理量幅度宽；④对热敏性物料可使用较低温度进行干燥，有效成分不会被破坏。

（4）应用范围：卧式多室流化床干燥器所干燥的物料大部分是经制粒机预制成 4~14 目的散粒状物料，其初始湿含量一般为 10%~30%。

3. 振动流化床干燥机　普通流化床干燥器在干燥颗粒状物料时可能存在下列问题：当颗粒粒度较小时形成沟流或死床；颗粒分布范围大时夹带会更为严重；由于颗粒的返混，物料在器内滞留时间不同，干燥后的颗粒含湿量不均；物料湿度稍大时会造成聚结和粉团现象，而使流化恶化等。为了克服上述问题，研制了数种改型流化床，其中振动流化床就是一种较为成功的改型流化床。

（1）结构：振动流化床干燥机的结构如图 3-14 所示。

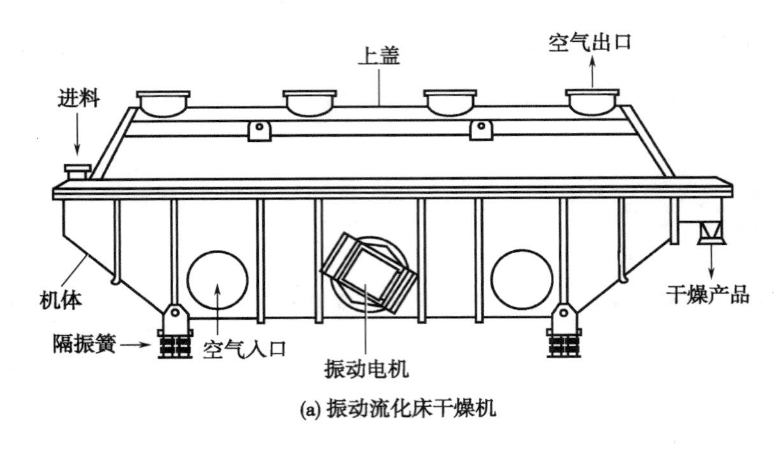

(a) 振动流化床干燥机

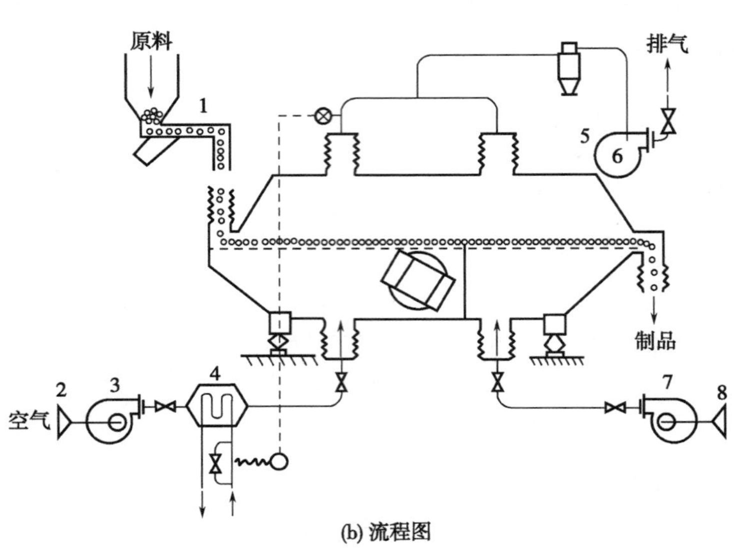

(b) 流程图

图 3-14 振动流化床干燥机结构及机组示意图

1. 振动给料机；2、8. 过滤器；3、7. 鼓风机；4. 换热器；5. 旋风除尘器；6. 排风机

（2）工作原理：物料经给料器均匀连续地加到振动流化床后，在振动力和热气流的双重作用下，使物料在空气分布板上跳跃前进；调整好给料量、振动参数及风压、风速后，悬浮状物料在床层形成更为均匀的流化状态；物料颗粒与热介质之间进行着激烈的湍动，使传热和传质过程得以强化，获得一个较理想的活塞流。改善了普通流化床颗粒返混等问题，可在一定范围内改善系统的处理能力。

（3）特点：①由于施加振动，可降低最小流化气速，显著降低空气需求量，节能效果显著；②可通过调整振动参数改变物料在干燥器内的滞留时间，其活塞流式的流化床降低了对物料粒度均匀性及规则性的要求，易于获得均匀的干燥产品；③有助于物料分散，通过调节适宜的振动参数，对易结团或产生沟流的物料也可顺利地流化干燥；④由于无激烈的返混，气流速度较低，物料颗粒破损小，故适合于易破损物料、干燥过程中要求不破坏晶形或对粒子表面光亮度有要求的物料；⑤由于施加振动，会产生噪声，而且会缩短机器中个别零件的使用寿命。

知识链接

沟流与死床

沟流：在气-固系统中，由于对固体的流化不均匀，湿物料间打开了若干条阻力很小的通道，热空气以极短的时间穿过床层。沟流会降低传热和传质效率。

死床：产生沟流后流化床不能流化干燥则称为死床。

解决方法：通过搅拌、振动防止物料结块，选择开孔均匀的气体分布板且防止其堵塞等方法来解决。

（四）喷雾干燥器

1. 结构　主要由干燥塔、雾化器、空气加热器和空气输送器、供料器与旋风分离器等组成。典型的机组结构如图3-15所示。

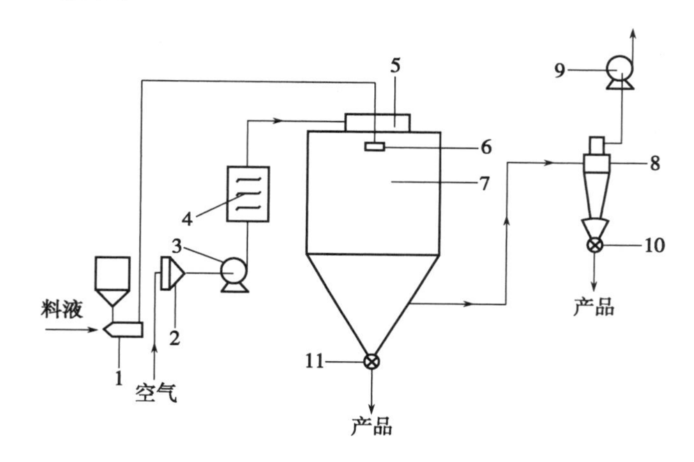

图3-15　喷雾干燥器机组结构示意图
1. 供料系统；2. 空气过滤器；3. 鼓风机；4. 加热器；5. 空气分布器；6. 雾化器；7. 干燥塔；8. 旋风分离器；9. 引风机；10、11. 卸料阀

2. 工作原理　采用雾化器将料液分散为雾滴，并用热气流（空气、氮气或过热水蒸气）干燥雾滴而获得产品的一种干燥方法。料液由泵输送至雾化器，雾化后的雾滴与热空气在干燥塔中接触，湿分汽化，最后在干燥塔底部和旋风分离器底部获得干燥产品。

3. 特点

（1）干燥速率快，时间短（一般只需10~20秒），温度低（一般约为50℃），受热损失小，雾粒表面积大，与热空气接触时传质传热迅速，因此具有瞬时干燥的特点。

（2）干燥条件便于调节，可在较大范围内改变操作条件以控制产品的质量，产品具有良好的疏松性、分散性和速溶性。

（3）可由液体物料直接获得干燥产品，简化了蒸发、结晶、过滤或离心分离等操作。

（4）操作控制方便，易于实现机械化、自动化、连续化生产，无粉尘飞扬，生产能力大，符合GMP生产要求。

(5)动力消耗大,单位产品的耗热量大,热效率较低,一次性投资较大。

4. 应用范围　喷雾干燥器常用于干燥流体物料,如溶液、乳浊液、混悬液或膏状液等。

5. 雾化器　雾化器是喷雾干燥的关键部件。

(1)气流式雾化器:由中心料液管、气体环隙通道及花板等组成。采用压缩空气或蒸气高速(≥300m/s)从喷嘴喷出,靠气-液两相之间存在的速度差产生较强的摩擦力,将料液撕裂为细小的雾滴。

气流式雾化器根据其结构形式的不同,可分为二流体喷嘴、三流体喷嘴、旋转-气流式喷嘴等。二流体喷嘴应用最为广泛,如图3-16所示。三流体喷嘴主要用于高黏度难以雾化的物料和滤饼的干燥,如图3-17所示。

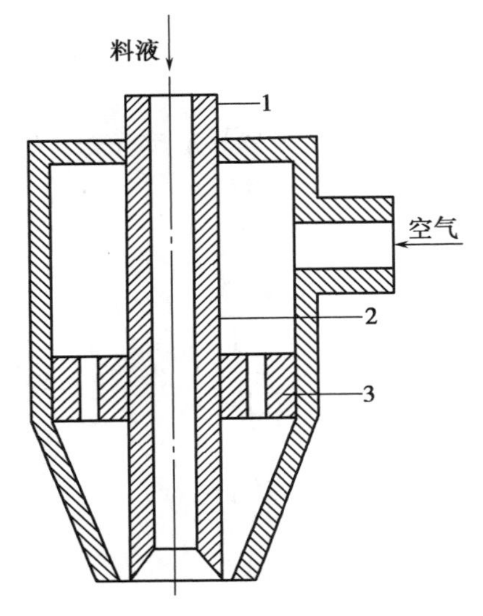

图3-16　二流体喷嘴工作原理示意图
1. 中心料液管;2. 环隙通道;3. 花板

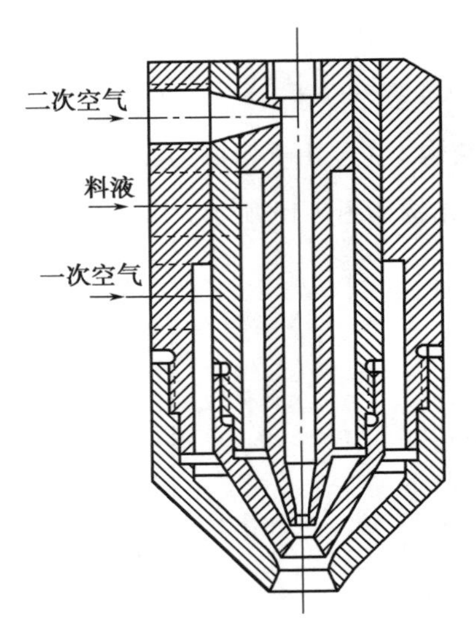

图3-17　内外混合式三流体喷嘴工作原理示意图

(2)压力式雾化器:主要由料液切向入口、旋转室、喷嘴孔及喷嘴套等组成。用高压泵使料液获得高压(为2~20MPa),高压液体经切向入口进入雾化器旋转室,料液在旋转室中做旋转运动,将静压能转变为向前运动的旋转动能,由喷嘴喷出分裂为细小的雾滴。

压力式雾化器的特点是使料液在雾化器内产生旋转运动,从而获得离心力。根据料液旋转运动的方式不同,又可分为两类:

1)旋转式压力式雾化器:这类雾化器有一个液体切向入口和一个液体旋转室,如图3-18所示。

2)离心式压力式雾化器:其结构特点是在雾化器内安装一个喷嘴芯,上面带有斜槽或螺旋槽(为2~6条),以迫使料液沿沟槽旋转。为延长喷嘴芯和喷嘴孔的使用寿命,一般用耐磨材料制造,加入人造宝石、碳化钨、硬质合金、碳化硅、陶瓷等。

(五)真空干燥器

当物料具有热敏性、易氧化性或湿分为有机溶剂具有危险性时,一般可采用真空干燥。

真空干燥器的特点:①能用较低的温度达到较高的干燥速率,节约热能,但与常压干燥器比较,增加了真空系统,设备投资及操作费用大;②能低温干燥热敏性物料;③可干燥易氧化或易燃的物料;④适于干燥含有机溶剂或有毒气体的物料,溶剂回收容易;⑤能将物料干燥到很低的含水量,故

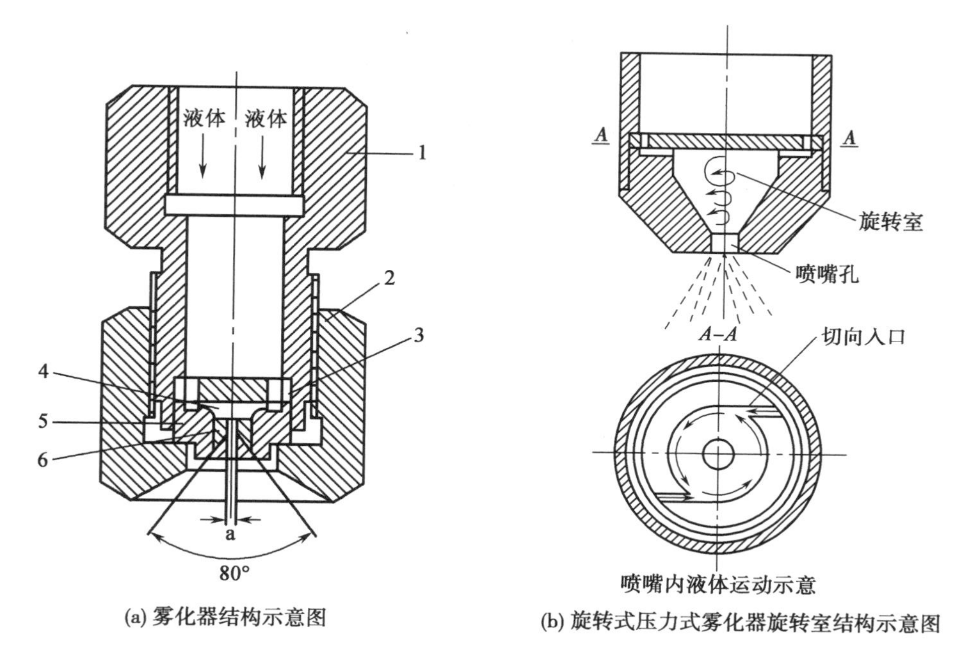

图 3-18　旋转式压力式雾化器结构示意图
1. 管接头;2. 螺帽;3. 孔板;4. 旋转室;5. 喷嘴套;6. 人造宝石喷嘴

可用于低含水率物料的二次干燥。

下面介绍真空耙式干燥器和真空带式干燥器。

1. 真空耙式干燥器

（1）结构：主要由壳体、耙齿、传动轴、轴封等组成，如图 3-19 所示。

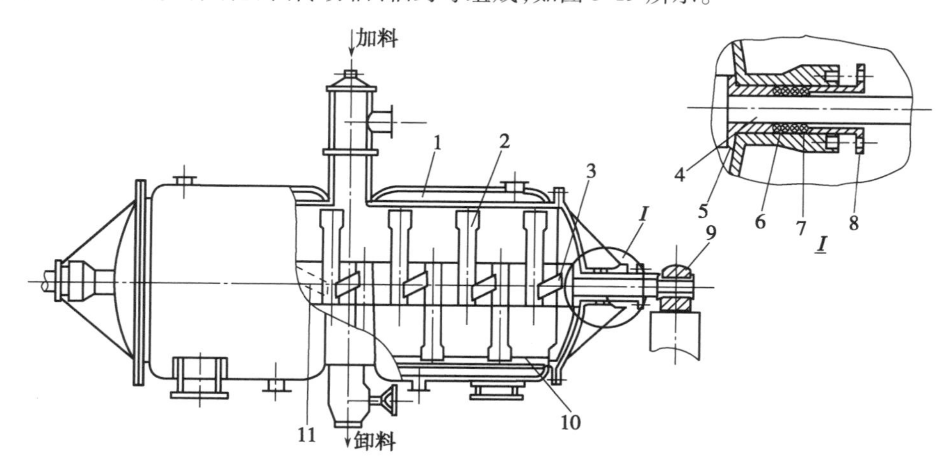

图 3-19　真空耙式干燥器结构示意图
1. 壳体;2、3. 耙齿(左向);4. 传动轴;5. 压紧圈;6. 封头;7. 填料;
8. 压盖;9. 轴承;10. 无缝钢管;11. 耙齿(右向)

1）壳体：壳体为卧式圆筒，筒外焊接有加热夹套，圆筒两端配有带法兰的端盖。端盖穿轴孔的轴线与壳体的轴线不同轴，安装时，端盖孔的轴线比圆筒的轴线低约 5mm 但相互平行，这样在耙齿转动时，能使壳体下侧的物料便于卸出。整个壳体支撑在两个鞍式支座上。

2）轴封结构：干燥器在高真空条件下运行，必须有良好的密封性，物料进、出口及筒体与端盖的密封属于静密封，一般都可以保证。旋转轴与端盖孔的密封属于动密封，真空耙式干燥器通常采用填料函密封（图 3-19）。

3）耙齿：耙齿根部有一方形孔与传动轴配合并传递力矩，装配时相邻耙齿之间相互错位 90°。耙齿有两种形状，一种是平板条形，另一种是一面呈弧形的板条形。平板条形的耙齿置于设备的中部，有圆弧形面的耙齿用于设备的末端，以适应端盖弧形内表面。耙齿形状如图 3-20 所示。

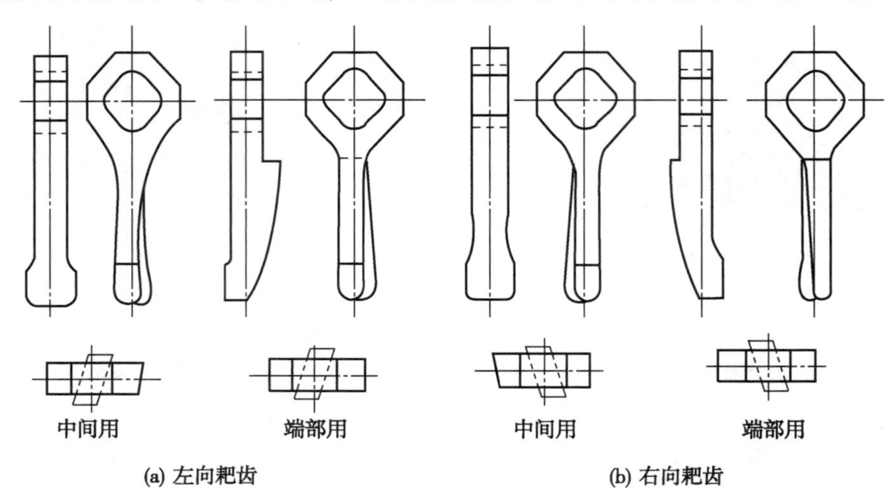

图 3-20　耙齿形状示意图

（2）工作原理：整套机组如图 3-21 所示，加料后密封干燥器，启动真空泵使内部呈负压状态，壳体夹套中通入热水（或水蒸气），干燥器主轴以 4～10r/min 的速度正、反旋转，并带动耙齿正、反转动，将物料不断搅动移向两侧，使物料不断地与热的器壁接触、干燥。汽化后的蒸气经干式除尘器、湿式除尘器、冷凝器，从真空泵出口处进行收集或放空。

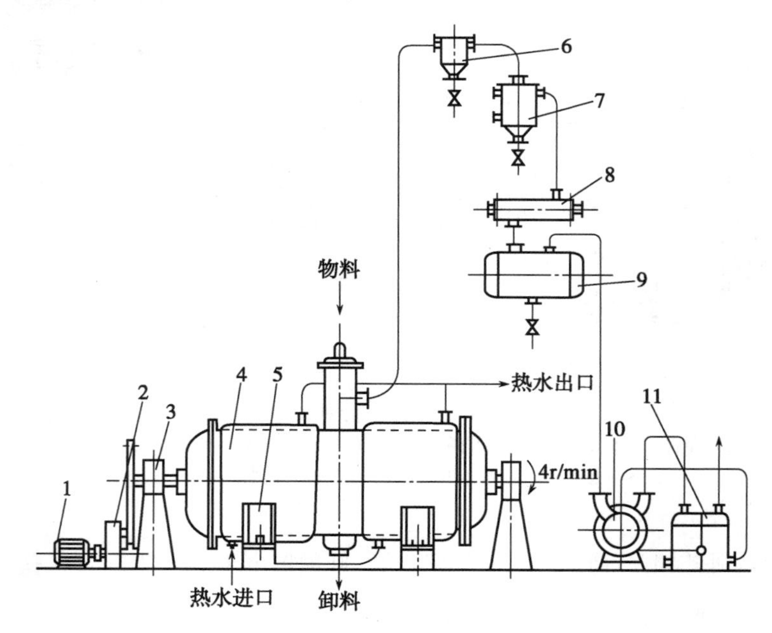

图 3-21　真空耙式干燥机组示意图

1. 电机；2. 减速箱；3. 轴承座；4. 干燥器；5. 支座；6. 干式除尘器；7. 湿式除尘器；8. 冷凝器；9. 冷凝水接收器；10. 真空泵；11. 气水分离器

（3）特点及应用范围：①真空度较高，绝对压力一般在8~50kPa范围内，有利于被干燥物料内部湿分和表面湿分的排出，加速干燥；②加热介质可以是水蒸气或热水，利用夹套加热，传热面积小，延长了干燥时间；③操作不连续化使劳动强度有所增加，干燥时间长，产量低；④真空操作增加了能量消耗，设备结构复杂，造价较贵；⑤特别适用于易爆、易氧化、膏糊状、纤维状物料的干燥。

2. 真空带式干燥器

（1）结构：主要由带双面铰链连接的可开启封盖、圆柱状壳体，装于壳体上的多个带灯视镜、可调速喂料泵、新型不粘式履带、履带可调速驱动系统、真空设备、冷凝器、横向摆动喂料装置、全自动温控系统、加热板、收集粉碎装置、收集罐、清洗装置等组成。如图3-22所示。

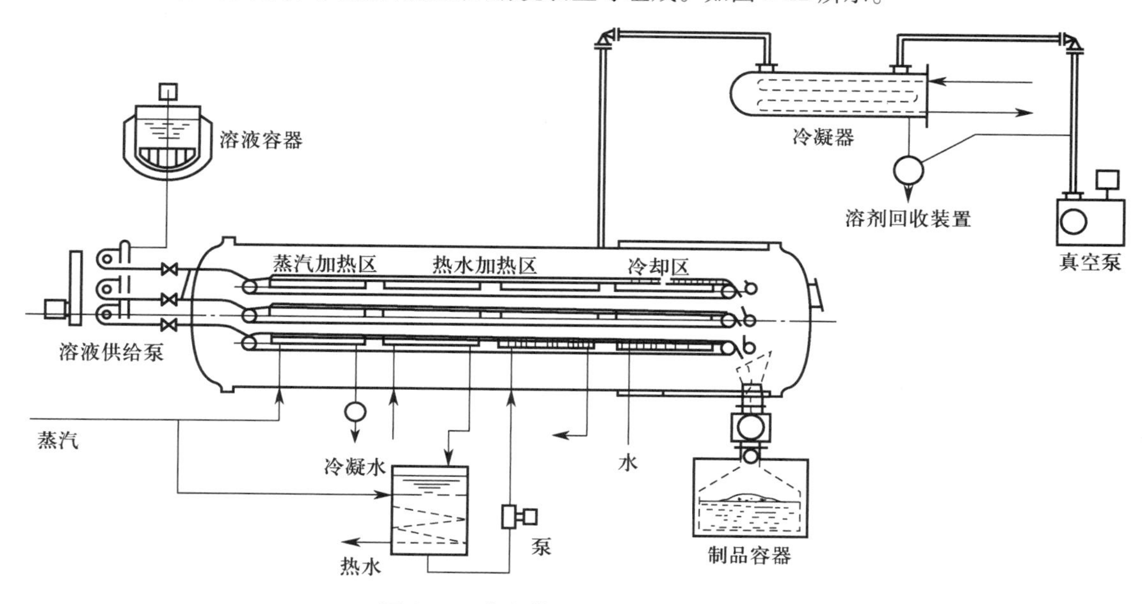

图3-22　真空带式干燥器结构示意图

（2）工作原理：真空带式干燥机是一种连续进料、连续出料形式的接触式真空干燥设备，待干燥的料液通过输送机构直接进入处于高度真空的干燥机内部，摊铺在干燥机内的若干条干燥带上，由电机驱动特制的胶辊带动干燥带以设定的速度沿干燥机筒体方向运动，每条干燥带的下面都设有3个相互独立的加热板和1个冷却板，干燥带与加热板、冷却板紧密贴合，以接触传热的方式将干燥所需要的能量传递给物料。当干燥带从筒体的一端运动到另一端时，物料已经干燥并经过冷却，干燥带折回时，干燥后的料饼从干燥带上剥离，通过一个上下运动的铡断装置打落到粉碎装置中，粉碎后的物料通过两个气闸式的出料斗出料。由于物料直接进入高真空度下经过一段时间逐步干燥（通常是30~60分钟），干燥后所得的颗粒有一定程度的结晶效应，同时从微观结构上看内部有微孔。直接粉碎到所需要的粒径后，颗粒的流动性很好，可以直接压片或者灌胶囊，同时由于颗粒具有微观的疏松结构，速溶性极好。

真空带式干燥实况

（3）特点及应用范围：真空带式干燥机采用新型不粘式履带材料、多元分段控温、自动真空度调节和新型结构，具有能耗省、挥发性成分损失极少的特点，可用于固体或液体物料的干燥。对于绝大多数的天然产物的提取物都可以适用，尤其是对于黏性高、易结团、热塑性、热敏性的物料，不适于或者无法采用喷雾干燥，带式真空干燥机是最佳选择。

（六）其他干燥设备

1. 红外线干燥器　红外线是一种电磁波，波长在0.72~1000μm范围内，介于可见光与微波之间。波长在0.72~5.6μm区域的为近红外线，在5.6~1000μm区域的为远红外线。

（1）结构：主要部件是红外发生器，它的类型有红外管、红外灯以及板式远红外发射器，表面都涂有一层金属氧化物，这些氧化物受热后产生红外线。

（2）工作原理：红外线辐射干燥是利用红外线辐射器产生的电磁波被物料表面吸收后转变为热量，向湿物料辐射供热，使物料中的湿分受热汽化，空气带走湿气的一种干燥方法。

（3）特点及应用范围：利用远红外线辐射作为热源，安全、卫生、干燥速度快，但耗电量大、设备投入高。适用于干燥玻璃器皿等。

2. 微波干燥器　微波是一种高频（300MHz~3000GHz）电磁波，波长λ在0.1mm~1m。

（1）结构：主要由直流电源、微波发生器（微波管）连接波导、微波加热器（干燥室）和冷却系统组成。

（2）工作原理：将湿物料置于微波干燥器内，其中湿分分子强烈振动并产生剧烈的碰撞和摩擦，使温度升高，湿分挥发而除去。微波干燥器是一种介电加热干燥器，水分汽化所需的热能并不依靠物料本身的热传导，而是依靠微波深入物料内部，并在物料内部转化为热能。

（3）特点及应用范围：①穿透性加热，加热速度快，物料内外同时加热；②选择性加热，含水量较多的部位吸收能量也多，具有自动平衡性能，可避免常规干燥过程中的表面硬化和内外干燥不均现象；③干燥热效率较高，并可避免操作环境的高温，劳动条件较好；④无热惯性，停机后物料不会继续升温；⑤设备投资大，能耗高，安全性较低，泄漏的微波对人体会造成伤害；⑥适用于中药饮片、中药丸剂等的干燥。

点滴积累

1. 制药工业常用的干燥设备有厢式干燥器、带式干燥器、流化床干燥器、喷雾干燥器、真空干燥器等。
2. 流化床干燥器适用于片剂湿颗粒及颗粒剂的干燥，喷雾干燥器可将液状物料干燥成固体产品，真空干燥器适用于干燥具有热敏性、易氧化性、易爆、湿分需要回收的产品。

扫一扫，知重点

目标检测

一、单项选择题

1. 关于摇摆式颗粒机叙述正确的是(　　)

A. 可以直接加入粉末和黏合剂

B. 应先制好软材再加入机器中制粒

C. 使用时,先加入制好的软材,然后再开机运行

D. 应大量加入软材,以提高生产效率

2. 关于高效混合制粒机的说法正确的是( )

A. 开机时,直接将制粒刀的转速设定到中高速

B. 可直接加入制好的软材到混合缸内

C. 生产时操作人员可以离开

D. 可直接加入药粉和黏合剂到混合缸内

3. 在同一封闭容器内完成干混-湿混-制粒工艺的设备是( )

A. 摇摆式颗粒机　　B. 高效混合制粒机

C. 流化床制粒机　　D. 喷雾干燥制粒机

4. 关于干法制粒设备的特点叙述错误的是( )

A. 干法制粒不加入液体

B. 干法制粒避免了物料受湿、热的影响

C. 干法制粒适合于易压缩成型的药物

D. 干法制粒机使用时滚压轮和粉碎轮的运转速度应相同

5. 关于厢式干燥器的叙述正确的是( )

A. 药品在厢式干燥器中是动态干燥,因此干燥效率高

B. 厢式干燥器干燥时对物料的厚度没有要求

C. 清洁时,厢式干燥器的内表面可以用纯化水冲洗

D. 厢式干燥器适合小批量、多品种物料的干燥

6. 关于喷雾干燥器叙述错误的是( )

A. 干燥速率慢,时间长,大约需要十几个小时

B. 无粉尘飞扬,生产能力大

C. 动力消耗大,一次性投资较大

D. 产品具有良好的疏松性和速溶性

7. 下列哪项不是流化床制粒的特点( )

A. 热风温度高,不适合热敏性物料的制粒

B. 一台设备内完成混合、制粒、干燥

C. 制得颗粒较疏松,能改善溶出率

D. 设备操作方便,减轻劳动强度,造价高

8. 滚压法制粒机主要用于( )

A. 流化床制粒　　B. 湿法制粒　　C. 干法制粒　　D. 喷雾干燥制粒

9. 关于干法制粒叙述正确的是( )

A. 可加入适量液体黏合剂　　B. 药物可避免湿和热的影响

C. 应特别注意防爆问题　　D. 可用高效混合制粒机来制粒

二、多项选择题

1. 下列叙述不正确的是(　　)
   A. 摇摆式颗粒机可用于湿法制粒、干法制粒及整粒
   B. 使用摇摆式颗粒机应经常检查并及时更换筛网
   C. 使用高效混合制粒机时,黏合剂应一次性加入
   D. 高效混合制粒机的搅拌刀、切割刀转速应慢些
   E. 使用流化床制粒时,运行中可调节设备参数
2. 下列哪些设备运行中有流化态(　　)
   A. 高效混合制粒机　B. 流化床制粒机　C. 滚压法制粒机
   D. 摇摆式颗粒机　E. 一步制粒机
3. 既有混合作用又有制粒作用的设备有(　　)
   A. 摇摆式颗粒机　B. 高效混合制粒机　C. 流化床制粒机
   D. 滚压法制粒机　E. 一步制粒机
4. 下列哪些药物可用厢式干燥器干燥(　　)
   A. 中药饮片　B. 中药丸剂　C. 热敏性物料
   D. 片剂颗粒　E. 散剂
5. 喷雾干燥的关键部件是雾化器,常用的有(　　)
   A. 气流式雾化器　B. 三流体型雾化器　C. 压力式雾化器
   D. 离心式雾化器　E. 旋转式雾化器

三、简答题

1. 简述摇摆式颗粒机的工作原理。
2. 简述沸腾制粒机的工作原理。
3. 简述沸腾干燥的优点和缺点。

四、实例分析题

某药厂在使用沸腾干燥器时,从观察窗中发现物料只有少量呈沸腾状态。请根据本章所学内容分析原因,并找出解决办法。

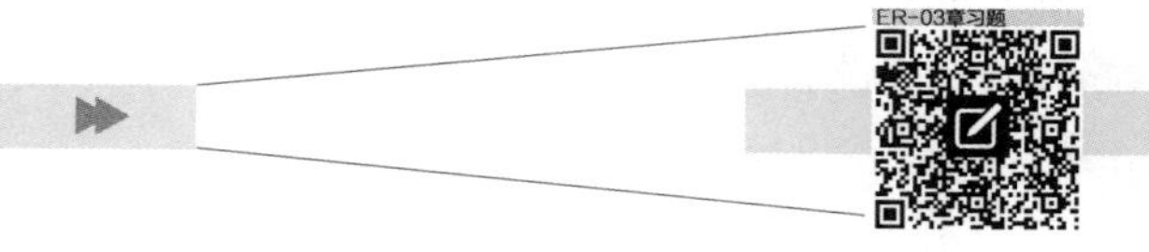

(王健明)

第四章

口服固体制剂生产设备

导学情景

情景描述：

小明参加学校组织的秋游活动，玩得很开心，不小心着了凉，发热、嗓子痛。医生给他开了速效感冒胶囊和草珊瑚含片，并关照他多喝水。1周后，小明就痊愈了。

学前导语：

片剂、胶囊剂是日常生活中常用的固体制剂，临床使用非常广泛。但是，你可知道片剂、胶囊剂在药厂中是采用什么设备，通过何种方法生产出来的？本章我们将一起学习固体制剂生产设备的基本结构、原理和基本操作，以及维护保养等相关知识。

第一节　压片设备

片剂是由一种或几种药物配以适当的辅料经加工而制成的圆片状或异形片状的固体制剂，可供内服和外用，在世界各国药物制剂中片剂都占有重要地位，是目前临床应用最广泛的剂型之一。

与其他口服剂型相比较，片剂具有以下优点：剂量准确，含量均匀；化学稳定性较好；携带、运输、服用方便；生产的机械化、自动化程度高、成本低，生产效率高；可以制成不同类型的片剂，满足不同临床医疗的需要，因此深受欢迎。

片剂的生产方法有粉末压片法和颗粒压片法两种。粉末压片法是直接将均匀的原辅料粉末置于压片机中压成片状；颗粒压片法是先将原辅料粉末制成颗粒，再置于压片机中冲压成片状。颗粒的制造又分为干颗粒法、湿颗粒法和一步制粒法，其中湿颗粒法应用最为广泛。经过包衣的片剂称为包衣片，包衣片又可分成糖衣片和薄膜衣片。湿颗粒法制粒压片工艺流程如图4-1所示。

把物料置于模孔中，用冲头压制成片剂的机器称为压片机。压片机按所压片剂形状的不同可分为普通片压片机、异形片压片机、多层片压片机、包芯片压片机；按工作原理的不同，压片机又可分为单冲压片机、旋转式压片机、高速旋转式压片机。就总体而言，压片机朝着优质、高速、低振动、低噪声、低能耗、密闭、自动控制方向发展。

一、压片机的冲模

在各类压片机中，片剂的成型都是由冲模完成的。冲模由上、下冲头和中模组成，如图4-2所示。

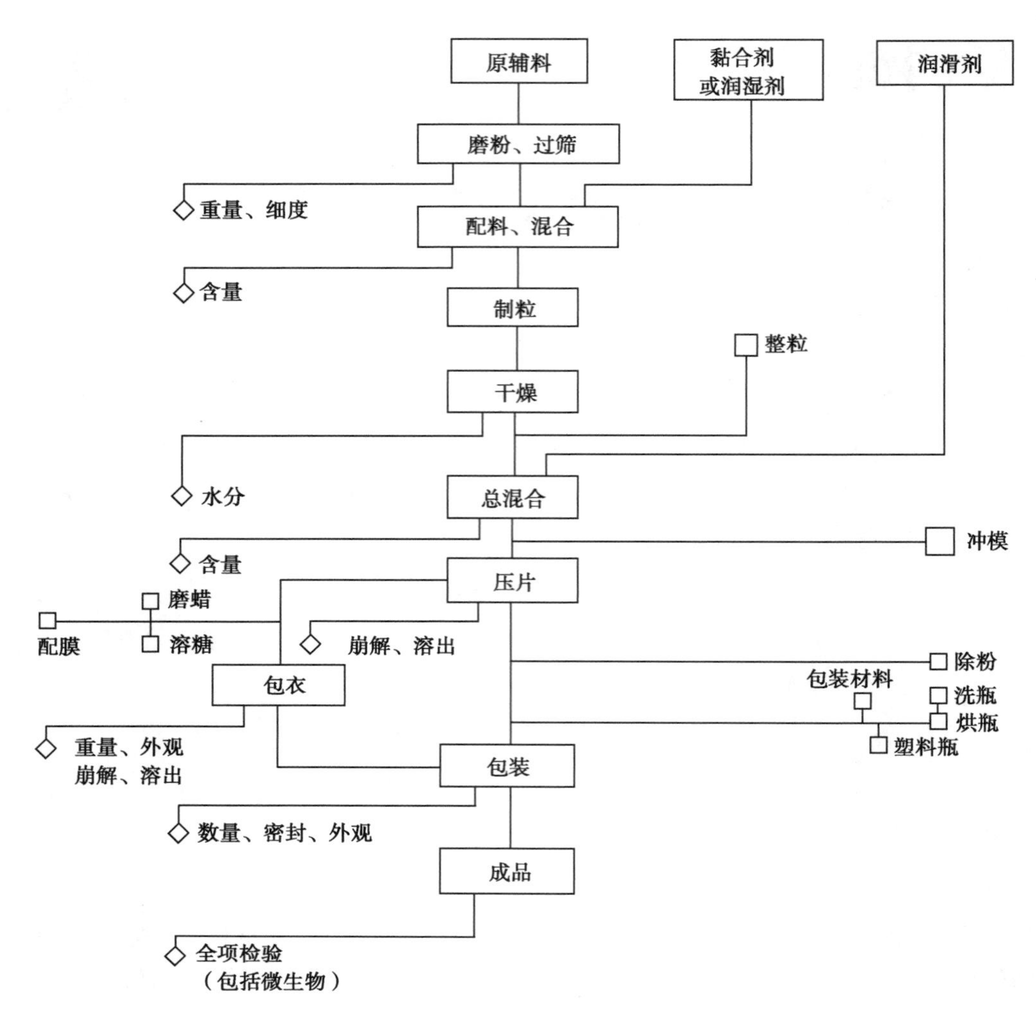

图 4-1　湿颗粒法制粒压片工艺流程示意图

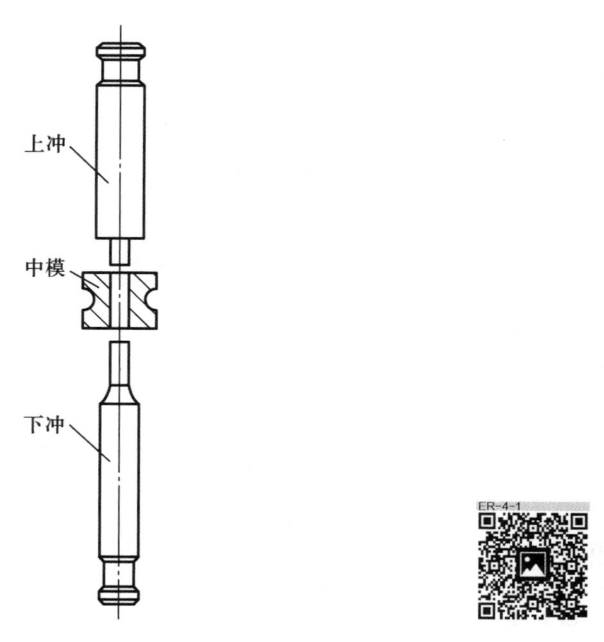

图 4-2　压片机的冲模示意图

ER-4-1

冲模

冲头和中模孔具有良好的配合。上、下冲的结构相似，其冲头直径也相等，上、下冲头和中模的模孔相配合，可以在中模孔中自由上下滑动，但不存在可以泄漏药粉的间隙。冲头直径有各种规格，其端面形状可以是平面，可以是浅凹形或深凹形，也可以在端面上刻有文字、数字、字母、线条等，以表明产品的名称、规格、商标等。冲头压片端面和中模孔的形状为圆形或三角形、长圆形等异形形状（异形冲模应设置导向键，以防止冲头转动）。冲头的尾部是凹槽，工作时凹槽嵌入导轨的凸部或导轨槽内，做有规律的上下运动。中模外圆中间有一条凹槽圈，被螺钉顶紧，防止松动。冲模加工尺寸为统一的标准尺寸，具有互换性。压片机的冲头和片剂形状的关系见图 4-3。

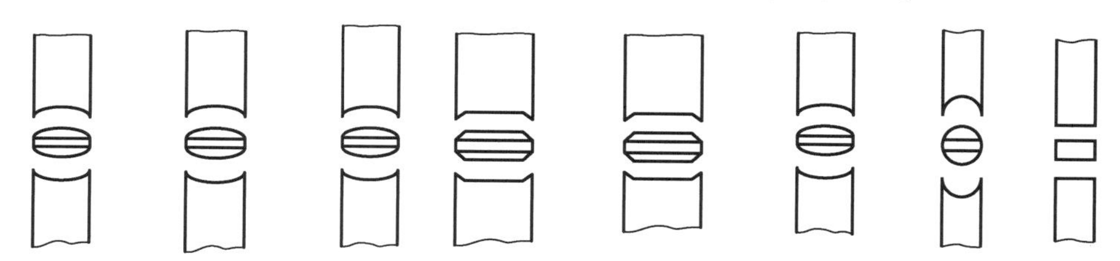

图 4-3　压片机的冲头和片剂形状的关系示意图

二、常用压片设备

（一）旋转式压片机

旋转式压片机是目前国内制药企业广泛应用的压片机。这种压片机上、下冲头同时均匀地加压，使药物颗粒中的空气有比较充裕的时间排出模孔，便于压片成型，从而保证了片剂的质量和产量。图 4-4 所示为旋转式压片机外形图。

知识链接

集成化、模块化压片机

压片机结构的集成化、模块化使压片机获得巨大进步。比利时研制的压片机采用集成组合设计技术，压片机上靠近转台所有接触成品的零部件都可装在一个可以更换的压缩模块化组件上，一批产品加工完成之后操作工可简单迅速地断开该组件，用另一个清洁的组件来替换它，整个更换过程不超过 30 分钟。这种压片机使加工小批量，高附加值或高毒性的产品更加经济。

1. 旋转式压片机压片过程原理　旋转式压片机压片装置包括转盘、冲模、轨道、压轮及调节装置、加料装置、充填装置等部件。转盘为一个整体的铸件，分上、中、下 3 层，周围装有均匀分布的冲模。当转盘旋转时，带着上、下冲头及中模绕轴不停旋转，同时上、下冲头沿着上、下轨道的轨迹做垂直运动，完成充填、压片、出片等压片工艺过程。颗粒由加料斗通过饲料器流入位于其下方置于不停旋转平台的中模孔之中，采用充填轨道的填料方式，因而片重差异小。当上冲与下冲转动到两个压轮之间时将颗粒压成片，然后下冲抬起，将片剂推出。片剂硬度及重量可不借助于工具而在机器转动时便可进行调节。整个压片的工艺过程如图 4-5 所示。

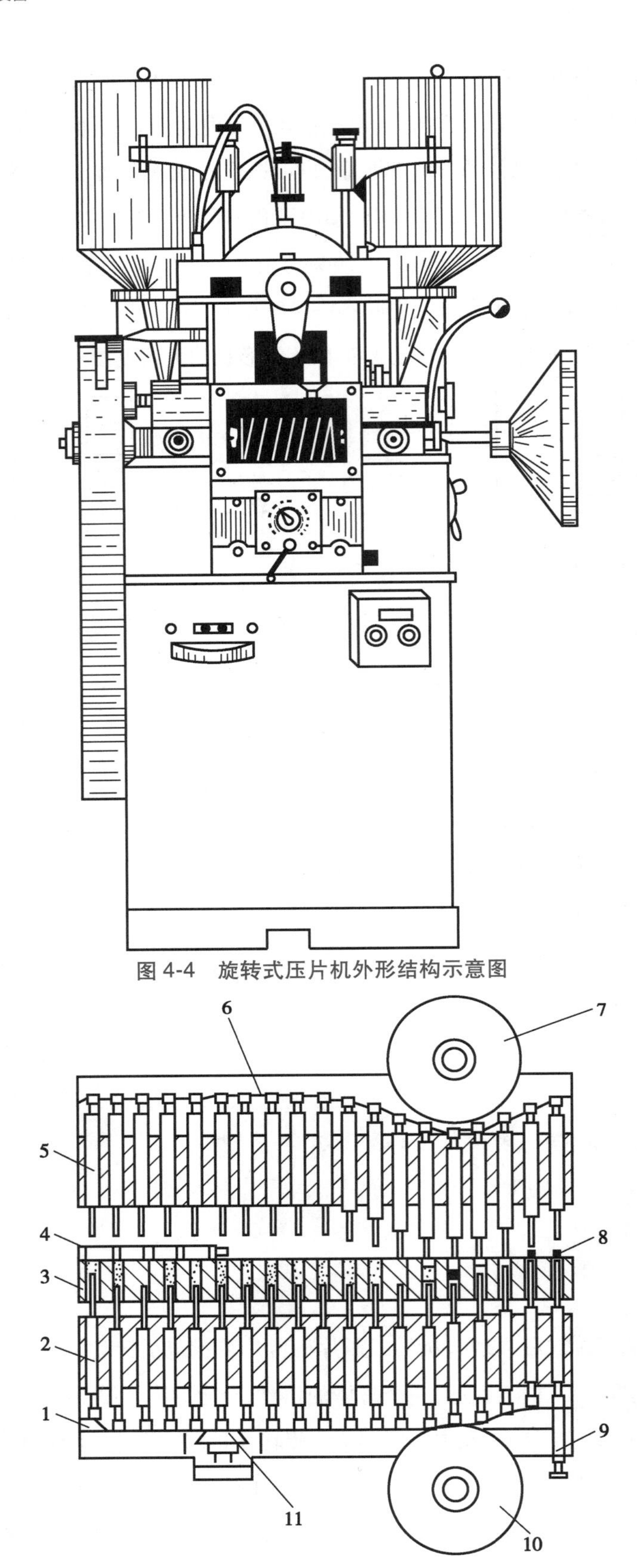

图 4-4　旋转式压片机外形结构示意图

图 4-5　旋转式压片机压片过程原理示意图

1. 下轨道；2. 下冲；3. 中模圆盘；4. 加料器；5. 上冲；6. 上轨道；7. 上压轮；8. 药片；9. 出片调节器；10. 下压轮；11. 片重调节器

2. 加料装置 旋转式压片机的加料装置为月形栅式加料器,如图 4-6 所示。中模孔做围绕压片机轴心的圆周运动,在加料位置自动受料,物料被固定的刮板刮平。由于月形栅式加料器是靠颗粒的自由下落而充填的,因此当颗粒流动性差时,片剂的重量差异大。目前国内大量应用的旋转式压片机基本上都采用此类加料装置。

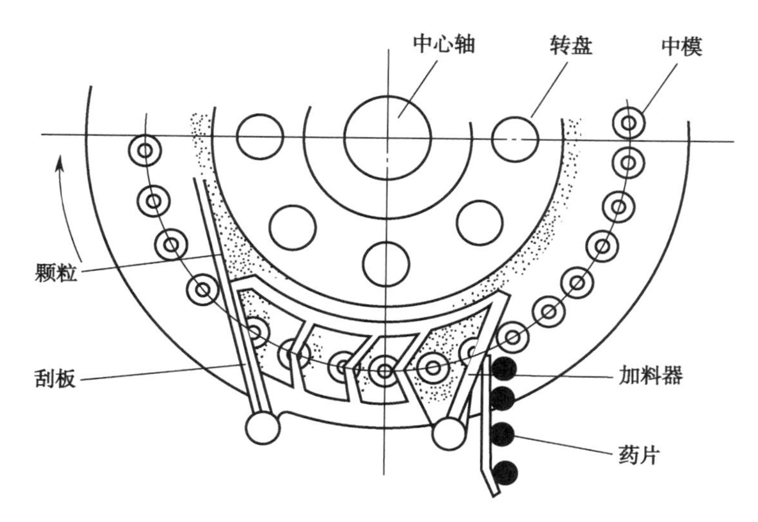

图 4-6 旋转式压片机加料装置示意图

3. 充填调节装置 旋转式压片机的充填量是通过调节填充轨道的高低来实现的,如图 4-7 所示。当旋转手柄,通过调节杆带动蜗杆,从而带动蜗轮旋转,而蜗轮的轴通过螺纹连接充填轨道。当蜗轮旋转时,充填轨道上下移动,从而改变了充填量。

4. 片厚(压力)调节装置 旋转式压片机常采用偏心距调节法调节片剂厚度及压力,如图 4-8 所示。下压轮安装在下压轮轴的曲颈部位,当手旋蜗杆使蜗轮转动时,下压轮轴被带动使曲轴的偏心位置变化。上、下压轮的两轴线间的距离决定着上、下冲的距离,从而决定了片剂的厚度。这样,通过将下压轮的轴线升高或降低,使下冲的位置升高或降低,从而使压力加大或减小,片剂的厚度也会做相应的变化。

5. 传动系统 旋转式压片机的传动系统如图 4-9 所示。电动机由皮带带动无级变速转盘转动,再带动同轴的小皮带轮转动。大皮带轮通过摩擦离合器使传动轴旋转。在转盘的下层外缘,有与其紧密配合的蜗轮与传动轴上的蜗杆相啮合,带动工作转盘做旋转运动。传动轴装在轴承托架内,一端装有试车手轮,供手动试车用;另一端装有圆锥形摩擦离合器,并设有离合器手柄,控制开车和停车。当摘开离合器时,皮带轮将空转,转盘脱离传动系统静止不动。当需要手动试车时亦可摘开离合器,利用试车手轮转动传动轴带动转盘旋转,可用来安装或拆卸冲模、检查压片机各部运转情况和排除故障。

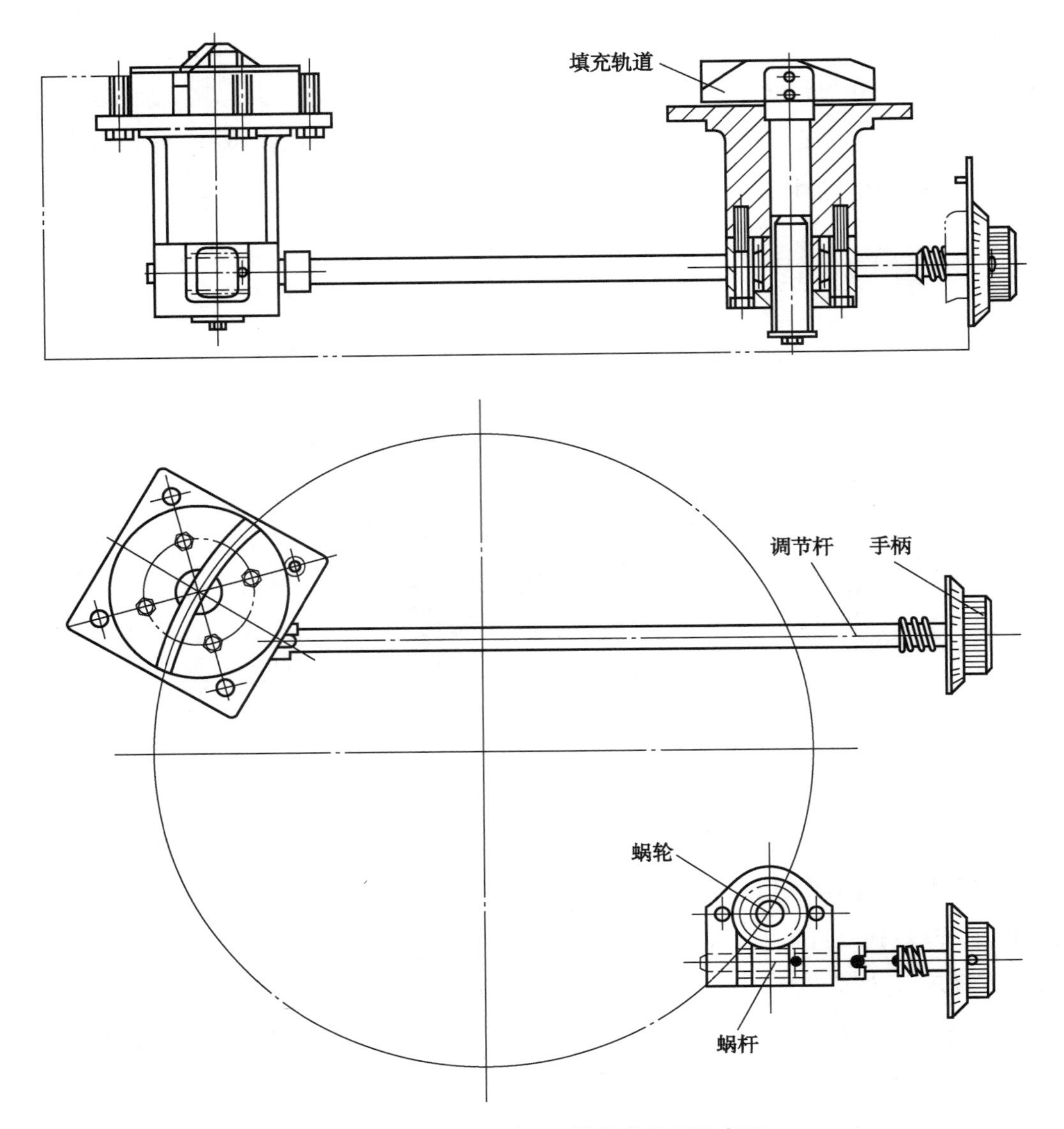

图 4-7　旋转式压片机充填调节装置示意图

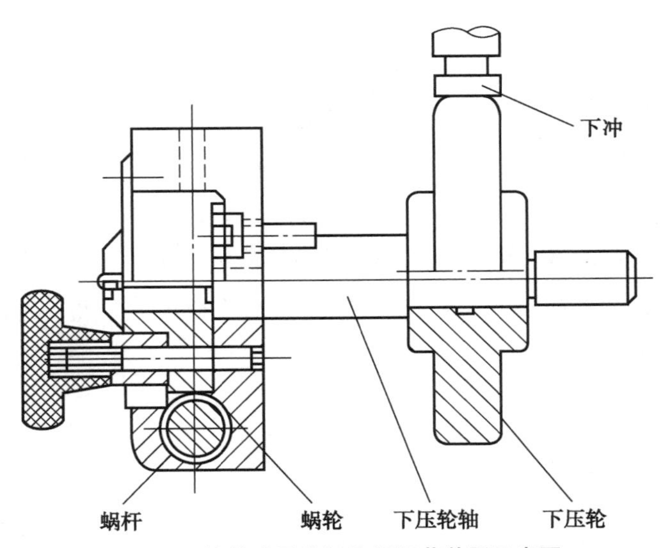

图 4-8　旋转式压片机片厚调节装置示意图

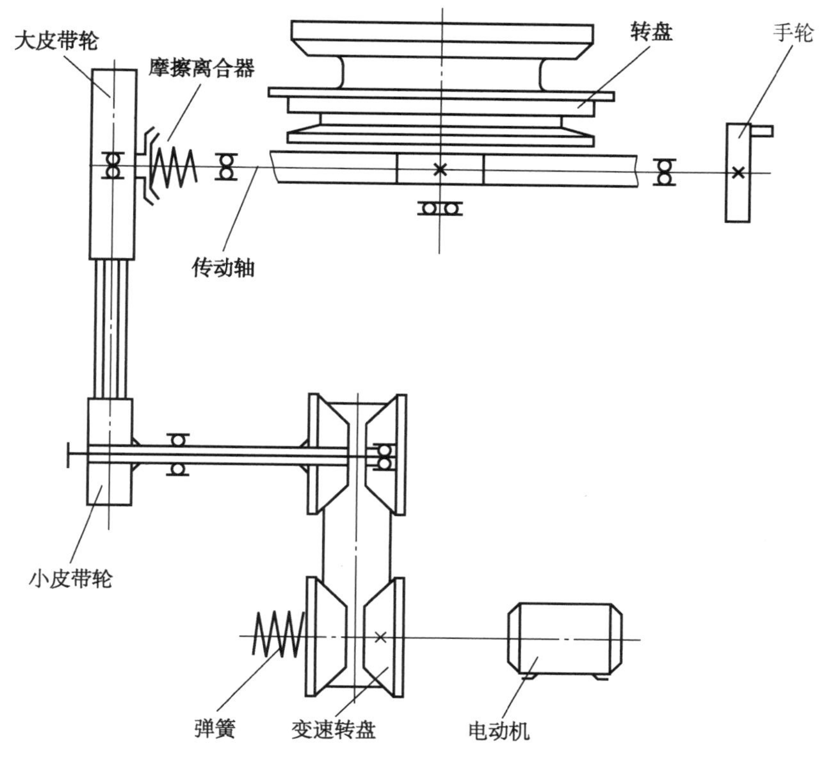

图 4-9　旋转式压片机传动系统示意图

案例分析

案例

制剂生产过程由于种种原因造成产品质量不合格，尤其是在片剂生产中，造成片剂质量问题的影响因素非常多。 在药厂生产实践中，压片时常出现松片、裂片、黏冲、崩解延缓等质量问题，严重影响了片剂质量，甚至损坏生产设备。

1. 松片　片剂压成后，硬度不够，表面有麻孔，用手指轻轻加压即碎裂。

2. 裂片　片剂受到振动或经放置时，有从腰间裂开的称为腰裂，从顶部裂开的称为顶裂，腰裂和顶裂总称为裂片。

3. 黏冲　压片时片剂表面细粉被冲头或中模黏附，致使片面不光、不平、有凹痕，刻字冲头更容易发生黏冲现象。

4. 崩解延缓　指片剂不能在规定的时限内完成崩解，影响药物溶出、吸收和发挥药效。

分析

现仅从制药设备的角度分析上述质量问题产生的原因，提出解决办法。

1. 松片　压力过小、多冲压片机冲头长短不齐、转盘转速过快或加料斗中的颗粒时多时少等因素都可能引起松片。 可通过调节压力、检查冲模是否配套完整、调整转盘转速、勤加颗粒使料斗内保持一定的存量等方法克服。

2. 裂片　压片机压力过大、转盘转速过快或冲模不符合要求、冲头有长有短、冲头向内卷边、中模磨损或安装不到位等原因均可能造成裂片。可通过调节压力与转盘转速、改进冲模配套、及时检查调换等方法克服。

3. 黏冲　冲头表面不干净、有防锈油或润滑油、新冲模表面粗糙或刻字太深有棱角等因素都可能造成黏冲。可将冲头擦净、调换不合规格的冲模或用微量液体石蜡擦在刻字冲头表面使字面润滑。

4. 崩解延缓　崩解延缓产生的原因主要是压片时压力大小不合适。在一般情况下，压力越大，片剂越硬，崩解越慢。但是，也有些片剂的崩解时间随压力的增大而缩短。例如非那西丁片剂以淀粉为崩解剂，当压力较小时，难以崩解。因此，可根据具体情况调节压片压力的大小，以解决崩解延缓的问题。

（二）高速旋转式压片机

高速压片最主要的问题是如何确保中模的填料符合要求以及压片过程中带入的空气如何排出。高速旋转式压片机是通过二次加压、强迫式加料等装置来实现高速压片工艺的。由于具有转速快、产量高、片剂质量好、全封闭、低噪声、自动化程度高等明显优于普通旋转式压片机的优点，高速旋转式压片机已经成为当前压片机发展的主要方向。

1. 加料装置　为了适应高速压片工艺的需要，高速旋转式压片机通常采用强迫式加料器，如图4-10所示。强迫式加料器是近代发展的一种加料器，为密封型加料器，于出料口处装有两组旋转刮料叶，当中模随转盘进入加料器的覆盖区域内时，刮料叶迫使药物颗粒多次填入中模孔中，使颗粒填充均匀。这种加料器适用于高速旋转压片机，尤其适用于压制流动性较差的颗粒物料，可提高剂量的精确度。

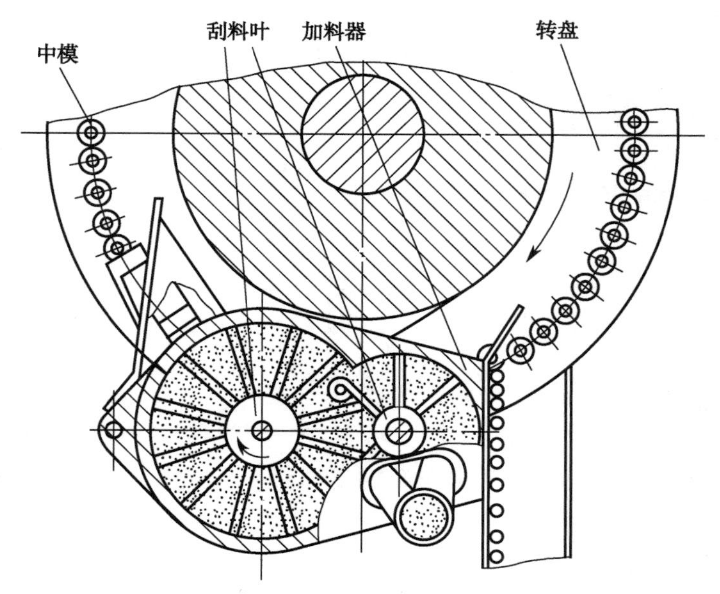

图 4-10　高速旋转式压片机加料装置示意图

2. 加压装置　高速旋转式压片机通常采用预压、主压成型的加压装置，如图 4-11 所示。高速旋转式压片机的加压装置分预压和主压两部分，并有相对独立的调节装置和控制装置，压片时颗粒先经预压后再进行主压。预压的目的是为了使颗粒在压片过程中排出空气，对主压起到缓冲作用，这样能得到质量较好的片剂。预压和主压时冲头的进模深度以及片厚可以通过手轮来进行调节。压力部件中采用压力传感器，对预压和主压的微弱变化而产生的电信号进行采样、放大、运算并控制调节压力，使操作自动化。通常情况下主压轮设液压安全保护装置，当压力超出给定预压力时，油缸可泄压，起到安全保护作用。

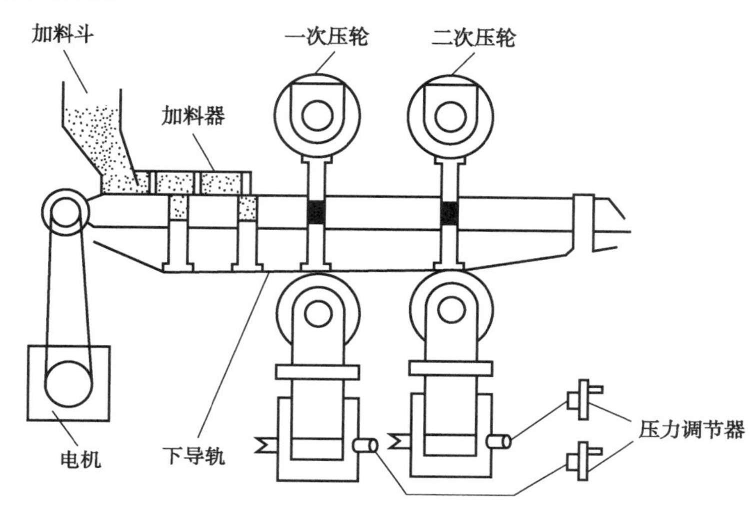

图 4-11　高速旋转式压片机加压装置示意图

3. 填充调节装置　如图 4-12 所示，高速旋转式压片机的填充量的调节采用 PLC 自动控制系统，对压片过程进行在线控制。自动控制系统从压轮所承受的压力值取得检测信号，通过运算偏差后发出指令，使步进电机正、反旋转，步进电机通过齿轮带动充填调节手轮旋转，由万向联轴节经相关传动部件带动充填轨上下移动使充填深度发生变化。

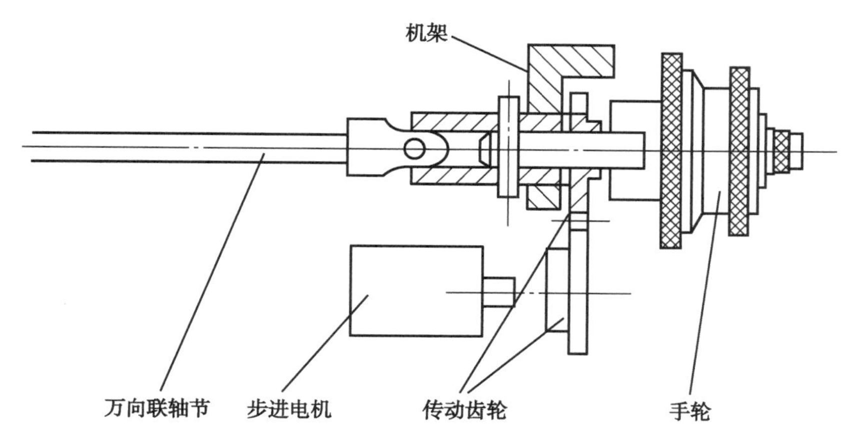

图 4-12　高速旋转式压片机充填调节装置示意图

边学边练

高速压片机的操作及维护保养，请见**实训三　高速压片机实训**。

目前，国内外广泛应用的高速旋转式压片机通常还配备单片（或批量）剔废，上、下冲模保护，下冲安装保护，自动计数，门安全保护，压力安全保护，自动润滑等自动控制系统，为片剂生产满足GMP要求提供了良好的设备保障。

点滴积累

1. 旋转式压片机和高速旋转压片机是目前制药企业广泛应用的设备。
2. 旋转式压片机和高速旋转式压片机从原理到结构既有区别又有联系，为适应"高速"的要求，高速旋转式压片机的结构包括在加料装置、加压装置、填充调节装置等方面都做了相应的改进。
3. 高速旋转式压片机是压片设备的发展方向。

第二节　包衣设备

包衣是片剂生产工艺流程中压片工序之后常用的一种制剂工艺。片剂的包衣即是在压制片的表面涂包适宜的包衣材料，制成的片剂俗称包衣片，其目的是改善片剂的外观、遮盖某些不良气味、提高药物的稳定性等。根据衣层材料及溶解特性不同，常分为糖衣片、薄膜衣片、肠溶衣片及膜控释片等。目前国内常用的包衣设备主要有普通包衣锅和高效包衣机。

一、普通包衣锅

荸荠包衣锅

普通包衣锅（也称荸荠包衣锅）是最早、最基本的包衣设备，如图4-13所示。该设备由四部分组成：包衣锅、动力系统、加热系统和排风系统。包衣锅一般用不锈钢等性质稳定并有良好导热性的材料制成。

包衣锅安装在轴上，由动力系统带动轴一起转动，片剂即在锅内不断翻滚的情况下，多次添加包衣液，并使之干燥，这样就使衣料在片剂表面不断沉积而成膜层。为了使片剂在包衣锅中既能随锅的转动方向滚动，又有沿轴方向的运动，该轴常与水平呈一定的角度倾斜；轴的转速可根据包衣锅的体积、片剂性质和不同的包衣阶段加以调节。加热系统主要对包衣锅表面进行加热，加速包衣溶液中溶剂的挥发。常用的方法为电热丝加热和干热空气加热。采用干热空气加热时，根据包衣过程调节通入热空气的温度和流量，干燥效果迅速，同时采用排风装置帮助吸除湿气和粉尘。

包衣时将药片置于转动的包衣锅内，加入包衣材料溶液，使之均匀分散到各个片剂的表面上，必要时加入固体粉末以加快包衣过程。有时加入包衣材料的混悬液，加热、通风使之干燥。按上法包若干次，直到达到规定要求。

包衣机按锅体直径大小有各种规格，应按实际需要选择相应规格的包衣机。生产中，每台包衣机都有其相应的包衣量范围，在规定的范围内生产，药品质量稳定、安全。如果药品量过多，包衣后期药品容易溢出；如果药品量过少，药品之间摩擦力小，包衣不平整。

采用普通包衣锅包衣是一个劳动强度大、劳动效率低、生产周期长的过程。特别是包糖衣片时，所包的层次很多，实际生产中包 1 批糖衣片往往需要超过 10~30 小时。又由于包衣料液一般由人工加入，不同操作经验的人往往使片剂质量难以一致，有时片剂的一些重要技术参数如崩解时间、溶出速率等重现性也差。高效包衣机克服了普通包衣锅的上述缺点，包衣质量稳定，效率大幅提高，既可以包糖衣，也可以包薄膜衣，广泛应用于药品生产中。

二、高效包衣机

高效包衣机的结构、原理以及制剂工艺与传统的普通包衣锅完全不同。普通包衣锅敞口包衣工作时，热风仅吹在片芯层表面，就被反回吸出，热交换仅限于表面层，且部分热量由吸风口直接吸出而没有利用，浪费了部分热源。而高效包衣机干燥时热风是穿过片芯间隙，并与表面的水分或有机溶剂进行热交换。这样热源得到充分的利用，片芯表面的湿液充分挥发，因而干燥效率大幅提高。

根据锅型结构的不同，高效包衣机大致可分为网孔式、间隔网孔式和无孔式 3 类。网孔式高效包衣机和间隙网孔式高效包衣机统称为有孔高效包衣机。

ER-4-3
高效包衣机

（一）网孔式高效包衣机

如图 4-14 所示，图中包衣锅体的整个圆周都带有圆孔，经过滤并被预热的洁净空气从锅的右上部通过网孔进入锅内，热空气穿过运动状态的片芯间隙，由于整个锅体被包在一个封闭的金属外壳内因而热气流不能从其他孔中排出，而由锅底下部的网孔穿过再经排风管排出。热空

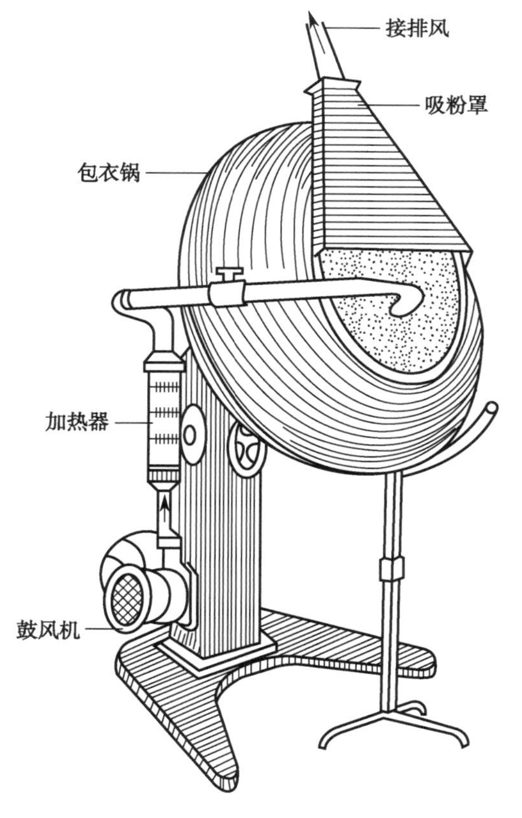

图 4-13　普通包衣锅示意图

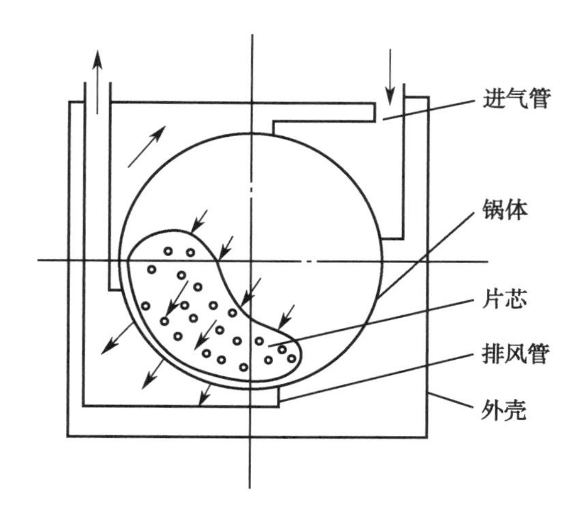

图 4-14　网孔式高效包衣机示意图

气流动的途径可以是逆向的，也即可以从锅底左下部网孔中进入，再经右上方风管排出。前一种称为直流式，后一种称为反流式。这两种方式是片芯分别处于“紧密”和“疏松”的状态，可根据品种的不同进行选择。

（二）间隔网孔式高效包衣机

如图4-15所示，间隔网孔式高效包衣机不是整个圆周开孔，而是按圆周的几个等份进行部分开孔。图4-15中是4个等份，即沿着每隔90°开孔1个区域的网孔，并与4个风管相连接。工作时4个风管与锅体一起转动。由于4个风管分别与4个风门连通，旋转风门旋转时，旋转风门的4个圆孔与锅体4个管路相连，管路的圆口正好与固定风门的圆口对准，处于通风状态。分别间隔地被出风口接通每一管路而达到排湿的效果。这种间隙的排湿结构使锅体减少了打孔的范围，减轻了加工量。同时热量也得到充分的利用，节约了能源。不足之处是风机负载不均匀，对风机有一定的影响。

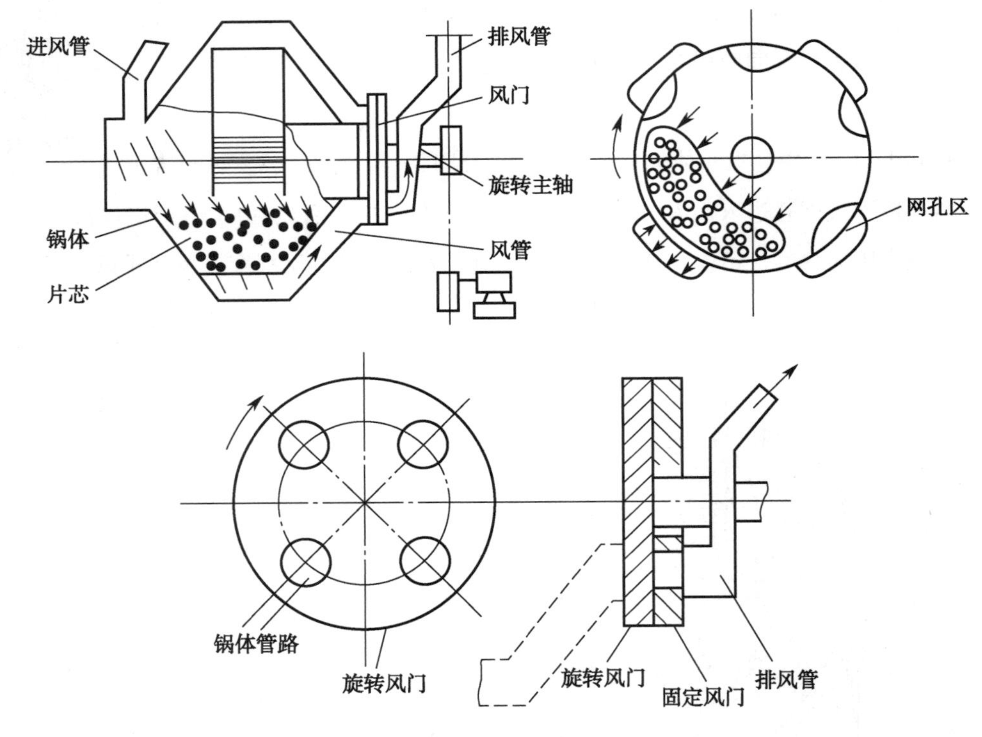

图4-15　间隔网孔式高效包衣机示意图

（三）无孔式高效包衣机

无孔式高效包衣机是指锅的圆周没有圆孔，目前，其热交换是通过以下两种形式实现的，一是将布满小孔的带孔桨叶浸没在片芯内，使加热空气穿过片芯层，再穿过桨叶小孔进入吸气管路内被排出[图4-16(a)]，进风管引入经净化的热空气，通过片芯层再穿过带孔桨叶的网孔进入排风并被排出机外；二是其流通的热风是由旋转轴的部位进入锅内，然后穿过运动着的片芯层，通过锅的下部两侧而被排出锅外[图4-16(b)]。

无孔高效包衣机除了能达到与有孔机同样的效果外，由于锅体内表面平整、光洁，对运动着的物料没有任何损伤，在加工时也省却了钻孔这一工序，而且除适用于片剂包衣外，也适用于微丸等小型药物的包衣。

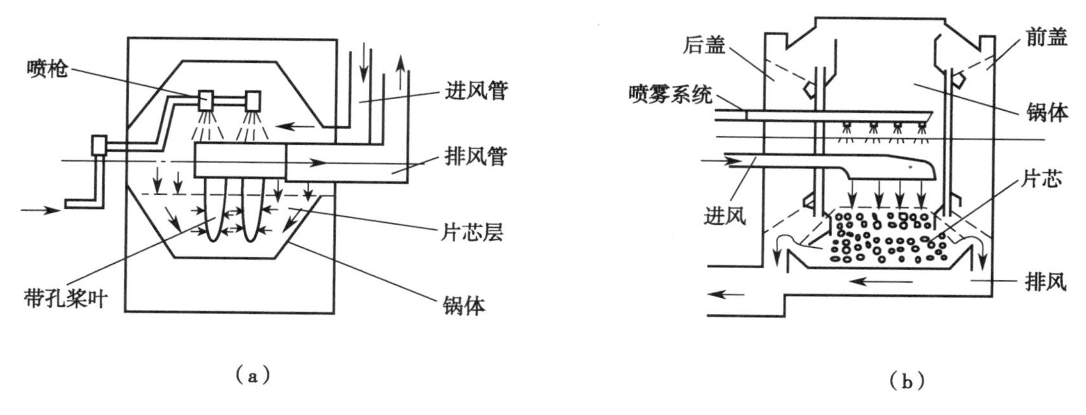

图 4-16　无孔式高效包衣机示意图

课堂活动

在当前的生产实践中，有的药厂选用的是无孔高效包衣机，而有的药厂选用的是有孔高效包衣机，你觉得这是什么原因呢？如果你将来工作的药厂生产的是微丸剂，你该做何种选择？

高效包衣机不是孤立的一台设备，而是由多组装置配套而成的整体（图 4-17）。除主体包衣锅外，大致可分为四大部分：定量喷雾系统，送风系统、排风系统，以及程序控制系统。

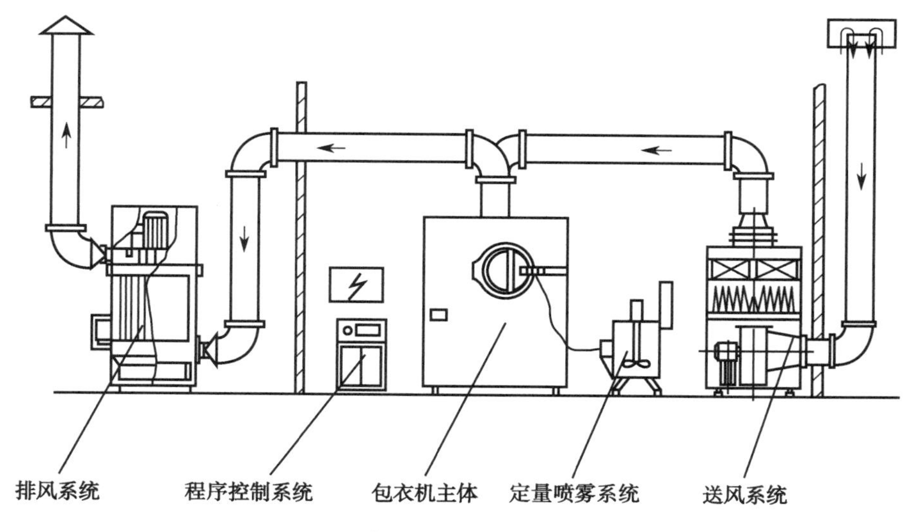

图 4-17　高效包衣机配套装置示意图

定量喷雾系统是将包衣溶液按程序要求定量送入包衣锅，并通过喷枪口雾化喷到片芯表面。该系统由液缸、泵和喷枪等组成。定量控制一般是采用活塞定量结构。它是利用活塞行程确定容积的方法来达到量的控制，也有利用计时器进行时间控制流量的方法。喷枪是由气动控制，按有气和无气喷雾两种不同的方式选用不同的喷枪，以达到均匀喷撒的效果。另外根据包衣溶液的特性选用有气或无气喷雾，并相应选用高压无气泵或电动蠕动泵。而空气压缩机产生的压缩空气经处理后供给自动喷枪和无气泵。

送风系统是由中效和高效过滤器、预热器组成。由于排风系统产生的锅体负压效应，使外界的空气通过过滤器，并经预热后到达锅体内部。预热器有温度检测，操作者可根据情况选择适当的进气温度。

排风系统是由吸尘器、鼓风机组成。从锅体内排出的湿热空气经吸尘器后再由鼓风机排出。系统中可以安装空气过滤器，并将部分过滤后的热空气返回送风系统中重新利用，以达到节约能源的目的。

送风系统和排风系统的管道中都装有风量调节器，可调节进、排风量的大小。

控制系统的核心是可编程序器或微处理机。这一核心一方面接受来自于外部的各种检测信号，另一方面向各执行元件发出各种指令，以实现对锅体、喷枪、泵以及温度、湿度、风量等参数的控制。

点滴积累

1. 高效包衣机是目前制药企业广泛应用的设备。
2. 由于高效包衣机采用对流的方式进行传热，所以其能效非常高。
3. 在实践中应特别注重其相应的配套设备的匹配情况。
4. 无孔包衣机和有孔包衣机在适用性、原理、结构及应用等各个方面各有异同。

第三节　胶囊剂生产设备

胶囊剂是将药物装入胶囊而制成的制剂。根据胶囊的硬度和封装方法不同，胶囊剂可分为硬胶囊剂和软胶囊剂两种。其中将药物直接装填于胶壳中而制成的制剂为硬胶囊剂。用滴制法或滚模压制法将加热熔融的胶液制成胶皮或胶囊，并在囊皮未干之前包裹或装入药物而制成的制剂为软胶囊剂。

一、硬胶囊剂生产设备

硬胶囊剂是一种将粉状、颗粒状、小片或液体药物充填入以食用明胶为主要原料制成的空心胶囊中的药物剂型，充填物以粉状和颗粒状药物较为常见。硬胶囊剂具有如下特点：生产工艺简单、外形美观、服用方便；能掩盖药物的不良臭味、提高药物稳定性；药物在体内的起效较一般的丸剂、片剂快；可控制药物释放速度等。目前，国内外生产的药品剂型中，除了片剂、注射剂外，硬胶囊剂已列为第三大剂型。

硬胶囊一般呈圆筒形，由胶囊体和胶囊帽套合而成（图 4-18）。胶囊体的外径略小于胶囊帽的内径，两者套合后可通过锁紧槽锁紧。

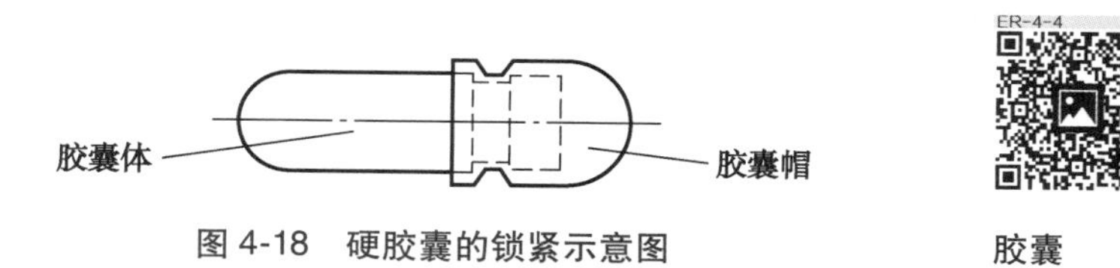

图 4-18　硬胶囊的锁紧示意图

胶囊

根据硬胶囊灌装生产工序，硬胶囊生产操作可分为手工操作、半自动操作、全自动操作。目前，国内外应用最为广泛的硬胶囊填充设备为全自动胶囊填充机。全自动胶囊填充机的工作台面上设有可绕轴旋转的工作盘，工作盘可带动胶囊板做周向旋转。围绕工作盘设有空胶囊排序与定向、拔囊、填料、剔除废囊、闭合胶囊、出囊和清洁等机构，如图 4-19 所示。工作台下的机壳内设有传动系统，将运动传递给各机构，以完成以下工序操作：

（1）空胶囊排序与定向：自贮囊斗落下的杂乱无序的空胶囊经排序与定向装置后，被排列成胶囊帽在上、胶囊体在下的状态，并逐个落入主工作盘上的囊板孔中。

（2）拔囊：在真空吸力的作用下，胶囊体落入下囊板孔中，而胶囊帽则留在上囊板孔中。

（3）体帽错位：上囊板连同胶囊帽一起移开，胶囊体的上口置于定量填充装置的下方。

（4）药物填充：药物由药物定量充填装置填充进胶囊体中。

（5）废囊剔除：将未拔开的空胶囊从上囊板孔中剔除出去。

（6）胶囊闭合：上、下囊板的轴线对中，并通过外加压力使胶囊帽与胶囊体闭合。

（7）出囊：闭合胶囊被出囊装置顶出囊板孔，并从胶囊滑道进入包装工序。

（8）清洁：清洁装置将上、下囊板孔中的药粉、胶囊皮屑等污染物清除。随后，进入下一个操作循环。

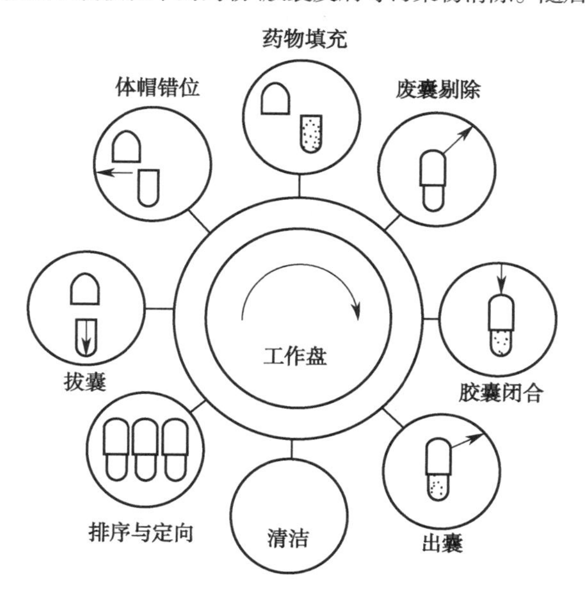

图 4-19　全自动胶囊填充机工艺过程示意图

由于每一区域的操作工序均要占用一定的时间，因此主工作盘被设计成间歇转动的运动方式。全自动胶囊填充机外形如图 4-20 所示，下面分别介绍全自动胶囊填充机的空胶囊排序与定向、拔囊、药物送进充填、剔除废囊、闭合胶囊、出囊和清洁等装置。

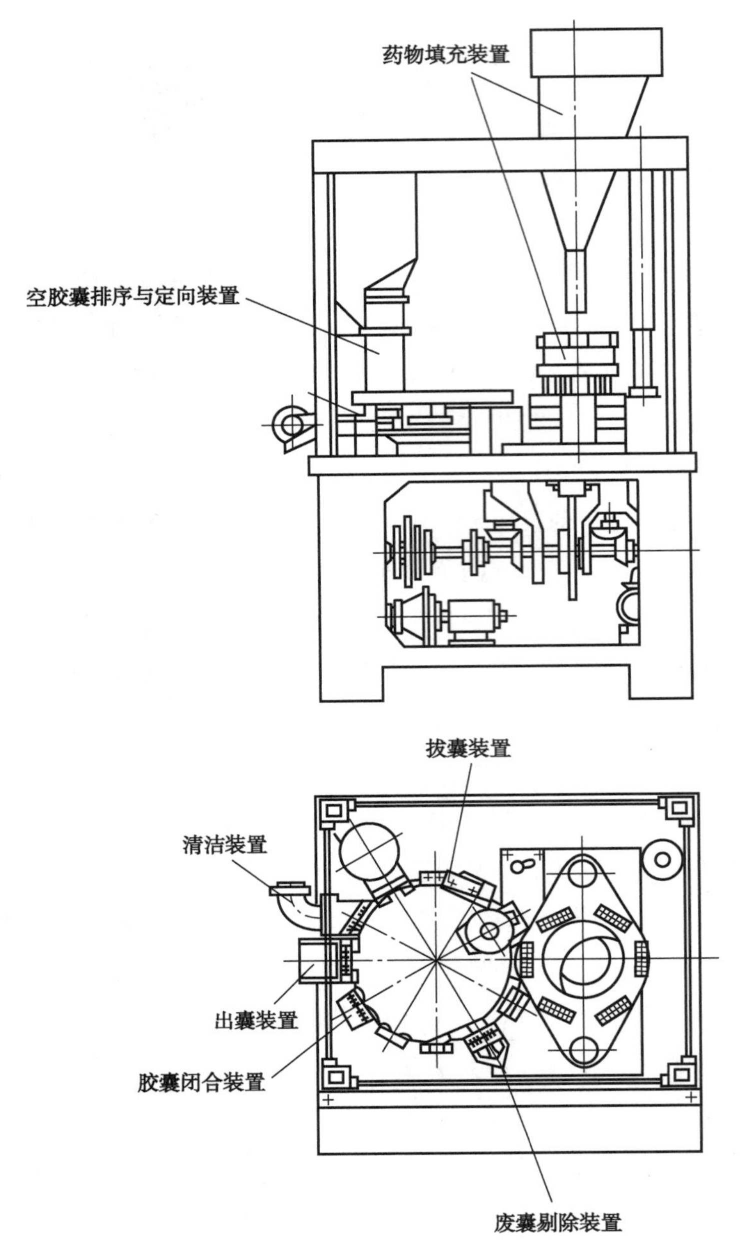

图 4-20　全自动胶囊填充机外形图

胶囊充填机

（一）空胶囊排序与定向装置

从空胶囊生产厂家采购来的空心硬胶囊均为体帽合一的套合空胶囊，使用前，首先要对杂乱的空胶囊进行排序。空胶囊排序装置结构与工作原理如图 4-21 所示。

落料器的上部与贮囊斗相通，落料器内部设有多个圆形孔道，每一孔道的下部均设有卡囊簧片。工作时，落料器做上下往复滑动，使空胶囊进入落料器的孔中，并在重力作用下下落。当落料器上行时，卡囊簧片将一个胶囊卡住。落料器下行时，卡囊簧片松开胶囊，胶囊在重力作用下由下部出口排出。当落料器再次上行时，卡囊簧片又将下一个胶囊卡住。这样，落料器上下往复滑动 1 次，每一孔道均输出 1 粒胶囊。

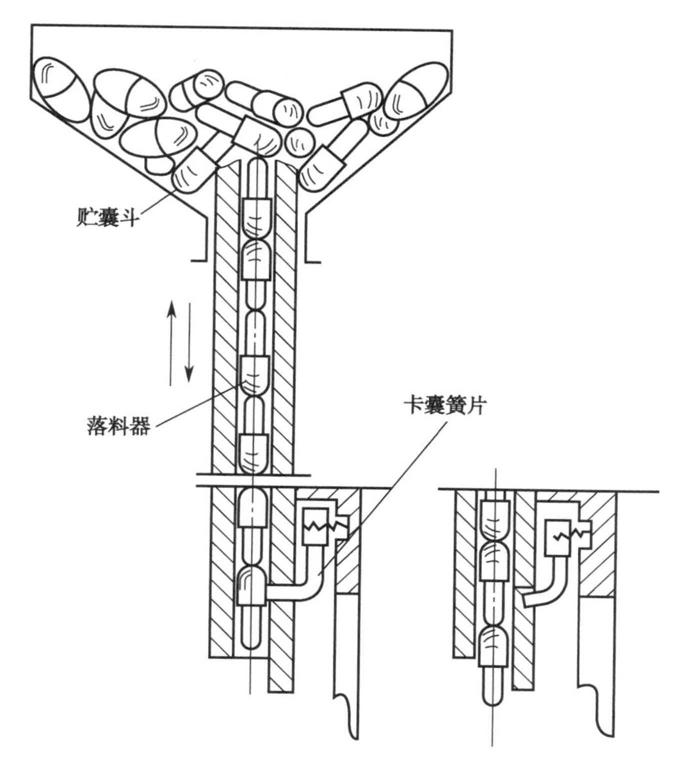

图 4-21　空胶囊的排序装置示意图

由排序装置排出的空胶囊有的胶囊帽在上，有的胶囊帽在下。为便于空胶囊的体帽分离及药物的充填，需进一步将空胶囊按帽在上、体在下的方式进行定向排列。空胶囊的定向排列可由定向装置完成，该装置设有滑槽和推爪，滑槽可在槽内做水平往复运动，如图 4-22 所示。

工作时，胶囊依靠自重落入滑槽中。由于滑槽的宽度（与纸面垂直的方向上）略大于胶囊体的直径而略小于胶囊帽的直径，因此滑槽对胶囊帽有一个夹紧力，但并不夹紧胶囊体。同时，推爪只作用于直径较小的胶囊体中部。这样，当推爪推动胶囊体运动时，胶囊体将围绕滑槽与胶囊帽的夹紧点转动，使胶囊体朝前，并被推向定向器座的边缘。此时，垂直运动的压囊爪使胶囊体翻转 90°，并将其垂直推入囊板孔中。

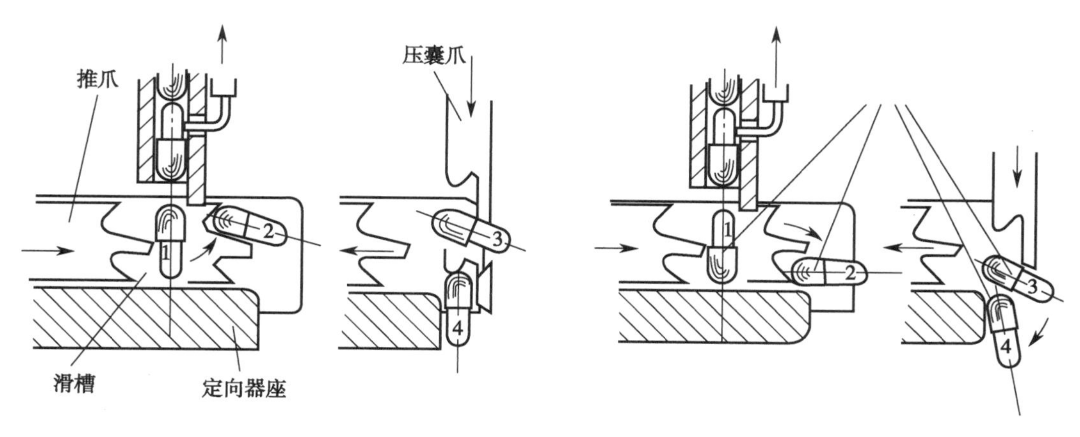

图 4-22　空胶囊的定向装置示意图

（二）拔囊装置

经定向排序后的空胶囊还需将囊体与囊帽分离开来，以便将药物填充进去。空胶囊的体帽分离操作可由拔囊装置完成。

该装置由上、下囊板以及真空分配板组成（图 4-23）。空胶囊被压囊爪推入囊板孔后，真空分配板上升，与下囊板闭合，顶杆随气体分配板同步上升并伸入下囊板孔中，真空接通，实现空胶囊的体帽分离。由于上、下囊板孔的直径相同，且都为台阶孔，上下囊板台阶小孔的直径分别小于囊帽和囊体的直径。这样，当囊体被真空吸至下囊板孔中时，上囊板孔中的台阶可挡住囊帽下行，下囊板孔中的台阶可使囊体下行至一定位置时停止，从而达到体帽分离的目的。

（三）药物送进充填装置

空胶囊体、帽分离后，上、下囊板孔的轴线随即错开，接着药物送进充填装置将药物定量填入胶囊体中，完成药物填充过程。药物送进充填装置由药物送进装置和药物定量充填装置组成。

药物送进装置如图 4-24 所示。其功能是将药物搅拌均匀，并将药物送入计量分配室，通过转动手柄和丝杠可以调整下料口与计量分配室的高度到适当的位置，下料多少通过接近开关实现自动控制，当分配室的药料高度低于要求时自动启动电机送料，达到所需的高度便自动停止。同时，可通过调节螺杆转速改变进料速度，使之与充填机构相适应。

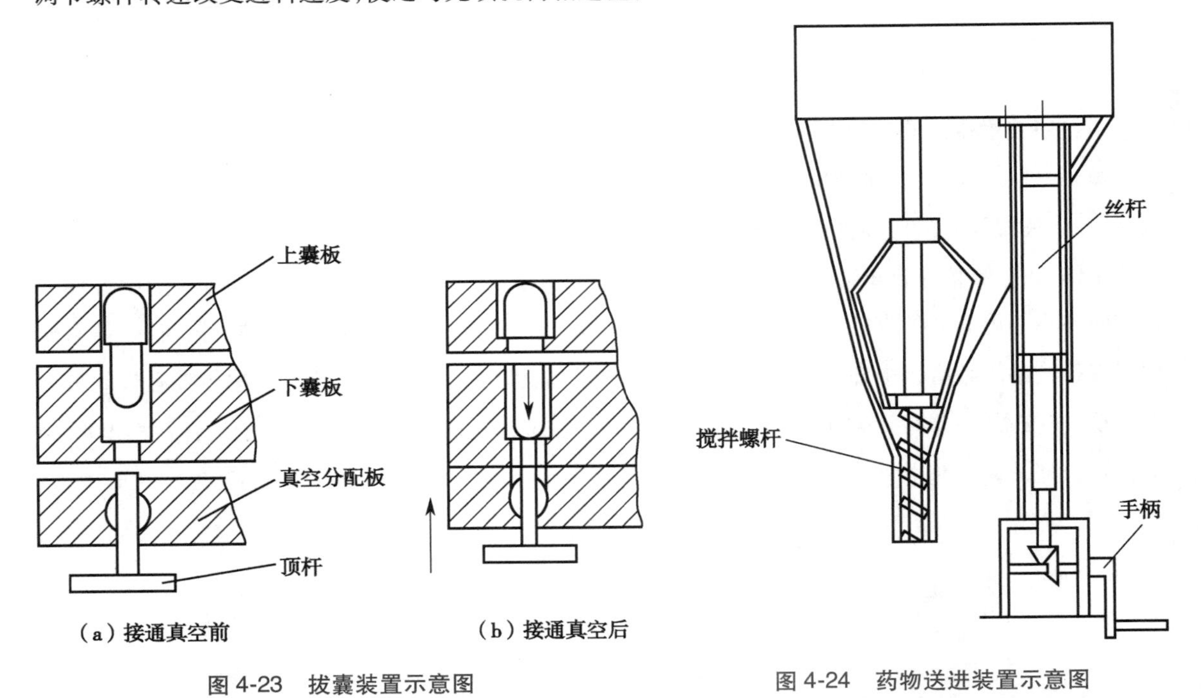

图 4-23　拔囊装置示意图

图 4-24　药物送进装置示意图

药物定量填充装置的类型很多，如插管定量装置、模板定量装置、活塞-滑块定量装置和真空定量装置等。

不同的填充方式适应于不同药物的分装，需按药物的流动性、吸湿性、物料状态（粉状或颗粒状、固态或液态）选择填充方式和机型，以确保生产操作和分装重量差异符合现行版《中国药典》的要求。

1. **填塞式药物定量充填装置**　如图 4-25 所示，它是用填塞杆逐次将药物夯实在定量杯里完成定量充填过程的。计量盘上有多个小孔，组成定量杯。药物进入定量杯后，填塞杆经多次将落入计量杯中药物夯实，将药物压成有一定密度和重量相等的药柱充入胶囊体。

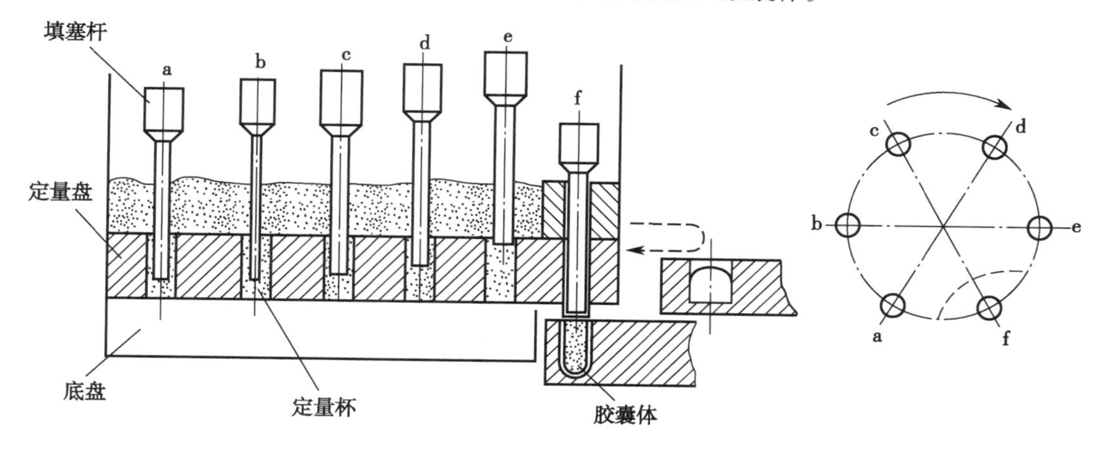

图 4-25　填塞式药物定量充填装置示意图

2. **间歇插管式药物定量充填装置**　如图 4-26 所示，是将空心定量管插入药粉斗中，利用管内的活塞将药物压紧成为药柱，然后定量管上升，并旋转 180°至胶囊体的上方。随后活塞下降，将药柱压入胶囊体中，完成药物填充过程。调节药粉斗中的药粉高度以及定量管内活塞的行程，可调节填充量。

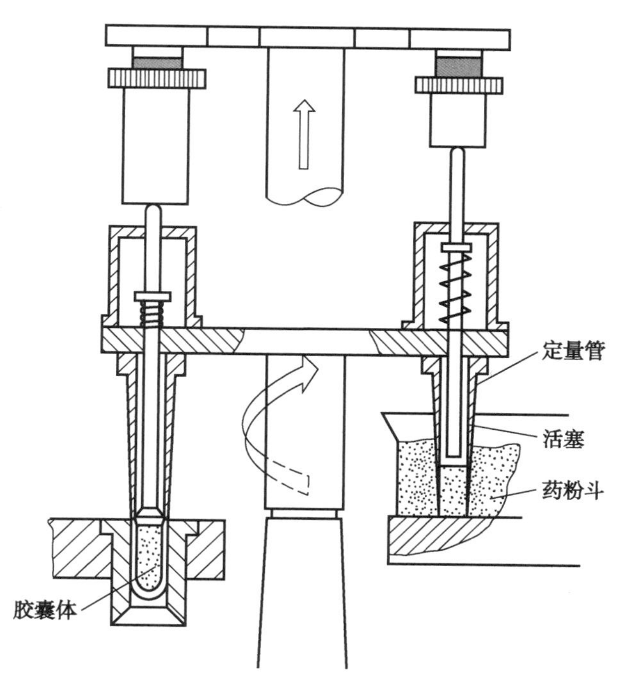

图 4-26　间歇插管式药物定量充填装置示意图

3. **活塞-滑块式药物定量充填装置**　如图 4-27 所示，转盘上设有若干个定量圆筒，每一圆筒内均有一个可上下移动的活塞，工作时，定量圆筒随转盘一起转动。当定量圆筒转至第一料斗下方时，活塞下行一定距离，使第一料斗中的药物进入定量圆筒。当定量圆筒转至第二料斗下方时，定量活塞又下行一定距离，使第二料斗中的药物进入定量圆筒。当定量圆筒转至下囊板的上方时，定量活塞下行至适当位置，使药物经支管填充进胶囊体。由于该装置设有两个料斗，因此可将两种不同药物的颗粒或微丸，如速释微丸和控释微丸装入同一胶囊中，从而使药物在体内迅速达到有效治疗浓度并维持较长的作用时间。

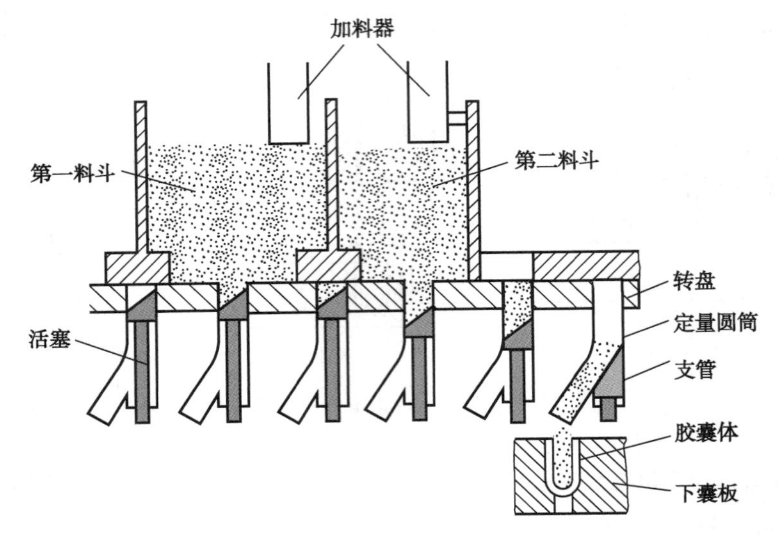

图 4-27　活塞-滑块式药物定量充填装置示意图

4. 真空药物定量充填装置　如图 4-28 所示，真空药物定量充填装置是一种连续式药物填充装置，其工作原理是先利用真空将药物吸入定量管，再利用压缩空气将药物吹入胶囊体。定量管内设有定量活塞，活塞的下部安装有尼龙过滤器，调节定量活塞的位置可控制药物的填充量。在取料或填充过程中，定量管可分别与真空系统或压缩空气系统相连。取料时，定量管插入料槽，在真空的作用下，药物被吸入定量管；填充时，定量管位于胶囊体的上部，在压缩空气的作用下，将定量管中的药物吹入胶囊体。

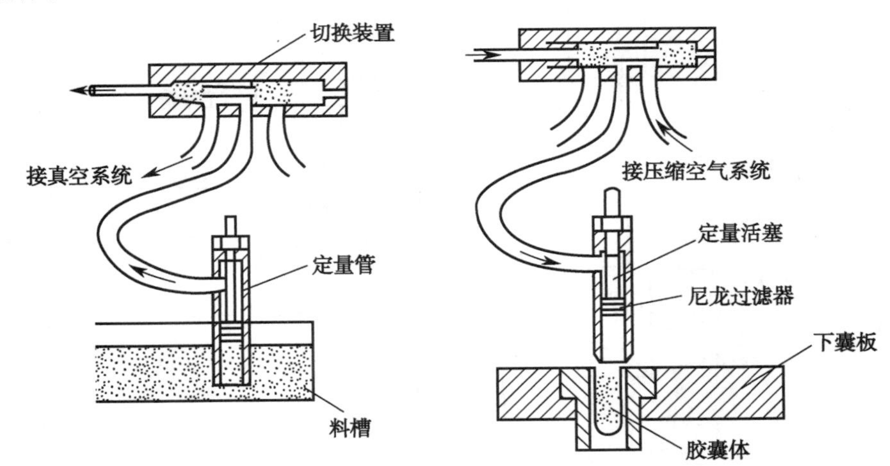

图 4-28　真空药物定量充填装置示意图

(四) 剔除废囊装置

剔除废囊装置的结构如图 4-29 所示。个别空胶囊可能会因某种原因而使体、帽未能分开，这些空胶囊一直滞留于上囊板孔中，但并未填充药物。为防止这些空胶囊混入成品中，应在胶囊闭合前将其剔除出去。剔除废囊装置的工作过程如下：上、下囊板转动至剔除装置并停止时，顶杆上升，伸到上囊板孔中，若囊板孔中仅有胶囊帽，则上行的顶杆对囊帽不产生影响；若囊板孔中存有未拔开的空胶囊，则上行的顶杆将其顶出囊板孔。

（五）胶囊闭合装置

胶囊闭合装置的结构如图 4-30 所示。胶囊闭合装置由压板和顶杆组成，当上、下囊板的轴线对中后，压板下行，将胶囊帽压住。同时，顶杆上行伸入下囊板孔中顶住胶囊体下部。随着顶杆的上升，胶囊体、帽闭合并锁紧。调节弹性压板和顶杆的运动幅度，可使不同型号的胶囊闭合。

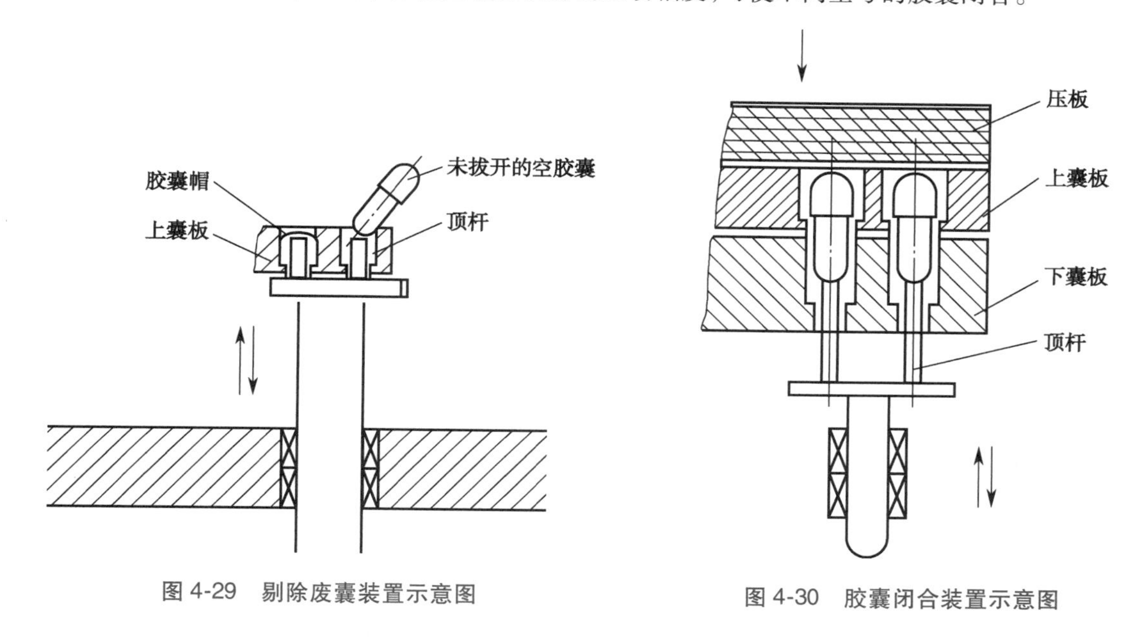

图 4-29　剔除废囊装置示意图

图 4-30　胶囊闭合装置示意图

（六）出囊装置

出囊装置的结构如图 4-31 所示。当囊板孔轴线对中的上、下囊板携带着闭合胶囊随工作盘旋转时，顶杆处于低位，即位于下囊板下方。当携带闭合胶囊的上、下囊板工作盘旋转至出囊装置上方并停止时，顶杆上升，其顶端自下而上伸入囊板孔中，将闭合胶囊顶出囊板孔，进入出囊滑道中，并被输送至包装工序。

（七）清洁装置

上、下囊板经过拔囊、填充药物、出囊等工序后，囊板孔可能会受到污染。因此，上、下囊板在进入下一个周期的操作循环之前，应通过清洁装置对其囊板孔进行清洁。清洁装置的结构如图 4-32 所示，通过吸真空的方式将上、下囊板孔中的药物、囊皮屑清理干净，然后进入下一个周期的循环操作。

课堂活动

我们学习了全自动胶囊填充机的剔除废囊装置，学会了剔除未被拔开的空心废胶囊的方法。那么，想想看，你是否有办法设计这样一个装置，能够剔除填充量不足的废胶囊？

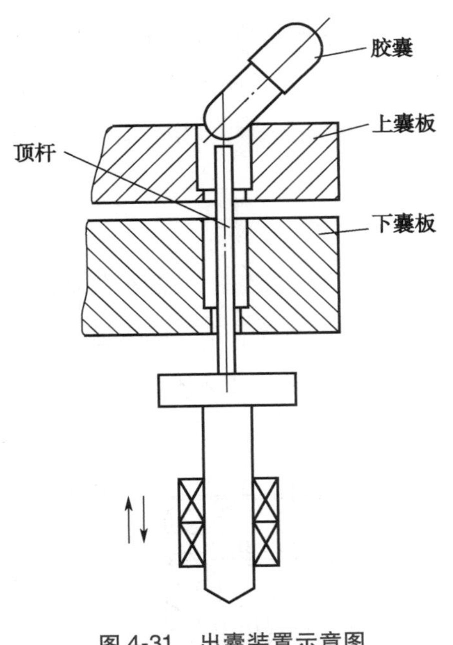

图 4-31　出囊装置示意图

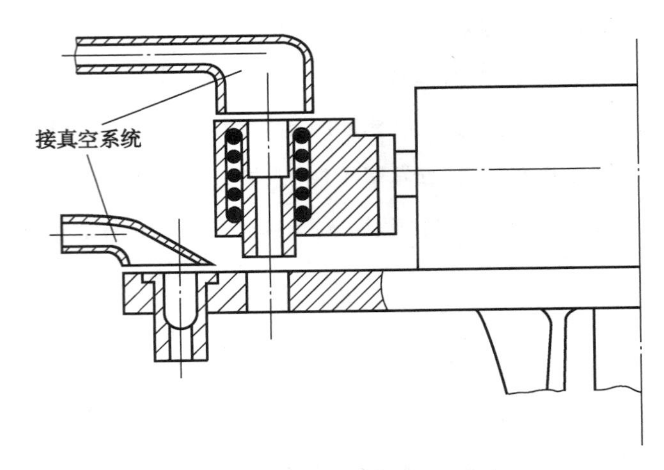

图 4-32　清洁装置示意图

二、软胶囊剂生产设备

软胶囊剂是指将一定量的液体药物直接包封，或将固体药物溶解或分散在适宜的赋形剂中制备成溶液、混悬液、乳状液或半固体，密封于球形或椭圆形的软质囊材中的固体制剂。软胶囊剂可以实现液态药物固体剂型化，使含油量高的药物或液态药物难以制成丸剂、片剂等，制成软胶囊剂，将液态药物以个数计量，服用方便。软胶囊剂按制备方法不同分为滴制法和压制法制备。

ER-4-6
软胶囊

软胶囊剂生产设备包括明胶液熔制设备、药液配制设备、软胶囊压（滴）制设备、软胶囊干燥设备、回收设备等。下面主要介绍滚模式软胶囊机和滴制式软胶囊机。

（一）滚模式软胶囊机

滚模式软胶囊机的外形如图 4-33 所示，其配套设备主要有输送机、干燥机、电控柜、明胶桶和药液桶等多个单体设备组成（图 4-34）。药液桶、明胶桶吊置在高处，按照一定流速向主机上的明胶盒和供药斗内流入明胶和药液，其余各部分则直接安置在工作场地的地面上。

ER-4-7
滚模式软胶囊机

1. 胶带成型装置　由明胶、甘油、水及防腐剂、着色剂等附加剂加热熔制而成的明胶液，放置于吊挂着的明胶桶中。明胶液通过保温导管靠自身重力流入位于机身两侧的明胶盒中。明胶盒是长方形的，其结构如图 4-35 所示。通过电加热使明胶液恒温，既能保持明胶的流动性，又能防止明胶液冷却凝固，从而有利于胶带的生产。在明胶盒后面及底部各安装了一块可以调节的活动板，通过调节这两块活动板，使明胶盒底部形成一个开口。通过前后移动流量调节板来加大或减小开口使胶液流量增大或减小，通过上下移动厚度调节板，调节胶带成形的厚度。明胶盒的开口位于旋转的胶带鼓轮的上方，随着胶带鼓轮的平稳转动，明胶液通过明胶盒下方的开口，依靠自身重力涂布于胶带鼓轮的外表面上。胶带鼓轮外表面光滑、转动平稳，从而保证生成的胶带均匀。有冷风从主机后部吹入，使得涂布于胶带鼓轮上的明胶液在鼓轮表面上冷却而形成胶带。在胶带成型过程中还设置了油辊系统，保证胶带在机器中连续顺畅地运行。

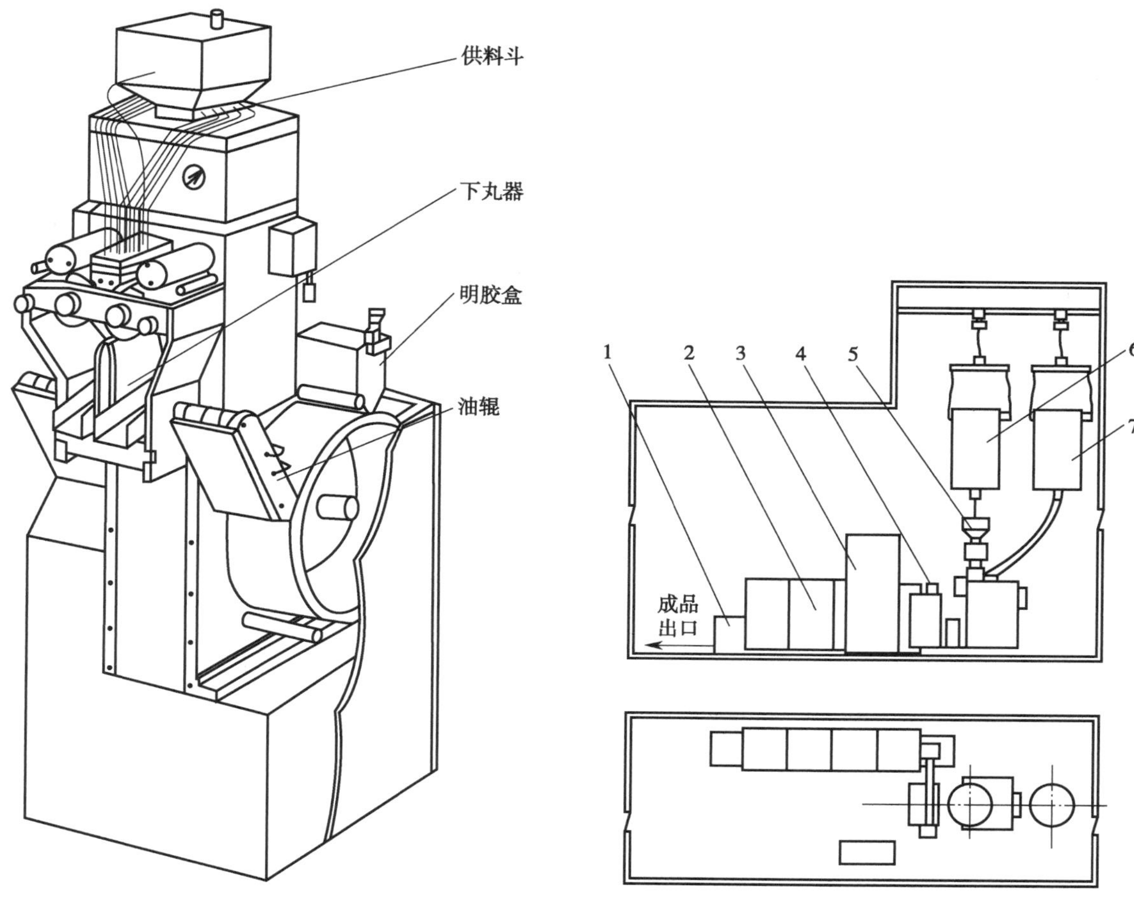

图 4-33　滚模式软胶囊机示意图

图 4-34　滚模式软胶囊机配套设备布置示意图
1. 风机；2. 干燥机；3. 电控柜；4. 链带输送机；5. 主机；6. 药液桶；7. 明胶桶

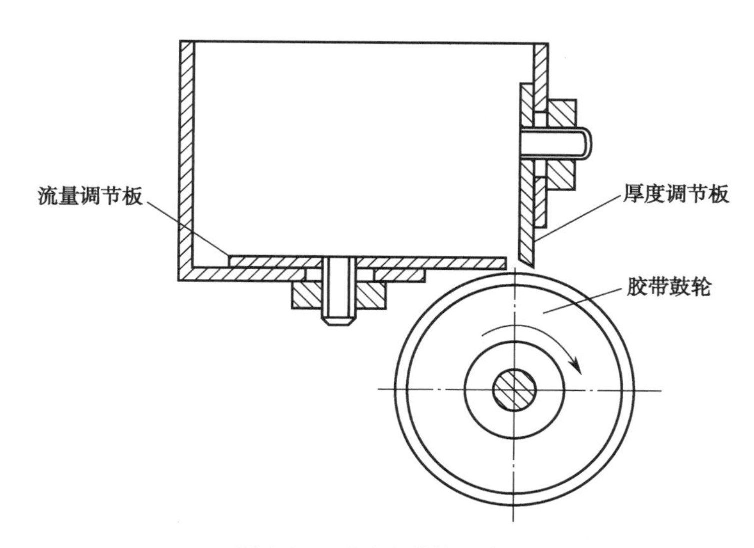

图 4-35　明胶盒结构示意图

2. 软胶囊成型装置　软胶囊成型装置如图4-36所示。制备成型的连续胶带，被送到两个辊模与软胶囊机上的楔型喷体之间。喷体的曲面与胶带良好贴合，形成密封状态，从而使空气不能够进入已成型的软胶囊内。在运行过程中，一对滚模按箭头方向同步转动，喷体静止不动。滚模有许多凹槽（图4-37），均匀分布在其圆周的表面。当滚模转到对准凹槽与楔形喷体上的一排喷药孔时，药液通过喷体上的一排小孔喷出。因喷体上的加热元件的加热使得与喷体接触的胶带变软，依靠喷射压力使两条变软的胶带与滚模对应的部位产生变形，并挤到滚模凹槽的底部。为了方便胶带充满凹槽，在每个凹槽底部都开有小通气孔，这样，由于空气的存在而使软胶囊很饱满，当每个滚模凹槽内形成了注满药液的半个软胶囊时，凹槽周边的回形凸台随着两个滚模的相向运转，两凸台对合，形成胶囊周边上的压紧力，使胶带被挤压黏结，形成一颗颗软胶囊，并从胶带上脱落下来。

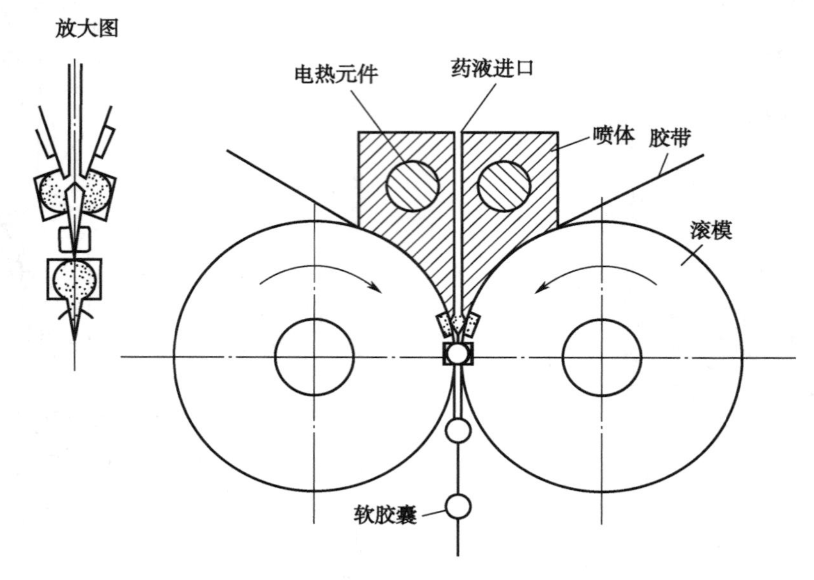

图4-36　软胶囊成型装置示意图

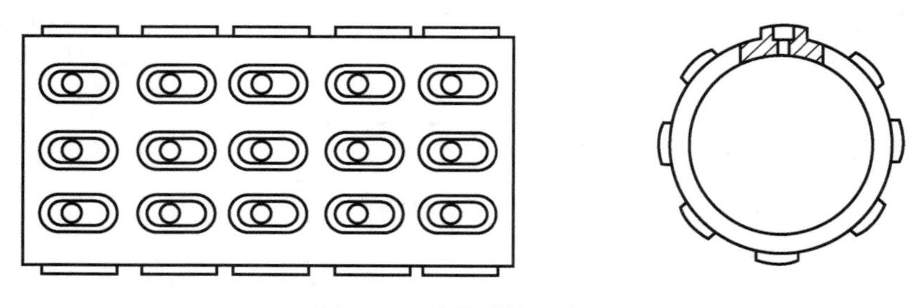

图4-37　滚模结构示意图

3. 滚模式软胶囊机组的其他组成

（1）输送机：输送机用来输送成型后的软胶囊，它由机架、电机、输送带、调整机构等组成。输送带向左运动时可将压制合格的胶囊送入干燥机内，向右运动时则将废囊送入废胶囊箱中。

（2）干燥机：干燥机用来对合格的软胶囊进行第一阶段的干燥和定型。干燥机由不锈钢丝制成的转笼、电机等组成。转笼正转时胶囊留在笼内滚动，反转时胶囊可以从一个转笼自动进入下一个转笼。干燥机的端部安装有鼓风机，通过风道向各个转笼输送净化风。

(3)明胶桶:明胶桶系用不锈钢(316L)焊接而成的三层容器,桶内盛装制备好的明胶液,夹层中盛软化水并装有加热器和温度传感器,外层为保温层。打开底部球阀,胶液可自动流入明胶盒。

(二)滴制式软胶囊机

滴制式软胶囊机是将胶液和药液通过滴丸机头按不同速度喷出,明胶液将药液包裹后,滴入另一种不相混溶的冷却液中。胶液接触冷却液后,由于表面张力作用而使之形成球形,并逐渐凝固成软胶囊。滴制式软胶囊机的结构与工作原理如图 4-38 所示,主要由原料贮槽、定量装置、喷头和冷却器、电气自控系统、干燥部分组成,其中双层喷头外层通入明胶溶液,内层则通入药液。在生产中,喷头滴制速度的控制十分重要。

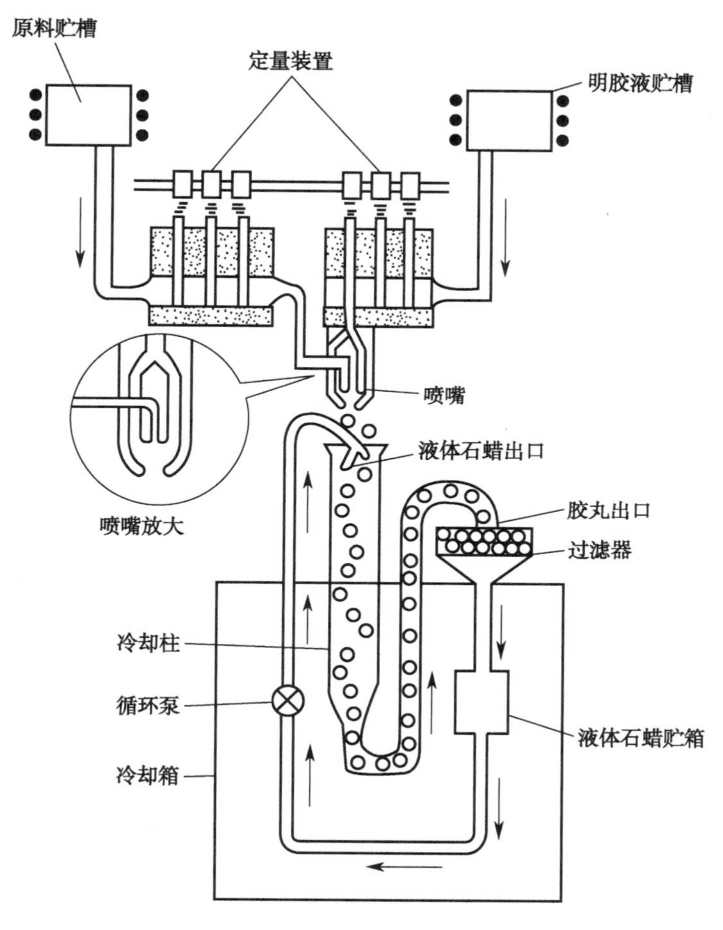

图 4-38　滴制式软胶囊机原理示意图

扫一扫,知重点

点滴积累

1. 全自动胶囊填充机是制药企业应用非常广泛的硬胶囊填充设备。
2. 全自动胶囊填充机的工作台面上设有可绕轴旋转的工作盘,工作盘设有空胶囊排序与定向、拔囊、剔除废囊、闭合胶囊、出囊和清洁等机构,完成相应的生产工序。
3. 滚模式软胶囊机和滴制式软胶囊机是在工艺、原理等方面截然不同的软胶囊剂生产设备。

目标检测

一、单项选择题

1. 高速旋转式压片机通常采用(　　)加料器

A. 月形栅式加料器　　B. 强迫式加料器

C. 主动式加料器　　D. 全自动加料器

2. 高速旋转式压片机通常采用(　　)

A. 预压、主压成型加压装置　　B. 预压成型加压装置

C. 主压成型加压装置　　D. 全自动加压装置

3. 高速旋转式压片机的填充量调节采用了(　　),对压片过程进行在线控制

A. LCP 自动控制系统　　B. PLC 自动控制系统

C. CLP 自动控制系统　　D. PCL 自动控制系统

4. 旋转式压片机压片时(　　),片剂的重量越重

A. 上、下冲头的距离越大　　B. 填充轨位置越高

C. 上、下冲头的距离越小　　D. 填充轨位置越低

5. 高效包衣机的(　　)是由中效和高效过滤器、预热器组成的

A. 定量喷雾系统　　B. 送风系统

C. 排风系统　　D. 程序控制系统

6. 适合压各种形状片剂的压片机是(　　)

A. 包芯片压片机　　B. 旋转式压片机

C. 高速旋转式压片机　　D. 异形片压片机

7. 下列叙述错误的是(　　)

A. 国内外应用最为广泛的硬胶囊填充设备为全自动胶囊填充机

B. 包衣锅一般用不锈钢等性质稳定并有良好导热性的材料制成

C. 压片机朝着优质、高速、低振动、低噪声、低能耗、密闭、自动控制方向发展

D. 高速旋转式压片机和旋转式压片机的原理相同

8. 在片重一定的情况下,旋转式压片机压片时(　　),片剂的硬度越大

A. 上、下压轮的距离越大　　B. 填充轨位置越高

C. 上、下压轮的距离越小　　D. 填充轨位置越低

9. 下列不属于旋转式压片机压片过程的是(　　)

A. 填充　　B. 压片　　C. 出片　　D. 剔废

10. 全自动胶囊填充机的工作流程正确的是(　　)

A. 胶囊和药粉的供给→帽体分离→胶囊定向排列→药粉填充→剔废→帽体闭合→成品排出

B. 胶囊和药粉的供给→胶囊定向排列→帽体分离→药粉填充→帽体闭合→剔废→成品

排出

C. 胶囊和药粉的供给→胶囊定向排列→帽体分离→药粉填充→剔废→帽体闭合→成品排出

D. 胶囊和药粉的供给→帽体分离→胶囊定向排列→剔废→药粉填充→帽体闭合→成品排出

二、多项选择题

1. 压片机按所压片剂的形状不同可分为(　　)

A. 普通片压片机　B. 异形片压片机　C. 多层片压片机
D. 包芯片压片机　E. 高速旋转式压片机

2. 在各类压片机中,片剂的成型都是由冲模完成的,冲模由(　　)组成

A. 上冲头　B. 下冲头　C. 中模
D. 模孔　E. 轨道

3. 旋转式压片机的压片装置包括转盘、冲模、轨道和(　　)等部件

A. 压轮及调节装置　B. 自动计数器　C. 加料装置
D. 充填装置　E. 门安全保护装置

4. 高速压片最主要的问题是如何确保中模的填料符合要求以及压片过程中带入的空气如何排出。高速旋转式压片机是通过(　　)等装置来实现高速压片工艺的

A. 单片剔废装置　B. 批量剔废装置　C. 二次加压
D. 强迫式加料　E. 压力安全保护装置

5. 目前,国内外广泛应用的高速旋转式压片机通常还配备单片(或批量)剔废,上、下冲模保护,下冲安装保护,自动计数和(　　)等自动控制系统,为片剂生产满足 GMP 要求提供了良好的设备保障

A. 门安全保护　B. 压力安全保护　C. 自动润滑
D. 加料装置　E. 充填装置

6. 普通包衣锅(也称荸荠包衣锅)是最早、最基本的包衣设备,该设备由(　　)组成

A. 包衣锅　B. 动力系统　C. 加热系统
D. 冷却系统　E. 排风系统

7. 根据锅型结构的不同,高效包衣机主要有(　　)3 种类型

A. 荸荠式　B. 滚筒式　C. 网孔式
D. 间隔网孔式　E. 无孔式

8. 高效包衣机不是孤立的一台设备,而是由多组装置配套而成的整体。除主体包衣锅外还包括(　　)

A. 冷却系统　B. 定量喷雾系统　C. 供气系统
D. 排气系统　E. 程序控制系统

9. 目前，国内外应用最为广泛的硬胶囊填充设备为全自动胶囊填充机。全自动胶囊填充机的工作台面上设有可绕轴旋转的工作盘，围绕工作盘设有（　　）以及闭合胶囊、出囊、清洁等装置

A. 空胶囊排序与定向　B. 拔囊　C. 剔除废囊
D. 分装　E. 填充

10. 滚模式软胶囊机的配套设备主要由（　　）和电控柜等多个单体设备组成

A. 输送机　B. 干燥机　C. 明胶桶
D. 药液桶　E. 清洁器

11. 软胶囊压制主机中需要加热的部分有（　　）

A. 明胶盒　B. 胶皮轮　C. 楔形喷体
D. 下丸器　E. 滚模

12. 滴制式软胶囊机其主要组成是（　　）

A. 滴制部分　B. 冷却部分　C. 电气自控系统
D. 干燥部分　E. 输送部分

三、简答题

1. 旋转式压片机压片过程原理是怎样的？
2. 旋转式压片机中调节片剂重量和硬度的装置名称是什么？并简述其工作原理。
3. 高速旋转式压片机加料装置、加压装置、填充调节装置的原理分别是怎样的？
4. 全自动胶囊填充机的药物定量填充装置有哪些类型？各有何特点？
5. 试说明全自动胶囊充填机的工作原理。
6. 网孔式高效包衣机、间隔网孔式高效包衣机和无孔式高效包衣机各有何特点？
7. 简述高效包衣机的工作原理。
8. 简述滚模式软胶囊机和滴制式软胶囊机的工作原理。

四、实例分析题

1. 某药厂在使用旋转式压片机生产片剂的过程中出现了片重差异超限现象。请根据本章所学内容，分析产生片重差异超限的原因，找出解决方法。

2. 某药厂在使用全自动胶囊填充机生产胶囊剂的过程中，在剔除废囊装置中出现大量未被拔开的空心废囊。请根据本章所学内容，分析产生废囊的原因是什么，如何排除故障？

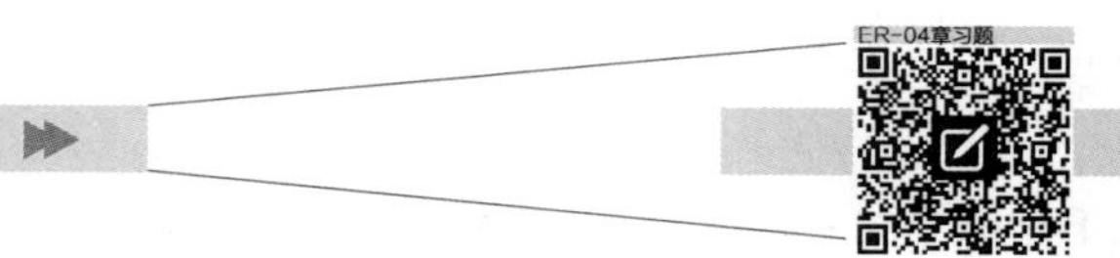

（王　泽）

第五章

制药用水设备

导学情景

情景描述：

打针是宝宝童年最害怕的一件事，简直就是宝宝的噩梦，提到“打针”两个字都会害怕，因此医生经常会用宝宝都喜欢喝的口服液来代替注射剂，同样也能治愈疾病。

学前导语：

口服液和注射剂都是液体药品，它们在生产过程所用的水是一样的吗？ 我们生活中经常用到自来水、纯净水、矿泉水，这些水可以用于生产药品吗？ 本章我们将一起学习制药用水的分类、质量要求及制水设备的基本结构、原理和基本操作，以及维护保养等相关知识。

第一节　纯化水设备

一、概述

（一）制药用水的分类、质量要求、应用范围

制药用水是药物制剂生产的生命线，其不仅是药物制剂生产中用量大、使用广的一种辅料，它的质量也直接影响着药物制剂的质量。《中国药典》(2015年版)根据使用范围的不同，将制药用水分为饮用水、纯化水、注射用水和灭菌注射用水4种。饮用水为天然水经净化处理所得的水，其质量必须符合现行中华人民共和国国家标准《生活饮用水卫生标准》，通常由城市自来水管网提供；纯化水为饮用水经蒸馏法、离子交换法、反渗透法或其他适宜的方法制得的水，不含任何附加剂；注射用水为纯化水经蒸馏所得的水；灭菌注射用水为注射用水按照注射剂生产工艺制备所得的水。纯化水、注射用水和灭菌注射用水的质量应符合《中国药典》(2015年版)的规定，具体见表5-1。未经处理的天然水不得用作制药用水。

表5-1　制药用水的质量要求

项目		质量指标	
		纯化水	注射用水
性状	色	无色	
	浑浊度	澄清	
	臭和味	无臭、无味	
	肉眼可见物	不得含有	

续表

项目		质量指标	
		纯化水	注射用水
一般化学指标	pH	符合药典规定	5.0~7.0
	氨	<0.3μg/ml	<0.2μg/ml
	易氧化物	符合药典规定	—
	总有机碳	0.50mg/L	
	不挥发物	遗留残渣<0.01mg/ml	
	电导率	依法检查应符合规定	
毒理学指标	重金属	<0.1μg/ml	
	硝酸盐(以N计)	<0.06μg/ml	
	亚硝酸盐(以N计)	<0.02μg/ml	
细菌指标	微生物限度	≤100个/ml	≤10个/100ml
	细菌内毒素	—	<0.25EU/ml

不同的制药用水在药物制剂生产中的应用范围不同，见表5-2。

表5-2　制药用水的应用范围

制药用水的类别	应用范围
饮用水	①制备纯化水的水源 ②药材净制时的漂洗 ③制药用具的粗洗 ④除另有规定外，也可作为饮片的提取溶剂
纯化水	①制备注射用水的水源 ②配制普通药物制剂用的溶剂或试验用水 ③中药注射剂、滴眼剂等灭菌制剂所用饮片的提取溶剂 ④口服、外用制剂配制用溶剂或稀释剂 ⑤非灭菌制剂用器具的精洗
注射用水	配制注射剂、滴眼剂等的溶剂或稀释剂及容器的精洗
灭菌注射用水	注射用灭菌粉末的溶剂或注射剂的稀释剂

课堂活动

1. 请找出纯化水和注射用水质量要求的异同点。
2. 配制抗病毒口服液需要用注射用水吗？ 为什么？
3. 某药厂要制备板蓝根注射剂，应选用何种工艺用水提取板蓝根的有效成分？ 为什么？
4. 护士为患者注射青霉素，她应该选用何种工艺用水溶解青霉素粉针？ 为什么？

（二）原水预处理

在制备纯化水时，为保证制水过程的顺利进行，首先要对原水经过絮凝沉降及机械过滤处理，除去水中的悬浮物、微生物、胶体、有机物、游离氯、臭味和色素等杂质。

1. 絮凝沉降　在原水中加入絮凝剂，经电性中和作用，促使水中表面带有负电荷的悬浮物和胶体微粒凝聚成絮状沉淀而除去。常用的絮凝剂有ST高效絮凝剂和聚合氯化铝等。

（1）ST高效絮凝剂：ST高效絮凝剂是一种新型的高分子聚阳离子季铵盐电解质，常温下为无色或浅黄色黏稠液体，具有沉降速度快、凝聚力强、用量少、不受低水温影响等特点，并有絮凝和消毒的双重性能，是一种理想的新型净水剂。

（2）聚合氯化铝：聚合氯化铝（PAC）是一种传统的高分子无机铝盐絮凝剂，为白色或淡黄色粉末（含量约35%）或无色至淡黄色透明液体（含量约10%），其净水效果为硫酸铝的3~5倍、三氯化铁的2~5倍，絮凝体形成快，絮块大，沉降速度快，还有除臭、灭菌、脱色等作用，但用量较大。使用聚合氯化铝时，原水的pH以在6~8为宜，水温在20~30℃最佳。

知识链接

絮凝剂的投加

絮凝剂的加入主要是利用计量泵投加，再经管道式混合器混合的方法。该装置能精确地加入各种药剂（如絮凝剂、盐酸等），使药剂迅速与水混合，为设备的正常运行提供保障。ST絮凝剂的净水效果与加入方法有很大关系，由于ST絮凝剂是一种高分子絮凝剂，高速搅拌下会被切断分子链从而降低絮凝性能，因此不宜采用高速离心泵进行搅拌。为使ST絮凝剂与悬浮物能充分混匀，应尽可能地稀释并多次加入。PAC也可在泵前加药，利用泵的叶轮达到快速混合。

2. 机械过滤　机械过滤是采用机械过滤器对原水进行过滤，去除水中杂质的操作。常用的机械过滤器有多介质过滤器、活性炭吸附器、软化器、保安过滤器等。

（1）多介质过滤器：如图5-1所示，是目前较普遍用于原水预处理的多介质过滤器。多介质过滤器的本体是一个由钢板制成的圆柱形密闭容器，属受压容器，为防止压力集中，容器两端采用椭圆形封头。容器的上部装有进水装置及排空气管，下部装有配水系统，在容器外配有必要的管道和阀门。工作时，通常用泵将原水输入过滤器，过滤后，借助剩余压力将过滤水送到其后的制水设备。常用的过滤介质为石英砂（粒径为0.5~1.2mm）和无烟煤（粒径为0.8~2.0mm）等粒状介质（有的过滤器用滤膜、纤维织物等作过滤介质）。

（2）活性炭吸附器：如图5-2所示，在原水预处理中常用。原水连续地流过固定的活性炭床层，被吸附处理过的水则不断地排出。当出水水质不符合要求时，应停止进水，将活性炭再生。为防止活性炭床层堵塞，需先将原水经过多介质过滤器进行预处理，并定期对活性炭床层进行反冲洗。

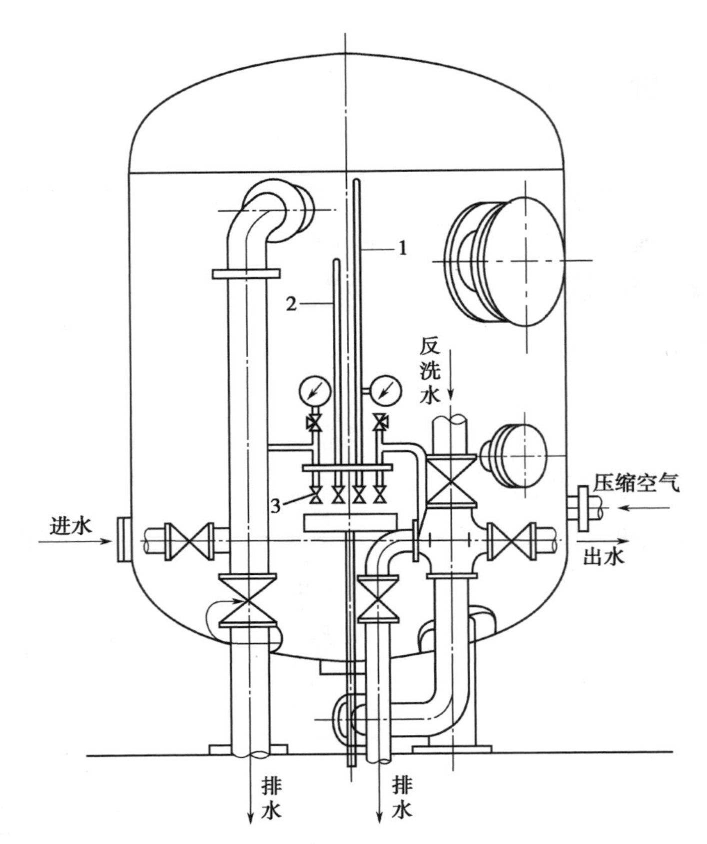

图 5-1　多介质过滤器示意图
1. 空气管；2. 监督管；3. 采样阀

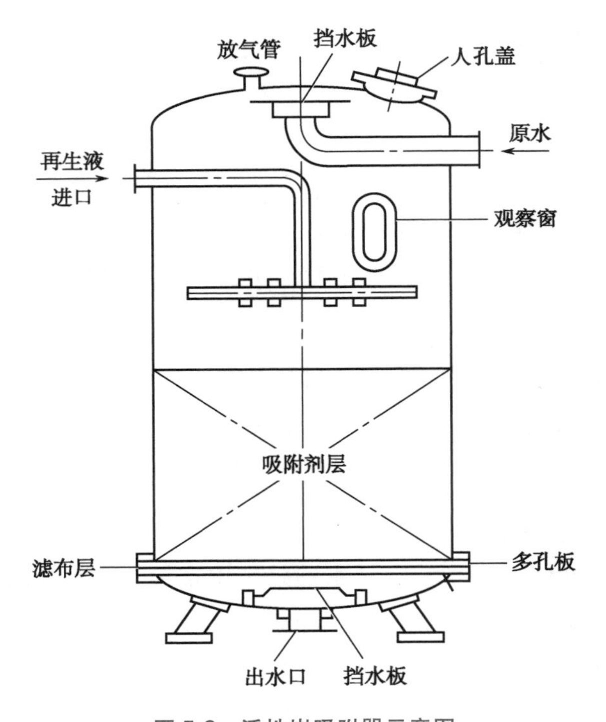

图 5-2　活性炭吸附器示意图

知识链接

活性炭的用途

活性炭（多用粒径为 2mm×5mm 者）由于具有巨大的表面积和很强的吸附力，能吸附有机物、热原、胶体、色素及余氯（对水中的游离氯吸附率达 99%以上），可有效地降低水的色度、浊度，是最常用的吸附剂。 吸附饱和后的活性炭可用加热、蒸馏、化学或生物等再生法再生。

（3）软化器:软化器由软化罐内填充钠型阳离子交换树脂而成。当原水通过软化器时,水中的钙、镁离子(形成水垢的主要成分)被树脂中的钠离子置换出来,从而达到软化水的目的,可防止原水在后续水管道和设备中结垢。软化器使用一定时间后需进行再生处理,再生液为 4%~5%氯化钠溶液。再生结束后,需用纯化水冲洗树脂中残存的再生液。对硬度较高的原水预处理,应加软化工序。

（4）保安过滤器:保安过滤器又称精密过滤器,一般安装在多介质过滤器、活性炭吸附器、软化器后面,是原水进入反渗透膜的最后一道过滤装置,可以截留直径>5μm 的一切物质,包括由前处理系统流失的滤料,如石英砂、活性炭粉末等,以满足反渗透的进水要求,可有效保护反渗透膜不受或少受污染。保安过滤器有滤芯式过滤器和袋式过滤器。滤芯式过滤器内装线绕蜂房式滤芯或熔喷滤芯;袋式过滤器内装过滤袋。滤芯式过滤器是采用成型的滤材,原液通过滤材,滤渣留在滤材壁上,滤液透过滤材流出,从而达到过滤的目的。成型的滤材有滤布、滤网、滤片、烧结滤管、线绕滤芯（如聚丙烯纤维-聚丙烯骨架滤芯和脱脂棉纤维-不锈钢骨架滤芯）、熔喷滤芯、微孔滤芯及多功能滤芯。因滤材的不同,过滤孔径也不相同。袋式过滤器是原液从进料口流入,经过滤袋,从滤器下出口流入指定容器内或连接的管道中,滤除的颗粒杂质被拦截在滤袋中,滤袋更换后可继续使用。保安过滤器具有过滤精度高,过滤阻力小,通量大、截污能力强,使用寿命长,对过滤介质无污染,滤芯强度大不易变形,耐高温,耐酸、碱、腐蚀等化学溶剂,价格低廉,易于清洗,滤芯、滤袋可更换等特点。

保安过滤器滤芯

课堂活动

1. 为何要对原水进行预处理？ 可用什么方法对原水进行预处理？
2. 常用的絮凝剂有哪些？ 各有何特点？
3. 如何投加絮凝剂？ 使用 ST 絮凝剂应注意什么？
4. 机械过滤器有哪些？ 各采用何种过滤介质？
5. 保安过滤器有何特点？

二、纯化水设备

（一）离子交换制水设备

1. 工作原理　离子交换制水设备系利用离子交换树脂对原料水进行纯化处理的制水设备。离子交换树脂是一种人工合成的不溶于水的有机高分子电解质凝胶，具有网状骨架分子结构，骨架上结合着相当数量的活性离子交换基团。离子交换树脂均制成球形，且要求树脂的圆球率越高越好，这样的树脂通水性好。常用的离子交换树脂有阳离子交换树脂和阴离子交换树脂两种。如 732 型苯乙烯强酸性阳离子交换树脂，以磺酸基为极性基团，可用简式 $R\text{-}SO_3^-H^+$ 或 $R\text{-}SO_3^-Na^+$ 表示（R 代表树脂骨架），前者称为氢型，后者称为钠型；又如 717 型阴离子交换树脂，以季铵基为极性基团，可用简式 $R\text{-}N^+(CH_3)_3OH^-$ 或 $R\text{-}N^+(CH_3)_3Cl^-$ 表示，前者称为羟型，后者称为氯型。由于钠型和氯型为稳定型，更容易保存，故市售品一般多为钠型和氯型，使用前需用酸碱转化成氢型和羟型后才能使用。

离子交换法可去除水中呈离子态的阳、阴离子，如 Na^+、Ca^{2+}、Mg^{2+}、Cl^-、SO_4^{2-}、CO_3^{2-} 等，一般采用阳床、阴床、混合床的组合形式，如以氯化钠（NaCl）代表水中的无机盐类，除盐的基本反应可以用下列方程式表示：

阳离子交换柱：$R\text{-}H+Na^+ \rightarrow R\text{-}Na+H^+$

阴离子交换柱：$R\text{-}OH+Cl^- \rightarrow R\text{-}Cl+OH^-$

阳、阴离子交换柱串联以后称为复床，其总的反应式可写成：

$$R\text{-}H+R\text{-}OH+NaCl \rightarrow R\text{-}Na+R\text{-}Cl+H_2O$$

由此可见，水中的 NaCl 已分别被树脂上的 H^+ 和 OH^- 所取代而被除去，同时生成了 H_2O，从而达到去除水中盐的作用。

离子交换制水设备的优点是制得的纯化水纯度高、设备结构简单、节约燃料与冷却水、成本低，一些细菌如枯草杆菌、金黄色葡萄球菌及热原在水中荷负电，故对细菌和热原也有一定的去除作用；缺点是树脂需经常再生，要消耗酸碱及处理废弃的酸碱，还要定期更换破碎的树脂等。

2. 离子交换柱　离子交换柱是离子交换制水设备的基本结构，是离子交换树脂进行离子交换的场所。离子交换柱的结构如图 5-3 所示。一般产水量在 $5m^3/h$ 以下时，材质常用有机玻璃制造，柱高与柱径之比为 5~10；产水量较大时，材质多为钢衬胶或复合玻璃钢的有机玻璃，柱高与柱径之比则为 2~5。从柱的顶部至底部分别设有进水口、上排污口、上布水板、树脂装入口、树脂排出口、下布水板、下出水口、下排污口等。在运行操作中，其作用分别是：①进水口：在正常工作和正洗树脂时，用于进水。②上排污口：进水、松动和混合树脂时，用于排气；逆流再生和反洗时，用于排污。③上布水板：在反洗时，防止树脂溢出，保证布水均匀。④树脂装入口：用于进料、补充和更换新树脂。⑤树脂排出口：用于排放树脂（树脂的输入和卸出均可采用水输送）。⑥下布水板：在正常工作时，防止树脂漏出，保证出水均匀。⑦下排污口：松动和混合树脂时，作压缩空气的入口；正洗时，用于排污。⑧下出水口：经过交换完毕的水由

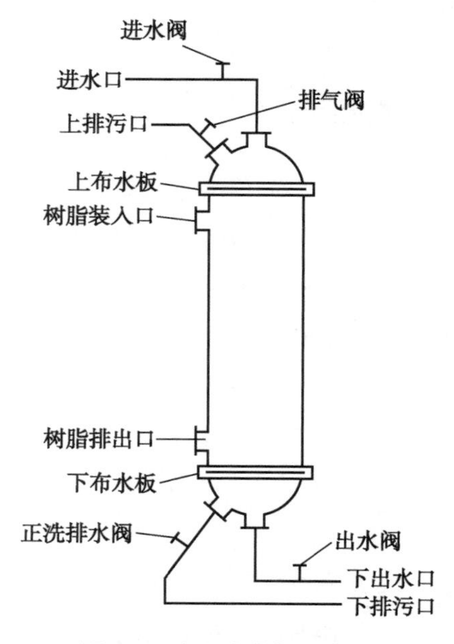

图 5-3　离子交换柱示意图

此口流出，进入下一道程序；逆流再生时，作再生液的进口。

3. 成套离子交换制水设备　成套离子交换制水设备由过滤器、阳离子交换柱（简称阳柱）、除二氧化碳器、阴离子交换柱（简称阴柱）、混合离子交换柱（简称混合柱）及再生柱（为配合混合柱内的树脂再生而设）串联而成，如图 5-4 所示。由于树脂在使用过程中会发生体积膨胀或缩小，所以交换柱内的树脂不能装满，一般阳柱及阴柱内树脂的填充量只能占柱高的 2/3。混合柱中的阴离子交换树脂与阳离子交换树脂通常按照 2∶1 的比例混合，填充量一般占柱高的 3/5。原料水流经过滤器→阳柱→除二氧化碳器→阴柱→混合柱，即可除去绝大部分阴、阳离子，制得纯化水。

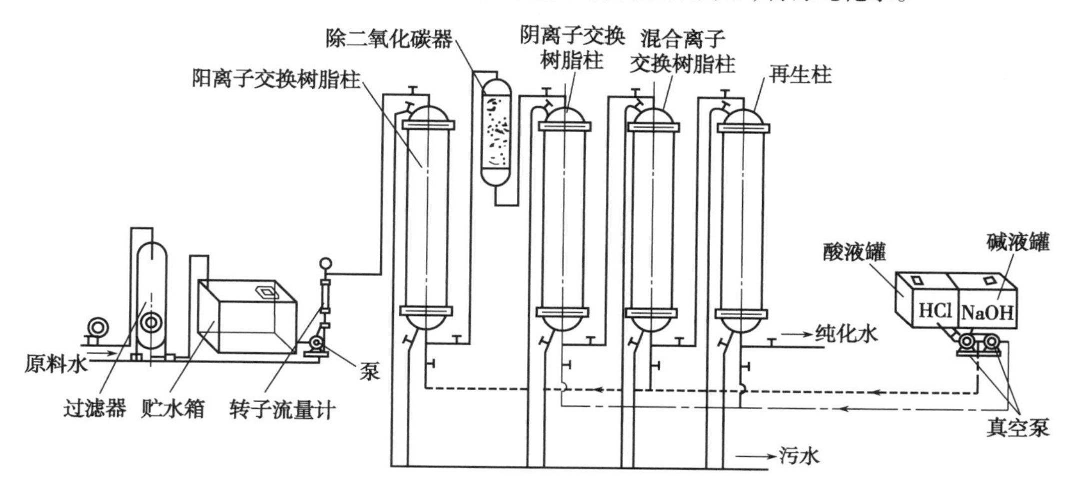

图 5-4　成套离子交换设备示意图

知识链接

除二氧化碳器的用途

设置除二氧化碳器是因为原料水经过阳离子交换柱后，原料水中的阳离子几乎都转变成氢离子，使交换后的水呈酸性。水中的碳酸平衡向生成二氧化碳的方向移动，产生大量游离的 CO_2（$H^+ + HCO_3^- \rightarrow CO_2\uparrow + H_2O$），经除二氧化碳器被排放，既减轻阴离子交换树脂的负担，又防止腐蚀金属。

4. 操作流程　使用成套离子交换制水设备制备纯化水时，操作流程如下：打开全部排气阀→开阳柱进水阀并调节流量，阳柱排气阀出水→开阳柱出水阀，开阴柱进水阀→关阳柱排气阀，阴柱排气阀出水→开阴柱出水阀，开混合柱进水阀→关阴柱排气阀，混合柱排气阀出水→开混合柱下排阀→检测水质合格后→开混合柱出水阀及送水管道上的其他出水阀，送出合格的水→关混合柱下排阀，进入正常运行。

5. 树脂的预处理、转型及再生　新树脂投入使用前，应进行预处理及转型。当离子交换器运行一个周期后，树脂因吸附饱和而失去交换能力，则需活化再生。新树脂预处理时先用饱和食盐水浸泡冲洗，再用酸、碱浸泡，并用纯化水冲洗干净，方可投入生产使用。转型与再生的原理相同，都是用酸中的 H^+ 或碱中的 OH^- 将树脂上的其他阳、阴离子置换下来，以获得氢型和羟型树脂，但需根据树脂的种类和性质选用不同的酸或碱，如强酸性阳离子交换树脂可用4%～10%盐酸或2%～4%硫酸转型或再生、强碱性阴离子交换树脂可用4%～10%氢氧化钠转型或再生。所用的酸、碱液平时贮存于单独的贮罐中，用时由专用的输液泵输送，由出水口向交换柱输入，由上排污口排出。

6. 使用注意事项　离子交换制水设备在使用过程中应注意：①任何情况下，都必须保证柱内水面高出树脂，不得将水放尽；②树脂层内不得留有气泡，否则会影响离子交换的效果；③对于工作中的离子交换柱，应时常监测其出水水质，以便于控制离子交换终点（需再生）；④当原料水的含盐量超过500mg/L时，需先用电渗析制水设备脱盐；⑤应保证再生剂的质量，再生废液不宜重复使用；⑥使用有机玻璃离子交换柱时，应避免接触甲醇、乙醇、三氯甲烷、丙酮、苯、冰醋酸等有机溶媒（如已接触应立即用水冲洗干净），清洁时用软布擦洗，防止划伤；⑦防止树脂毒化（铁污染造成的变黑或油污染产生的“抱团”现象），而对变黑的树脂可先使其失效（转型）然后再生，对被油污染的树脂则用以非离子型表面活性剂为主的碱性清洗剂清洗，以延长树脂的使用寿命。

7. 设备常见故障、产生原因及排除方法　离子交换制水设备常见故障、产生原因及处理方法见表5-3。

表5-3　离子交换制水设备常见故障、产生原因及处理方法

常见故障	产生原因	处理方法
交换容量低	①再生液用量少 ②再生剂质量差 ③树脂被悬浮物污染 ④再生流速太快，时间短 ⑤排水装置损坏，造成水偏流 ⑥再生剂浓度不够 ⑦树脂被油类污染	①增加再生剂用量 ②选用质量好、杂质少的再生剂 ③用纯化水清洗 ④调整再生剂流速，延长再生时间 ⑤检查排水装置，重新填装树脂 ⑥加大再生剂浓度 ⑦用碱性清洗剂清洗
出水量减少	①进水压力不够 ②进水悬浮物超标 ③树脂小颗粒增多	①在允许范围内增大压力 ②加装原水预处理装置 ③清洗过滤装置
出水硬度超标或不稳定	①原水硬度过高 ②树脂层高度不够 ③再生剂浓度不够 ④停运时间长，树脂被污染 ⑤进水电磁阀关不紧	①处理原水的质量 ②增加树脂 ③调整再生剂浓度 ④用盐水浸泡树脂 ⑤检查电磁阀，或更换膜片
运行及清洗过程中有树脂损失	①排水管损坏或排水管网套损坏 ②布水器上水帽破损 ③反洗水流量过大 ④运行流速过大 ⑤树脂质量差、耐磨性能差，以致粉碎，被水流带出	①更换排水管，检查并维修好网套 ②更换水帽 ③调节反洗进水量 ④调整进水流速 ⑤选用耐磨性能好、强度高的树脂

课堂活动

1. 为什么市售树脂需要转型？ 如何转型？
2. 成套离子交换制水设备中为何要设置除二氧化碳器？
3. 离子交换树脂为何需再生？ 何时再生？ 如何再生？
4. 请说出成套离子交换制水设备的制水流程。

（二）电渗析制水设备

1. 工作原理　电渗析制水设备是依靠外加电场的作用，使原料水中所含的离子发生定向迁移，并通过具有选择透过性的离子渗透膜，使原料水得到净化而制备纯化水的设备。离子渗透膜分为阳离子交换膜（简称阳膜）和阴离子交换膜（简称阴膜），阳膜只允许水中的阳离子通过而不允许阴离子通过，阴膜只允许水中的阴离子通过而不允许阳离子通过。当电渗析器的电极接通直流电源后，原料水中的杂质离子在电场作用下发生定向迁移，阳膜显示强烈的负电场，排斥阴离子，而使阳离子向负极移动并通过阳膜；阴膜则显示强烈的正电场，排斥阳离子，而使阴离子向正极移动并通过阴膜。在电渗析装置内的两极间，多组交替排列的阳膜与阴膜形成了除去离子区间的“淡水室”和浓聚离子区间的“浓水室”，以及在电极两端区域的“极水室”。原水通过电渗析设备就可以合并收集从各“淡水室”流出的纯水，如图 5-5 所示。电渗析制水设备具有工艺简单、除盐率高、制水成本低、操作方便、不污染环境等主要优点，广泛应用于水的除盐。

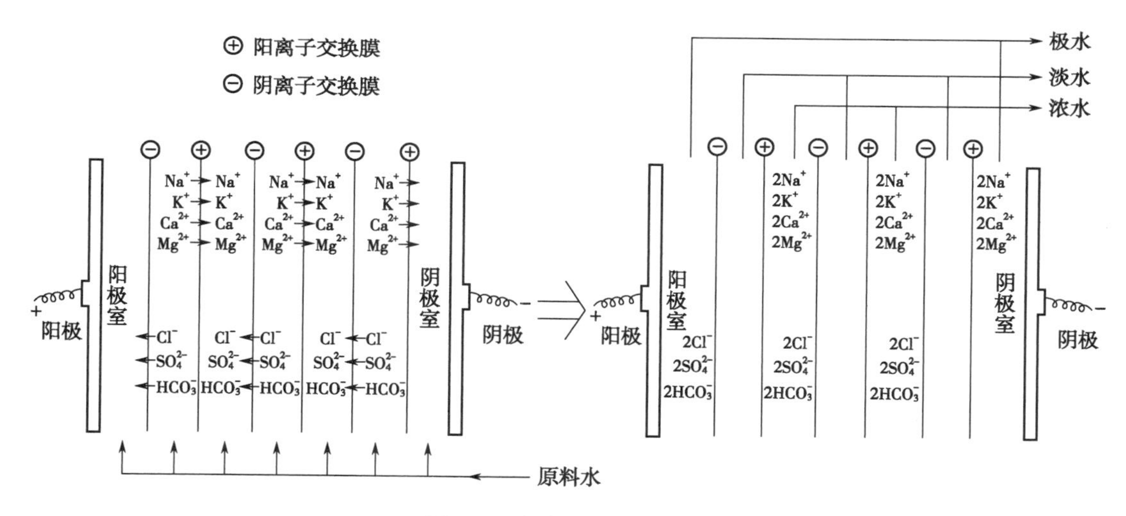

图 5-5　电渗析原理示意图

2. 结构　电渗析制水设备由膜堆、极区和压紧装置主体部分以及水槽、水泵、直流电源、进水预处理装置等辅助部分构成。膜堆是电渗析制水设备的关键工作部分，它由若干个膜对组成，每个膜对主要由隔板和阳膜、阴膜组成，如图 5-6 所示。在膜和隔板框上开有若干个小孔，当膜和隔板多层重叠排列在一起时，这些孔便构成了进出浓、淡水流的管状流道，其中浓水流道只与浓水室相通、淡水流道只与淡水室相通，这样分离后的“浓水”和“淡水”自成系统，相互不会混流。极区包括电极、极框和导水板。电极用以连接电源，极框放置在电极和膜之间，以防膜贴到电极上去，起支撑作用。

压紧装置用来压紧电渗析器，使膜堆、电极等部件形成一个整体，不致漏水。

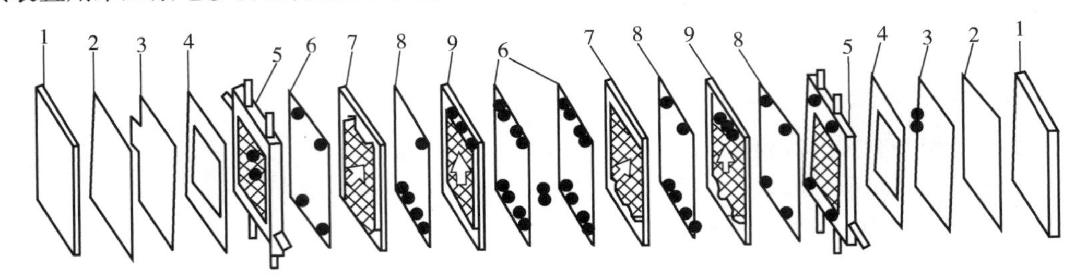

图 5-6　电渗析膜对组成示意图

1. 压紧板；2. 垫板；3. 电极；4. 垫圈；5. 极水隔板；6. 阳膜；7. 淡水隔板；8. 阴膜；9. 浓水隔板

3. 组装方式　电渗析制水设备的组装用“级”和“段”来表示，一对电极之间的膜堆称为“一级”，水流同向的每一个膜称为“一段”。增加段数就等于增加脱盐流程，也就是提高脱盐效率，增加膜对数可提高水处理量。电渗析制水设备的组装方式可根据淡水产量和出水水质的不同要求而调整，一般有以下几种组装方式：一级一段、一级多段、多级一段、多级多段。单级的除盐效率可达 85%~90%，二级可达 99%。

4. 使用注意事项　电渗析制水设备在使用过程中应注意：①电渗析法净化处理原料水主要是除去原料水中带电荷的离子或杂质，对于不带电荷的有机物除去能力极差，故原料水在用电渗析法净化处理前，必须通过适当方式除去水中含有的不带电荷的杂质。②新膜使用前需用水及其他试液进行适当处理。③开机时，先通水后通电；关机时，则先断电后停水。④定时倒换电极，一般每 4~8 小时 1 次；也可选用自动频繁倒极电渗析器，它可以自动频繁倒换电极，控制室内结垢物的生成。⑤如水质下降、电流下降、压差增大，说明膜受污染、沉淀结垢、膜电阻增加，应切断整流器电源，进行化学清洗，一般使用 2%盐酸溶液，必要时可采用氢氧化钠进行碱洗。⑥暂停使用时，应每周通水 2 次，以防膜干燥破裂。⑦要保持一定的室内温度，防止设备结冰冻坏。

5. 设备常见故障、产生原因及处理方法　电渗析制水设备常见故障、产生原因及处理方法见表 5-4。

表 5-4　电渗析制水设备常见故障、产生原因及处理方法

常见故障	产生原因	处理方法
水压高、出水量少或不出水	①开机前管路未冲洗干净，杂质堵塞水流通道	①拆洗管路，并加装原水预处理装置
	②组装时，隔板和膜的进、出水孔未对准，或部分隔板框网收缩变形，或隔板框和隔网厚度配合不适当	②调换变形的隔板；对隔板加工时要注意厚度均匀，并与框网厚度匹配
	③膜结垢	③用 2%盐酸清洗
	④级段间的水流倒向时，进、出水孔错位	④仔细检查并重新组装测试
出水流量不稳及压力表指针抖动	①电渗析器内的空气未排尽，或水泵管路系统漏气	①排尽装置内部的空气，修好系统漏气处
	②流量计及压力表离泵出口太近，受水泵冲击而抖动，或系统阻力太大	②改装流量计和压力表的位置，减少系统阻力

续表

常见故障	产生原因	处理方法
除盐效果差	①部分阳、阴膜可能装错；或部分浓、淡室隔板装错，或膜破裂 ②电路系统接触不良，膜受到污染，性能变差	①重新组装，去除已损坏的隔板或膜 ②检查电路，并定期用酸、碱液对膜进行复苏处理

课堂活动

1. 离子渗透膜有哪几种？ 各种膜只允许什么离子通过？
2. 与阴极室相邻的是什么离子渗透膜？
3. 离子渗透膜结垢该如何处理？
4. 请说出电渗析制水设备的组装方式。

（三）反渗透制水设备

1. 膜分离概述　膜分离是利用膜的选择性渗透作用分离气体或液体混合物的一种方法。膜分离过程具有分离效率高、能耗较低、膜组件结构紧凑、操作方便、分离范围广等优势，不仅适用于热敏性物质的分离、分级、浓缩，而且适用于从病毒、细菌到微粒等广泛范围的有机物和无机物的分离及许多理化性质相近的混合物（如共沸物或近沸物）的分离。膜分离技术在制药领域中的应用非常广泛，如药用纯化水的制备、注射剂的生产、生化制药、中药注射剂及口服液制剂的制备、中药有效成分的提取分离等。

常用膜的材料主要分为有机高分子材料和无机材料两大类。有机膜材料主要有醋酸纤维素类、聚砜类、聚酰胺类和聚丙烯腈等。醋酸纤维素类材料是应用最早和最多的膜材料，常用于反渗透膜、超滤膜和微滤膜的制备。聚酰胺类材料具有良好的分离与透过性能，且耐高压、耐高温、耐溶剂，是制备耐溶剂超滤膜和非水溶液分离膜的首选材料。聚丙烯腈也是制备超滤、微滤膜的常用材料。无机膜的制备多以金属、金属氧化物、多孔玻璃为材料。金属及合金膜具有透氢或透氧的功能，故常用于超纯氢的制备和氧化反应。玻璃膜易加工成中空纤维，具有较高的选择性。膜的分类如下：

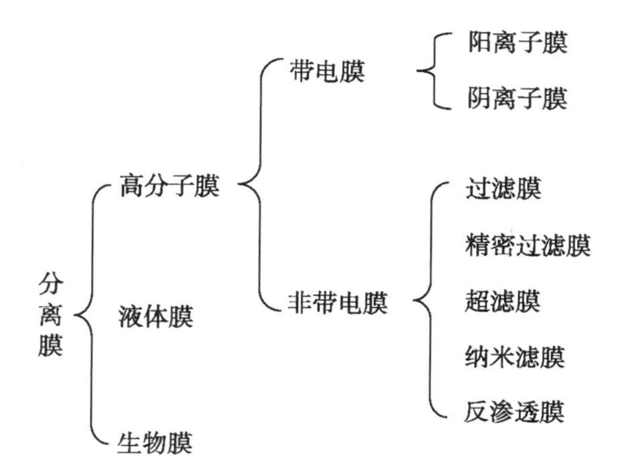

2. 膜分离设备与制水设备　膜分离设备指用于超滤、微孔过滤、反渗透、电渗析、气体渗透分离、渗透蒸发、膜蒸馏等膜分离操作的设备。反渗透制水设备是通过反渗透膜将水分子从原料水中分离出来而制备纯化水的设备。由于反渗透设备不但除盐率高，并具有较高的除微生物、热原能力，故有些国家将其用于制备注射用水，如《美国药典》从 19 版开始就收载该法为制备注射用水的法定方法之一。我国许多药品生产企业都用该设备制备纯化水。

(1) 工作原理：反渗透是渗透的逆过程，是在高于溶液渗透压的压力下，借助于只允许水分子透过的反渗透膜的选择截留作用，将原料水中的盐离子、微生物、热原、有机物等杂质分离，从而达到净化水质的目的，如图 5-7 所示。用反渗透设备制备纯化水必须具备两个基本条件，一是只允许水分子通过的半透膜，即反渗透膜；二是大于溶液渗透压的压力。

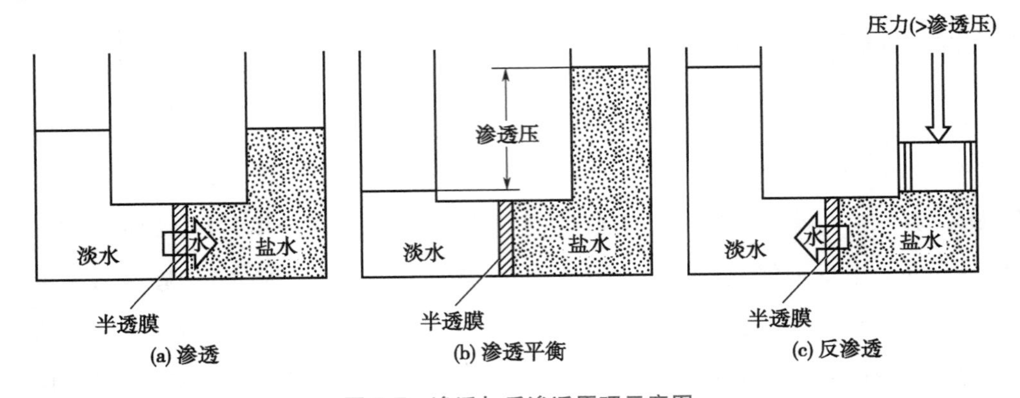

图 5-7　渗透与反渗透原理示意图

(2) 反渗透膜组件：反渗透膜组件是反渗透制水设备的核心部件。反渗透膜的制造材料是各种纤维素，目前应用比较广的是醋酸纤维素膜（AC 膜）和芳香族聚酰胺膜。为了增加水透过膜的速度，一般反渗透组件中单位体积内的膜面积要大，故常将反渗透膜制成螺旋卷绕式及中空纤维式反渗透膜组件，如图 5-8 所示；再由数个反渗透膜组件串联或并联组成反渗透器，如图 5-9 所示。螺旋卷绕式反渗透膜组件与中空纤维式反渗透膜组件相比，后者具有单位体积内膜面积较大、结构紧凑、工作压力较低、不会受污染等优点，但价格较高。

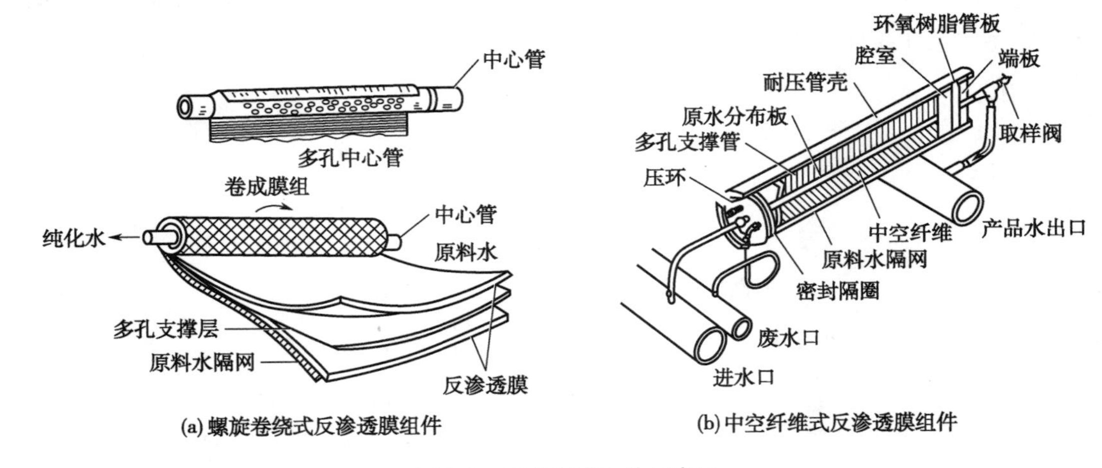

图 5-8　反渗透膜组件示意图

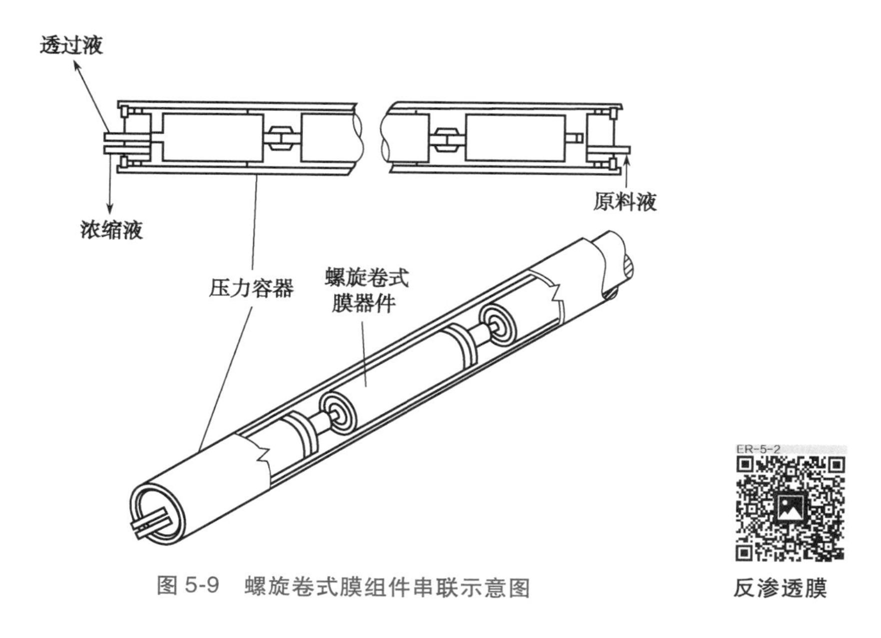

图 5-9　螺旋卷式膜组件串联示意图

ER-5-2

反渗透膜

（3）二级反渗透制水系统：一级反渗透能除去 90%～95%的一价离子、98%～99%的二价离子，但除去氯离子的能力达不到药典要求，只有二级反渗透才能较彻底地除去氯离子，故目前药品生产企业普遍采用二级反渗透设备制备纯化水。图 5-10 所示的为常见的二级反渗透设备制备纯化水工艺流程图，设备主要包括原料水箱、原料水泵、多介质过滤器、活性炭吸附器、保安过滤器、一级高压泵、二级高压泵、反渗透主机、清洗水箱、清洗水泵、中间水箱、纯化水箱、纯化水泵、紫外线杀菌器等部件。

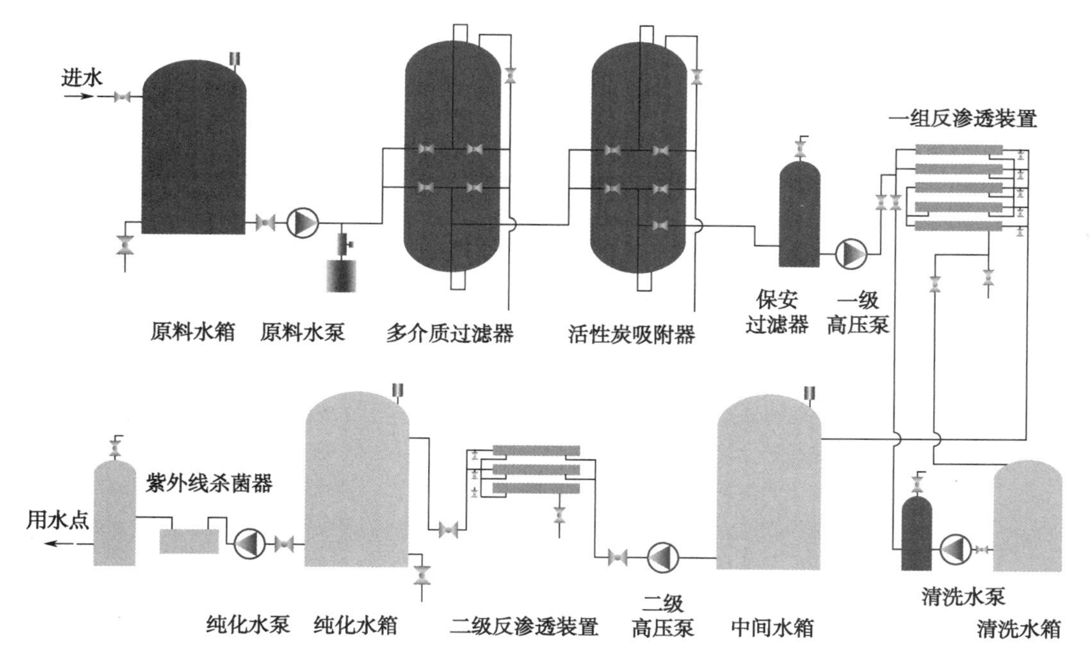

图 5-10　二级反渗透设备制备纯化水工艺流程图

（4）使用注意事项：二级反渗透制水设备在使用过程中应注意：①控制好原料水温度和进水压力，适宜温度是 20～30℃（温度每升高 1℃，产水量约变化 3%），适宜压力是 1.5～3MPa。②严格控制进入膜组件的原料水中的游离氯含量及污染指数(SDI),防止膜的氧化及污垢的附着。③控制原料水流量及浓水流量,防止膜组件提前劣化及在膜组件上析出污垢。④经常注意观察设备的运行状态,发现问题及时解决。⑤反渗透制水设备宜连续使用,如停用较短时间(2~3天)应每天开机1次,每次30分钟;如停用1周,醋酸纤维素膜反渗透制水设备要加入相当于1ml/L氯的次氯酸钠溶液防腐;如停用1周以上,要用1%甲醛封入,停用期间要特别注意防冷、防热问题。⑥应经常对膜进行清洗。

二级反渗透制水设备操作

知识链接

反渗透膜的清洗

反渗透膜的清洗有降压清洗和化学清洗两种。降压清洗有利于清洗膜面的一般污浊物，一般每周进行1次；当反渗透膜性能降低超出正常标准时，应采用化学清洗法。

化学清洗法是用化学药品（如多元酸、氨水等）溶解膜面结垢、析出的金属氧化物、有机物和胶体物质等。化学清洗的周期主要根据前处理情况而定，一般每3~6个月1次。所用的化学药品应根据结垢物质而定，并注意其与反渗透膜材的作用。

清洗时，用泵将清洗液送到反渗透泵装置的浓水侧进行循环，持续1~3小时。注意清洗温度不要超过30℃，必须将反渗透组件中的残存清洗液充分排尽并冲洗干净后再投入使用。

(5)设备常见故障、产生原因及处理方法:二级反渗透制水设备常见故障、产生原因及处理方法见表5-5。

表5-5　二级反渗透制水设备常见故障、产生原因及处理方法

常见故障	产生原因	处理方法
开关打开,设备不启动	①线路故障 ②原料水缺水或纯化水箱满 ③热保护元件跳闸后未复位	①检查保险,检查各处接线 ②检查水路,确保供水压力;检查水位;检修或更换液位开关 ③使热保护元件复位
设备启动后,一级泵未启动	①原料水缺水或中间水箱水满 ②热保护元件跳闸后未复位 ③低压开关调节不当或开关损坏 ④线路故障;电线脱落或接触器损坏 ⑤液位开关损坏	①检查水位 ②使热保护元件复位 ③调整位置,更换低压开关 ④检查线路和接触器 ⑤检修或更换液位开关
产水量下降	①进水温度过低 ②膜污染、结垢	①提高水温 ②按规定进行清洗
系统压力升高时,泵噪声大	原料水流量小或不稳,有涡流	检查原料水泵、管路,有无泄漏

续表

常见故障	产生原因	处理方法
泵运转，但达不到规定压力和流量	①电机接反，泵反转 ②泵内进空气 ③保安过滤器滤芯堵塞 ④阀门调整不当，浓水阀开启过大	①重新接线 ②排出泵内空气 ③清洗和更换滤芯 ④调整阀门
浓水压力达不到规定压力	①管道泄漏 ②冲洗电磁阀未全部关闭或损坏	①检查和修复管路 ②检查和更换冲洗电磁阀
出水水质差	①原料水水质变差 ②膜堵塞、污染（水质缓慢变差） ③膜破裂（水质迅速变差） ④密封件老化或破损	①检查并处理原料水预处理装置 ②清洗或更换膜组件 ③更换膜组件 ④检修或更换密封件
压力足够，但是压力显示不到位	①压力软管内异物堵塞 ②压力表故障 ③软管内有压力	①检查和修复管路 ②更换压力表 ③排出空气

边学边练

反渗透制水设备的操作，请见**实训四　制药用水设备实训**。

（四）EDI 制水系统

EDI（electro-deionization）又称连续电除盐技术，它科学地将电渗析技术和离子交换技术融为一体，通过阳、阴离子膜对阳、阴离子的选择透过作用以及离子交换树脂对水中离子的交换作用，在电场的作用下实现水中离子的定向迁移，从而达到水的深度净化除盐，并通过水电解产生的 H^+ 和 OH^- 对装填树脂进行连续再生，因此 EDI 制水过程不需酸、碱化学药品再生即可连续制备高质量的超纯水。

1. 工作原理　EDI 的工作原理如图 5-11 所示，在电渗析淡水室内填充阳、阴离子交换树脂，当原料水进入淡水室后将会发生：①淡水室内的阳、阴离子交换树脂对水中的离子进行吸附和交换；②在电渗析电场的作用下，水中的离子做定向迁移，并分别透过两侧的离子交换膜进入浓水室；③水在电场作用下不断解离的 H^+ 和 OH^- 对离子交换树脂进行再生。由此可见，EDI 的工作原理就是离子交换、离子迁移、树脂电再生 3 个子过程的有机结合，并且是一个相互促进、共同作用的过程。

2. EDI 膜组件　将离子交换树脂填充在阳、阴离子交换膜之间形成 EDI 单元，在 EDI 单元两边设置阴/阳电极，则形成 EDI 模块，在 EDI 模块中将一定数量的 EDI 单元排列在一起，使阳、阴离子交换膜交替排列，并使用网状物将每个 EDI 单元隔开，形成浓水室，EDI 单元中间间隔为淡水室，原料水通过淡水室时，水中的离子在直流电的推动下，通过离子交换膜进入浓水室，进入浓水室的水将离子带出膜组件，成为浓水。如图 5-12 所示，EDI 膜组件将原料水分成 3 股独立的水流：①淡水（最高利用率为 99%）；②浓水（5%~10%，可以回收利用）；③极水（1%，可以回收利用）。

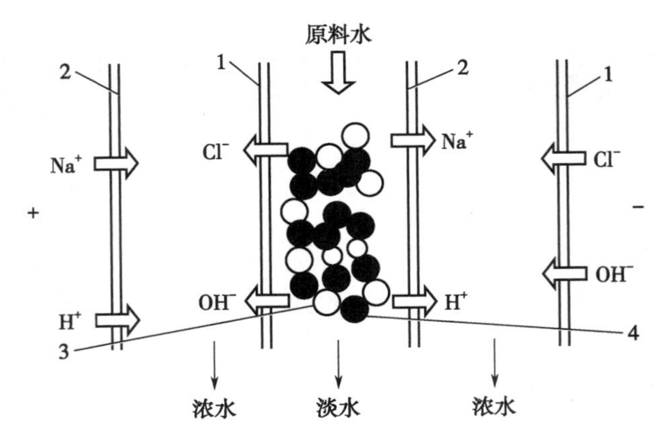

图 5-11　EDI 工作原理示意图

1. 阴离子交换膜；2. 阳离子交换膜；3. 阴离子交换树脂；4. 阳离子交换树脂

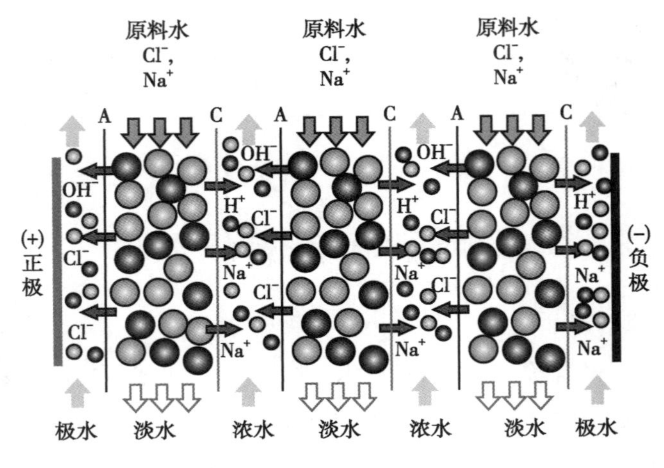

图 5-12　EDI 膜组件示意图

3. EDI 的特点　和传统离子交换法相比 EDI 具有以下特点：①EDI 离子交换树脂用量少，仅为传统离子交换法的 5%左右，并且树脂不需化学再生，节省酸和碱，降低运行及环保成本；②EDI 树脂再生时不需要停机，可长时间稳定运行；③EDI 制备的水质量高且水质稳定；④能耗低，仅消耗电能；⑤占地面积小，容易实现自动化，便于操作。

4. 使用注意事项　EDI 在使用过程中应注意：①原料水指标应达到规定的要求，通常为单级反渗透或二级反渗透的渗透水；②开机前应先打开淡水箱出水阀，并检查 EDI 的所有进、出口阀门是否开启正确；③按规定调整阀门，让淡水及浓水达到所需的流量和压力，以保证淡水的质量和产量；④应按规定的电流调整直流电源；⑤应在直流电源已开启的情况下运行系统；⑥应定期对 EDI 膜组件进行消毒；⑦极水从电极区携带出电解产生的氯气、氧气和氢气，必须安全排放。

课堂活动

1. 为什么 EDI 制水过程不需酸、碱化学药品再生？
2. 请说出 EDI 的工作原理。

由于制备纯化水的设备各有特点，故在药物制剂生产中，通常将不同的制水设备联合使用，以便制备出高质量的纯化水。以下为药品生产企业常用的几个制备纯化水的工艺流程：①饮用水→机械过滤器→电渗析制水设备→离子交换制水设备→纯化水；②饮用水→机械过滤器→超滤器→反渗透制水设备→EDI单元→纯化水。

点滴积累

1. 制药用水分为饮用水、纯化水、注射用水和灭菌注射用水4种，不同种类的水质量要求不同，应用也不同。
2. 在制备纯化水时，要求对原水先经过絮凝沉降及机械过滤处理。常用的絮凝剂有ST高效絮凝剂和聚合氯化铝，其中ST高效絮凝剂是一种理想的新型净水剂。常用的机械过滤器有多介质过滤器、活性炭吸附器、软化器、保安过滤器。
3. 成套离子交换制水设备要安装除二氧化碳器；树脂需要预处理、转型或再生；成套离子交换制水设备投入使用后，必须保证离子交换柱内水面高出树脂。
4. 电渗析制水设备的阳离子交换膜只允许水中的阳离子通过，阴离子交换膜只允许水中的阴离子通过，其膜的组装方式可根据淡水产量和出水水质的不同要求而调整，一般有一级一段、一级多段、多级一段、多级多段。使用电渗析设备制水，开机时，先通水后通电；关机时，则先断电后停水。
5. 膜分离技术具有分离效率高、能耗较低、膜组件结构紧凑、操作方便、分离范围广等优势，在制药领域中的应用非常广泛。
6. 用反渗透设备制备纯化水必须具备两个基本条件，一是只允许水分子通过的半透膜，即反渗透膜；二是大于溶液渗透压的压力。
7. EDI单元科学地将电渗析技术和离子交换技术融为一体，其能耗低，运行及环保成本也低，是水处理技术的绿色革命。

第二节　注射用水设备

一、概述

（一）注射用水的定义与贮存

药典规定“注射用水为纯化水经蒸馏所得的水，应符合细菌内毒素试验要求”。注射用水与纯化水的主要区别在于对水中微生物和内毒素污染程度的控制。利用微生物和内毒素的不挥发性，采用蒸馏法即可将它们从纯化水中除去。蒸馏水设备要设置隔沫器，以除去蒸汽中所夹带的雾沫和液滴。

为保证注射用水的质量，应减少原料水中的细菌内毒素，监控蒸馏法制备注射用水的各个生产环节，并防止微生物污染。应定期清洗与消毒注射用水系统。注射用水可采用70℃以上保温循环。

（二）制备注射用水的工艺流程

注射用水应用蒸馏水机制备，其工艺流程如下：①纯化水→多效蒸馏水机或气压式蒸馏水机→热贮水器→注射用水；②饮用水→机械过滤器→膜滤→反渗透制水设备→离子交换制水设备→膜滤→UV 杀菌→多效蒸馏水机或气压式蒸馏水机→热贮水器→注射用水。

课堂活动

1. 为什么可以用蒸馏法制备注射用水？
2. 请说出注射用水的贮存条件。

二、多效蒸馏水机

多效蒸馏水机由多个蒸馏水器单体垂直或水平串接而成，每个蒸馏水器单体即为一效。多效蒸馏水机的性能取决于加热蒸汽的压力和效数。压力越大，产水量越大；效数越多，热能利用率越高。从出水质量控制、能源消耗、辅助装置、占地面积、维修能力等因素考虑，选用四效以上的多效式蒸馏水机更为合理。

多效蒸馏水机的原料水为纯化水，由泵压入；一般前几效为正压操作，末效为常压操作；前一效产生的二次蒸汽作为后一效的加热蒸汽，后一效的加热室作为前一效的冷凝器。故多效蒸馏水器机具有热利用率高、冷却水用量少、运行稳定、水质好、操作简单、产水量大等优点。

（一）垂直串接式多效蒸馏水机

图 5-13 所示的为垂直串接式三效蒸馏水机示意图。该机为三效并流加料，每一效蒸发出的二次蒸汽经冷凝后即为注射用水。为了提高蒸馏水的质量，在每一效的二次蒸汽通道上均装有隔沫器。

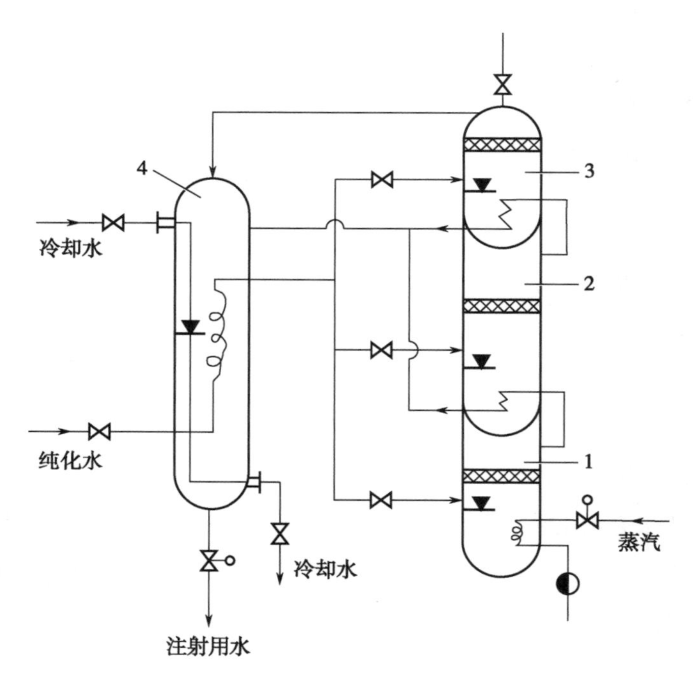

图 5-13　垂直串接式三效蒸馏水机示意图
1. 第一效蒸发器；2. 第二效蒸发器；3. 第三效蒸发器；4. 冷凝器

原料水在冷凝器内经热交换预热后，分别进入各效蒸发室。加热蒸汽从底部进入第一效加热室蛇管，使原料水在130℃下沸腾汽化。第一效产生的二次蒸汽进入第二效的蛇管作为加热蒸汽，使第二效中的原料水在120℃下沸腾汽化。同理，第二效的二次蒸汽作为第三效的加热蒸汽，使第三效中的原料水在110℃下沸腾汽化。从第三效上部出来的二次蒸汽进入冷凝器被冷凝成冷凝水，与第一、第二效加热蒸汽被冷凝成的冷凝水一起在冷凝器中对原料水进行预热后被冷却降温，便得到质量较高的注射用水。

课堂活动

请写出垂直串接式多效蒸馏水机的水流程和蒸汽流程。

（二）水平串接式多效蒸馏水机

1. 结构　图5-14所示的为水平串接式五效蒸馏水机示意图，其主要由5个预热器、5个蒸发器和1个冷凝器组成。预热器多外置，呈独立工作状态。5个蒸发器水平串接，每个蒸发器均为列管式，以等面积分布、等压差运行，采用降膜式蒸发及丝网式气水分离。

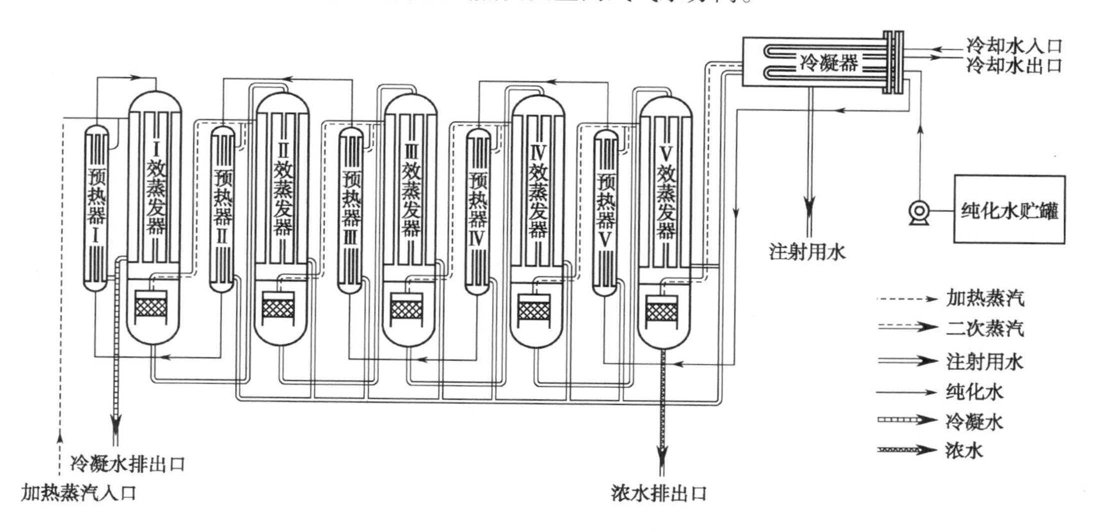

图5-14　水平串接式五效蒸馏水机示意图

2. 工作流程　水平串接式五效蒸馏水机的工作流程可分解为水流程和蒸汽流程。其中水流程包括原料水流程和冷却水流程，蒸汽流程包括二次蒸汽流程和加热蒸汽流程。

（1）加热蒸汽流程：一效蒸发器列管间（部分进入一效预热器列管间）→一效蒸发器的底部→冷凝水排出口。

（2）原料水流程：纯化水贮罐→加压泵→冷凝器→五效预热器列管内→四效预热器列管内→三效预热器列管内→二效预热器列管内→一效预热器列管内→一效蒸发器列管内→二效蒸发器列管内→三效蒸发器列管内→四效蒸发器列管内→五效蒸发器列管内→浓水排出口。

（3）二次蒸汽流程：一效蒸发器隔沫器→二效蒸发器列管间（部分进入二效预热器列管间）→二效蒸发器隔沫器→三效蒸发器列管间（部分进入三效预热器列管间）→三效蒸发器隔沫器→四效蒸

发器列管间（部分进入四效预热器列管间）→四效蒸发器隔沫器→五效蒸发器列管间（部分进入五效预热器列管间）→五效蒸发器隔沫器→冷凝器→注射用水贮罐。

（4）冷却水流程：冷却水入口→冷凝器→冷却水出口。

从流程图可知，一效蒸发器直接利用外来蒸汽作为热源，而二效蒸发器则利用一效蒸发器产生的二次蒸汽作为加热蒸汽。依此类推，三效蒸发器、四效蒸发器和五效蒸发器均利用其前一效蒸发器产生的二次蒸汽作为后一效蒸发器的加热蒸汽，提高了蒸汽的利用率。

3. 操作流程 五效蒸馏水机的操作流程为开机前准备→开机→运行监测→关机。

（1）开机前准备：①检查蒸汽管路上的压力表，看压力是否充足；②打开管道小排污阀，排尽管内积水；③打开管道蒸汽阀门、进料水泵前阀门，将水泵积水排空，检查管道中是否有蒸汽，待放气阀出水后即可关闭；④打开冷凝水排水阀及冷却水入水阀；⑤观察控制箱上的状态指示器，电源灯亮，温度表显示当前值。

（2）开机：①打开加热蒸汽进气阀门；②加热蒸汽表显示稳定的压力值时，开电源锁使水泵转动，此时运行灯亮；③调节手动阀门使流量计浮子上升，待加热蒸汽压力稳定在规定值、给水量达到一定值时，再等待几分钟，如果各效视镜水位没有上升，可适当增加进水量，没有出现问题即可进行正常运行。

（3）运行监测：①开机后，待蒸汽压力、进水量、蒸馏水温度 3 项数值稳定后方可接水，并测定产水量；②机器运行时，要常常观察其各项指标是否处于正常范围内，并按规定检测水质；③如果气压波动过大，可能会造成一效蒸发器视镜大面积积水，但不能超过上限，各效视镜水位不超过 1/2 为正常。

（4）关机：①缓慢关闭原料水阀；②关闭加热蒸汽进气阀门；③关冷凝水排水阀及冷却水入水阀；④关电源锁，一个运行周期结束。

4. 使用注意事项 使用五效蒸馏水机应注意：①各效之间有一定压差，即温差，在同一效内其蒸发器管间的压力应大于管内的压力，其数值约等于上一效与本效加热蒸汽压力的差值，这样才能使各效之间有一定的传热量；②加热蒸汽压力应稳定；③进入蒸馏水机的纯化水，其电阻率不小于 1MΩ · cm，温度最好控制在 20℃左右；④在原料水泵前必须设置纯化水贮罐，确保供水不中断；⑤设备使用完毕后，应趁热将蒸馏水机内的余水放尽，以免盐类等结垢沉积不易清洗。

5. 设备常见故障、产生原因及处理方法 五效蒸馏水机常见故障、产生原因及处理方法见表 5-6。

表 5-6 五效蒸馏水机常见故障、产生原因及处理方法

常见故障	产生原因	处理方法
产水量下降	①疏水器堵塞 ②蒸馏水机积垢 ③原料水流量压力与加热蒸汽压力不匹配 ④加热蒸汽含有过多的空气和冷凝水	①疏通疏水器 ②按要求清洗蒸馏水机 ③按说明书要求重新调整原料水流量与加热蒸汽压力 ④加强加热蒸汽管道的保温

续表

常见故障	产生原因	处理方法
蒸馏水电导率不合格	①原料水质量差 ②加热蒸汽压力不稳定 ③原料水流量过大	①解决原料水制备系统问题 ②保持加热蒸汽压力稳定 ③调整原料水流量，使其符合规定
操作中断	①原料水压力不足 ②冷凝器温度波动 ③开机时，冷水高速流入蒸馏水机，加热蒸汽消耗太大，压力开关的脉冲信号中断	①按要求重新调整原料水压力 ②检查蒸馏水机各元件的工作状态是否正常 ③属于初始状态，待 1~2 分钟后会恢复操作平衡

点滴积累

1. 注射用水与纯化水的主要区别在于对水中微生物和内毒素污染程度的控制，采用蒸馏法可将它们从纯化水中除去。
2. 多效蒸馏水机由多个蒸馏水器单体垂直或水平串接而成，其前一效产生的二次蒸汽作为后一效的加热蒸汽，后一效的加热室作为前一效的冷凝器，故具有热利用率高、冷却水用量少、运行稳定、水质好、操作简单、产水量大等优点。

第三节　制水设备的运行管理

制水设备的运行管理主要涉及水质监测、系统运行维护、设备的维修与保养制度等方面的内容。

一、水质监测

（一）验证

制药工艺用水系统按设计要求正常运行后，必须记录日常操作参数，如混合床的再生频率、活性炭的消毒情况、贮水罐充放水的时间、各用水点及贮水罐进口的水温、电阻率等，并进行持续 3 周、每天进行 1 次的监测，合格后方能投入日常运行。改建的系统也要按此进行系统验证。

（二）水质检测

1. 取样点的布置和取样频率　工艺用水系统的取样频率是在系统验证数据的基础上制订的，因此取样点应覆盖所有的关键区域。在通常情况下，送回水管每天取样 1 次；使用点可轮流取样，但需保证每个用水点每月不少于 1 次。

2. 取样注意事项　取样时应注意：①所取样品应具有代表性；②取样器具应事先进行消毒，收集样品前，充分冲洗干净；③含有化学消毒剂的样品在中和后方可进行微生物学分析，用于微生物学分析的样品均应处于保护之中，在取样后应立刻进行微生物学检测。

二、维护与保养

（一）系统维护原则与频率

1. 注射用水系统原则上每年应清洁或保养1~2次，检查并确保电气及控制元件、各管道接头、阀门和密封件符合使用要求。

2. 更换贮罐氮气过滤器，检修循环泵，每半年1次。

3. 清洗系统中的注射用水贮罐及循环管道，并进行灭菌；更换循环系统内的各支路阀芯密封圈；全面检修整个系统；校验系统中的有关温度、压力变送器和仪表，每年1次。

4. 更换循环系统中所有干管阀门和支管的常开阀门，每2年1次。

5. 所有影响系统的部件更换工作（如更换阀门、热交换器垫圈等），必须事先向生产管理部门负责人报告并得到认可，以便于协调。

6. 系统发生故障时，应向生产管理负责人报告，由其决定采取适当措施。系统的变更应向QA管理人员报告，并按相应规定执行。

7. 工艺用水系统的图纸、采取措施（如灭菌、不正常情况的处理、修理等）的记录、自动记录纸、操作人员进行常规检查的记录都应归档保存。

（二）系统维修与保养制度

必须制定一整套设备清洁与维修的书面规程，其内容包括：①清洁与维修设备的负责人、实施人；②清洁与保养的时间安排表；③清洁、保养与维修作业的方法，所需的设备、材料，包括保证维修效果所进行的设备拆卸与组装过程记录；④检查、完善或修改前面的工作标志；⑤防止已清洁设备被污染的方法；⑥检查设备清洁程度后使用的制度。

扫一扫，知重点

点滴积累

1. 制药工艺用水系统的运行管理主要有预防性维修保养、日常在线水质监测、系统运行维护、维修和保养。
2. 制药工艺用水系统按设计要求正常运行后必须进行验证，改建后的系统也必须进行验证。
3. 水质检测取样点的布置必须覆盖所有的关键区域，所取样品应具有代表性。
4. 制药工艺用水系统的运行管理必须具有维修和保养制度。

目标检测

一、单项选择题

1. 纯化水应用于(　　)

A. 非灭菌制剂用器具的初洗　　B. 配制注射剂、滴眼剂等的溶剂

C. 制备注射用水的水源　　D. 无菌冲洗剂配制用溶剂

2. 关于原水预处理的叙述，错误的是(　　)

A. 在制备纯化水时,要求对原水先经过絮凝沉降及机械过滤处理

B. ST 高效絮凝剂是一种新型的低分子聚阳离子季铵盐电解质

C. ST 高效絮凝剂具有絮凝和消毒的双重性能

D. 使用聚合氯化铝时,pH 以在 6~8 为宜,最佳温度为 20~30℃

3. 水进入成套离子交换装置后,首先经过的离子交换柱是(　　)

A. 阳离子交换柱　　B. 阴离子交换柱　　C. 混合离子交换柱　　D. 脱气塔

4. 下列哪项不是离子交换制水设备出水量减少的原因(　　)

A. 进水压力不够　　B. 进水悬浮物超标

C. 树脂小颗粒增多　　D. 树脂层高度不够

5. 关于电渗析制水设备使用注意事项的叙述错误的是(　　)

A. 新膜使用前需用水及其他试液进行适当处理

B. 开机时,先通电后通水;关机时,则先停水后断电

C. 暂停使用时,应每周通水 2 次,以防止膜干燥破裂

D. 要保持一定的室内温度,防止设备结冰冻坏

6. 反渗透制水设备的核心部件是(　　)

A. 机械过滤器　　B. 一、二级高压泵　　C. 原料水泵　　D. 反渗透膜组件

7. 关于反渗透制水设备使用注意事项的叙述错误的是(　　)

A. 原料水的适宜温度是 20~30℃　　B. 原料水的适宜压力是 6.5~9MPa

C. 宜连续使用　　D. 应经常对膜进行清洗

8. 关于 EDI 膜组件的叙述错误的是(　　)

A. 将离子交换树脂填充在阳、阴离子交换树脂之间形成 EDI 单元

B. 在 EDI 单元两边设置阴/阳电极,则形成 EDI 模块

C. EDI 单元中间间隔为浓水室

D. EDI 膜组件将给水分成 3 股独立的水流

9. 注射用水与纯化水的主要区别在于(　　)

A. 离子含量的控制　　B. 有机物含量的控制

C. 微粒含量的控制　　D. 微生物和内毒素污染程度的控制

10. 关于注射用水贮存的叙述正确的是(　　)

A. 80℃以上保温贮存　　B. 70℃以上保温循环贮存

C. 4℃以下存放　　D. 60℃以上保温循环贮存

11. 关于多效蒸馏水机的叙述错误的是(　　)

A. 压力越大,产水量越大

B. 效数越多,热能利用率越高

C. 效数不同,工作原理不相同

D. 选用四效以上的多效式蒸馏水机更为合理

12. 制药工艺用水系统按设计要求正常运行后进行验证，持续时间为（　　）

A. 1 周　　B. 2 周　　C. 3 周　　D. 4 周

二、多项选择题

1. 制药工艺用水包括（　　）

A. 饮用水　　B. 天然水　　C. 纯化水
D. 注射用水　　E. 灭菌注射用水

2. 原水预处理常用的机械过滤器有（　　）

A. 多介质过滤器　　B. 活性炭吸附器　　C. 软化器
D. 保安过滤器　　E. 反渗透器

3. 离子交换制水设备的常见故障包括（　　）

A. 开关打开，设备不启动　　B. 工作交换容量低　　C. 出水量减少
D. 出水硬度超标或不稳定　　E. 运行及清洗过程中有树脂损失

4. 膜分离技术可应用于哪些制药领域中（　　）

A. 药用纯化水的制备　　B. 注射剂的生产　　C. 生化制药
D. 口服液制剂的制备　　E. 中药有效成分的提取分离

5. 反渗透制水设备在使用过程中的注意事项包括（　　）

A. 控制好操作温度和进水压力
B. 反渗透制水设备宜连续使用
C. 严格控制进入膜组件的原料水中的游离氯含量
D. 膜前压与膜后压的压差高，说明膜面已受污染或者是给水流量过大
E. 若保安过滤器的压差急剧上升，可能是滤芯破损

6. EDI 单元的工作过程包括（　　）

A. 冷凝　　B. 树脂化学再生　　C. 离子交换
D. 离子迁移　　E. 树脂电再生

7. 下列关于多效蒸馏水机叙述正确的是（　　）

A. 多效蒸馏水机通常用来制备纯化水
B. 多效蒸馏水机通常用来制备注射用水
C. 在制备注射用水时，通入多效蒸馏水机的原料水应是纯化水
D. 多效蒸馏水机具有热利用率高、运行稳定、水质好、操作简单、产水量大等特点
E. 多效蒸馏水机不需要用冷凝器对蒸汽进行冷凝

8. 水质检测指标包括（　　）

A. 物理学指标　　B. 电化学指标　　C. 化学指标
D. 微生物学指标　　E. 细菌内毒素指标

三、简答题

1. 二级反渗透制水设备主要包括哪些部件？
2. 请说出 EDI 单元的工作原理。
3. 请设计一个制备注射用水的工艺流程。
4. 请简述五效蒸馏水机的二次蒸汽流程。

四、实例分析题

暑假结束后，负责实训大楼制水的老师去开启多天没有使用的二级反渗透制水设备制水，结果发现原水预处理器压力表所显示的压力高于正常值，同时一级加压泵的浓水流量已经调至很小，也没能达到二级加压泵进水流量的要求。停机，将一级加压泵前原水预处理器内的 3 根织物滤棒拆出，用 0.5% HCl 浸泡 24 小时后，再用纯化水冲洗至中性，重新安装后，二级反渗透制水设备即可正常工作。请问这是为什么？应如何预防？

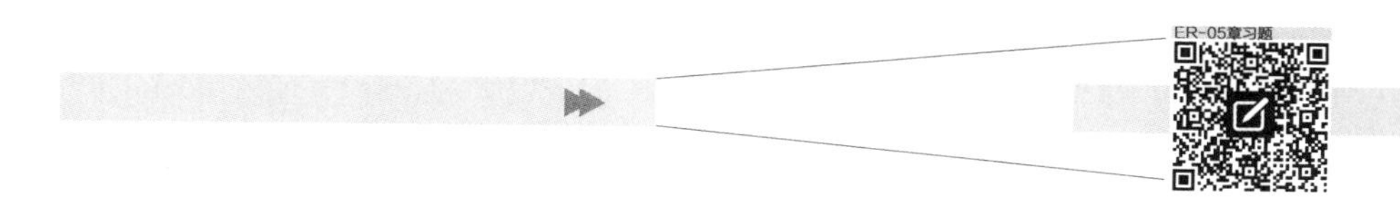

（任红兵）

第六章

无菌制剂生产设备

导学情景

情景描述：

小明同学一不小心又着了凉，细菌感染，发热，全身无力。妈妈带他到医院打针又输液，忙活了1周时间，高烧终于退来下了，妈妈悬着的心也静下来了。

学前导语：

针剂又称注射剂，分为小容量注射剂、大容量注射剂和粉针剂等，临床使用非常广泛。但是，你可知道注射剂在药厂中是采用什么设备，通过何种方法生产出来的？本章我们将一起学习无菌制剂生产设备的基本结构、原理和基本操作，以及维护保养等相关知识。

第一节　小容量注射剂生产设备

一、概述

注射剂系指药物制成的供注入体内的灭菌溶液、乳状液、混悬液以及供临用前配成溶液或混悬液的无菌粉末。注射剂必须无菌并符合药典无菌检查要求。其中水溶性注射剂是各类注射剂中应用最广泛，也是最具代表性的一类注射剂。水溶性注射剂的生产设备主要有安瓿洗涤、干燥灭菌、溶液配制、灌封等，其生产工艺如图6-1所示。

注射剂使用的玻璃小容器称为安瓿，国标GB 2637—1995规定水针剂使用的安瓿一律为曲颈易折安瓿，通常有1、2、5、10和20ml五种规格。在外观上分为两种，即色环易折安瓿和点刻痕易折安瓿，它们均可平整折断。

课堂活动

什么是安瓿？ 它是什么样的？ 不同玻璃材质的安瓿适用范围是什么？

二、配液罐

配液罐是注射剂生产中配制药物溶液的容器，分为浓配罐和稀配罐。配液罐应采用化学性质稳定、耐腐蚀的材料制成，避免污染药液。罐体内壁应光滑易于清洗。

目前各药厂多采用不锈钢配液罐，如图6-2所示。配液罐在罐体上带有夹层，罐盖上装有搅拌器。夹层即可通入蒸汽加热，以加速原辅料的溶解；又可通入冷水，以吸收药物溶解热。搅拌器由电机经减速器带动，加速原辅料的扩散溶解，并促进传热，防止局部过热。

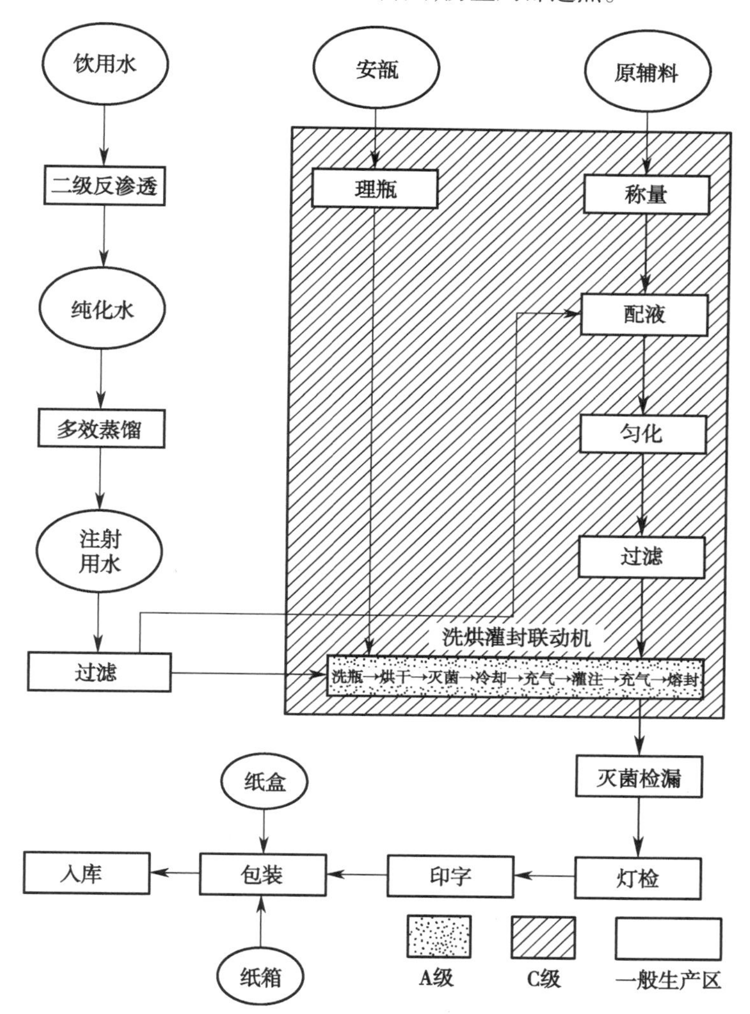

图 6-1　可灭菌小容量注射剂生产工艺流程框图

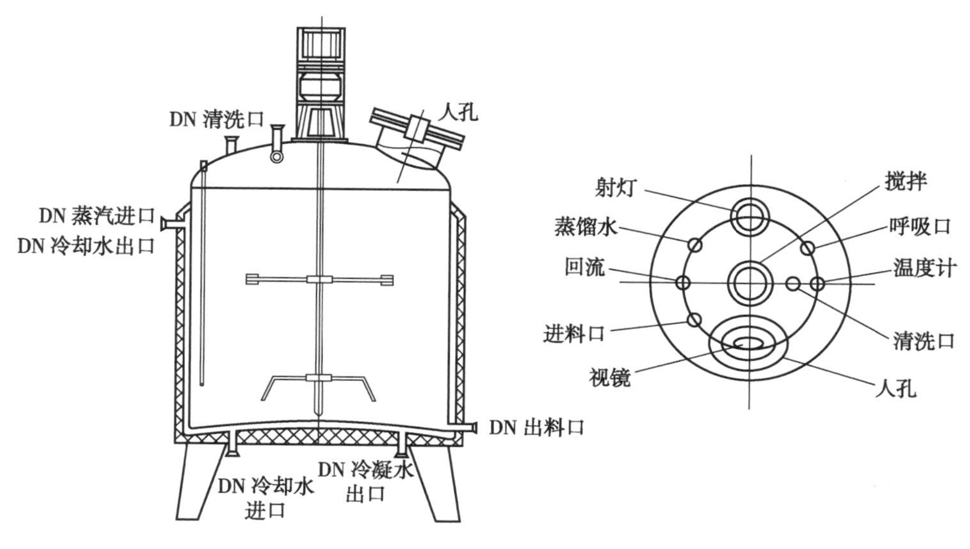

图 6-2　配液罐示意图

配液罐实物图

配液系统

知识链接

配液工艺简介

配液系指将原料、溶剂、附加剂等按操作规程制成体积、浓度等符合质量标准要求的药液的操作过程。配液是注射剂生产的重要工序，是保证药液含量、pH及澄明度等符合要求的关键工序之一。其工艺流程一般为原辅料的准备→浓配→脱碳过滤（粗滤）→稀配→精滤→灌封。供注射用的原辅料应符合“注射用”规格，并经检验合格方能投料。配制前应按处方规定和原辅料检验测定的含量结果准确计算出每种原辅料的投料量，并在称量时严格执行双人核对制度。注射剂的药液配制方法有浓配法和稀配法两种方法。

三、安瓿洗涤设备

（一）喷淋式安瓿洗瓶机组

1. 结构　喷淋式安瓿洗瓶机组由喷淋机、甩水机、蒸煮箱、水过滤器及水泵等组成。喷淋机主要由传送带、淋水板，水循环过滤系统三部分组成，其结构如图6-3所示。

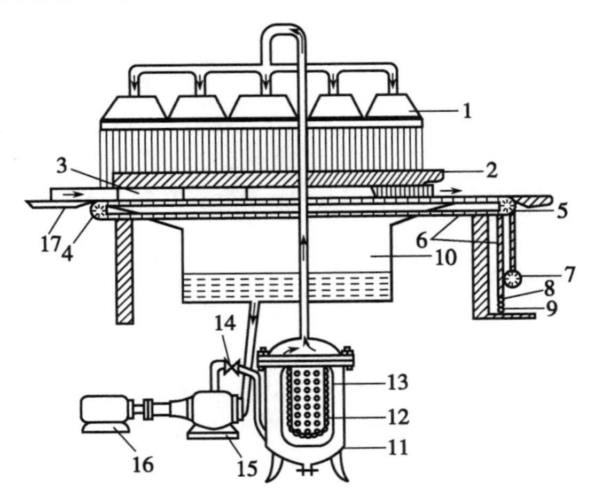

图6-3　安瓿喷淋机示意图

1. 多孔喷头；2. 尼龙网；3. 盛安瓿的铝盘；4. 链轮；5. 止逆链轮；6. 链条；7. 偏心凸轮；8. 垂锤；9. 弹簧；10. 水箱；11. 滤过器；12. 涤纶滤袋；13. 多孔不锈钢胆；14. 调节阀；15. 离心泵；16. 电动机；17. 轨道

2. 工作原理　洗瓶时，先将盛满安瓿的铝盘放置在传送带上，由传送带将铝盘送入箱体内，接受来自于顶部淋水板由多孔喷头喷淋出的纯化水，使安瓿内部灌满水。安瓿洗涤灌满水后，即送入蒸煮箱蒸煮，安瓿在蒸煮箱内通入蒸汽加热约30分钟，随即趁热将蒸煮后的安瓿送入甩水机，将安瓿内的水甩干，安瓿甩水机的最佳转速应在400r/min左右。如此反复洗涤2~3次，最后一次精洗用注射用水，即可达到清洗要求。水箱中的洗涤用水要进行过滤净化，同时经常换水，以确保循环使用的供水系统的洁净。本机组生产效率高，洗涤效果尤以5ml以下的小规格安瓿为好，但体积庞大、占用场地大、耗水量多。

3. 操作注意事项

（1）安瓿喷淋灌水机在生产中应定期检查循环水的质量，发现水质下降，要及时更换水箱中的水，并清洗或更换滤芯，控制喷淋水均匀，发现堵塞死角应及时排除、清洗，避免安瓿注不满水，同时定期对机组进行维修保养。

（2）甩水机的转速不宜过快，否则因离心力过大使电动机起停时间长，增加甩水时间。

（3）严禁在未装满安瓿盘的情况下甩水操作。

4. 特点及应用范围　喷淋式洗瓶机组生产效率较高，尤以5ml以下的小安瓿洗涤效果较好。其缺点是洗涤时会因个别安瓿内部注水不满而影响洗瓶质量。此外本机组体积庞大、占地面积多，因此对10~20ml的大规格安瓿和曲颈安瓿建议采用更有效的洗瓶机（如喷射式洗瓶机）清洗。

（二）气水喷射式安瓿洗瓶机组

1. 结构　气水喷射式安瓿洗瓶机组适用于曲颈安瓿和大规格安瓿的洗涤。该机组主要由供水系统、压缩空气及其过滤系统、洗瓶机三大部分组成。气水喷射式安瓿洗瓶机组的工作原理是利用洁净的洗涤水及过滤后的压缩空气，通过针头交替喷射安瓿的内壁进行洗涤，使安瓿达到洁净。

2. 工作原理　气水喷射式安瓿洗瓶机组的关键部分是洗瓶机。洗瓶机工作时，首先将安瓿放置于进料斗，在拨轮的作用下，安瓿有顺序地进入往复摆动的槽板中，然后落入移动齿板上，到达针头架（并列4个针头）位置并下移，针头插入安瓿，同时气水开关打开气与水的通路，进行二水二气冲洗吹净。即安瓿送达位置A1时，针头插入安瓿内，并注水洗瓶；当安瓿到达位置A2时，继续对安瓿补充注水洗瓶。到达位置B1时，针头向安瓿内通入已净化的压缩空气将瓶内的洗涤水吹去；到达位置B2时，继续由压缩空气对安瓿内的积水吹净。此时，针头架上移，针头离开安瓿；同时关闭气水开关，停止向安瓿供水供气，从而完成了二水二气的洗瓶工序。其工作原理如图6-4所示。

3. 操作注意事项

（1）洗涤用水和压缩空气必须预先滤过处理；压缩空气的压力约为0.3MPa，洗涤用水由压缩空气压送，并维持一定的压力和流量，水温不低于50℃。

（2）洗瓶过程中水和气的交替分别由偏心轮与电磁喷水阀或电磁喷气阀及行程开关自动控制；应保持喷头与安瓿动作协调，使安瓿进出流畅。

（3）应定期维护所有传动部件，加注润滑油；并及时调整失灵机件。

（三）超声波安瓿洗瓶机

超声波安瓿洗瓶机是目前制药行业较为先进的安瓿洗瓶设备，其工作原理为安瓿浸没在清洗液中，在安瓿与水溶液接触的界面，处于超声振动状态下，产生一种超声的空化现象。空化是在超声波作用下，液体中产生微气泡，小气泡在超声波作用下逐渐涨大，当尺寸适当时产生共振而闭合。在小

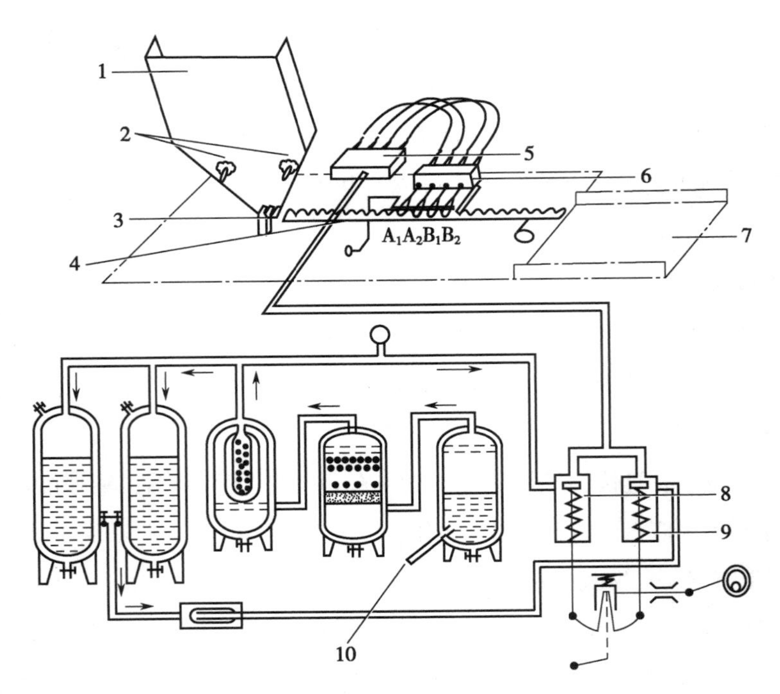

图 6-4　气水喷射式安瓿洗瓶机组工作原理示意图
1. 进瓶斗；2. 拨轮；3. 槽板；4. 移动齿；5. 气水开关；6. 针头架；7. 出瓶斗；
8. 喷气阀；9. 喷水阀；10. 压缩空气

泡淹没时自中心向外产生微驻波，随之产生高压、高温，小泡胀大时摩擦生电，淹没时又中和，伴随有放电和发光现象，气泡附近的微冲流增强了流体搅拌和冲刷作用。安瓿清洗时浸没在超声波清洗槽中，不仅保证外壁洁净，也能保证安瓿内部无尘、无菌。因此，使用超声波清洗能保证安瓿符合 GMP 中提出的卫生洁净技术要求。

1. 结构　它由清洗部分、供水系统及压缩空气系统、动力装置三大部分组成。清洗部分由超声波发生器、上下瞄准器、装瓶斗、推瓶器、出瓶器、水箱、转盘等组成。中间有一水平轴，沿轴向有 18 列针毂，每排针毂有沿径向辐射均匀分布的 18 支针头，整个轴上有 18×18 = 324 个针头的针毂构成可间歇绕水平轴回转的转盘。与转盘相对的固定盘上，于不同工位上配置有不同的水、气管路接口，在转盘间歇转动时，各排针毂依次与循环水、新鲜注射用水、压缩空气等接口相通。供水系统及压缩空气系统有循环水、新鲜注射用水、水过滤器、压缩空气精过滤器与粗过滤器、控制阀、压力表、水泵等。动力装置由电机、蜗轮蜗杆减速器、分度盘、齿轮、凸轮等组成。其工作原理如图 6-5 所示。

立式超声波洗瓶机实物图

2. 工作原理　将安瓿排放在倾斜的安瓿斗中，安瓿斗下口与清洗机的 1 工位针头平行，并开有 18 个通道。利用通道口的机械栅门控制，每次放行 18 支安瓿到传送带的 V 形槽搁瓶板上，18 支安瓿被推瓶器依次推入转盘的第 1 工位，当转盘转到 2 工位时，由针头注入循环水。从 2~7 工位，安瓿进入水箱，共停留 25 秒左右接受超声波空化清洗，使污物振散、脱落或溶解。此时水温控制在 50~60℃，这一阶段为粗洗。当针毂间歇旋转将安瓿带出水面到 8、9 工位时，将洗涤水倒出；针毂转到 10、11、12 工位时，安瓿倒置，针头对安瓿冲注循环水进行洗涤；到 13 工位时有针管喷出压缩空气将

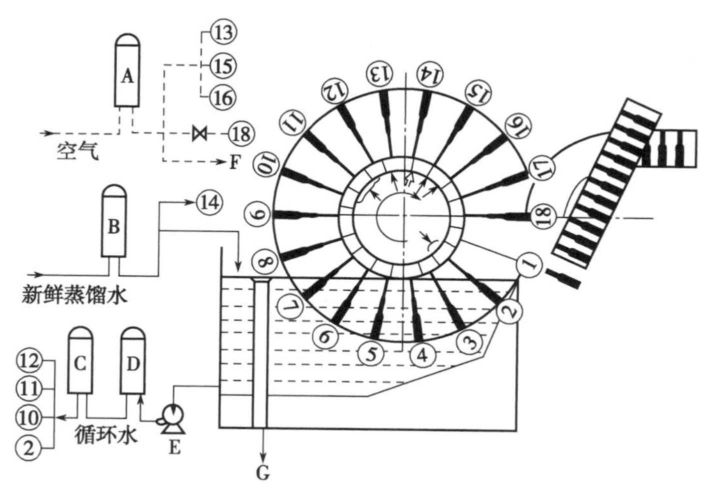

图 6-5　18 工位连续回转超声波洗瓶机原理示意图

1. 引瓶；2. 注循环水；3～7. 超声波空化清洗；8、9. 空位；10～12. 循环水清洗；13. 吹气排水；14. 注新蒸馏水；15、16. 吹净化气；17. 空位；18. 吹气送瓶；A、B、C、D. 过滤器；E. 循环泵；F. 吹除玻璃屑；G. 溢流回收

安瓿内污水吹净；在 14 工位时接受新鲜注射用水的最后冲洗；15、16 工位再吹入压缩空气。至此安瓿洗涤干净，此阶段为精洗。最后安瓿转到 18 工位时，针管再一次对安瓿送气并利用气压将安瓿从针管架上推离出来，再由出瓶器送入输送带，推出清洗机。

3. 主要特点　①用电磁阀控制，新鲜水脉冲冲洗，节约用水；②冲洗所用的压缩空气、新鲜水、循环水均通过净化过滤；③利用水槽液位带动限位棒使继电器动作，以启闭循环水泵；④由加热器和热继电器将自动控制水槽的温度。

4. 设备操作

（1）启动前的准备工作：①检查各管路接头及水、气的供应情况；②检查水位是否上升到溢水管顶部；③检查机器的润滑情况、设备运转是否正常。

（2）正常启动：①打开压缩空气阀门、新鲜水阀门、循环水阀门，观察压力表上显示的数值；②按下主机启动按钮，慢慢调节旋钮升高，根据安瓿的规格确定适当的数值，此时机器处于运行状态，转动超声波调节旋钮，使电流表数值处于最低状态；③调节推瓶吹气阀，使喷射的压力正好使安瓿从喷针上推入给出装置的通道内，压力太低会影响清洗质量，压力太高则使安瓿损坏。

（3）停机：①按下主机、水温、水泵停止按钮，关闭所有正常启动时开启的阀门；②把水槽中的玻璃渣进行打扫并清洗干净，所有过滤器内的水放干净。

5. 维护保养规程　①机器每日必须进行清洁；②按机器上的润滑标志和说明加注润滑油；③水泵在使用时严格按照水泵的使用说明进行；④过滤器的组装和清洗严格按照说明书来进行；⑤严格遵守清洗机的清洁消毒规程和维护保养规程。

6. 简单故障及排除　见表 6-1。

表 6-1　简单故障及排除

故障现象	原因分析	排除方法
机器停止运转 循环水压力监测红灯亮	①循环水控制阀门未开启或开启不够 ②管接头漏水 ③过滤器堵塞	①开启循环水控制阀门 ②检查接头、接口 ③清洗或更换过滤器
喷淋水压力监测红灯亮	①过滤器上的排水口开启 ②喷淋水控制阀门未开启或开启不够	①关闭过滤器上的排水口 ②开启喷淋水控制阀门
新鲜水压力监测红灯亮	①外加新鲜水压力不够 ②过滤器堵塞 ③压缩空气控制阀门未开启或开启不够	①增加外加新鲜水压力 ②清洗或更换过滤器 ③检修或更换电磁阀
高频监测红灯亮	①高频未接通 ②高频发生器损坏	①接通启动开关 ②维修人员根据线路图检修
隧道安瓿过多红灯亮	隧道入口处安瓿挤塞	维修人员调整进口限位开关
灌封安瓿过多红灯亮	灌封机进口处安瓿挤塞	走松灌封机前的安瓿
机器停止运转而无红灯亮	主机过载继电器跳开	用手转动主电机手轮，找出过载原因并排除掉，合上主机回路继电器
清洗破瓶较多	①进瓶导向压力调整不当 ②退瓶吹气调整不当	①调整导入瓶凸轮使其符合进瓶要求 ②调整吹气大小使瓶刚好退至出瓶槽底部
水槽内浮瓶较多	①喷淋槽堵塞 ②进瓶吹气压力过大	①拍打喷淋槽或拆下喷淋槽上的孔板进行清洗 ②调整吹气大小
清洗清洁度不够	①喷嘴或喷管堵塞 ②过滤芯堵塞或泄漏	①弄通喷嘴或喷管 ②调整或更换过滤芯
喷管折断	①进口不符合标准的瓶较多 ②水槽浮瓶较多	①将不符合标准的瓶挑出，将折断的喷管换下 ②参照浮瓶现象解决

知识链接

什么是声波

声波是物体机械振动状态（或能量）的传播形式，属于声音的类别之一，属于机械波。所谓振动是指物质的质点在其平衡位置附近进行的往返运动。例如鼓面经敲击后，它就上下振动，这种振动状态通过空气媒质向四面八方传播，这便是声波。

人耳能感受到的声波频率范围为 16Hz ~20kHz。当声波的频率低于 16Hz 时就称为次声波，高于 20kHz 则称为超声波，超声波和次声波是人在自然环境下无法听到和感受到的声波。

超声波具有如下特性：

1. 超声波可在气体、液体、固体、固熔体等介质中有效传播。
2. 超声波可传递很强的能量。
3. 超声波会产生反射、干涉、叠加和共振现象。
4. 超声波在液体中传播时，可在界面上产生强烈的冲击和空化现象。

四、安瓿干燥灭菌设备

安瓿经淋洗只能去除稍大的菌体、尘埃及杂质粒子，还需通过干燥灭菌去除生物粒子的活性，达到杀灭细菌和除去热原的目的。常规工艺是将洗净的安瓿置于350~450℃温度干燥6~10分钟，或在120~140℃温度干燥0.5~1小时，达到杀灭细菌和热原及安瓿干燥的目的。

常用设备有远红外隧道式烘箱和热层流式干热灭菌机。按生产连贯性可分为间歇式和连续式，采用的能源有蒸汽、煤气或电热。

（一）远红外隧道式烘箱

远红外隧道式烘箱是国内目前较先进的安瓿烘干设备之一，自动化程度高，符合GMP生产要求，能有效地控制产品质量和改善生产环境，主要用于小容量注射剂联动生产线上，即与超声波安瓿洗瓶机和多针拉丝安瓿灌封机配套使用。

1. 结构　远红外隧道式烘箱由传送带、加热器、层流箱、隔热机架等组成，又称为辐射式干热灭菌机，其结构如图6-6所示。

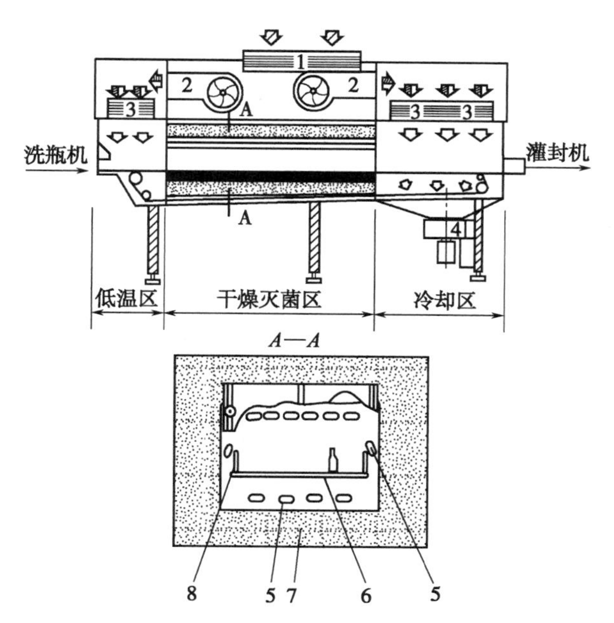

图6-6　连续电热隧道式灭菌烘箱结构示意图
1. 中效过滤器；2. 送风机；3. 高效过滤器；4. 排风机；5. 电热管；6. 水平网带；7. 隔热材料；8. 竖直网带

热风隧道式灭菌烘箱实物图

2. 工作原理　各部分结构的原理分述如下。

（1）传送带由3条不锈钢丝纺织网带构成。传送带将安瓿水平运送进、出烘箱，防止偏移带外。

（2）加热器由12根电加热管沿隧道长度方向安装，在隧道横截面上呈包围安瓿盘的形式。

（3）烘箱前后有A级层流空气形成垂直气流幕，用以保证隧道出口与外部污染的隔离，也可以使出口处安瓿的冷却降温。中段干燥区产生的湿热空气经另一可调风机排出箱外，干燥区要保持正压。

（4）隧道下部有排风机，并装有调节阀门，可调节排出的空气量。排风管出口处设有碎玻璃收集箱，以减少废气中玻璃细屑的含量。

（5）温控功能由电路控制：①层流箱未开或不正常时电热器不能使用；②层流空气风速低于规定时自动停机，待层流正常时自动开机；③电热温度不够时，传送带电机不运转，甚至前工序的洗瓶机也不能运转；④生产完毕停机后，高温区缓缓降温，当降温至设定温度值时，风机会自动停机。

3. 基本操作

（1）准备工作：合上总闸，开启自动加热按钮，同时调节所需温度上、下限的范围。当到达恒温状态后，开启传动电机，同时调节传动速度，开启风机并调节风量。

（2）运行工作：待工作温度升至设定的温度值后，开启洗瓶机使安瓿直立密排通过隧道，在规定的时间内完成灭菌。灭菌温度由电子调温器设定，同时显示可自动记录温控状况。

（3）结束工作：首先关闭加热开关，风机将继续旋转，当隧道内的温度降至设定值时，风机会自动停机，最后再关闭总电源开关。

（二）热层流式干热灭菌机

1. 结构　该机也称为热风循环隧道式灭菌烘箱，为整体隧道结构，由预热区、高温灭菌区、冷却区三部分组成，分为前后层流箱、高温灭菌箱、机架、输送网带、热风循环风机、排风机、耐高温高效空气过滤器、电加热器、电控箱等部件，其结构如图6-7所示。其控制系统一般为机电一体化设计，整机加热运行等工艺参数设定由可编程序控制器精确控制，各层流风机采用交流变频技术控制风量大小，控制精度较高，温度控制可在0～350℃内任意设定，具有参数显示、温度分段显示、自动电脑打印记录和故障报警显示等多种功能。

本机主要用在针剂联动生产线上，适用于2～20ml安瓿、西林瓶、口服液瓶和其他药用玻璃瓶的灭菌干燥。

2. 工作原理　该机是将高温热空气流经空气过滤器过滤，获得洁净度为A级的清洁空气，在A级单向流洁净空气的保护下，洗瓶机将清洗干净的安瓿送入输送带，经预热后的安瓿送入高温灭菌段，流动的清洁热空气将安瓿加热升温到300℃以上，安瓿经过高温区的总时间根据灭菌温度而定，一般为5～20分钟，干燥灭菌除热原后进入冷却段。冷却段的单向流洁净空气将安瓿冷却至接近于室温，再送入拉丝灌封机进行药液的灌装与封口。安瓿从进入隧道至出口全过程的时间一般为25～35分钟。由于前后层流箱及高温灭菌箱均为独立的空气洁净系统，有效地保证了进入隧道烘箱的

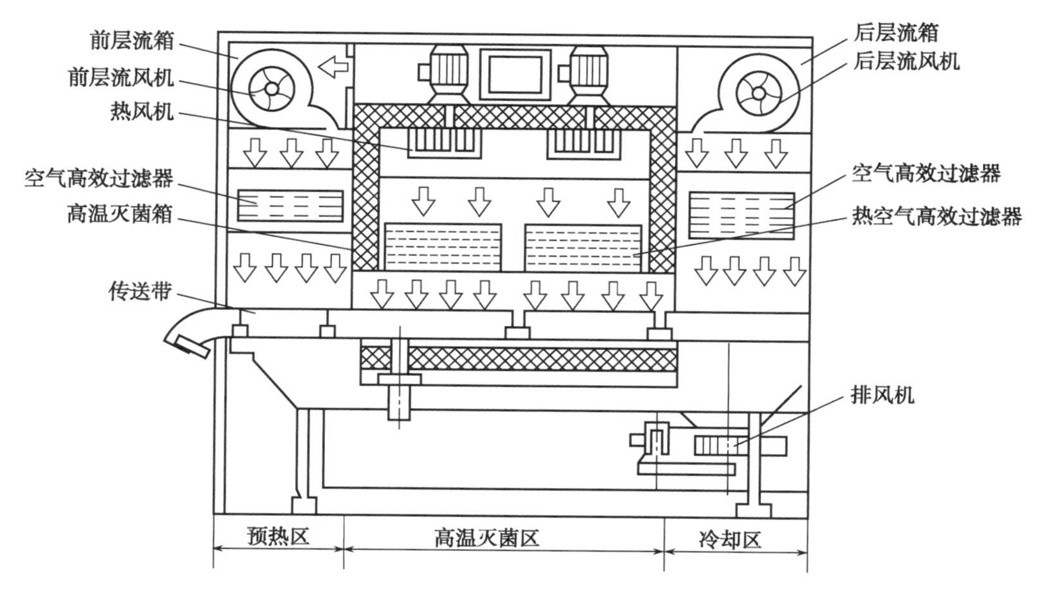

图 6-7　热层流式干热灭菌机结构示意图

瓶子始终在 A 级洁净空气的保护下，且机内压力高于外界大气压 5Pa，使外界空气不能侵入，整个过程均在密闭状态下进行，其生产过程符合 GMP 要求。

3. 基本操作

（1）开始前的检查工作：检查隧道内灭菌箱，保证安瓿在灭菌机中的正确位置。检查排风风门是否在要求的档上，保证安瓿在灭菌机中正常运行通过。

（2）运行工作：①接通电源，打开总电源开关，输入电压值；②设定隧道内的工作温度，烘干灭菌温度为 280℃，停机温度为 100℃，做好温度记录；③按规定程序点“日间工作”按钮，所有风机均开启，加热管也开始工作，全机启动完毕；④当隧道温度升至 100℃，有指示灯显示，待温度升至设定温度值后，开启洗瓶机，由输送带控制速度，温度达到设定的上限值时，直至使安瓿直立密排通过隧道，在规定的时间内通过高温灭菌区，完成灭菌过程。

（3）结束工作：灭菌完毕，点“日间停车”各加热管自动断电，此时各风机仍继续运转（保护高温高效空气过滤器不致烧坏），直到烘箱内温度降至设定的停机温度，风机会自动停机。然后关闭总电源开关，并将风门指针指向“0”档。当夜间生产线不工作，而隧道内排列的安瓿又必须留到次日使用时，为防止外界空气污染安瓿，可采用夜间工作功能，开启前后层流箱，保证空安瓿的洁净度。

4. 操作和维护注意事项

（1）电热层流式干热灭菌机的空气排出管道过长或弯头过多，如长度>6m、弯头多于 2 个以上，应在排风管的终端串联安装一台单进风离心通风机以增加排气效果，并按照操作规程进行维护和保养。

（2）设定工作温度时，不要超过 350℃，在满足安瓿灭菌除热原后，尽可能低些，以延长高效过滤器的使用寿命。

（3）调节好机器各部的测控装置及风量，控制风量适宜，保证灭菌温度。

（4）若发现指示灯不亮或时亮时暗时，应更换灭菌箱上部的初效过滤器，若更换无效，应更换高效空气过滤器。

(5)加热管在使用过程中有损坏的要及时更换,注意加热管安装要可靠、接线要牢。

(6)每天工作完后,必须检查进口过渡段的弹片凹形弧内是否有玻璃碎屑并及时清扫,烘箱背后下面的排气机构中的碎屑聚集箱应每周清扫1次。

(7)烘箱内风机1年后应拆下更换新的润滑脂,进、出口风机3年后更换;排风机1年后更换;输送带上的各传动轮所装的轴承每运行1年后更换。

知识链接

消毒与灭菌

是指用物理或化学方法来抑制或杀死外环境中及机体体表的微生物，以防止微生物污染或病原微生物传播的方法。

消毒：指杀死物体上的病原微生物的方法，并不一定能杀灭芽胞或某些非病原微生物。用以消毒的药品称为消毒剂。

灭菌：指杀灭物体上的所有微生物的方法，包括杀灭细菌芽胞在内的全部病原微生物和非病原微生物。经过灭菌的物品称“无菌”物品。需进入人体内部的医用器材要求绝对无菌。

热力灭菌法：高温对细菌具有明显的致死作用，但细菌芽胞对温度的抵抗力较繁殖体强。

1. 干热消毒灭菌法

(1)焚烧：直接点燃或在焚烧炉内焚烧，适用于废弃物品或动物尸体等。

(2)烧灼：直接用火焰灭菌，适用于微生物学实验室的接种环、试管口等的灭菌。

(3)干烤：利用干烤箱灭菌，一般加热至160~170℃经2小时，适用于高温下不变质、不损坏、不蒸发的物品。

2. 湿热消毒灭菌法

(1)巴氏消毒法：用较低温度杀灭液体中的病原菌或特定微生物，以保持食物中的不耐热成分不被破坏的消毒方法。广泛采用加热至71.7℃持续15~30分钟。

(2)煮沸法：一般细菌的繁殖体5分钟能被杀死。此法常用于消毒食具、刀剪、注射器等。

(3)高压蒸汽灭菌法：是一种最有效的灭菌方法。当蒸汽压力达到103.4kPa(1.05kg/cm^2)，温度为121.3℃，如维持15~20分钟，可杀灭包括细菌芽胞在内的所有微生物。此法常用于培养基、生理盐水、手术器械和敷料等耐高温、耐湿热物品的灭菌，是医院使用最广的灭菌方法。

五、安瓿灌封机

将规定剂量的药液灌入经清洗、干燥及灭菌后的安瓿,并加以封口的过程称为灌封。药液灌封是注射剂生产中最重要的工序,注射剂的质量直接由灌封区域的环境和灌封设备决定。

安瓿灌封机是注射剂生产的主要设备之一,灌封机分为1~2ml、5~10ml和20ml三种机型,如图6-8所示。虽然这3种机型不能通用,但其结构特点差别不大,且灌封过程相同。现以1~2ml安瓿灌封机为例予以介绍。

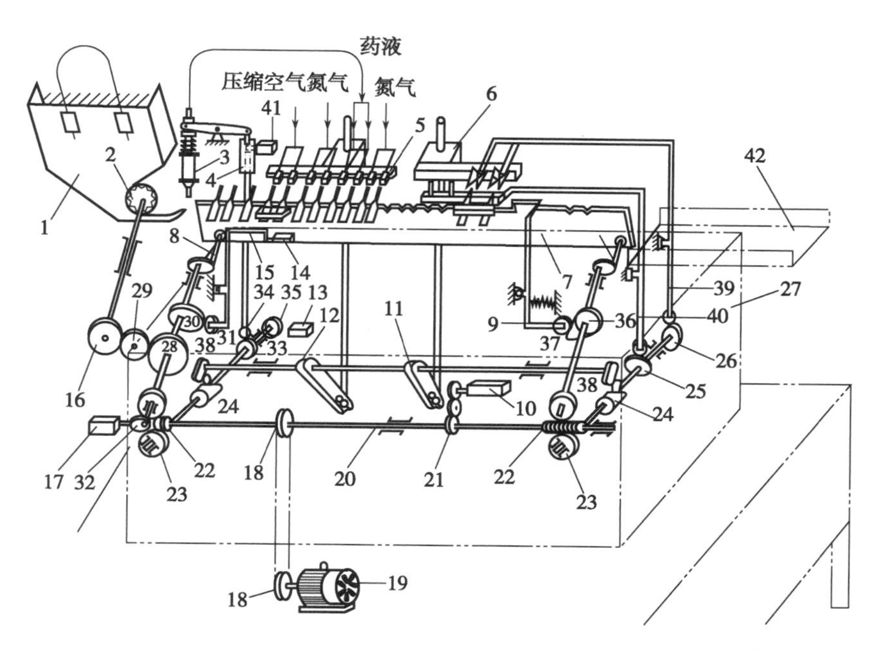

图 6-8　安瓿拉丝灌封机结构示意图

1. 进瓶斗；2. 拨瓶盘；3. 针筒；4. 顶杆套筒；5. 针头架；6. 拉丝钳架；7. 移瓶齿板；8. 移瓶曲轴；9. 封口压瓶杠杆及压瓶轮；10. 转瓶盘齿轮箱；11. 拉丝钳驱动拨叉；12. 针头架驱动拨叉；13. 氮气阀；14. 止灌行程开关；15. 灌装压瓶板；16、21、28、29. 圆柱齿轮；17. 压缩气阀；18. 主、从动轴带轮；19. 电动机；20. 主轴；22. 涡杆；23. 上、下涡轮；24. 圆柱凸轮；25. 火头架凸轮；26. 拉丝钳开合凸轮；27. 机架；30. 压瓶板凸轮；31、34、37、39. 滚子从动件；32. 压缩气阀凸轮；33. 针筒泵顶杆凸轮；35. 氮气阀凸轮；36. 压瓶轮升降凸轮；38. 拨叉轴压轮；40. 火头摆动压轮；41. 止灌电磁阀；42. 出瓶口

1. 结构　安瓿灌封机的主要结构按其功能有送瓶机构、灌装机构及拉丝封口机构。

安瓿拉丝灌封机实物图

（1）送瓶机构：安瓿送瓶机构如图 6-9 所示，其主要部件是固定齿板与移动齿板，各有两条且平行安装；两条固定齿板分别在最上和最下，两条移动齿板等距离地安置在中间。固定齿板为三角形齿槽，使安瓿的上、下两端卡在槽中而固定。移动齿板的齿形为椭圆形，以防在送瓶过程中将安瓿撞碎，并有托瓶、移瓶及放瓶的作用。

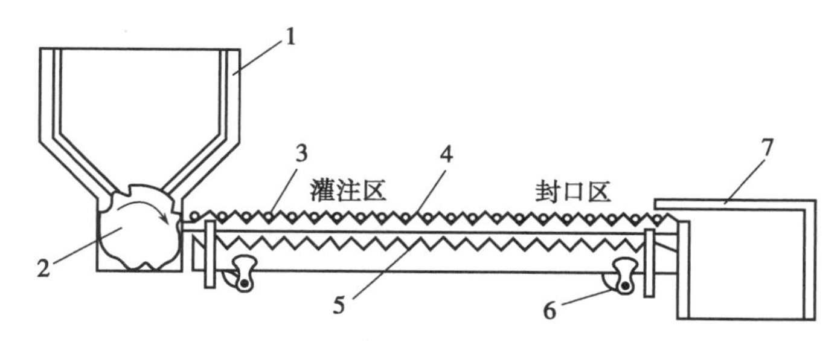

图 6-9　安瓿灌封机传送部分结构示意图

1. 安瓿斗；2. 梅花盘；3. 安瓿；4. 固定齿板；5. 移动齿板；6. 偏心轴；7. 出瓶斗

送瓶机构的工作原理：将洁净的安瓿置于呈 45°倾角的进瓶斗内，由链轮带动梅花盘，每转

1/3 周使 2 支安瓿推入固定齿板上，将其固定；且安瓿口朝上呈 45°角，以便于灌注药液。与此同时，偏心轮带动移动齿板运动，先将安瓿从固定齿板上托起，越过其齿顶，使安瓿移动 2 个齿距；如此反复，安瓿不断迁移，送入灌注和封口工位，完成送瓶动作。封口后的安瓿由移动齿板推动的惯性力及安装在出瓶斗前的一块有一定角度的舌板作用，使安瓿转动呈竖立状态进入出瓶斗。

整个送瓶过程是偏心轮旋转 1 周，安瓿向前移动 2 个齿距，前 1/3 周是使移动齿板完成托瓶、移瓶及放瓶的动作；后 2/3 周安瓿停留在固定齿板上，以进行灌药和封口。

（2）灌装机构：灌装机构按功能可分为 3 组部件：①灌液部件：使针头进出安瓿，注入药液完成灌装；②凸轮-压杆部件：将药液从贮液灌中吸入针筒内，并定量输向针头；③缺瓶止灌部件：当灌装工位缺瓶时，能自动停止灌液，避免浪费药液和污染设备。

灌装机构的工作过程如图 6-10 所示：①当安瓿到达灌装工位时，针头随针头托架座上的圆柱导轨做滑动插入安瓿中。凸轮转动，经扇形板使顶杆、顶杆座上升触及电磁阀，且压杆另一端下压，推动针筒的筒芯下移。此时，下单向玻璃阀关闭，上单向玻璃阀开启，药液经导管进针头，注入安瓿内直至规定容量。当针头拔出时，针筒的筒芯上移复位。此时，上单向玻璃阀关闭，下单向玻璃阀开启，药液又被吸入针筒，进行下一支安瓿的灌装。②当灌装工位缺瓶时，摆杆与安瓿接触的触头脱空，拉簧使摆杆摆动，触及行程开关，使其闭合，导致开关回路上的电磁阀拉开，使顶杆、顶杆座失去对压杆的上顶动作，停止灌装。

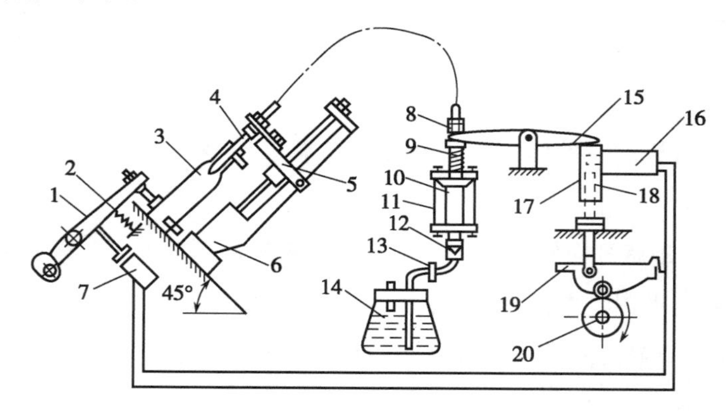

图 6-10　安瓿灌封机灌注部分结构示意图

1. 摆杆；2. 拉簧；3. 安瓿；4. 针头；5. 针头托架；6. 针头托架座；7. 行程开关；8、12. 单向玻璃阀；9. 压簧；10. 针筒芯；11. 针筒；13. 螺丝夹；14. 贮液罐；15. 压杆；16. 电磁阀；17. 顶杆座；18. 顶杆；19. 扇形板；20. 凸轮

注射剂在药液灌装时尚需充入惰性气体（N_2），以增加药物制剂的稳定性。安瓿内充气可在灌液前后，充气针头和灌液针头位于同一针头托架上。

（3）拉丝封口机构：拉丝封口是指当旋转安瓿瓶颈在火焰加热下熔融时，采用机械方法将瓶颈封口。拉丝封口机构由拉丝、加热、压瓶三部分组成，如图 6-11 所示。①拉丝部件使拉丝钳上下移动及钳口启闭，按其传动方式可分为气动拉丝和机械拉丝两种。气动拉丝是通过气阀凸轮控制压缩空气进入拉丝钳管道，而使钳口启闭；其

安瓿灌封机灌注

结构简单、造价低、维修方便，但噪声大，并有排气污染。机械拉丝是通过连杆-凸轮机构带动钢丝绳控制钳口启闭；其结构复杂、制造精度要求高，但噪声低、无污染，适用于无气源的地方。②加热火源是由煤气、氧气及压缩空气混合组成的，火焰温度约1400℃。③压瓶部件是由压瓶凸轮及摆杆的作用，安瓿被压瓶滚轮压住不能移动，防止拉丝时安瓿随拉丝钳移动。

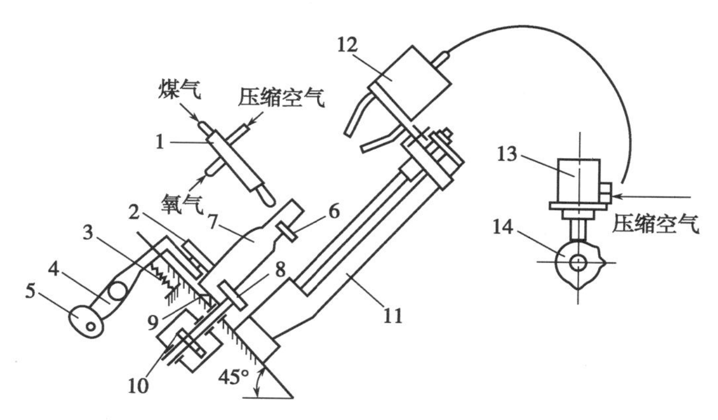

图6-11　安瓿灌封机封口部分结构示意图

1. 燃气喷嘴；2. 压瓶滚轮；3. 拉簧；4. 摆杆；5. 压瓶凸轮；6. 固定齿板；7. 安瓿；8. 滚轮；9. 半球形支头；10. 涡轮涡杆箱；11. 钳座；12. 拉丝钳；13. 气阀；14. 凸轮

气动拉丝封口机构的工作过程：当灌完药液的安瓿移至封口工位时，压瓶凸轮及摆杆连动压瓶滚轮将安瓿压住，由于涡轮涡杆箱的转动带动滚轮旋转，使安瓿在固定位置绕自身轴线缓慢转动；此时，瓶颈均匀地受到喷嘴喷出的火焰高温加热而呈熔融状态；同时，气动拉丝钳口由气阀凸轮控制压缩空气，使其张开沿钳座导轨下移，钳住安瓿头并上移，将安瓿熔化的瓶口玻璃拉成丝头，使安瓿封口。当拉丝钳上移一定位置时，钳口再次启闭两次，将拉出的玻璃丝头拉断并甩掉。封口后的安瓿，由压瓶凸轮及摆杆拉开压瓶滚轮，被移动齿板送出。

安瓿灌封机封口

2. 工作原理　①洁净的安瓿装入进瓶斗后，在拨瓶盘的拨动下，依次进入移动齿板之上。②移动齿板把安瓿逐步地移动到灌注针头处。③随即充气针头和灌药针头同时下降，分别插入4对安瓿中，完成吹气→充氮气→灌注药液→第2次充氮气的动作。④在灌注处如缺安瓿，该机通过止灌装置自动停止供药液，不使药液浪费和流出污染机器。⑤在充气和灌药时，移动齿板和固定齿板位置重叠，安瓿停止在固定齿板上。同时压瓶机构将安瓿压住，帮助安瓿定位。当针头退出时，吹气针头、灌药针头停止供气、供药液。同时压瓶机构也相应离开。⑥移动齿板又将安瓿逐步地移动到封口处。⑦安瓿在封口处的固定齿板上不停地自转，同时有压瓶机构压住，使得安瓿不会漂移，保证了拉丝钳的正常工作。⑧封口时，安瓿的瓶颈首先经过火焰预热，加热到熔融状态，由钨钢制成的拉丝钳及时夹住瓶颈，拉断达到熔融状态下的丝头，由于安瓿在不停地自转，丝颈的玻璃便熔合密接在一起。⑨在拉丝过程中，拉丝钳完成钳口张开、下移到最低位置、夹住丝头、上移到最高位置，到达最高位置时，拉丝钳张开、闭合两次，将拉出的废丝头甩掉，从而完成拉丝动作。⑩封口后的安瓿，移动齿板将安瓿移至出瓶斗。

边学边练

安瓿灌封机的操作及维护保养，请见**实训五　无菌制剂生产设备实训**。

3. 基本操作

(1)开机前准备:①检查药液澄明度,待检查合格后,再对贮液罐进行检查;②应先用手轮摇动机器,检查各运动部件运转是否正常,待正常后,拔出手轮,接通电源,方可开机;③检查管路和针头是否通畅、有无漏气;④检查调整好针头(充药针头、吹气针头、通惰性气体针头),并在日光灯下挑选安瓿,剔除不合格的安瓿(裂纹、破口、掉底、丝细、丝粗等),将选好的安瓿轻轻放入进瓶斗中;⑤先轻微开启燃气阀点燃灯火,再开助燃气调整火焰,检查灌药和封口情况,看是否有擦瓶口、漏药、容量不准、通气不均等现象,并取出灌封后的安瓿 20~30 支,检查安瓿封口是否严密、圆滑、药液澄明度是否合格,检查合格后才能正常工作。

(2)开机操作:①先打开电源开关、抽风开关、燃气和助燃气开关,打开点火安全阀点燃喷嘴,打开液泵开关,再按主机启动;②在生产中,应及时清理设备上的碎玻璃及药液,严禁机器上有油污,必须保持清洁;③充填惰性气体时,应根据产品要求选择二氧化碳或氮气,通气量大小一般以药液面微动为准;④在生产中应根据安瓿的规格及灌注的药液量来调节火焰的大小;⑤要随时剔除焦头、泡头、漏水等不合格品。

(3)停机:先关电源开关,再依次关助燃气和燃气、抽风和液泵开关,关时应避免拉丝钳停留在火焰区,以免拉丝钳口长时间受高温而损伤。按照该机的清洁消毒规程清洁设备,保持设备各部位润滑良好。

4. 维护保养规程

(1)应经常检查燃气头,以火焰的大小判断是否影响封口质量。燃气头的小孔在使用一定时间后,易被积炭堵塞或小孔变形而影响火力。

(2)安瓿灌封机应在火头上安装排气管,用于排出热量及熔气中的少量灰尘,保持室内温度、湿度和清洁,有利于产品质量和工作人员的健康。

(3)必须保持安瓿灌封机的清洁。生产过程中应及时清除药液和玻璃碎屑,严禁设备上有油污。交班前应将设备各部件清洗 1 次,加油 1 次;每周应大擦洗 1 次,特别是擦净平时使用中不易清洗到的地方,并可用压缩空气吹净。

(4)在设备使用前后,应按说明书等技术资料检验设备性能。

案例分析

案例

制剂生产过程由于种种原因造成产品质量不合格，尤其是在小容量注射剂生产中，造成注射剂质量问题的影响因素非常多。 在药厂生产实践中，安瓿灌封时常出现冲液现象、束液现象、泡头、瘪头、尖头、焦头等质量问题，严重影响了小容量注射剂的质量，甚至损坏生产设备。

1. 冲液现象　冲液是指在灌注药液的过程中，药液从安瓿瓶内冲起溅在瓶颈上方或冲出瓶外，会造成容量不准、药液浪费、封口焦头和封口不严等问题。

2. 束液现象　是指注液结束时，针头上不得有液滴挂在针尖上。束液不好易引起瓶颈沾液，既影响注射剂质量，又会出现焦头或封口时瓶颈破裂。

3. 泡头　因煤气太大、火力太旺导致药液挥发膨胀，导致已封闭的安瓿鼓泡而形成泡头。

4. 瘪头（平头）　安瓿瓶口有水迹或药迹，拉丝后因瓶口液体挥发，压力减少，外界压力大而瓶口倒吸形成平头。

5. 尖头　预热火焰、加热火焰过大，使安瓿拉丝时丝头过长而形成尖头。

6. 焦头　主要是因安瓿颈部沾有药液，封口时炭化而形成焦头。

分析

现仅从制药设备的角度分析上述质量问题产生的原因，提出解决办法。

1. 冲液现象　①可以将针头出口端制成三角形，且中间拼拢形成“梅花形针端”，使灌注药液时沿瓶身下流，而不直冲瓶底，减少了液体注入瓶底的反冲力；②调节针头进入安瓿的位置使其恰到好处。

2. 束液现象　①改进灌药凸轮的设计，使其在注液结束后返回行程缩短；②设计使用有毛细孔的单向玻璃阀，使针筒在注液完成后对针筒内的药液有微小的倒吸作用；③一般生产时常在贮液瓶和针筒连接的导管上夹一只螺丝夹，靠乳胶管的弹性作用控制束液。

3. 泡头　需调小煤气；预热枪火头太高，可适当降低火头位置；主火头摆动角度不当，安瓿压角未压妥，使瓶子上爬，应调整压角位置；拉丝钳位置太低，造成钳去玻璃太多，玻璃内药液挥发，压力增加，形成泡头，需将拉丝钳调高。

4. 瘪头（平头）　可调节灌装针头位置和大小，不使药液外冲；回火火焰不能太大，防止使已圆好的瓶口重熔。

5. 尖头　可把煤气量调小；火焰喷枪离瓶口过远，使加热温度太低，应调节中层火头，对准瓶口，离瓶口 3～4mm；压缩空气压力太大，造成火力急，温度低于玻璃软化点，可调小压缩空气量。

6. 焦头　例如灌药时给药太急，溅起药液在安瓿内壁上；针头回药慢，针头挂有药滴且针头不正，针头碰到安瓿内壁；瓶口粗细不均匀，碰到针头；压药与打药行程未配合好；针头升降不灵；火焰进入安瓿内等原因均可导致“焦头”。通过调换针筒或针头；更换合格安瓿；调整针头升降位置；加强操作规范等解决。

六、安瓿洗、烘、灌、封联动机

安瓿洗烘灌封联动机是目前针剂生产较为先进的生产设备，系将安瓿洗涤、烘干灭菌以及药液灌封 3 个步骤联合起来的生产线，减少了半成品的中间周转，将药物受污染的可能降低到最小限度。联动机由安瓿超声波清洗机、安瓿隧道灭菌机和安瓿多针拉丝灌封机三部分组成，外形及结构如图 6-12 所示。

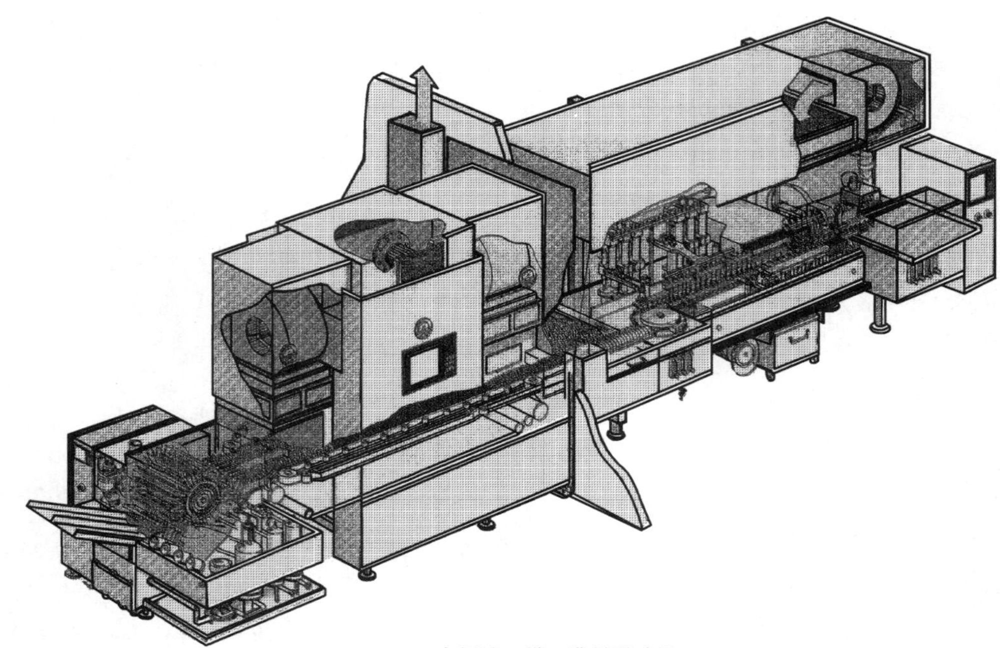

(a)安瓿洗、烘、灌封联动机

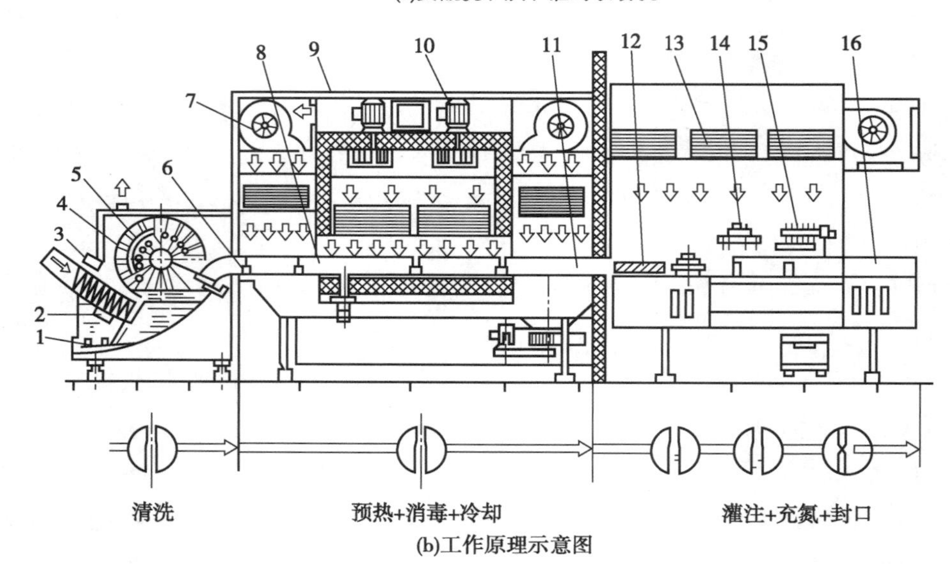

(b)工作原理示意图

图 6-12　安瓿洗、烘、灌封联动机结构及工作原理示意图

1. 水加热器;2. 超声波换能器;3. 喷淋水;4. 冲水、气喷嘴;5. 转鼓;6. 预热器;7、10. 风机;8. 高温灭菌区;9. 高效过滤器;11. 冷却区;12. 不等距螺杆分离;13. 洁净层流罩;14. 充气灌药工位;15. 拉丝封口工位;16. 成品出口

安瓿洗烘灌封联动机的特点：

安瓿洗烘灌封联动机实物图

1. 采用了超声波清洗、多针水气交替冲洗、热空气单向流灭菌、单向流净化、多针灌封和拉丝封口等先进的生产工艺和技术。

2. 生产过程是在密闭或层流条件下进行的,符合 GMP 要求。

3. 设备紧凑,节省场地,生产能力高;减少中间环节,避免交叉污染,提高了注射剂的质量。

4. 采用了先进的电子技术和微机控制，实现机电一体化，使整个生产过程达到自动平衡，监控维护，自动控温、自动记录、自动报警和故障显示，减轻了劳动强度，减少了操作人员。

5. 适合于1、2、5、10和20ml五种安瓿规格，通用性强，更换件少。

6. 安瓿洗烘灌封联动机价格昂贵，部件结构复杂，对操作人员的管理知识和操作水平要求较高，设备维修也比较困难。

知识链接

新型安瓿洗烘灌封联动机组

现开发的新型安瓿洗烘灌封联动机组主要由立式安瓿清洗机、热风循环烘干灭菌机、安瓿灌封机组成。其六针机的产量可达18 000瓶/小时，八针机的产量可达24 000瓶/小时，比相应的老式联动机组多近10%。机型组成由立式安瓿清洗机取代转鼓式超声波安瓿清洗机，带整体小拨轮的安瓿灌封机取代带扇形块的安瓿灌封机，热风循环烘干灭菌机的改动不大，主要在进风和排风管路及检测显示元件上有变动。其改进型还可适应西林瓶的灌装加塞。

七、灭菌检漏设备

（一）高压蒸汽灭菌器

1. 结构　各种高压蒸汽灭菌器的基本结构大同小异。除了手提式和立式外，工业用压力蒸汽热压灭菌柜为卧式双层结构，其外层夹套为普通钢制结构，并装有隔热保温层外罩和夹套压力表，内层为耐酸不锈钢制灭菌柜室，并装有柜室压力表、压力真空表与温度计，灭菌柜配有蒸汽进入管道、蒸汽过滤器、蒸汽控制阀、蒸汽压力调节阀和疏水器等。如图6-13所示。

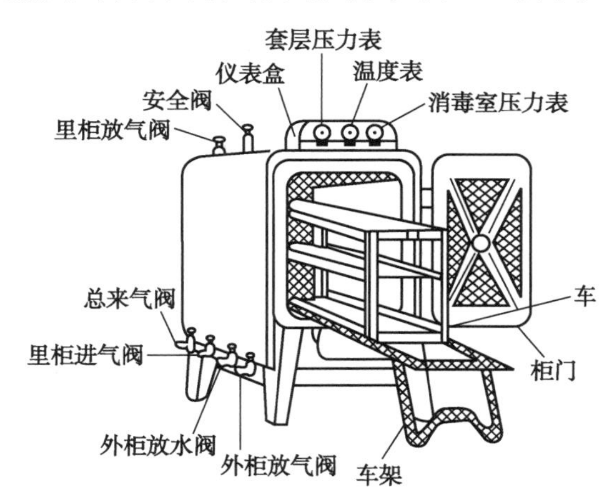

图6-13　大型卧式热压灭菌柜结构示意图

该类灭菌柜具有结构简单、造价低、适用范围广等特点，被广泛用于耐热、耐湿物品的消毒灭菌，如瓶（袋）装药液、金属器械、瓷器、玻璃器皿、工器具、包装材料、织物等。

2. 基本操作

（1）放入物品：首先将待消毒灭菌物品放入灭菌柜内，关闭灭菌柜门。

(2)夹套加热:将蒸汽控制阀移至关闭位置,打开进气阀,使蒸汽进入外层夹套加热柜室四壁。

(3)灭菌:当夹套压力表指示已达灭菌所需的压力时,将蒸汽控制阀移至灭菌位置,此时热蒸汽进入灭菌柜内,将柜内的冷空气和凝结水由下部的疏水器排出;待灭菌柜内的压力和温度达到灭菌要求时,旋动压力调节阀,使其保持恒定,至规定的灭菌时间。

(4)排气:灭菌结束后,将蒸汽控制阀移至排气位置,排出灭菌柜内的蒸汽。

(5)干燥:若物品需要干燥,则可待排完蒸汽后将蒸汽控制阀移至干燥位置,此时柜室内被抽成负压,抽取 20 分钟即可达到干燥要求。

(6)消除真空状态:干燥完毕,将蒸汽控制阀移至关闭位置,此时空气经空气过滤器进入柜室,负压消失,将压力表恢复到"0"位,温度降至 60℃以下时,可开启柜门,取出物品。

(二)快速冷却灭菌器

快速冷却灭菌器是指产品灭菌后通过快速冷却技术把产品快速冷却下来的灭菌设备。设备配有温度、压力、时间、F_0 值计算显示及记录功能,符合 GMP 的要求,灭菌可靠,时间短,被广泛用于对瓶装液体制剂进行灭菌。

1. 结构　快速冷却灭菌器由设备主体、管路系统和控制系统等组成。设备主体属卧式矩形(圆形)结构,优质耐酸不锈钢内胆,矩形筒体上装有安全阀,密封门有平移门、机动门或撑挡门(仅限于小型设备),门有安全联锁装置,保证灭菌室内有压力和操作未结束时密封门不能打开。管路系统由过滤器、真空泵、进口循环水泵、喷淋网板、热交换系统及各种控制阀等通过管件、法兰连接而成。控制系统由工业可编程序器(PLC 机)、压力开关、温度传感器、测量仪表、温度、F_0 值记录仪及各种辅助器组成,F_0 值与温度、时间双重保证灭菌效果,电气控制系统能自动控制蒸汽、水、压缩空气、真空等进入、排出灭菌室。

2. 工作原理　如图 6-14 所示,快速冷却灭菌器是利用饱和蒸汽冷凝释放出来的潜热对玻璃瓶装液体进行灭菌,通过附加喷淋装置,对灭菌后的大输液进行快速冷却,缩短了整个灭菌周期,同时防止药品被破坏。在冷却时辅以反压保护措施,保证软袋、瓶装大输液等无爆袋、爆瓶现象发生。一般大输液灭菌柜容积较大,故常采用预真空和多点置换的排气方式,使柜内的空气排出较彻底,利于柜内灭菌温度的均匀性,确保灭菌效果。

3. 基本操作

(1)准备阶段:打开电源开关,"准备"指示灯亮。打开进气阀、进水阀后,当蒸汽压力表、水源压力表有显示时,装入待灭菌物品,设定工作参数。

(2)升温阶段:当置换时间达到设定值后,进入升温阶段,进气阀继续打开,高排口电磁阀脉动输水。当瓶内控制温度传感器的温度值达到灭菌设定的温度值时,进入灭菌过程。

(3)灭菌阶段:当达到灭菌设定的温度值时,灭菌时间显示器开始工作,在升温和灭菌过程中,进气阀进入的蒸汽量受灭菌温度和压力测量仪控制,自动调整进气量,始终保证将灭菌室内的温度自动调整在设定值的范围之内。高排口电磁阀继续脉动输水。当达到灭菌时间时,排气灯亮,打开慢排气阀,关闭进气阀。当排气时间达到设定值时,冷却指示灯亮,进入冷却

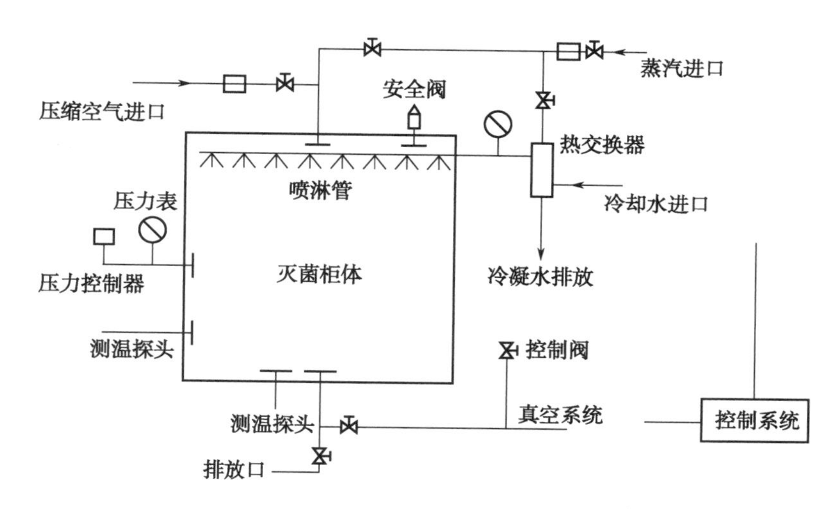

图 6-14　快速冷却灭菌柜工作原理示意图

阶段。

(4)冷却阶段：这时打开进水阀，开启循环泵，进冷水、喷淋，并循环。当瓶内温度降至冷却设定温度时，关闭进水阀，打开排泄阀，排水维持一定时间后，关闭循环泵，进入结束阶段。

(5)结束阶段：结束时间到，结束灯亮，蜂鸣器报警，开门取物，关闭进气阀、进水阀，关门。

4. 操作及维护注意事项

(1)严格执行设定的工作程序及各项操作规程，灭菌的全过程由微机按设定程序控制。

(2)为保证安全，冷却温度的设定原则上不允许高于 65℃，瓶内药液的温度冷却到 50℃。

(3)为保证灭菌效果，先进行空载实验，确认工作程序，然后进行满载实验，同时放入留点温度计、生物指示剂等检测物品，在灭菌效果检测合格后方可使用。

(4)确认灭菌室压力降为 0、室内温度降至 50℃以下方可打开柜门，门的操作很重要，严格执行该设备的操作程序，清洗完毕应将门关闭，但不要锁紧，以防损坏门的密封圈。

(5)操作时，检查电源、水源、气源是否正常，检查管道中阀门的开启情况。严格按照设备的操作规程来进行。

(6)使用完毕后应先关闭进气阀、排泄阀等，再关闭电源。

(7)每天做好日常的维护工作，班前、班后注意检查，定期校对仪表，定期消毒，随时保持设备设施的清洁。

（三）水浴式灭菌器

水浴式灭菌器是利用高温水喷淋杀死药液中的微生物。采用计算机控制灭菌柜内的循环水，换热后的循环水通过安装在腔室顶部的喷淋装置自上而下地喷淋产品，达到灭菌目的。该灭菌器广泛用于制药行业玻璃瓶装、塑料瓶装、软袋装等输液产品的灭菌。

1. 结构　水浴式灭菌器由筒体、控制系统和消毒车等组成。①筒体有方形和圆形腔体两种，内壁选用优质耐酸不锈钢，外壁采用优质碳钢板；主体外表面采用保温材料包裹，外敷碳钢喷塑或不锈钢保温罩。门一般为气动（或电动）平移式和电动升降式密封门，该密封结构全自动操作，省力可靠，双门可实现安全联锁，保证灭菌室内有压力和操作未结束时密封门不能被打开。②管路系统的作用是将主机和辅机连成一体，通过动作阀阀门和循环泵、板式换热器以及其他阀件进行控制。③控制系统采用计算机自动控制箱控制，自动化程度较高，计算机屏幕显示工作流程。另外设置了一个强电控制箱，用于灭菌器所有驱动装置的控制（如循环泵、真空泵、回转柜滚动体、灭菌车传送机等）。④辅机：由循环泵、热交换器、真空泵、执行阀和机架等组成。

2. 工作原理　水浴式灭菌过程分为升温、保温、降温 3 个阶段。灭菌室内先注入洁净的灭菌介质（目前国内常用纯化水）至一定液位（水量经过计算，以保证循环系统内的流量），然后由循环泵从柜底部抽取灭菌用水经过板式换热器加热，连续循环进入灭菌柜顶喷淋系统。喷淋系统由喷淋管道和喷头组成，喷出的雾状水与灭菌物品均匀密切接触。关闭换热器一侧的蒸汽阀门，打开冷却水阀门，连续逐步对灭菌物品进行快速冷却，并辅以一定的反压保护，防止冷爆现象产生。如图 6-15 所示。

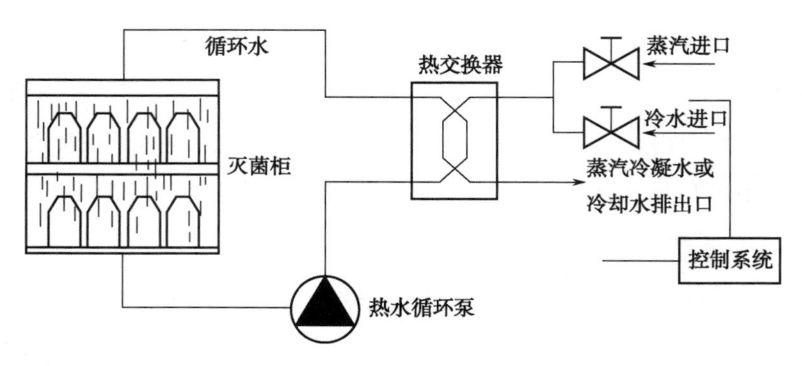

图 6-15　水浴式灭菌器工作原理示意图

3. 基本性能特点

（1）水浴式灭菌器采用了喷淋操作，柜内升温快速均匀，温度变化的梯度可控制在 0～5℃/min 内，并且换热过程中的温度变化率均衡，恒温过程中药液的温差也可控制在±0. 5℃内，有效保证了药品质量。温度调控范围宽，可实现 100℃以下的均匀灭菌。

（2）在整个灭菌过程中，纯化水作为灭菌和冷却介质，处于一个相对独立的循环系统内，可有效防止工作过程中因不洁净冷却水对产品的二次污染。

（3）灭菌过程中柜内压力自动调节，如灭菌物为塑料袋（瓶）时，通过预定的过程可使附加压缩空气进入柜内，以克服升温或降温时因袋（瓶）内外压力差而产生的变形。

（4）水浴式灭菌器工作过程全自动控制，计算机能够针对不同灭菌物的性质选择编制相应的灭菌程序，对多点温度、压力及 F_0 值进行自动控制，自动完成整个灭菌过程。灭菌温度、压力数据报告可以表格形式自动打印，易于保存分析。

（四）回转式水浴灭菌器

回转式水浴灭菌器既有水浴灭菌器的特点，又有独特的优点。该机特别适用于脂肪乳输液剂和其他混悬剂的灭菌。

1. 结构　回转式水浴灭菌器包括筒体、管路系统和控制系统三部分，由筒体、密封门、旋转内筒、消毒车、减速转动机构、热水循环泵、热交换器及计算机控制系统等基本结构组成，如图 6-16 所示。这种灭菌器的特点是消毒车和旋转内筒相对固定共同回转。

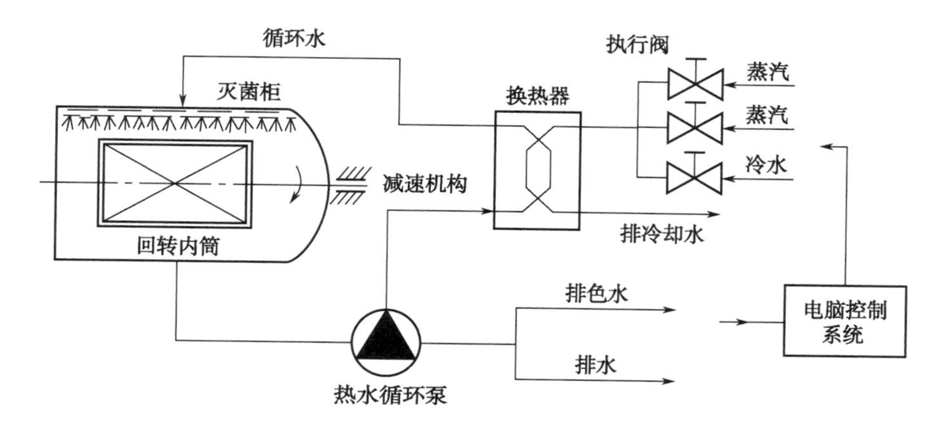

图 6-16　回转式水浴灭菌器工作原理示意图

2. 工作原理　其工作原理与静态式水浴式灭菌柜基本相同，如以热水为灭菌介质、以水喷淋的方式进行加热升温；不同的是装载灭菌物品的灭菌车可以不断地正、反旋转并可以调整速度，再加上喷淋水的强制对流，形成均匀趋化温度场，从而缩短柜室内温度均衡的时间，提高了灭菌质量。灭菌后冷却是靠循环水间接均匀降温，确保了无爆瓶、爆袋现象发生。

3. 主要特点　与静态水浴式灭菌器比较，由于该灭菌器灭菌时的回转运动，可防止药液分层，同时柜内温度场较静态式更趋一致，热传递更快，无死角，因而灭菌效果更佳、灭菌周期缩短。特别适用于混悬剂、乳剂、黏稠性大、热敏性高等药液的快速灭菌。

（五）湿热灭菌设备的维护

1. 每次灭菌结束，需对灭菌室进行清理，去除柜内、滤网上的污物，排尽压缩空气管路分水过滤器内的存水。长时间不用，需将灭菌室擦洗干净，保持干燥清洁。

2. 设备为压力容器，应定期向当地安检部门申请检查。定期检查压力表，定期到当地计量部门校准，一般每 3~6 个月检查校验 1 次，读数不符时应及时修理更换。定期校对温度传感器探头及温度显示表。

3. 门密封圈表面保持清洁，及时清除密封圈表面的玻璃屑等异物，如有残损应及时更换。锁紧机构应每月检查 1 次，如检查有无松动、卡住等现象。

4. 正常情况下，灭菌柜每年须做 1 次再验证。验证热分布均匀性，用生物指示剂等检测灭菌效果。

点滴积累

1. 小容量注射剂生产设备包含了配液、安瓿的洗涤、安瓿干燥灭菌、灌封、和灭菌设备。

2. 安瓿灌封过程中的常见问题有冲液现象、束液现象、“泡头”“瘪头”“尖头”“焦头”等，应掌握解决方法。

第二节　大容量注射剂生产设备

一、概述

大容量注射剂俗称大输液，其装量常见有100、250和500ml等规格。现在输液的包装容器有玻璃瓶、塑料瓶、塑料袋3种主要类型。塑料瓶又分为聚丙烯塑料瓶（PP）和聚乙烯塑料瓶（PE），塑料袋又分为聚氯乙烯塑料袋（PVC）和非PVC塑料袋。

大容量注射剂的生产分为玻璃瓶、塑料瓶、塑料袋3种工艺流程，分别详见图6-17、图6-18和图6-19。

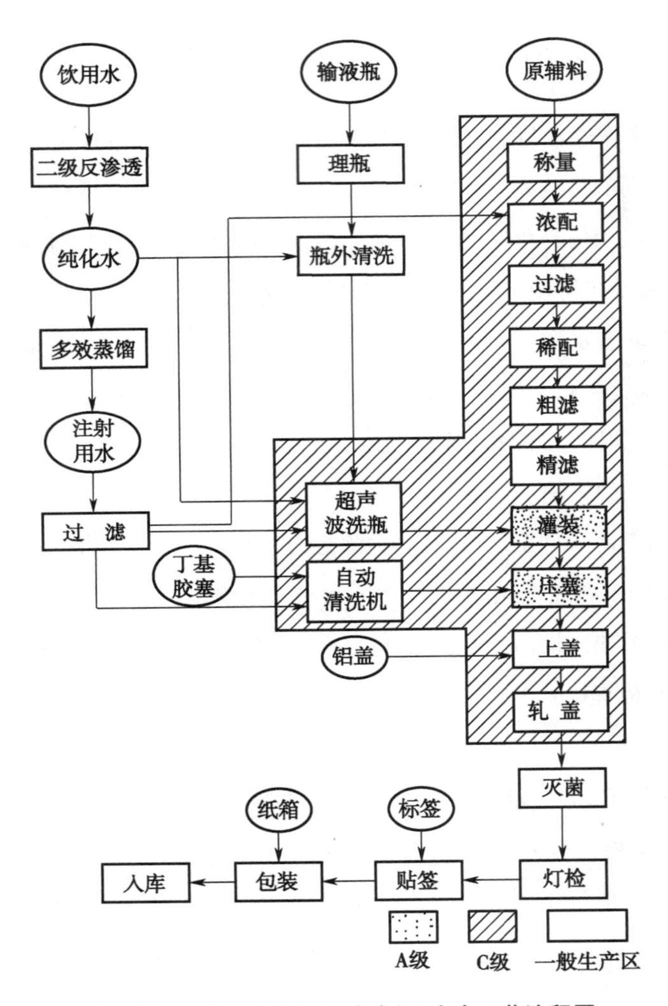

图6-17　大容量注射剂（玻璃瓶）生产工艺流程图

课堂活动

大容量注射剂常采用玻璃瓶、塑料瓶或塑料袋包装，请分析这3种包装的优缺点是什么。

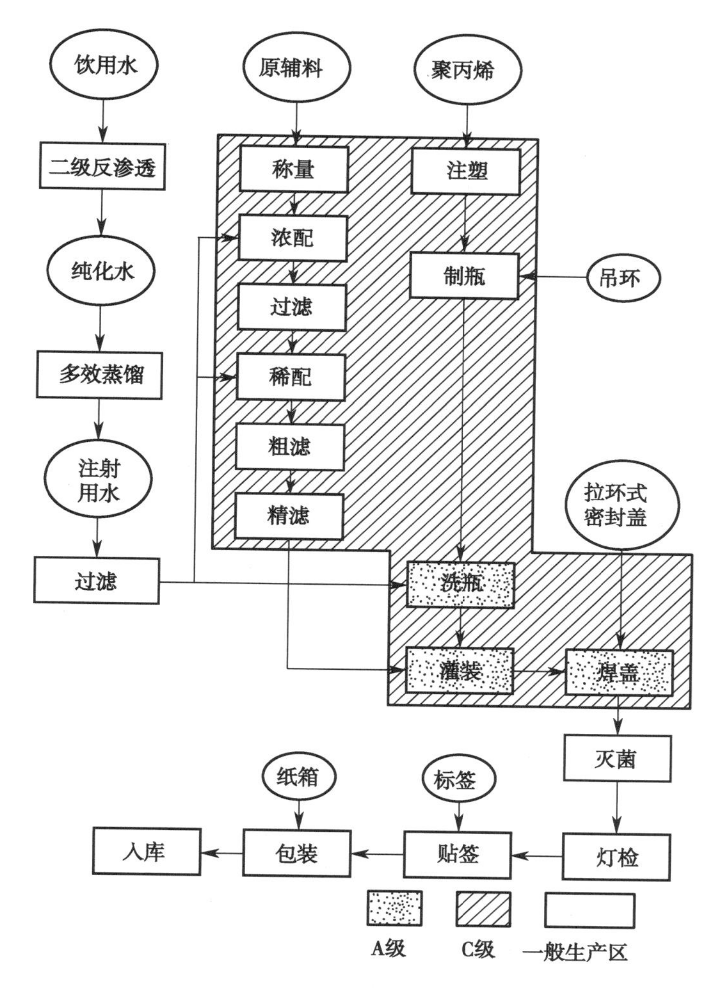

图 6-18　大容量注射剂(塑料瓶)生产工艺流程图

二、玻璃瓶大输液生产设备

玻璃瓶大容量注射剂的常见生产设备有理瓶机、洗瓶机、灌装机、塞胶塞机、轧盖机、灭菌柜、灯检装置、贴签机和包装机等设备。

(一) 理瓶机

需要在使用之前对大容量注射剂瓶进行认真的清洗,以消除各种可能存在的危害产品质量及使用安全的因素。由玻璃厂来的瓶子通常由人工拆除外包装,送入理瓶机,也有用真空或压缩空气拎取瓶子送至理瓶机,由洗瓶机完成清洗工作。

理瓶机的作用是将拆包取出的瓶子按顺序排列起来,并逐个送至洗瓶机。常见的理瓶机为圆盘式理瓶机及等差式理瓶机。

圆盘式理瓶机如图 6-20 所示。当低速旋转的圆盘上装置有待洗的大容量注射剂瓶时,圆盘中的固定拨杆将运动着的瓶子拨向转盘周边,并沿圆盘壁进入输送带至洗瓶机上,即靠离心力进行理瓶送瓶。

等差式理瓶机由等速和差速两台单机组成,如图 6-21 所示。其原理为等速机 7 条平行等速传送带由同一动力的链轮带动,传送带将玻瓶送至与其相垂直的差速机输送带上。差速机的 5 条输送

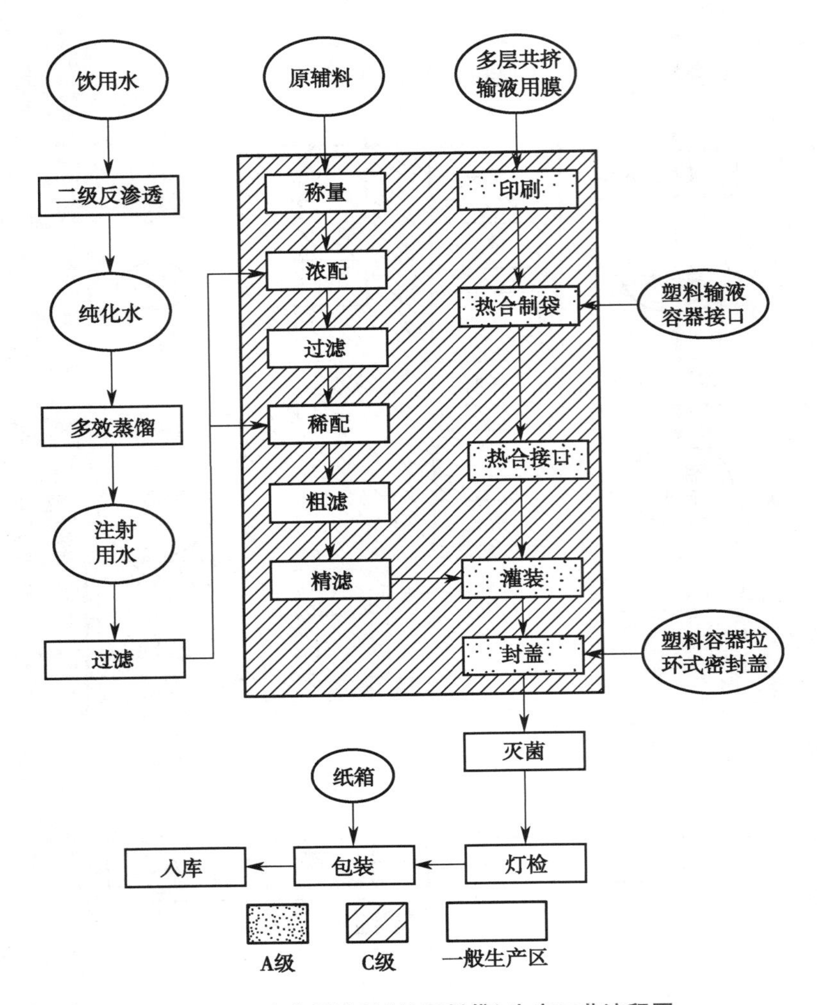

图 6-19　大容量注射剂(塑料袋)生产工艺流程图

带是利用不同齿数的链轮变速达到不同的速度要求,第Ⅰ、第Ⅱ条以较低等速运行;第Ⅲ条速度加快;第Ⅳ条速度更快,并且玻瓶在各输送带和挡板的作用下呈单列顺序输出;第Ⅴ条速度较慢且方向相反,其目的是将卡在出瓶口的瓶子迅速带走。差速是为了在输液瓶传送时不形成堆积而保持逐个输送的目的。

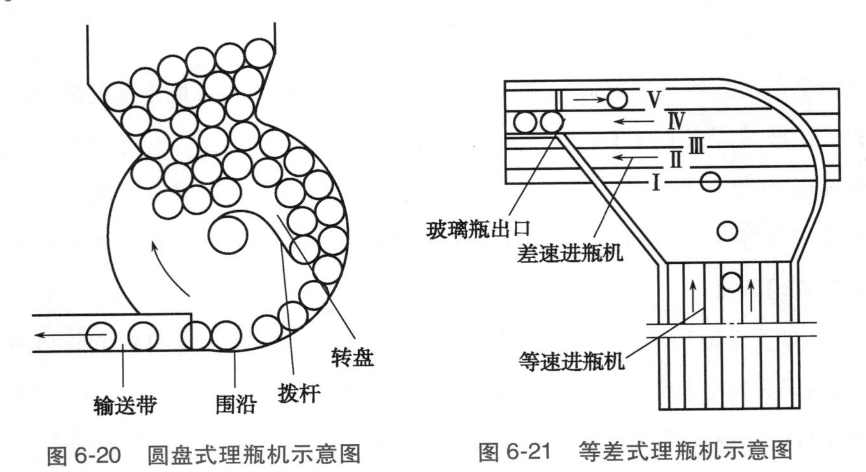

图 6-20　圆盘式理瓶机示意图

图 6-21　等差式理瓶机示意图

（二）外洗瓶机

外洗瓶机是清洗大容量注射剂瓶外表面的设备，如图 6-22 所示。清洗方法为毛刷固定两边，瓶子在输送带的带动下从毛刷中间通过，达到清洗的目的。也有毛刷旋转运动，当瓶子通过时产生相对运动，使毛刷能全部洗净瓶子表面，毛刷上部安有喷淋水管，可及时冲走刷洗的污物。

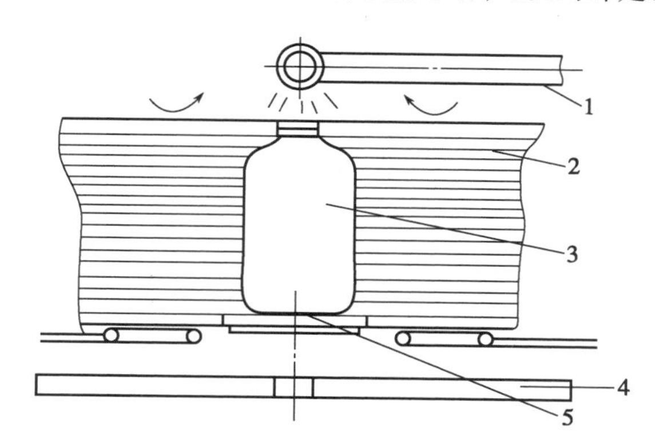

图 6-22　毛刷固定外洗瓶机工作示意图
1. 淋水管；2. 毛刷；3. 瓶子；4. 传动装置；5. 输送带

（三）洗瓶机

常用的洗瓶设备有滚筒式洗瓶机和箱式洗瓶机。

1. 滚筒式洗瓶机　滚筒式洗瓶机是一种带毛刷的刷洗玻璃瓶内腔的清洗机。该机的主要特点是结构简单、易于操作、维修方便，占地面积小，粗洗、精洗在不同的洁净区，无交叉污染。该机有一组粗洗滚筒和一组精洗滚筒，每组均由前滚筒和后滚筒组成；两组中间用输送带连接。

滚筒式洗瓶机的外形图和工位示意图如图 6-23 所示，当设置在滚筒前端的拨瓶轮使玻瓶进入粗洗滚筒中的前滚筒，并转动到设定的工位 1 时，碱液注入瓶中；带有碱液的玻瓶转到水平位置时，毛刷进入瓶内，待毛刷洗涤瓶内壁之后，毛刷退出；玻瓶继续转到下两个工位逐一由喷射管对刷洗后的玻瓶内腔冲去碱液。当滚筒载着玻瓶处于进瓶通道停歇位置时，同时拨瓶轮送入的空瓶将冲洗后的玻瓶推入后滚筒，继续用加热后的饮用水对玻瓶进行外淋、内刷、冲洗。粗洗后的玻瓶由输送带送入精洗滚筒。精洗滚筒取消了毛刷，在滚筒下部设置了注射用水喷嘴和回收注射用水装置；前滚筒利用回收的注射用水作外淋内冲洗，后滚筒利用新鲜注射用水作内冲并沥水，从而保证了洗瓶质量。精洗滚筒设置在洁净区，洁净的玻瓶经检查合格后，进入灌装工序。

2. 箱式洗瓶机　箱式洗瓶机整机为密闭系统，由不锈钢或有机玻璃外罩封闭。玻璃瓶在机内被洗涤的流程为热水喷淋（2 次）→碱液喷淋（2 次）→热水喷淋（2 次）→冷水喷淋（2 次）→喷水毛刷清洗（2 次）→冷水喷淋（2 次）→蒸馏水喷淋（3 喷 2 淋）→沥干。

其中“喷”是指用直径为 1mm 的喷嘴由下向上往瓶内喷射具有一定压力的流体，可产生强大的冲刷力。“淋”是指用直径为 1.5mm 的淋头提供较多的洗瓶水从上向下淋洗瓶外，以达到将脏物带走的目的。

输入洗瓶机内的空气均是净化空气，洗瓶机上部装有引风机，将热水蒸气、碱蒸汽强制排出。各工位装置都在同一水平面内呈直线排列，箱式洗瓶机各工位如图 6-24 所示。在各种喷淋液装置的下部均设有单独的液体收集槽，其中碱液是循环使用的。

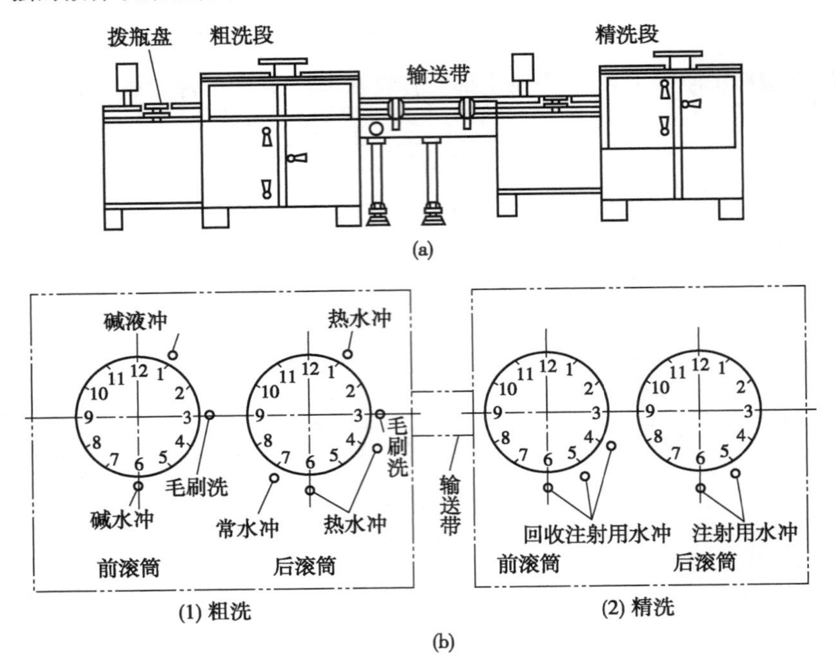

图 6-23　滚筒式洗瓶机外形图(a)、工位位置示意图(b)

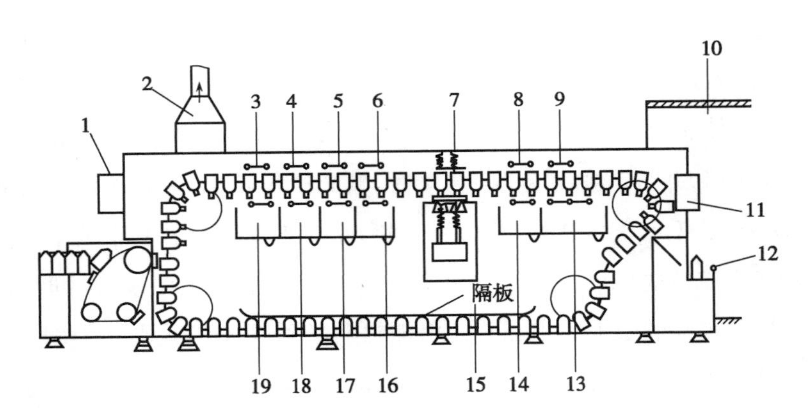

图 6-24　箱式洗瓶机工位示意图

1、11. 控制箱；2. 排风管；3、5. 热水喷淋；4. 碱水喷淋；6、8. 冷水喷淋；7. 喷水毛刷清洗；9. 蒸馏水喷淋；10. 出瓶净化室；12. 手动操作杆；13. 蒸馏水收集槽；14、16. 冷水收集槽；15. 残液收集槽；17、19. 热水收集槽；18. 碱水收集槽

玻璃瓶在进入洗瓶机轨道之前瓶口朝上，利用一个翻转轨道将瓶口翻转向下，并使瓶子成排(一排 10 个)落入瓶盒中。因为各工位喷嘴要对准瓶口喷射，要求瓶子相对喷嘴有一定的停留时间，同时旋转的毛刷也要探入、伸出瓶口和在瓶内做相对停留，时间为 3.5 秒，所以瓶盒在传送带上是呈间歇移动状态前行的。玻璃瓶在沥干后，利用翻转轨道脱开瓶盒再次落入局部层流的输送带上，进入灌装工序。

使用洗瓶机时，应注意内、外毛刷的清洁及损耗情况，以使洗刷机处于正常的运转状态，保证洗瓶质量。工作结束时应清除机内的所有玻瓶，使机器免受负载。此外，应经常检查各送液泵及喷淋头的过滤装置，发现不清洁物应及时清除，以免因喷淋压力或流量变化而影响洗涤效果。

（四）灌装设备

灌装机有许多类型，按灌装方式分为常压灌装、负压灌装、正压灌装和恒压灌装 4 种；按计量方式分为流量定时式、量杯容积式、计量泵注射式 3 种。下面介绍两种常用的灌装机。

1. 量杯式负压灌装机　该机由药液计量杯、托瓶装置及无级变速装置三部分组成，如图 6-25 所示。

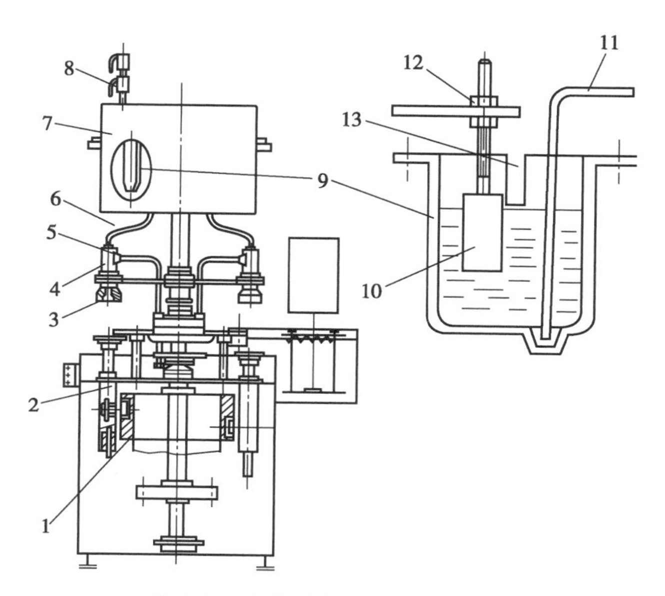

图 6-25　量杯式负压灌装机示意图

1. 升降凸轮；2. 瓶托；3. 橡胶喇叭口；4. 瓶肩定位套；5. 真空吸管；6. 硅橡胶管；7. 盛料桶；8. 进液调节阀；9. 计量杯；10. 计量调节块；11. 吸液管；12. 调节螺母；13. 量杯缺口

盛料桶中有 10 个计量杯，量杯与灌装套用硅橡胶管连接，玻瓶由螺杆式输瓶器经拨瓶轮送入转盘的托瓶装置，托瓶装置由圆柱凸轮控制升降，灌装头套住瓶肩形成密封空间，通过真空管路抽真空，药液负压流进瓶内。

量杯式计量原理：量杯计量是采用计量杯以容积定量，药液超过量杯缺口，则药液自动从缺口流入盛料桶内，即为计量粗定位；精确的调节是通过计量调节块在计量杯中所占的体积而定，旋动调节螺母使计量块上升或下降，而达到装量准确。吸液管与真空管路接通，使计量杯的药液负压流入玻瓶中。计量杯下的凹坑使药液吸净。

2. 计量泵注射式灌装机　该机是通过注射泵对药液进行计量并在活塞的压力下将药液充填于容器中。计量泵计量如图 6-26 所示，计量泵以活塞的往复运动进行充填，常压灌装，计量原理同样是以容积计量。计量调节首先粗调活塞行程，达到灌装量，装量精度由下部的微调螺母来调定，它可以达到很高的计量精度。

（五）封口设备

药液灌装后必须在洁净区内立即封口，故封口设备应与灌装机配套使用，免除药品的污染和氧化。目前我国使用的封口形式有翻边形橡胶胶塞和"T"型橡胶塞，胶塞的外面再盖铝盖并轧紧，封口完毕。封口机械有塞胶塞机、翻胶塞机、轧盖机等。

1. 塞胶塞机　塞胶塞机主要用于"T"型橡胶塞对A型玻瓶封口，可自动完成输瓶、螺杆同步送瓶、理瓶、送塞、塞塞等工序。

"T"型胶塞的塞塞机构如图6-27所示。当夹塞爪（机械手）抓住"T"型橡胶塞，玻璃瓶瓶托由凸轮作用，托起上升，密封圈套住瓶肩部形成密封区间，真空吸孔充满负压，玻璃瓶继续上升，夹塞爪对准瓶口中心，在外力和瓶内真空的作用下将塞插入瓶口，弹簧始终压住密封圈接触瓶肩部。

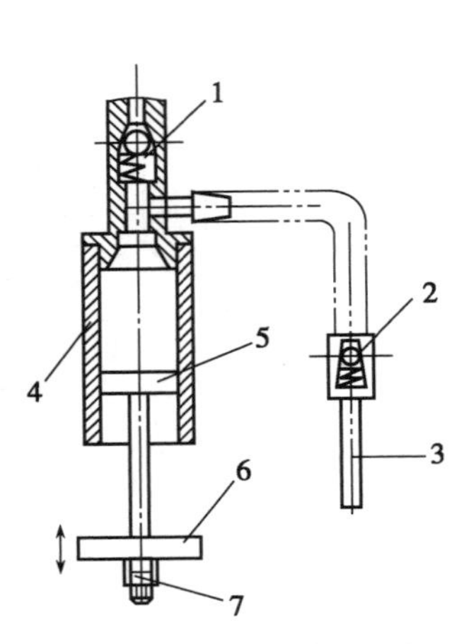

图6-26　计量泵计量示意图
1、2. 单向阀；3. 灌装管；4. 计量缸；5. 活塞；6. 活塞升降板；7. 微调螺母

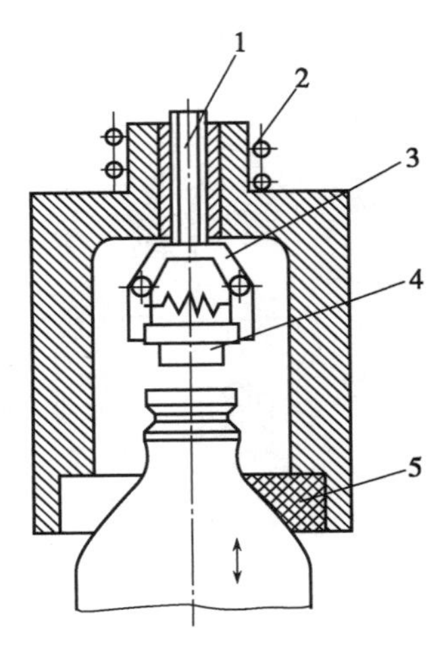

图6-27　"T"型胶塞机原理示意图
1. 真空吸孔；2. 弹簧；3. 夹塞爪；4. "T"型橡胶塞；5. 密封圈

2. 胶塞翻塞机　胶塞翻塞机主要用于翻边形胶塞对B型玻璃瓶的封口，可自动完成输瓶、理瓶、送塞、塞塞、翻塞等工序工作。

翻边胶塞的塞塞原理如图6-28所示。加塞头插入胶塞的翻口时，真空吸孔吸住胶塞；对准瓶口时，加塞头下压，杆上销钉沿螺旋槽运动。塞头既有向瓶口压塞的功能，又有模拟人手旋转胶塞向下施压的动作。

3. 玻璃瓶轧盖机　该机由振动螺旋装置、压瓶头、轧盖头等组成。轧盖时瓶子不转动，而轧刀绕瓶旋转，轧刀上设有3把轧刀，呈正三角形布置，轧刀收紧由凸轮控制，轧刀的旋转由专门的一组皮带变速机构来实现，且转速和轧刀的位置可调。

轧刀机构如图6-29所示。整个轧刀机构沿主轴旋转，又在凸轮作用下做上下运动。3把轧刀均能自行以转销为轴自行旋转。轧盖时，压瓶头抵住铝盖平面，凸轮收口座继续下降，滚轮沿斜面运动。而3把轧刀向铝盖沿收紧并滚压，即起到轧紧铝盖的作用。

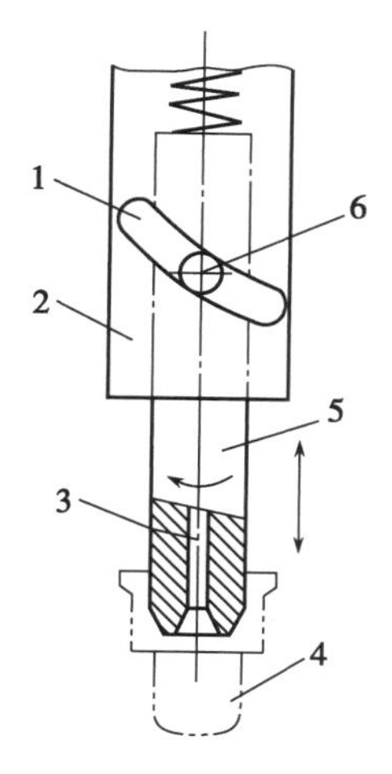

图 6-28　翻边胶塞机原理示意图

1. 螺旋槽；2. 轴套；3. 真空吸孔；4. 翻边胶塞；5. 加塞头；6. 销钉

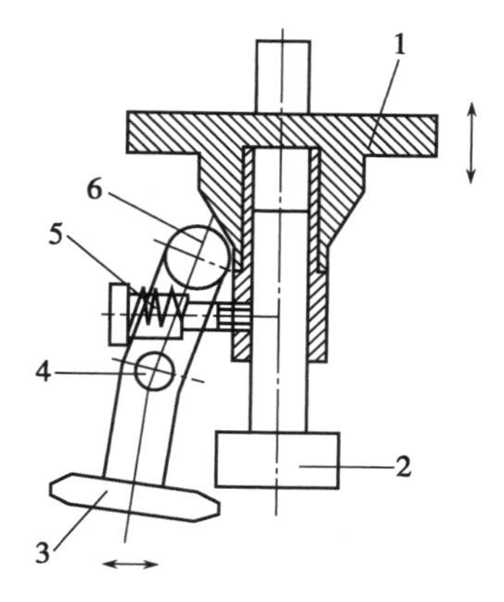

图 6-29　轧刀机构示意图

1. 凸轮收口座；2. 压瓶头；3. 轧刀；4. 转销；5. 弹簧；6. 滚轮

三、软袋大输液生产设备

塑料袋装大容量注射剂有 PVC 软袋装和非 PVC 软袋装两种。PVC 软袋采用高频焊，焊缝牢固可靠、强度高、渗漏少。PVC 膜材透气、透水性强，可保存和输送血液，因此多用于血袋。因为气水透过率高，不宜包装小容量注射剂和氧敏感性药品的大容量注射剂。

非 PVC 多层共挤膜是由 PP、PE 等原料以物理兼容组合而成，现在得到迅速发展，形成新的大容量注射剂包装。国内外知名的大容量注射剂厂家均有此种包装形式的大容量注射剂产品，多层共挤膜用于大容量注射剂已成为当今的发展趋势。非 PVC 软袋大容量注射剂包装材料柔软、透明、薄膜厚度小，因而软包装可通过自身的收缩，在不引进空气的情况下完成药液的人体输入，使药液避免了外界空气的污染，保证大容量注射剂的安全使用，实现封闭式输液。

知识链接

塑料袋的常用材料

PVC 是聚氯乙烯材料的简称，是以聚氯乙烯树脂为主要原料，加入适量的抗老化剂、改性剂等，经混炼、压延、真空吸塑等而制成的材料。 PVC 材料具有轻质、隔热、保温、防潮、阻燃、施工简便等特点。

PP 是聚丙烯塑料，无毒、无味，可在 100℃的沸水中浸泡不变形、不损伤，常见的酸、碱有机溶剂对它几乎不起作用，多用于食品用具。

PE 是聚乙烯塑料，化学性能稳定，通常制作食品袋及各种容器，耐酸、碱及盐类水溶液的侵蚀，但不宜用强碱性洗涤剂擦拭或浸泡。

非 PVC 软袋大容量注射剂设备外形和结构图如图 6-30 所示。

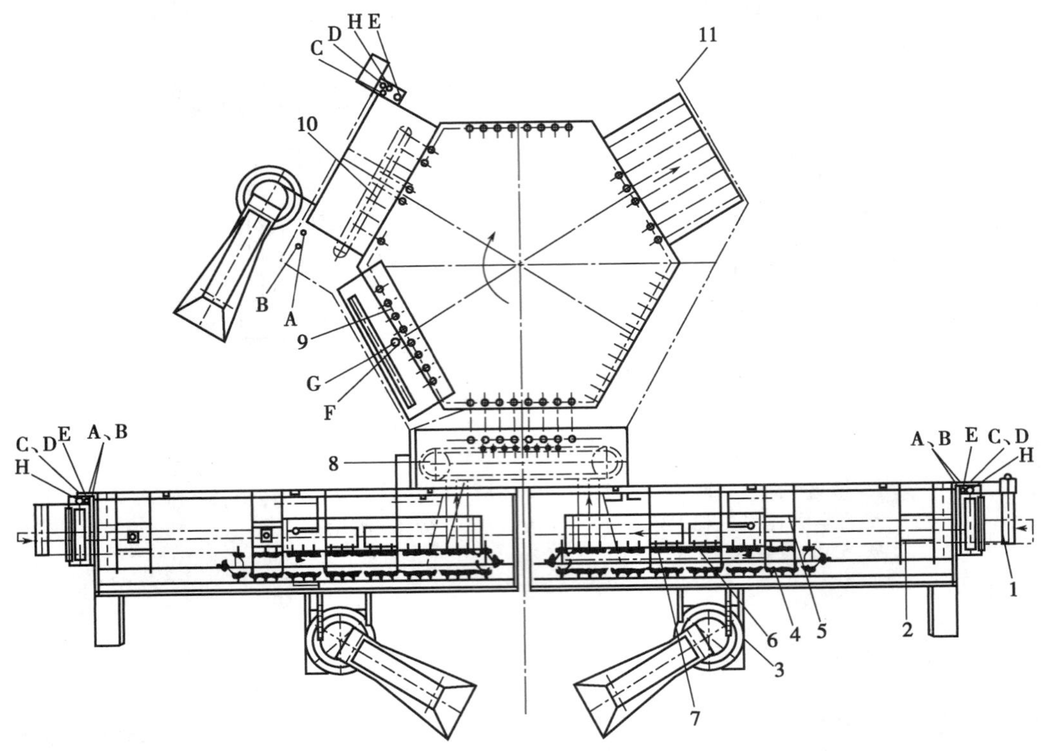

图 6-30　非 PVC 软袋大容量注射剂设备外形和结构示意图

A. 压缩空气进气口；B. 压缩空气排气口；C. 冷却水入口；D. 冷却水出口；E. 电源接线口；F. 药液进入口；G. CIP/SIP 管道口；H. 洁净空气进入口；1. 送膜工位；2. 印刷工位；3. 袋口送入和开膜工位；4. 袋口预热工位；5. 袋身/袋口焊接和周边切割工位；6. 袋口热合工位；7. 袋口最终热合工位；8. 传送工位；9. 灌装工位；10. 封口工位；11. 送出工位

主要工位简介：

1. 送膜工位　由一个开卷架完成自动送膜工作，在电机驱动下将膜分段送入印刷工位。

2. 印刷工位　热箔印刷装置用于完成整面印刷。可变更生产数据（如批号和有效日期、生产日期）并打印。印刷温度、时间和压力可调。

大容量注射剂软袋生产联动线

3. 袋口送入和开膜工位　薄膜片由一个专用装置在顶部开膜。袋口从不锈钢槽自动送入传送系统，每个袋口从振荡槽排出位置通过夹具顺序排出，并放在送料链上的支柱上，放置在打开的薄膜片之间。

4. 袋口预热工位　在把袋口插入薄膜之前，在热合区域进行袋口外缘的预热，以减少以后的热合时间。热合时间、压力、温度可调。此工位装有最小、最大热合温度控制，如果温度超出允许范围则停机。

5. 袋身袋口焊接和周边切割工位　此工位将袋周边热合，将袋口焊接并进行周边切割。热合时由一个可移动的热合模利用热合装置完成热合操作，热合时间、压力、温度可调。此工位装有最小、最大热合温度控制，如果温度超出允许范围则停机。

6. 袋口热合工位　通过一个接触热合系统热合袋口。此工位装有最小、最大热合温度控制，如果温度超出允许范围则停机。

7. 袋口最终热合工位　通过一个焊接装置热合袋口。此工位装有最小、最大热合温度控制，如果温度超出允许范围则停机。

8. 传送工位　已制成的空袋由一套夹具送入机器灌封组的袋夹具中。

9. 灌装工位　灌装工位由一组并列的灌装系统完成，每个系统包括一个灌装阀和带有微处理器控制的流量控制器，微处理器位于主控制柜中。该工位可实现无袋不灌装。灌装工位可实现在线清洗（CIP）和在线消毒（SIP）。

10. 封口工位　此工位包括一个自动上盖传送系统、袋口和盖加热装置及一个袋内残余空气排出系统。该工位可实现无袋不取盖，袋内的残余空气可排出。

11. 送出工位　袋夹具打开，将已灌装、密封好的袋放在传送带上。

点滴积累

大容量注射剂生产设备包含理瓶机、洗瓶机、灌装机、塞胶塞机、轧盖机、袋装生产联动线等设备。

第三节　粉针剂生产设备

一、概述

粉针剂是以固体形式封装，使用之前加入灭菌注射用水或其他溶媒将药物溶解而使用的一类灭菌制剂，一些在水溶液中易降解失效的抗生素、生物药物制剂等常制成粉针剂。制备粉针剂的方法一般有两种：一种是无菌分装，即将原料药精制成无菌粉末，在无菌条件下直接分装在灭菌容器中密封而制成，个别品种还可将粉末分装在注射容器中后灭菌；另一种是冷冻干燥，是将药物配制成无菌水溶液，在无菌条件下经过滤、灌装、冷冻干燥、再充惰性气体、封口而成。

粉针剂生产过程包括粉针剂玻璃瓶的清洗、灭菌、干燥；药物的充填、玻瓶盖胶塞、轧封铝盖、半成品检查、粘贴标签等。工艺流程如图 6-31 所示。

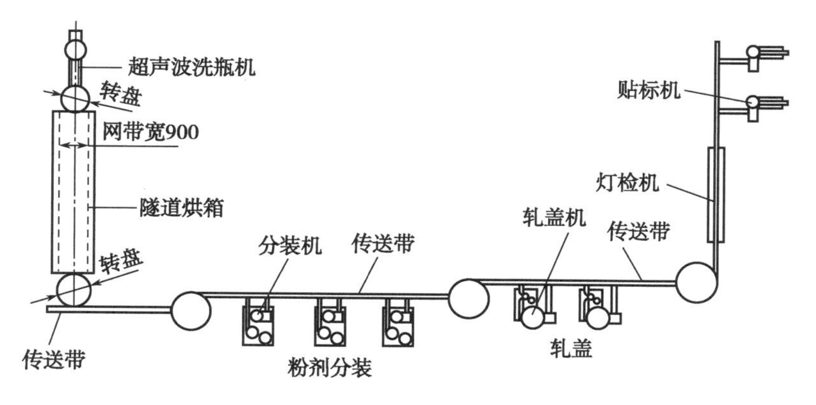

图 6-31　粉针剂生产设备联动线工艺流程示意图

国内粉针剂的分装容器大致可分为西林瓶（直管瓶）和安瓿瓶等类型。就产量而言，西林瓶分装占粉针剂产量的绝大部分，安瓿瓶分装主要是冷冻干燥制品。下面介绍西林瓶的分装设备。

二、西林瓶洗瓶机

（一）毛刷式洗瓶机

毛刷式洗瓶机是粉针剂生产中应用较早的一种洗瓶设备，通过设备上设置的毛刷去除瓶壁上的杂物，实现清洗目的。毛刷式洗瓶机主要由输瓶转盘、旋转主盘、刷瓶机构、翻瓶轨道、机架、水气系统、机械传动系统以及电器控制系统等组成，如图 6-32 所示。

通过人工或机械方法将需清洗的西林瓶瓶口向上送入输瓶转盘中，经过输瓶转盘整理排列成行输送到旋转主盘的齿槽中，经过淋水管使瓶内灌入洗瓶水，圆毛刷在上轨道斜面的作用下以 450r/min 的转速刷洗瓶内壁，此时瓶子在压瓶机构的压力下自身不能转动，待瓶子随主盘旋转脱离压瓶机构时，瓶子在圆毛刷张力作用下开始旋转，经过固定的长毛刷与旋转主盘同步旋转一段距离后，毛刷上升脱离西林瓶，西林瓶被旋转主盘推入螺旋翻瓶轨道，在推进过程中瓶口翻转向下，用纯化水和注射用水实行两次冲洗，再用净化压缩空气将瓶内水分吹干，然后翻瓶轨道将西林瓶再翻转使瓶口向上，洗净的西林瓶仍然以整齐的站立状态出瓶。

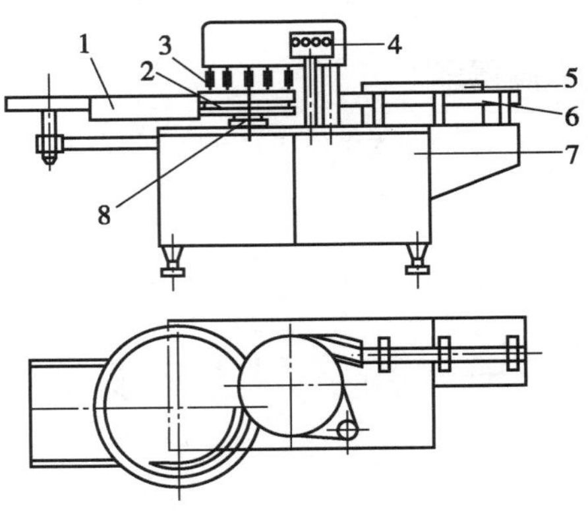

图 6-32　毛刷洗瓶机示意图

1. 输瓶转盘；2. 旋转主盘；3. 刷瓶机构；4. 电气控制系统；5. 水气系统；6. 翻瓶轨道；7. 机架；8. 机械传动系统

（二）超声波洗瓶机

超声波洗瓶机由超声波水池、冲瓶传送装置、冲洗部分和空气吹干等部分组成。工作时空瓶先被浸没在超声波洗瓶池内，经过超声处理，然后再直立地被送入多槽式轨道内，经过一个翻瓶机构将瓶子倒转，瓶口向下倒插在冲瓶器的喷嘴上，由于瓶子是间歇式地在冲瓶隧道内向前运动，其间共经过多次（一般有 8 次）冲洗步骤，最后再由冲瓶器将瓶翻转到堆瓶台上。如图 6-33 所示。

三、西林瓶烘干设备

洗净的西林瓶必须尽快地干燥和灭菌，以防止污染。灭菌设备一般采用隧道式灭菌烘箱，如图 6-6 所示。对无菌分装粉针剂，由于不再经过加热灭菌工序，因此对容器的洁净度要求更高。洗净的西林瓶在隧道式灭菌烘箱中干燥与灭菌后即应送入冷却装置，采用经过高效空气过滤的 A 级净化空气冷却后，立即送入灌装工序进行药品灌装。

四、粉针分装设备

分装设备的功能是将药物定量灌入西林瓶内，加上橡胶塞并压上铝盖，这是无菌粉针生产中最

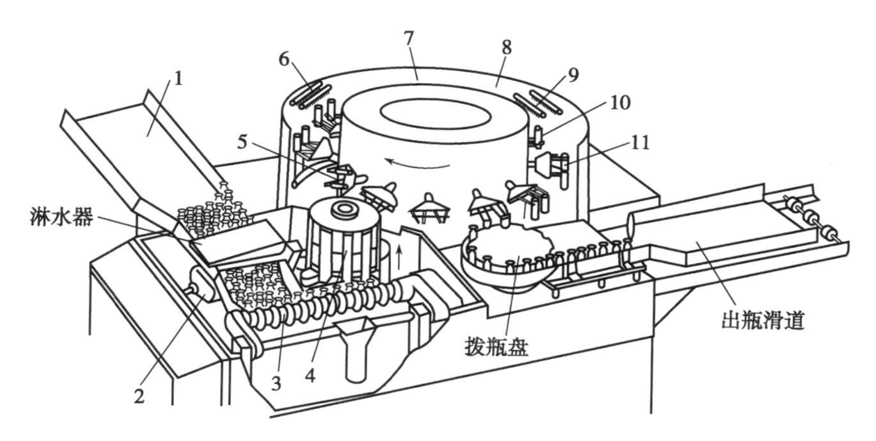

图 6-33　转盘式超声波洗瓶机结构
1. 料槽；2. 换能器；3. 送瓶螺杆；4. 提升轮；5. 翻瓶工位；
6、7、9. 喷水工位；8、10、11. 喷气工位

重要的工序。

一般装药和加橡胶塞在同一台机器上完成，轧铝盖是防止橡胶塞绷弹的必要手段，为了避免铝屑污染产品，轧盖均与分装分开。目前常用的粉针剂分装设备均是依靠粉体的体积进行分装，由于固体药物在松密度、流动性、晶形等物理性状方面存在很大差异，采用容积定量法出现的误差也大于重量定量法，因此分装设备的设计要求较高，既要能够适用不同类型的药物，又能够分装不同剂量的药物。最常使用的分装机有螺杆式分装机和气流分装机。

（一）螺杆式分装机

螺杆式分装机是利用螺杆的间歇旋转将药物装入瓶内达到定量分装的目的。螺杆式分装机由进瓶转轮、定位星轮、饲料器、分装头、胶塞振荡饲料器、盖塞机构和故障自动停车装置所组成，有单头分装机和多头分装机两种。螺杆式分装机具有结构简单，无须净化压缩空气及真空系统等附属设备，使用中不会产生漏粉、喷粉现象，调节装量范围大以及原料药粉损耗小等优点，但速度较慢。

螺杆分装机工作时，将待装药粉加于粉斗内，在粉斗下部有落粉头，其内部有单向间歇旋转的计量螺杆，每个螺距具有相同的容积，计量螺杆与导料管的壁间有均匀及适量的间隙（约 0.2mm），螺杆转动时，料斗内的药粉则被沿轴移送到送药嘴 8 处，并落入位于送药嘴下方的药瓶中，精确地控制螺杆的转角就能获得药粉的准确计量，其容积计量精度可达±2%。为使药粉加料均匀，料斗内还有一搅拌叶，连续反向旋转以疏松药粉。如图 6-34 所示。

控制离合器间歇定时“离”或“合”是保证计量准确的关键，图 6-35 所示为螺杆计量的控制与调节机构，扇形齿轮 4 通过中间齿轮 5 带动离合器套 8，当离合器套顺时针转动时，靠制动滚珠 9 压迫弹簧 10，离合器轴 11 也被带动，与离合器轴同轴的搅拌叶和计量螺杆一同回转。当偏心轮带着扇形齿轮反向回转时，弹簧不再受力，滚珠只自转，不拖带离合器轴转动。

利用调节螺丝 1 可改变曲柄 3 在偏心轮上的偏心距，从而改变扇形齿轮的连续摆动角度，达到改变计量螺杆转角，以便达到剂量得到微量调节的目的。当装量要求变化较大时则需更换具有不同螺距及根径尺寸的螺杆，才能满足计量要求。

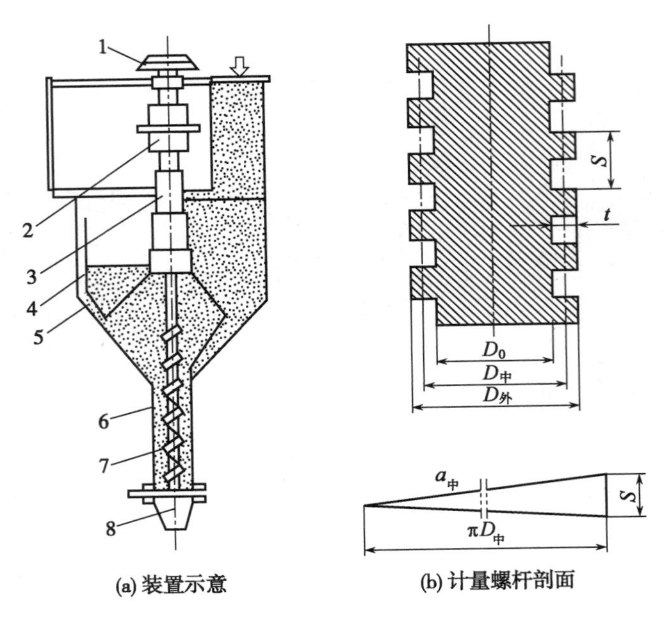

图 6-34　螺杆分装头示意图
1. 传动齿轮；2. 单向离合器；3. 支撑座；4. 搅拌叶；
5. 料斗；6. 导料管；7. 计量螺杆；8. 送药嘴

西林瓶完成装粉以后，胶塞经过振荡器振荡，由轨道滑出，落到一个机械手处而被机械手夹住，盖在瓶上。

（二）气流分装机

气流分装机的原理是利用真空吸取定量容积的粉剂，再经过净化干燥压缩空气将粉剂吹入西林瓶中，其装量误差小、速度快、机器性能稳定。这是一种较为先进的粉针分装设备，实现了机械半自动流水线生产，提高了生产能力和产品质量。工作程序如图 6-36 所示。

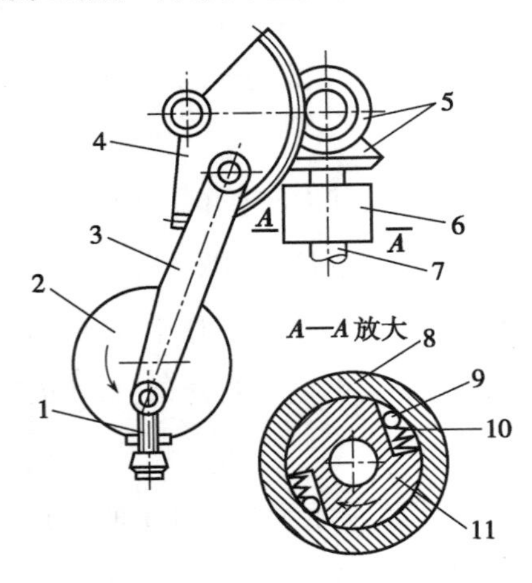

图 6-35　螺杆计量的控制与调节机构示意图
1. 调节螺丝；2. 偏心轮；3. 曲柄；4. 扇形齿轮；5. 中间齿轮；6. 单向离合器；7. 螺杆轴；8. 离合器套；9. 制动滚珠；10. 弹簧；11. 离合器轴

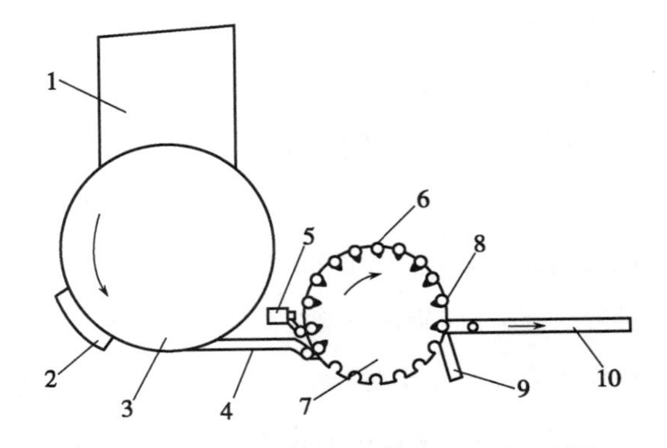

图 6-36　粉针气流分装机工作程序示意图
1. 储瓶盘；2. 捡瓶斗；3. 送瓶转盘；4. 进瓶输送带；5. 行程开关；6. 装粉工位；7. 拨瓶转盘；8. 盖胶塞工位；9. 落瓶轨道；10. 出瓶输送带

粉针气流分装系统的工作原理为搅粉斗内的搅拌桨每吸粉1次旋转1周,其作用是将装粉筒落下的药粉保持疏松,并协助将药粉装进粉针分装头的定量分装孔中。真空接通,药粉被吸入计量孔内,并有粉剂吸附隔离塞阻挡,让空气逸出,当计量孔回转180°至装粉工位时,净化压缩空气通过吹粉阀门(由凸轮控制)将药粉吹入瓶中。当缺瓶时机器自动停车,计量孔内的药粉经废粉回收收集,回收使用。为了防止细小的粉末阻塞粉剂吸附隔离塞而影响装量,在装粉孔转至与装粉工位相隔60°的位置时,用净化压缩空气吹净粉剂吸附隔离塞。装粉剂量的调节是通过一个阿基米德螺旋槽来调节隔离塞顶部与分装盘圆柱面的距离(孔深)来完成调节装量的,8个计量孔可以同步地一次调节活塞的深度而完成。如图6-37所示。

根据药粉的不同特性,分装头可配备不同规格的粉剂吸附隔离塞。粉剂吸附隔离塞有两种形式:活塞柱和吸粉柱。其头部滤粉部分可用烧结金属或细不锈钢纤维压制的隔离刷,外罩不锈钢丝网。

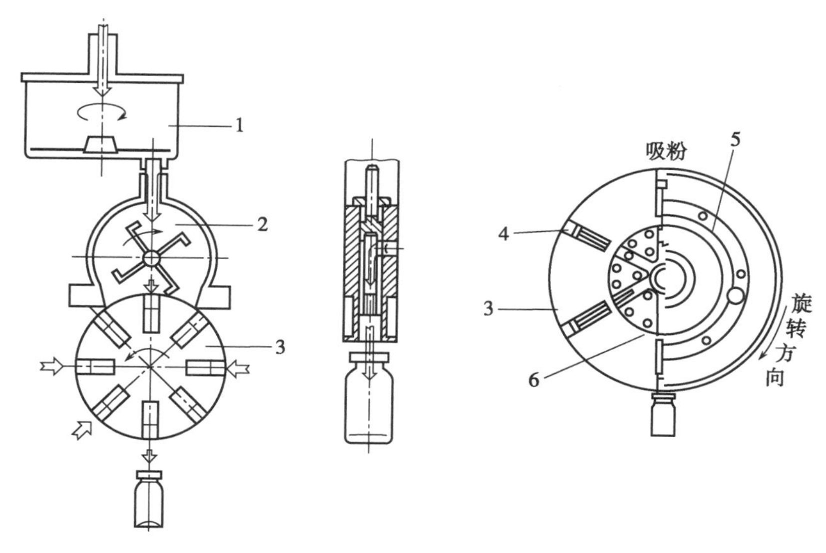

图6-37 分装头气流分装原理示意图
1. 装粉筒;2. 搅粉斗;3. 分装盘;4. 粉剂吸附隔离塞;5. 调量刻度尺;6. 装量

经处理后的胶塞在胶塞振荡器中,由振荡盘送入轨道内,再由吸塞嘴通过胶塞卡扣在盖塞点,将胶塞塞入瓶口中。

压缩空气系统对动力部门送来的压缩空气进行净化和干燥,并经过除菌处理。处理后的压缩空气通过机内过滤器后分成两路,分别通过压缩空气缓冲缸上下室及通过气量控制阀门,一路通过吹气阀门接入装粉盘吹气口,另一路则直接接入清扫器。

真空系统的真空管由装粉盘清扫接口接入缓冲瓶,再通过真空滤粉器接入真空泵,通过该泵附带的排气过滤器接至无菌室外排空。

五、粉针扎盖设备

粉针剂一般均易吸湿,在有水分的情况下药物稳定性下降,因此粉针在分装后在胶塞处应轧上铝盖，保证瓶内的药粉密封不透气，确保药物在贮存期内的质量。粉针轧盖机按工作部件可分单刀式和多头式，按轧盖方式可分为挤压式和滚压式，国内常用的是单刀式轧盖机。

（一）单刀式轧盖机

单刀式轧盖机主要由进瓶转盘、进瓶星轮、轧盖头、轧盖刀、定位器、铝盖供料振荡器等组成。工作时，盖好胶塞的瓶子由进瓶转盘送入轨道，经过铝盘轨道时铝盖供料振荡器将铝盖放置于瓶口上，由撑牙齿轮控制的一个星轮将瓶子送入轧盖头部分，底座将瓶子顶起，由轧盖头带动做高速旋转，由于轧盖刀压紧铝盖的下边缘，同时瓶子旋转，将铝盖下缘轧紧于瓶颈上。

（二）多头式轧盖机

多头式轧盖机的工作原理与单刀式轧盖机相似，只是轧盖头由一个增加为几个，同时机器由间隙运动变为连续运动，其工作特点是速度快、产量高。有些进口设备安装有电脑控制系统，可预先输入一些参数，如压力范围、合格率、百分比等，但其对瓶子的各种尺寸规格要求特别严。

点滴积累

1. 粉针剂生产设备包含超声波洗瓶、干燥灭菌、分装、轧盖等设备。
2. 粉针剂生产中确定装量差异的关键设备是分装机，最常用的分装机有螺杆式分装机和气流式分装机。

第四节　冻干制剂生产设备

一、冷冻干燥基本原理

真空冷冻干燥是将含有大量水分的物料（如溶液或混悬液）预先冻结至冰点以下（通常 -40～-10℃）成固体，然后在高真空条件下加热，使水蒸气直接由固体中升华出来而被干燥的方法。因为利用升华而达到除去水的目的，故又称为升华干燥。凡是热敏性物料的水溶液可采用此法干燥，尤其适用于抗生素、生物制品等对温度敏感的药品的干燥。真空冷冻干燥有如下特点：①由于干燥过程是在低温、低压条件下进行的，故适合于热敏性、易氧化物料及易挥发性成分的干燥，可防止物料的变质和损失；②干燥后制品的体积与液态时相同，因此干燥产品呈疏松、多孔、海绵状而易于溶解，故常用于生物制品、抗生素等呈固体及临用前溶解的注射剂的制备中。缺点是设备投资费用高、动力消耗大、干燥时间长、生产能力低。

（一）冷冻干燥基本原理

冷冻干燥可用水的三相图加以说明，如图 6-38 所示，OA 线是冰和水的平衡曲线，在此线上冰、水共存；OB 线是水和水蒸气的平衡曲线，在此线上水、气共存；OC 线是冰和水蒸气的平衡曲线，在此线上冰、气共存；O 点是冰、水、气的平衡点，在这个温度和压力时冰、水、气共存，这个温度为 0. 01℃，压力为 613. 3Pa（4. 6mmHg）。从图 6-38 中可以看出当压力低于 613. 3Pa 时，不管温度如何变化，只有水的固态和气态存在，液态不存在。固相(冰)受热时不经过液相直接变为气相，而气相遇冷时放热直接变为冰。根据平衡曲线OC，对于冰，升高温度或降低压力都可打破气-固平衡，使整个系统朝着冰转变为气的方向进行，冷冻干燥就是根据这个原理进行的。

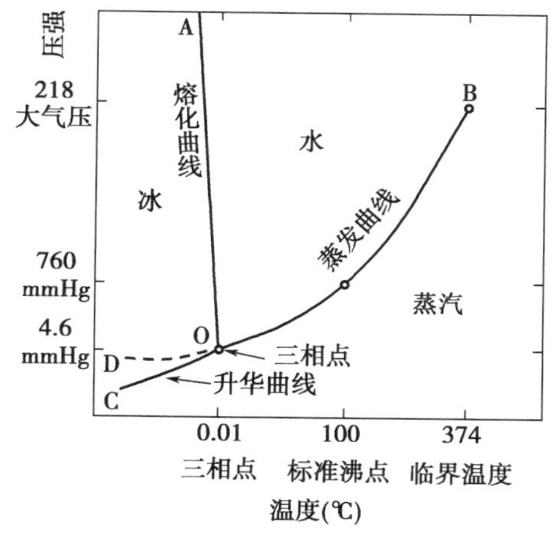

图6-38　水的相图

（二）冷冻干燥过程

冷冻干燥可以分为预冻、升华干燥、解析干燥3个阶段，如图6-39所示。

1. 预冻阶段　预冻是将溶液中的自由水固化，使干燥后的产品与干燥前有相同的形态，防止抽真空干燥时起泡、浓缩、收缩和溶质移动等不可逆性的变化产生，减少因温度下降引起的物质可溶性降低和生命特性的变化。

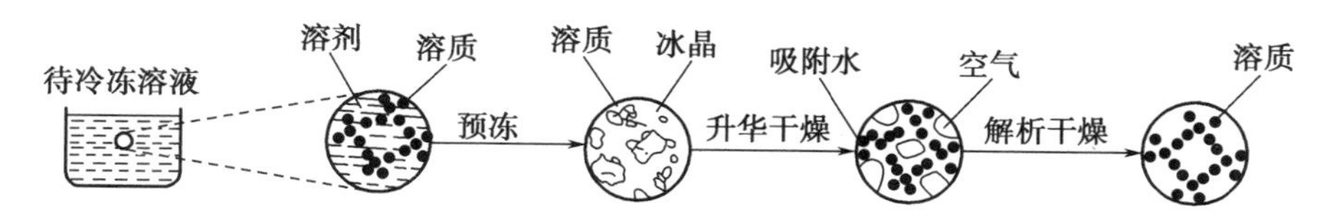

图6-39　冷冻干燥过程示意图

预冻温度必须低于产品的共晶点温度，各种产品的共晶点温度是不一样的，必须认真测得。实际制订工艺曲线时，一般预冻温度要比共晶点温度低5~10℃。

物料的冻结过程是放热过程，需要一定时间。达到规定的预冻温度以后，还需要保持一定时间。为使整箱全部产品冻结，一般在产品达到规定的预冻温度后，需要保持2小时左右的时间。这是个经验值，根据冻干机不同、总装量不同、物品与搁板之间接触不同，具体时间由实验确定。

预冻速率直接影响冻干产品的外观和性质，冷冻期间形成的冰晶显著影响干燥制品的溶解速率和质量。缓慢冷冻产生的冰晶较大，快速冷冻产生的冰晶较小。大冰晶利于升华，但干燥后溶解慢；小冰晶升华慢，但干燥后溶解快，能反映出产品原来的结构。

对于生物细胞，缓冷对生命体影响较大，速冷影响较小。从冰点到物质的共晶点温度之间需要快冷，否则容易使蛋白质变性，生命体死亡，这一现象称为溶质效应。为防止溶质效应发生，在这一温度范围内应快速冷却。

综上所述，需经实验获得一个合适的冷却速率，以得到较高的存活率、较好的物理性状和溶解度，且利于干燥过程中的升华。

2. 升华干燥阶段　升华干燥又称第一阶段干燥。将冻结后的产品置于密封的真空容器中加热，其冰晶就会升华成水蒸气逸出而使产品脱水干燥。干燥是从外表面开始逐步向内推移的，冰晶升华后残留下的空隙变成升华时水蒸气的逸出通道。已干燥层和冻结部分的分界面称为升华界面。在生物制品干燥中，升华界面以0.5~1mm/h的速率向下推进。当全部冰晶除去时，第一阶段干燥就完成了，此时约除去全部水分的 90%，所需时间约占总干燥时间的 80%。

3. 解析干燥阶段　解析干燥又称第二阶段干燥。在第一阶段干燥结束后，在干燥物质的毛细管壁和极性基团上还吸附有一部分水分，这些水分是未被冻结的。当它们达到一定含量时，就为微生物的生长繁殖和某些化学反应提供了条件。实验证明，即使是单分子层吸附下的低含水量，也可以成为某些化合物的溶媒，产生与水溶液相同的移动性和反应性。因此为了改善产品的贮存稳定性，延长其保存期，需要除去这些水分，这就是解析干燥的目的。

第一阶段干燥是将水以冰晶的形式除去，因此其温度和压力都必须控制在产品的共熔点以下，才不致使冰晶熔化。但对于吸附水，由于其吸附能量高，如果不给它们提供足够的能量，它们就不可能从吸附中解析出来。因此，这个阶段产品的温度应足够地高，只要不烧毁产品或不造成产品过热而变性就可以。同时，为了使解析出来的水蒸气有足够的推动力逸出产品，必须使产品内外形成较大的蒸气压差，因此此阶段中箱内必须是高真空。

第二阶段干燥后，产品内残余水分的含量视产品种类和要求而定，一般在 0.5%~4%。

二、冷冻干燥机

产品的冷冻干燥需要在一定的装置中进行，这个装置叫做真空冷冻干燥机，简称冻干机。冻干机主要由制冷系统、真空系统、循环系统、液压系统、控制系统、CIP/SIP 系统及箱体等组成，如图6-40和图 6-41 所示。

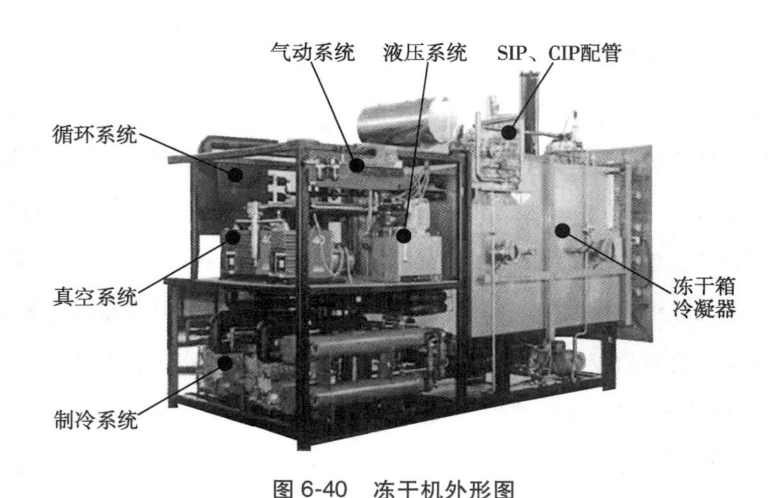

图 6-40　冻干机外形图

（一）制冷系统

制冷系统在冻干设备中最为重要，被称为“冻干机的心脏”。制冷系统由制冷压缩机、冷凝器、蒸发器和热力膨胀阀等所构成，主要是为干燥箱内制品的前期预冻供给冷量，以及为后期冷阱盘管捕集升华水气供给冷量。

冷冻干燥过程中常常要求温度达到-50℃以下，因此在中、大型冷冻干燥机中常采用两级压缩进行制冷。主机选用活塞式单机双级压缩机，每套压缩机都有独立的制冷循环系统，通过板式交换器或冷凝盘管，分别服务于干燥箱内板层和冷凝器。根据控制系统的运行逻辑，压缩机可以独立制

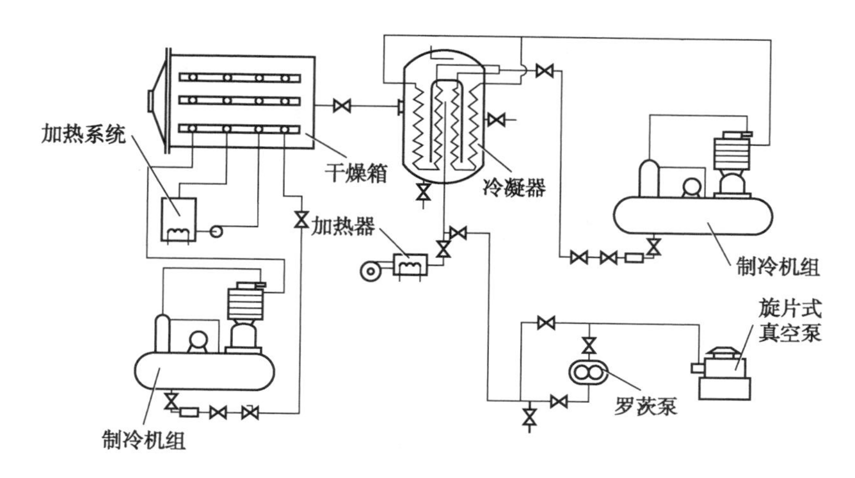

图 6-41　冻干机结构示意图

冷板层或制冷冷凝器。

制冷系统中的工作介质称为制冷剂，它是一种特殊的液体，其沸点低，在低温下极易蒸发，当它在蒸发时吸收了周围的热量，使周围物体的温度降低；然后这种液体的蒸气循环至压缩机经压缩成为高压过热蒸气，后者将热量传递给冷却剂（通常是水或空气）而液化。如此循环不断，便能使蒸发部位的温度不断降低，这样制冷剂就把热量从一个物体移到另一个物体上，实现了制冷的过程。通常用的制冷剂有氨（R717）、氟利昂 12（R12）、氟利昂 13（R13）、氟利昂 22（R22）、共沸混合制冷剂 R500、共沸制冷剂 R502、共沸制冷剂 R503 等。

载冷剂在冻干机中是一种中间介质，亦称第二制冷剂，主要用于箱体内搁板的冷却和加热，它将所吸收的热量传给制冷剂或吸收加热热源的热量传给搁板，提供产品冻结时所需的冷量及产品干燥的升华热。使用载冷剂的目的是使搁板温度均匀。常用的载冷剂有低黏度硅油、三氯乙烯、三元混合溶液、8 号仪表油、丁基二乙二醇等。

（二）箱体

1. 干燥箱（又称冻干箱）　是冻干机中的重要部件之一，它的性能好坏直接影响整个冻干机的性能，如图 6-42 所示。冻干箱是一个矩形或圆桶形的，既能够制冷到 -50℃ 左右，又可以加热到 +50℃ 左右的真空密闭的高、低温箱箱体。制品的冷冻干燥是在干燥箱中进行的，在其内部主要有搁置制品的搁板。搁板采用不锈钢制成，内有载冷剂导管分布其中，可对制品进行冷却或加热。板层组件通过支架安装在冻干箱内，由液压活塞杆带动可上下运动，便于进出料和清洗。最上层的一块板层为温度补偿加强板，它保证箱内所有制品的热环境相同。

2. 冷阱（又称冷凝器）　是一个真空密闭容器。在它的内部有一个较大表面积的金属吸附面，吸附面的温度能降到 -70℃ 以下，并且能恒定地维持这个低温。在制冷系统中，冷阱的作用是把冻干箱内产品升华出来的水蒸气冻结吸附在其金属表面。从制品中升华出来的水蒸气能充分地凝结在与冷盘管相接触的不锈钢柱面的内表面上，从而保证冻干过程的顺利进行。冷阱的安装位置可分为内置式和外置式两大类，内置式冷阱安装在冻干箱内，外置式冷阱安装在冻干箱外，两种安装各有利弊。

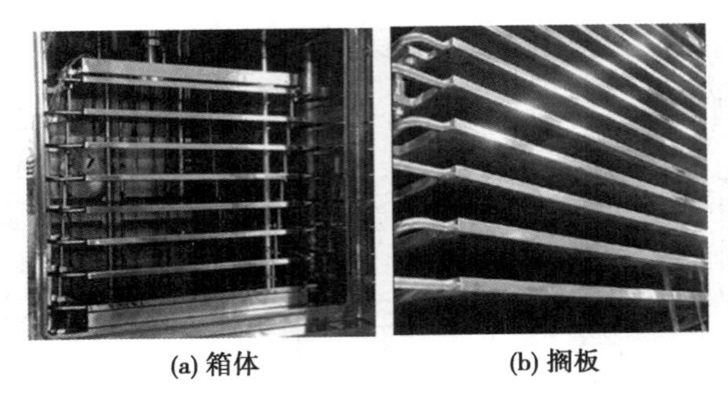

(a) 箱体　　(b) 搁板

图 6-42　冻干机干燥箱示意图

（三）真空系统

制品中的水分只有在真空状态下才能很快升华，达到干燥的目的。冻干机的真空系统由冻干箱、冷凝器、真空阀门、真空泵、真空管路、真空测量元件等部分组成。

系统采用真空泵组，组成强大的抽吸能力，在干燥箱和冷凝器形成真空，一方面促使干燥箱内的水分在真空状态下升华；另一方面该真空系统在冷凝器和干燥箱之间形成一个真空度梯度（压力差），使干燥箱内的水分升华后被冷凝器捕获。

真空系统的真空度应与制品的升华温度和冷凝器的温度相匹配，真空度过高或过低都不利于升华，干燥箱的真空度应控制在设定的范围之内，其作用是可缩短制品的升华周期，对真空度控制的前提是真空系统本身必须具有很少的泄漏率。真空泵有足够大的功率储备，以确保达到极限真空度。

（四）循环系统

冷冻干燥本质上是依靠温差引起物质传递的一种工艺技术。物品首先在板层上冻结，升华过程开始时，水蒸气从冻结状态的制品中升华出来，到冷阱捕捉面上重新凝结为冰。为获得稳定的升华和凝结，需要通过板层向制品提供热量，并从冷凝器的捕捉表面去除。搁板的制冷和加热都是通过导热油的传热来进行的，为了使导热油不断地在整个系统中循环，在管路中要增加一个屏蔽式双体泵，使得导热流体强制循环。循环泵一般为一个泵体两台电机，平时工作时只有一台电机运转，假使有一台电机工作不正常时，另外一台会及时切换上去。这样系统就有良好的备份功能，适用性强。

（五）液压系统

液压系统是在冷冻干燥结束时，将瓶塞压入瓶口的专用设备。液压系统位于干燥箱顶部，主要由电动机、油泵、单向阀、溢流阀、电磁阀、油箱、油缸及管道等组成。冻干结束，液压加塞系统开始工作，在真空条件下，使上层搁板缓缓向下移动完成制品瓶加塞任务。

（六）控制系统

冻干机的控制系统是整机的指挥机构。冷冻干燥的控制包括制冷机、真空泵和循环泵的起、停，加热功率的控制，温度、真空度和时间的测试与控制，自动保护和报警装置等。根据所要求的自动化程度不同，对控制要求也不相同，可分为手动控制（即按钮控制）、半自动控制、全自动控制和微机控制四大类。如图 6-43 所示。

扫一扫，知重点

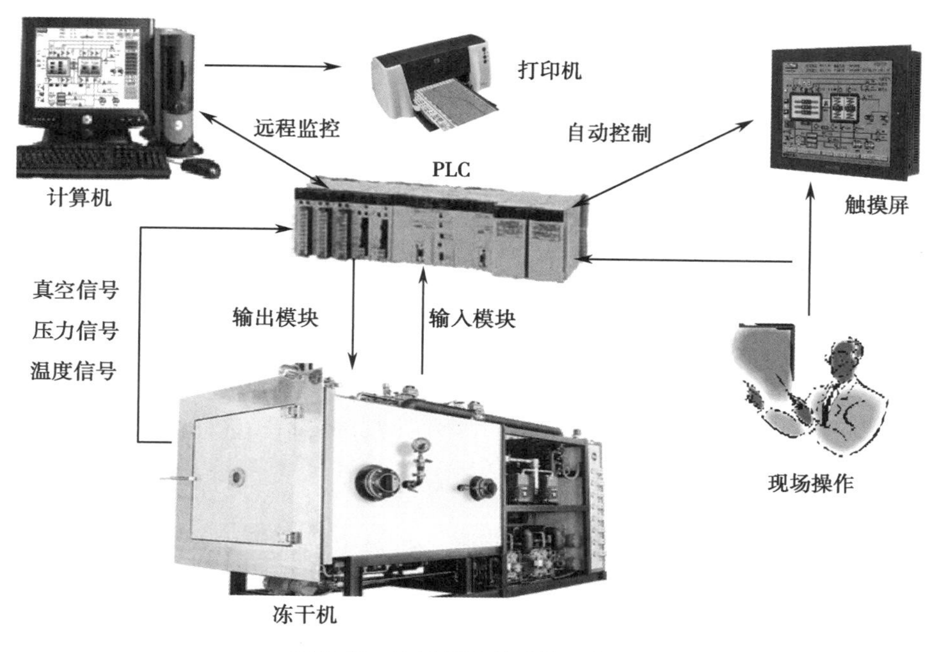

图 6-43　冻干机控制系统示意图

点滴积累

1. 真空冷冻干燥是将含有大量水分的物料（如溶液或混悬液）预先冻结至冰点以下（通常 -40 ~-10℃）成固体，然后在高真空条件下加热，使水蒸气直接由固体中升华出来而被干燥的方法。
2. 冷冻干燥可以分为预冻、升华干燥、解析干燥 3 个阶段。
3. 真空冷冻干燥机由制冷系统、真空系统、循环系统、液压系统、控制系统、CIP/SIP 系统及箱体等组成。

目标检测

一、单项选择题

1. 安瓿在喷淋水机内洗涤，灌满水后在蒸煮箱内通入蒸汽加热约（　　）分钟

   A. 10　　B. 20　　C. 30　　D. 40

2. 安瓿甩水机开动电机调节转速，最佳甩水转速应在（　　）

   A. 700r/min 左右　　B. 600r/min 左右　　C. 500r/min 左右　　D. 400r/min 左右

3. 气水喷射式安瓿洗瓶机用气水洗涤安瓿的顺序是（　　）

   A. 气→水→气→水　　B. 气→气→水→水

   C. 水→气→水→气　　D. 水→水→气→气

4. 下列哪种方法不能解决冲液现象（　　）

   A. 改进针头托架运动的凸轮轮廓

   B. 调节注液针头进入安瓿的最佳位置

   C. 使用有毛细孔的单向玻璃阀

D. 将注液针头出口端制成三角形开口、中间拼拢的“梅花形”针端

5. 下列哪种方法能解决束液现象(　　)

A. 使用有毛细孔的单向玻璃阀

B. 调节注液针头进入安瓿的最佳位置

C. 将注液针头出口端制成三角形开口、中间拼拢的“梅花形”针端

D. 调换针头

6. 下列哪些方法可解决泡头现象(　　)

A. 调节针头位置和大小　　B. 调小燃气量

C. 调小空气量　　D. 调换针筒或针头

7. 为保证封口质量一般调节封口温度在(　　)

A. 1000℃左右　　B. 1200℃左右　　C. 1300℃左右　　D. 1400℃左右

8. 为保证封口质量应调节火焰头部与安瓿颈间的最佳距离为(　　)

A. 5mm　　B. 10mm　　C. 20mm　　D. 30mm

9. 安瓿洗烘灌封联动线适用于(　　)安瓿

A. 1~20ml　　B. 20ml　　C. 5ml　　D. 1~2ml

10. 对玻瓶洗瓶机哪一项叙述是错误的(　　)

A. 工作结束后，将洗瓶机内的玻瓶在单向流保护下放置

B. 及时清除各送液泵及喷淋头过滤装置的污物

C. 洗瓶机开动前须仔细检查，若有错位应调整至准确无误方可开机

D. 定期检查毛刷的损耗情况

11. 安瓿灌封机的移动齿板的作用是(　　)

A. 将药液从贮液灌中吸入针筒内，并定量输向针头

B. 防止拉丝时安瓿随拉丝钳移动

C. 使安瓿的上、下两端卡在槽中而固定

D. 有托瓶、移瓶及放瓶的作用

12. 产生焦头的原因是(　　)

A. 压缩空气压力过大　　B. 主火头摆动角度不当

C. 产生冲液和束液不好　　D. 针头升降不灵

13. 产生尖头的原因是(　　)

A. 产生冲液和束液不好　　B. 主火头摆动角度不当

C. 压缩空气压力过小　　D. 预热火焰太大

14. 玻瓶等差式理瓶机的 5 条输送带是利用不同齿数的链轮变速达到不同的速度要求的，哪一条速度较慢且方向相反(　　)

A. 第Ⅰ条　　B. 第Ⅱ条　　C. 第Ⅴ条　　D. 第Ⅲ条

15. 真空冷冻干燥器适用于(　　)的干燥

A. 抗生素制品　B. 中草药　C. 片剂颗粒　D. 颗粒剂

16. 真空冷冻干燥器的特点叙述中错误的是(　　)

A. 避免物料受热分解　B. 产品成本低

C. 避免物料氧化　D. 产品稳定、质地疏松

二、多项选择题

1. 滚筒式洗瓶机各滚筒的名称是(　　)

A. 粗洗后滚筒　B. 精洗前滚筒　C. 粗洗前滚筒

D. 精洗后滚筒　E. A 和 C

2. 下面属于滚筒式洗瓶机洗涤程序的是(　　)

A. 毛刷进入瓶内,带碱液刷洗瓶内壁　B. 利用回收的注射用水作外淋内冲

C. 利用注射用水作内冲并沥水　D. 加热的常水外淋、内刷、冲洗

E. 毛刷在瓶外碱液刷洗

3. 采用气水喷射洗涤的是(　　)

A. 安瓿甩水机　B. 安瓿喷淋灌水机

C. 超声波安瓿洗瓶机　D. 气水喷射洗瓶式安瓿洗瓶机组

E. 箱式洗瓶机

4. T 型塞胶塞机适用于(　　)

A. A 型玻璃输液瓶　B. B 型玻璃输液瓶　C. “T”型橡胶塞

D. 翻边型胶塞　E. 安瓿

5. 下列叙述正确的是(　　)

A. 必须采用拉丝灌封机

B. 必须采用熔封灌封机

C. 安瓿灌封机的机型有 1~2ml、5~10ml 和 20ml 三种机型

D. 安瓿灌封机的机型不能通用,因结构差异较大

E. 安瓿灌封机的机型在 1~20ml 通用,只需更换主要部件即可

6. 属于安瓿灌封机中的部件的是(　　)

A. 缺瓶止灌部件　B. 气动拉丝部件　C. 机械拉丝部件

D. 上、下瞄准器　E. 气水阀

7. 注射剂生产设备中以离心力为作用原理的机械是(　　)

A. 安瓿甩水机　B. 滚筒式输液剂洗瓶机　C. 输液剂圆盘式理瓶机

D. 输液剂等差式理瓶机　E. 量杯式负压灌装机

8. 真空冷冻干燥的特点是(　　)

A. 干燥产品质地疏松易溶解

B. 避免药物受热分解变质

C. 常用于酶、生物制品、抗生素等制品的干燥

D. 设备投资和操作费用高

E. 产品成本高、价格贵

9. 冷冻干燥过程包括(　　)

A. 预热　　B. 预冻　　C. 蒸发干燥

D. 升华干燥　　E. 解析干燥

三、简答题

1. 简述安瓿灌封机的传送、灌注、封口部分的构造及各部分的工作过程。

2. 安瓿洗、烘、灌封联动机的主要结构是什么？具有什么特点？

3. 大容量注射剂灌装有哪几种计量方法？说明其工作原理。

4. 粉针剂分装有哪几种方法？说明其工作原理。

5. 根据对注射剂生产车间的参观，简述对注射剂设备选用的认识。

四、实例分析题

1. 某药厂在使用安瓿灌封机生产小容量注射剂的过程中出现了焦头和泡头现象。请根据本章所学内容，分析产生焦头和泡头的原因，找出解决方法。

2. 某药厂在使用计量泵注射式灌装机生产大容量注射剂的过程中发现装量差异波动较大，造成装量不准确。请根据本章所学内容，分析产生装量不准确的原因是什么，如何排除故障？

（杨宗发）

第七章 口服液体制剂生产设备

导学情景

情景描述:

小明感冒了，喉咙痛，去医院看病，医生给小明开了些板蓝根口服液。 服用一段时间后，小明的病好了。 你可知道板蓝根口服液是用什么设备生产出来的?

学前导语:

口服液体制剂种类繁多，使用广泛，可用于多种疾病的治疗。 在本章内容的学习中，让我们一起熟悉一下口服液体制剂的生产设备。

第一节　口服液生产设备

一、概述

口服液是指药材用水或其他溶剂,采用适宜方法提取制成的单剂量灌装的口服液体制剂。

口服液是在汤剂的基础上发展起来的,集汤剂、糖浆剂、注射剂的优点于一身。它采用先进的技术工艺从药材中提取有效成分,经过进一步精制、浓缩、灌封、灭菌而制得。其特点是:

1. 含多种有效成分。
2. 服用剂量小,吸收快,显效迅速。
3. 单剂量包装,便于携带、保存和服用。
4. 适合工业化批量生产,免去临用煎药的麻烦,应用方便。
5. 液体中可加入矫味剂,口感好,易为患者所接受。
6. 成品经灭菌处理,密封包装,质量稳定,不易变质。

近年来常将片剂、颗粒剂、丸剂、汤剂、中药合剂、注射剂等改制成口服液,使之成为药物制剂中发展较快的剂型之一。但口服液的生产设备和工艺条件要求都比较高,成本相对昂贵。

(一) 口服液生产工艺简介

口服液的制备过程包括中药材有效成分的提取、提取液的净化、浓缩、配液、分装、灭菌、包装等工艺流程。

1. 提取与精制　提取与精制是制备中药口服液的重要环节,提取与精制要根据处方中各药材所含成分的性质选择具体的方法。

（1）提取：生产中常采用煎煮法、渗漉法等制得提取液。煎煮法是传统的提取方法，将药材加水煎煮，去渣取汁得提取液。目前国内大多数药厂采用中药多功能提取罐单罐煎煮静态提取工艺，或采用罐组提取工艺，或采用强制循环提取工艺进行提取。

渗漉法是将适度粉碎的药材置于渗漉筒中，在药材层上部不断添加溶剂，溶剂向下流动渗过药材层，从而提取出药材成分。根据操作方法的不同，可分为单渗漉法、重渗漉法、加压渗漉法、逆流渗漉法等。渗漉属于动态提取方法，溶剂利用率高，有效成分提取完全，可直接收集提取液。也可以将提取液在常压或减压下浓缩获得浓缩液，直接或经水转溶后调整至所需的浓度。

（2）精制：将提取液经过净化（水提醇沉法或醇提水沉法等），既能除去大部分杂质以缩小体积，又能提取并尽量保留有效成分以确保疗效。提取液一般要求澄清，因此将其浓缩后，一般都采用冷藏沉淀、过滤以除去杂质。由于浓缩液浓度较大，不易过滤，可用板框压滤机、微孔滤器或中空纤维超滤设备过滤。

课堂活动

你能说出水提醇沉法与醇提水沉法的区别吗？

2. 配制

（1）口服液浓度表示方法：有效成分已经明确者可用百分浓度表示，有效成分未知的用药材比量法表示浓度。

（2）配制方法：口服液可采用浓配法或稀配法进行配制。一般是将经浸提浓缩后的溶液加溶剂稀释，调整 pH，加入其他附加剂即得。常用的有矫味剂、抑菌剂、抗氧化剂、着色剂等。

3. 过滤　由于中药所含成分复杂，因此常需加入助滤剂，采用加压或减压的方法过滤除去杂质，以保证澄明度，滤液必须在 24 小时内灌封完毕。

4. 灌装与封口

（1）灌装：口服液多以 10ml 为分装量，单剂量分装于洗涤灭菌后的口服液瓶中。批量生产的口服液采用机械灌装。

（2）封口：口服液灌装后应迅速用胶塞和铝盖进行密封。

5. 灭菌与检漏　灌封后的口服液应选择适宜的灭菌方法进行灭菌，目前常采用流通蒸汽或热压灭菌，并进行检漏。

6. 质量检查　灭菌后的口服液半成品应进行装量差异、可见异物检查，检查方法和标准与中药注射剂基本相同，只是澄明度要求略宽一些，但不得有明显的杂质。

7. 贴标签与包装　口服液的包装盒外应印有或加贴标签，注明产品名称、内装支数、规格、批号、有效期、适用范围、用法和用量等内容。

按照《药品生产质量管理规范（2010 年修订）》规定，口服液的配制、滤过、灌封等操作应在洁净度为 C 或 D 级的环境下进行。

（二）口服液的包装材料

1. 玻璃管制瓶 按照国家药品监督管理部门制定的《管制口服液瓶》（YY 0056-91）行业标准，玻璃管制瓶有3种瓶型，如图7-1所示。目前这种包装应用最为广泛。

2. 塑料瓶 塑料瓶包装是伴随着意大利塑料瓶灌封生产线的引进而采用的一种包装形式，该联动机入口处以塑料薄片卷材为包装材料，通过将两片分别加热成型，并将两片热压在一起制成成排的塑料瓶，然后自动灌装、热封封口、切割成成品。这种包装成本较低、服用方便，但由于塑料透气、透湿，产品不易灭菌，所以对生产环境和包装材料的洁净度要求很高。对于小型药厂，技术力量薄弱，很难保证产品的质量。

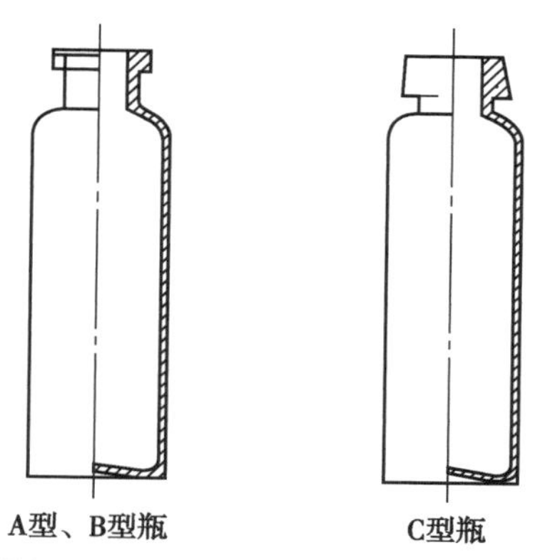

图7-1 口服液管制瓶瓶型示意图

3. 螺口瓶 它是在直口瓶的基础上新发展起来的很有前景的一种瓶子，可制成防盗盖形式。但由于这种新型瓶子制造相对复杂，成本较高，而且制瓶生产成品率低，所以现在药厂实际采用的还不是很多。

二、常用口服液生产设备

在YY 0260-1997制药机械产品分类标准中，口服液生产设备的分类详见图7-2。

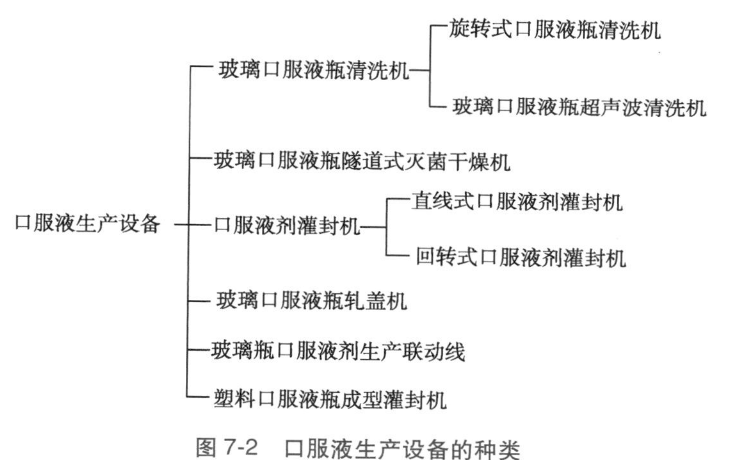

图7-2 口服液生产设备的种类

（一）洗瓶设备

玻璃口服液瓶在制造和运输过程中难免受到微生物和尘埃的污染，因此在灌装前应对管制瓶进行清洗和干燥灭菌。目前生产企业厂中常用的洗瓶设备有以下几类：

1. 喷淋式洗瓶机 该设备由离心泵、滤水器和喷淋盘等组成。先用离心泵将水加压，经过滤器，进入喷淋盘，由喷淋盘将高压水分成多股激流，将瓶内外冲洗干净。

2. 毛刷式洗瓶机 以毛刷的机械动作配以碱水、饮用水、纯化水完成瓶子的清洗。

3. 超声波洗瓶机 在生产企业中常用超声波洗瓶机，它的工作原理是利用超声波振动使液体产生“空化效应”，液体内部产生瞬间高压，其强大的能量连续不断地冲击物体表面，使物体表面和缝隙中的污物脱落，从而达到迅速清洁的目的。

目前使用的超声波洗瓶机主要有转盘式和转鼓式两种。

（1）转盘式超声波洗瓶机

1）结构：如图7-3所示，转盘式超声波洗瓶机主要由电机、控制器、超声波发生器、水箱和转盘等几部分组成。转盘固定于垂直轴上，转盘上周向均匀分布有机械手。

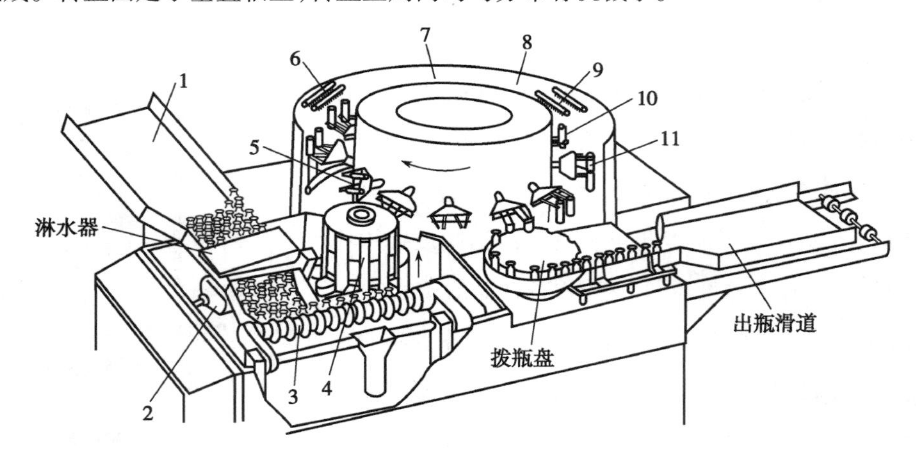

图7-3　转盘式超声波洗瓶机结构

1. 料槽；2. 换能器；3. 送瓶螺杆；4. 提升轮；5. 翻瓶工位；
6、7、9. 为喷水工位；8、10、11. 为喷气工位

转盘式超声波洗瓶机

2）工作原理：单机使用时由人工将玻璃瓶瓶口朝上置于第1工位——料槽中，瓶子受重力影响下滑，位于料槽上方的淋水器将水注入下滑途中的玻璃瓶中。注满水的玻璃瓶滑至水箱中水面以下时，在超声振动作用下，水与瓶体的接触面上产生“空化”作用对玻璃瓶内外进行清洗。经过超声波初步洗涤的玻璃瓶，由送瓶螺杆将瓶子理齐并逐个送入送瓶器中，送瓶器由提升轮带动做匀速回转的同时，受固定的凸轮控制，也做升降运动，提升轮转动1周，送瓶器完成接瓶、上升、交瓶和下降一个完整的运动周期，将玻璃瓶依次送入大转盘的机械手中。在转盘内周向均匀分布13个机械手以及喷水的射针和喷压缩空气的喷针，进入转盘的瓶子依次在转盘内完成翻转（瓶口朝下）、循环水冲洗、压缩空气吹干、新鲜水冲洗、压缩空气吹干和再翻转等动作，完成对瓶子3次水和3次气的交替冲洗后，由拨盘送出清洗后的瓶子。

3）操作要点：①检查超声波洗瓶机的电器、仪表是否正常，纯化水、洁净压缩空气是否符合要求；②打开纯水阀门向贮水箱内加水，当贮水箱溢水口流水时，打开超声波洗瓶机水泵（严禁无水开启水泵），再调节进水量；③打开主电机启动开关，检查进瓶机构、出瓶机构等系统方向是否正确；④打开进瓶机构、输送网带、出瓶机构启动开关，调节其速度（慢速），使口服液瓶逐步从输送网带进入理瓶盘，并慢慢进入翻瓶轨道直到充满整个翻瓶轨道，加快速度达到正常运转速度；⑤生产结束后停机：依次按下主机停机按钮、输送网带停止按钮、水泵停止按钮，关闭纯水控制阀门，分别打开清洗槽和贮水箱下的控制阀门，让清洗槽、贮水箱内的水排空；⑥将机器外部的污垢、水滴用洁净布擦干净。

4）注意事项：首次使用该清洗机时，必须先用无盐水冲刷纯水管道、洁净压缩空气管道和水泵

的管道。当有卡瓶现象时应立即按下电器箱上的紧停开关，再停纯水、洁净压缩空气，检查翻瓶轨道内是否有异形瓶、是否有倒瓶，检查并处理完毕后再正常开机。

（2）转鼓式超声波洗瓶机

1）结构：如图 7-4 所示。与转盘式超声波洗瓶机的不同之处在于，该机是利用水平轴拖动鼓状转盘做间歇性旋转。转鼓上分布有喷射管，与转鼓相对应的固定盘上配置有循环水、纯净水和压缩空气的接口。

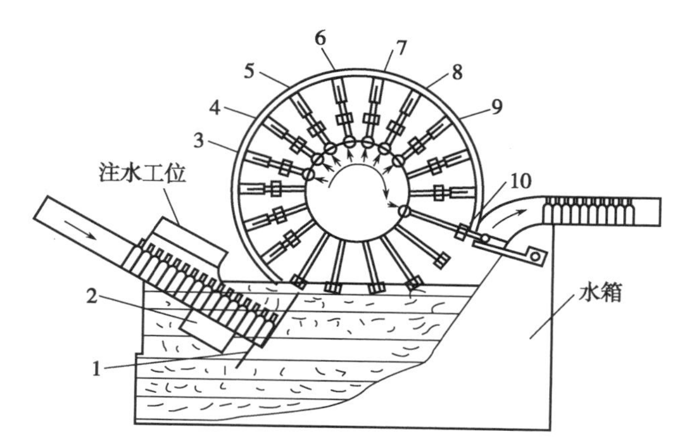

图 7-4　转鼓式超声波洗瓶机洗瓶原理

1. 推瓶器；2. 换能器；3、4. 循环水冲工位；5. 气冲工位；
6. 水冲工位；7~9. 气冲工位；10. 出瓶工位

2）工作原理：单机使用时由人工将玻璃瓶瓶口朝上置于第 1 工位——储瓶盘中，瓶子受重力影响下滑至第 2 工位，注水后的瓶子进入水槽中进行超声波清洗，瓶子继续下滑并进行排列，借助于导向装置将成列的瓶子推至转鼓的针管上，当转鼓转动到相应位置（工位）时依次进行循环水冲洗、压缩空气吹干、新鲜水冲洗和压缩空气吹干等操作，旋转近 1 周后处于水平位置的瓶子由出瓶口成列推出。

超声波洗瓶机是目前较为先进且能实现连续操作的清洗设备。该类洗瓶机利用超声波洗涤和强力水、气交替冲洗方式对玻璃瓶进行清洗，超声波清洗用循环水、瓶内壁用纯化水冲洗，具有结构简单、省时、省力和清洗成本低等优点。采用了多功能自控装置，可单机使用也可与其他设备联动使用。

（二）灭菌干燥设备

口服液瓶的灭菌干燥设备主要有：

1. 柜式电热烘箱　柜式电热烘箱是一种间歇式灭菌设备，主要用于清洗后的玻璃瓶以盘装的方式进行干燥、灭菌。

（1）结构：图 7-5 为柜式电热烘箱的一种，由箱体、加热器、温度传感器、隔板和循环风机等部分组成。

（2）工作原理：玻璃瓶以盘装的方式置于隔板之上，关闭箱门。启动开关，加热器工作，新鲜空气经加热并过滤后形成干热空气，在风机的作用下均匀流向灭菌室，玻璃瓶受热，水分汽化，蒸汽由排气口排出。灭菌完成后循环风机继续运转进行灭菌物品的冷却，也可通过冷却水进行冷却。

柜式电热烘箱

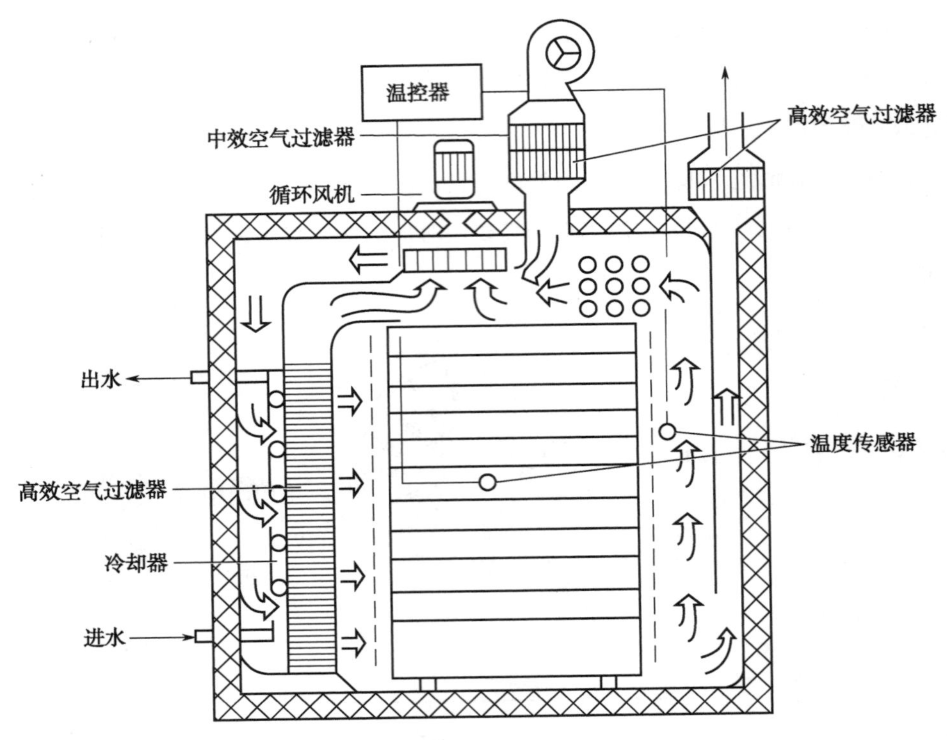

图 7-5　柜式电热烘箱示意图

2. 隧道式灭菌干燥机

(1)结构:隧道式灭菌干燥机主要由加热装置、高效空气过滤器、风机、机架、不锈钢网状输送带、传动装置和电控系统等组成。

(2)工作原理及特点:采用热空气层流消毒原理或远红外辐射加热消毒原理,具有传热速度快、热空气的温度和流速非常均匀、灭菌充分、无低温死角、无尘埃污染、灭菌时间短、效果好和生产能力高等优点。隧道式灭菌干燥机为连续式灭菌设备,前端与洗瓶机相连,后端可以与灌封机相连组成联动生产线。

由于加热方式的不同,隧道式灭菌干燥机有热层流式、远红外加热式以及微波加热式等形式。隧道式灭菌干燥机的隧道一般分为预热、高温灭菌和冷却 3 个区域。隧道下部有排风机,并有调节阀门,可调节排出的空气量。隧道式灭菌干燥机的结构与工作原理如图 7-6 所示。

(3)工作过程:以层流式隧道灭菌干燥机为例,该机将高温热空气流经过滤器过滤,获得 A 级的洁净空气,洗净的玻璃瓶由输送带进入灭菌隧道的预热区,预热后的瓶子进入高温灭菌区,在高温灭菌区,层流的高温洁净空气使瓶子的温度迅速升高。停留 10 或 20 分钟后进入冷却区,冷却区的层流空气将瓶子冷却至接近室温,然后出隧道进入下一工序。瓶子从进入到移出隧道大约需要 40 分钟。

(4)操作注意事项:①做好开机前检查;②打开总电源开关,按要求设定隧道工作温度,启动前后层流风机和热风机的电源开关,待工作温度升至设定温度值并稳定后方可开始工作;③灭菌完成后先关闭电热开关,待风机自动停机后再关闭总电源开关;④及时更换空气过滤器。

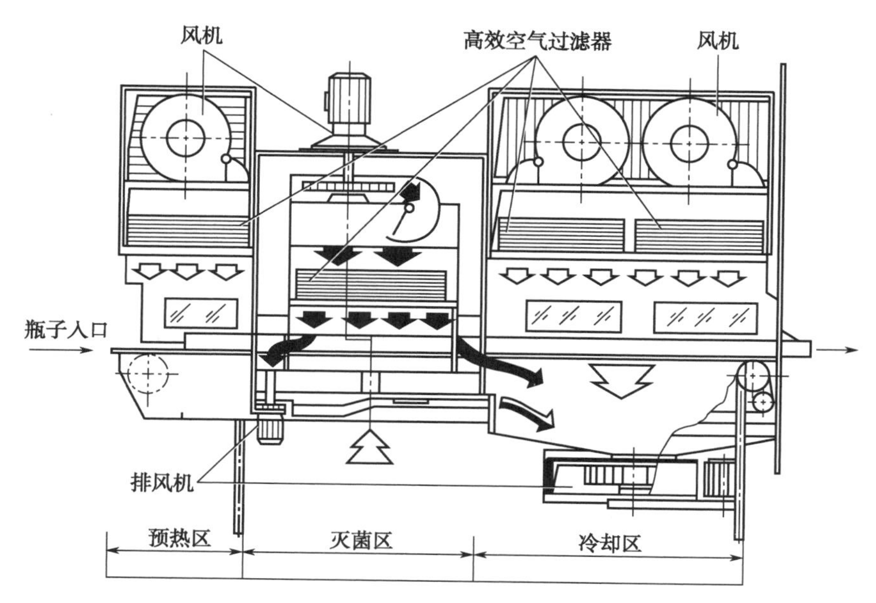

图 7-6　隧道式灭菌干燥机示意图

隧道式层流灭菌干燥机

隧道式远红外灭菌干燥机

（三）灌封机

灌封机是口服液生产过程中的主要机械设备，其结构按其功能划分为三部分：容器输送机构、液体灌注机构和加盖封口机构。

容器输送机构将容器定量、定向、定时地输送至相应工位，口服液瓶多采用绞龙（螺旋输送）送瓶机构；液体灌注机构一般采用常压灌装，即依靠液体自重产生流动，从计量筒或贮液槽灌入包装容器的，灌注量可采用阀式、量杯式和等分圆槽定量控制，灌针随着液面的上升而上升，起到消泡作用。

知识链接

瓶类容器输送机构的几种形式

合适的送瓶机构能使各工位工作配合协调，使生产设备的工作状态最佳化，且保证在输送过程中容器不受损坏。瓶类容器的输送机构主要有如下几种形式：①直线型送瓶机构：进瓶与出瓶由同一根输送带完成，输送带的走速可调。②输送带与拨轮送瓶机构：这种机构由输送带、拨瓶轮、工作盘组成。容器由输送带进入拨瓶轮，拨轮将瓶逐个拨进灌装工作盘，容器随工作盘旋转完成灌装，灌装后由另一拨轮拨至输出输送带至下一工位。③绞龙送瓶机构：这种机构采用绞龙（变节距螺杆）将输送带送来的成排瓶子按一定的间距隔开逐个送到主工位。④齿板送瓶机构：这种机构由排瓶机构和移瓶齿板组成，移瓶齿板在凸轮摇杆机构或偏心轮-连杆机构的带动下完成容器的前移。

根据灌封过程中口服液瓶输送形式的不同，灌封机可分为直线式灌封机和回转式灌封机两种。

直线式灌封机

1. 直线式灌封机　其工作过程为灭菌后的口服液瓶进入灌注部分，药液由直线式排列的喷嘴灌入瓶内，瓶盖由送盖器送出并由机械手完成压紧和轧盖。直线式口服液灌封机除采用直线型送瓶机构外，还可采用绞龙送瓶机构和齿板送瓶机构完成液体的灌装和轧封。

2. 回转式灌封机　与直线式灌封机的不同之处是回转式灌封机的灌注和封口是在一个绕轴转动的圆盘上完成的。回转式口服液灌封机一般采用输送带与拨轮送瓶机构完成容器的输送，灌注机构由灌装转盘、灌装头、储液槽、计量泵和控制无瓶机构组成，如图 7-7 所示。

ER-7-6

回转式灌封机

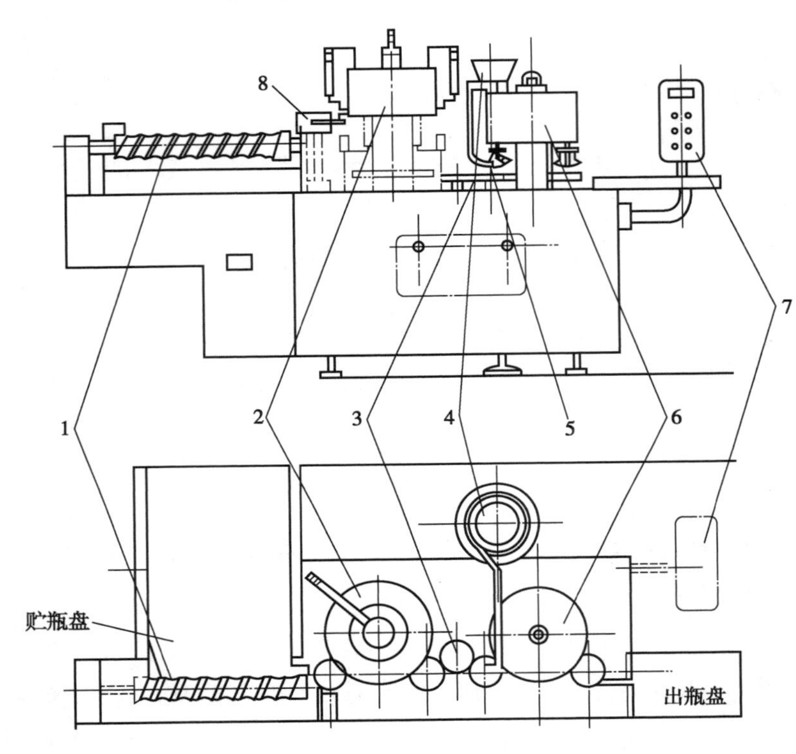

图 7-7　回转式灌封机结构示意图

1. 绞龙送瓶机构；2. 贮液槽；3. 拨瓶轮组；4. 输盖机构；5. 下盖口；6. 轧盖封口机构；7. 操作面板；8. 控制无瓶

工作过程：经灭菌干燥后的口服液瓶经输送带前移至拨瓶盘，拨瓶盘将瓶逐个拨进灌装工作盘，当瓶子转到定位板时，灌装头的针管在凸轮的控制下插入瓶口内，同时计量泵开始灌注药液。转盘转 1 圈计量泵完成 1 个吸、灌周期，实现旋转连续灌装。灌好药液的瓶子进入轧盖机构，首先由送盖机构利用电磁螺旋振荡原理，将杂乱的盖子理顺，经输盖轨道自动供给盖子，戴好盖子的瓶子进入轧盖头转盘，由三爪三刀组成的机械手以瓶子为中心，随转盘向前移动，同时机械手本身也自转，压盖头压住盖子，三把轧刀在锥套的作用下同时向盖子轧去，轧好盖的口服液瓶收集在出瓶盘上。

回转式灌封机采用旋转灌装结构，可自动完成理瓶、定量灌装、理盖、送盖、轧盖等工序。可实现 8 头或 12 头的灌装与轧封。

现代口服液灌封设备正向高速、自动化方向发展。一方面,由于机械加工和装配质量的提高,灌封设备的整体质量有了很大提高,在安全运行的保障下,可以达到很高的速度,从而满足现代化大生产的需要;另一方面,自动控制技术和微电子技术的普及,也使机电一体化成为了现代制药设备先进性的体现。此外,光电监测技术可以对不合格的包装材料和产品进行检测监控,亦可对整台设备的故障进行监控,进一步增加了设备的自动化程度,可尽可能减少人员的参与,确保产品生产过程符合 GMP 要求。尽管现在口服液灌封设备的功能越来越齐全,但从整个药品生产过程的连贯性和 GMP 要求来看,单机生产仍不能满足需要。从整个制药工业的发展情况来看,采用先进的联动线是制药工业向专业化、规模化发展的必然趋势。

(四)口服液生产联动线

1. 口服液联动线概况 口服液联动线主要包括洗瓶机、灭菌干燥设备、灌装轧盖机和贴标签机等。其优点是采用联动线生产,口服液瓶在各工序间由机械传输,减少了中间停留时间,灭菌干燥后的瓶子由传输装置直接送入平行流罩中,减少了产品受污染的可能性。因此,采用联动线生产能够保证口服液的产品质量达到 GMP 要求,同时减少了人员数量和劳动强度,设备布置更为紧凑,车间管理得到了改善。

2. 口服液联动线的联动方式 口服液联动线的联动方式有两种,如图 7-8 所示。一种是由各种单机以串联方式组成的联动线,这种联动方式要求各单机的生产能力要匹配。目前国内企业多采用单机串联方式联动线进行生产,并通过 PC 机对设备进行自动控制来达到连续、密闭操作。其缺点是一台单机出故障时会使全线停产。另一种是分布式联动方式,它是将同一种工序的单机布置在一起,完成工序后将产品集中起来,送入下道工序。它能够根据各台单机的生产能力和需要进行分布,可避免因一台单机出故障而使全线停产。分布式联动线主要是用于产量很大的品种。

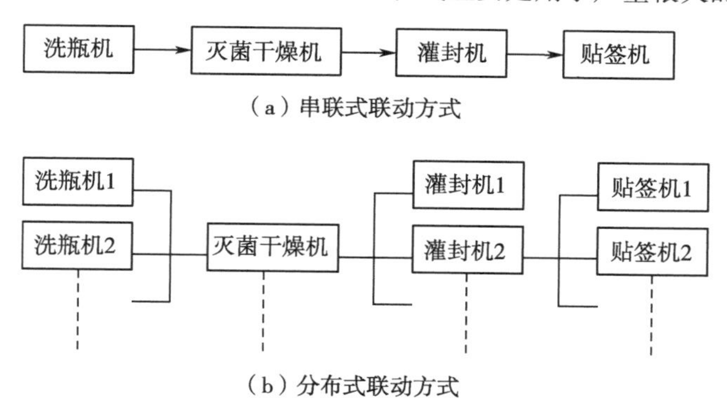

图 7-8 口服液联动线的联动方式

3. 口服液联动机组 自动完成玻璃口服液瓶洗瓶、干燥、灌装、封口、贴标签和打印等工序的联动设备。图 7-9 所示为一种口服液灌装联动机组的外形,它是由超声波洗瓶机、隧道灭菌干燥机、口服液灌装和轧盖机组成的。

口服液瓶经洗瓶机进行洗涤,洗干净的口服液瓶被推入灭菌干燥机的隧道内,完成灭菌和干燥,传送带将口服液瓶送到隧道出口处,由输送螺杆送到灌装药液转盘和轧盖转盘,灌装封口后,再由输瓶螺杆送出。可与灯检、贴签机进行生产线配套。

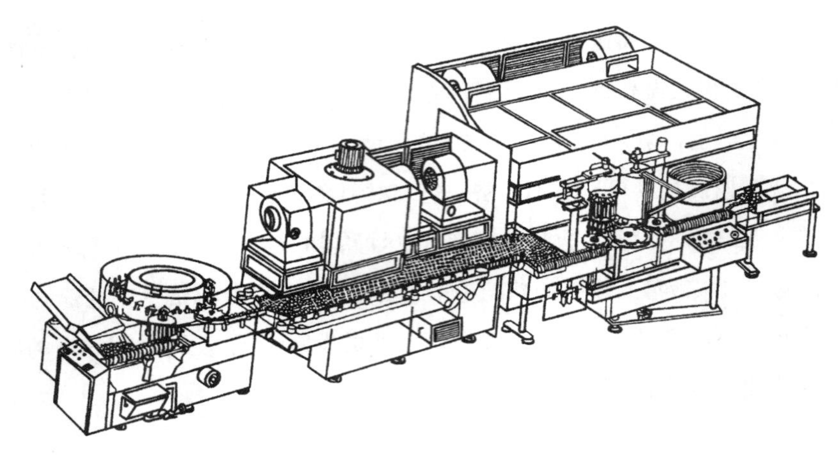

图 7-9　YLX 型口服液自动灌装联动线示意图

ER-7-7
口服液灌装联动机组

4. 口服液联动线的应用　联动线是现代化制药企业的理想设备，能确保产品质量高度稳定，实现了生产的自动化，达到了高生产率，节约了人工，适用于规模化生产，亦可显著降低成本、改善劳动条件、降低劳动强度。目前中国制药企业所配备的联动线运行状态好坏不一。对于实力较强的大型制药企业，操作及维护人员的素质高，对设备的维护较好，制定了严格的操作规程并能很好实施，使联动线的利用率明显增高。而少数小规模的制药企业由于技术力量薄弱，对联动线设备的研习不够深入，操作人员的素质低，不能严格遵守设备的操作、维护及保养规程，致使联动线不能长期正常运行。因此，要科学有效地使用联动线设备，必须要求制药企业的全面建设都能满足要求，例如水、气、电、厂房等一系列配套条件。

(1)供电：由于现代化设备多用微机控制，要求生产用电必须正常稳定。口服液联动线中的灭菌隧道采用电加热管或热风循环加热，也要求具有稳定的电源。

(2)洁净水供给：口服液灌装联动线的首台设备是洗瓶机，其需要用洁净水冲洗瓶子，在最终工位需要用纯化水冲洗，这些水在满足质量要求的同时还要求足量供应。虽然洗瓶机进水口接有过滤器，但过滤器不宜承受过重的滤污功能，因此要求水质必须满足要求。

(3)洁净压缩空气供给：口服液联动线中，洗瓶机和灌封机均需供应压缩空气，在洗瓶机环节，每次冲水后要由压缩空气吹去残水，因此要求此气应无油、无尘、无水，当灌封机工作时，气动元件需要气源，要求压力稍高。为使压缩空气气源简化，常常会将一个主气源用三通分别向洗瓶机和灌封机供气。

(4)符合要求的包装材料：直接接触口服液的包装材料为口服液玻璃瓶、瓶盖，所用包装材料的一致性会直接影响联动线的工作质量。

(5)操作人员的素质和操作规程的执行：国家药品监督管理部门制定发布的 GMP 及其实施指南都规定，从事生产操作的人员必须具有一定的素质，并经必要的专业技术培训，合格之后才能上岗。联动线多为机、电、光相结合的自动化设备，涉及的知识范围较宽而且结构复杂，操作人员必须经过严格的培训以及较长时间的实践磨炼才有可能掌握好其使用方法。制定严格的操作规程非常必要，是正确使用联动线的科学法规，必须严格遵守、一丝不苟，这样才能确保联动线正常运行。

（6）定期维护保养：联动线动作复杂、功能完善，要确保联动线长期处于良好的运行状态，必须进行及时检查和调整，并定期维护保养。对于所有活动环节，应该定期加油润滑，及时更换易损件，确保各部件（尤其是某些关键部件）始终处于正常位置和状态。只有这样，方能保证联动线工作效率高、产品质量好；充分发挥联动线的作用，同时保证联动线的寿命。

边学边练

口服液生产联动线，请见**实训六　参观药厂口服液体制剂车间及其生产设备**。

点滴积累

1. 超声波洗瓶机是利用超声波换能器发出的高频机械振荡（20 ~40Hz），清洗液体中的微气核空化泡在声波的作用下振动，使液体产生“空化效应”，在液体内部可形成瞬间高压，其强大的能量连续不断冲撞口服液瓶的表面，使污垢迅速剥离，达到清洗目的。
2. 口服液联动机组由超声波洗瓶机、隧道灭菌干燥机、口服液灌装和轧盖机组成。

第二节　糖浆剂生产设备

一、概述

糖浆剂是指含有药物、药材提取物和芳香物质的浓蔗糖水溶液，供口服使用。含蔗糖量应不低于45%（g/ml）。

糖浆剂的制备一般有两种方法，即溶解法和混合法。溶解法又分为热溶法和冷溶法。

1. 热溶法　将蔗糖溶于一定量的沸水中，加热搅拌溶解后，继续加热至100℃，在适当的温度下加入其他药物搅拌溶解，趁热滤过。自滤器上添加适量新沸过的纯化水至规定容量，再分装。在热溶法中，蔗糖溶解速度快，微生物容易杀灭，糖内的一些高分子杂质可以凝固和滤除。此法适用于热稳定的药物和有色糖浆的制备。

2. 冷溶法　将蔗糖溶于冷纯化水或含有药物的溶液中，待完全溶解后滤过。采用冷溶法可制得颜色较浅或无色的糖浆，转化糖含量少，但蔗糖溶解速度慢。该法适用于制备主要成分不耐热的糖浆。

3. 混合法　将药物或液体药物与糖浆直接混合而成。

糖浆剂生产的一般工艺流程为药料的提取、过滤、浓缩；溶糖过滤；配液；糖浆瓶的准备、清洗、灭菌干燥、灌封、质量检查、贴标签、包装。上述过程的各个环节会用到不同的设备，主要包括提取设备（如多功能提取罐、高效提取浓缩机组）、减压浓缩罐、配液罐、洗瓶机、灌装机等。

糖浆剂通常采用玻璃瓶或塑料瓶包装，规格为25~1000m1，常用规格为25~500ml。

二、常用糖浆剂生产设备

YY 0260-1997制药机械产品分类标准中，糖浆剂生产设备的分类详见图7-10。

采用混合法制备糖浆剂的几种混合方式

糖浆剂的质量要求

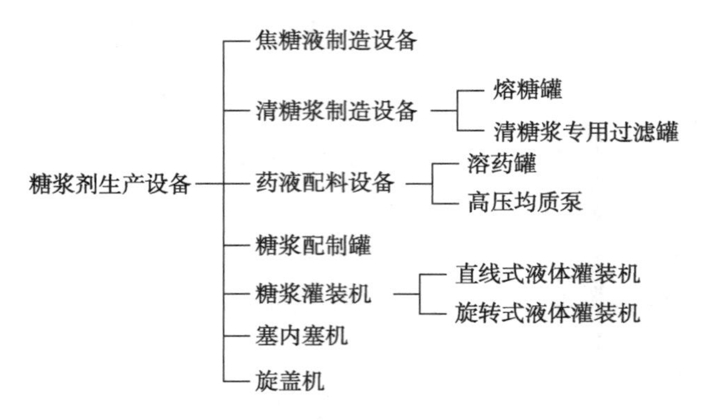

图 7-10　糖浆剂生产设备的种类

（一）糖浆剂生产设备

糖浆剂生产设备主要指将蔗糖溶解、煮沸灭菌、过滤和冷却成清糖浆的设备。

1. 熔糖罐　加热将蔗糖熔融成糖液的设备。是由不锈钢制成的夹层容器，带有蒸汽加热和搅拌装置。

2. 糖浆专用过滤器　用于清除糖浆中的杂质并带有保温功能的过滤设备，由不锈钢制成。

3. 糖浆配制罐　将药液与清糖浆按比例配制成糖浆并进行贮存的设备，材质为不锈钢。

（二）灌装设备

灌装设备是指将糖浆剂定量灌封于玻璃瓶内的机器设备。灌装机按分装容器输送形式的不同分为旋转型灌装机和直线式灌装机；按灌装的连续性分为间歇式灌装机和连续式灌装机。按自动化程度分有手工灌装、半自动灌装、自动灌装；按灌装工作时的压力可分为常压灌装、真空灌装和加压灌装。

1. 四泵直线式灌装机的结构　灌装机由理瓶机构、输瓶机构、挡瓶机构、灌装机构以及动力部分组成，如图 7-11 所示。

理瓶机构在电机带动下将玻璃瓶送至输瓶机构，挡瓶机构为电磁铁控制的拨轮，它将瓶定位于灌装工位，直线式灌装机的计量系统为一曲柄带动的计量泵。当曲柄带动活塞杆做上下运动时完成液体的吸入和压出，液体被注入药瓶。

四泵直线式灌装机

2. 直线式灌装机的工作过程　电机带动理瓶转盘旋转，位于理瓶转盘上的拨瓶杆将瓶送至输瓶传送带上呈单行排列，挡瓶机构将瓶定位于灌装工位，在灌装工位由曲柄连杆机构带动计量泵将待装液体从储液槽内抽出，通过喷嘴注入传送带上的空瓶内，挡瓶机构将灌装后的瓶子被送至输瓶传送带上送出。

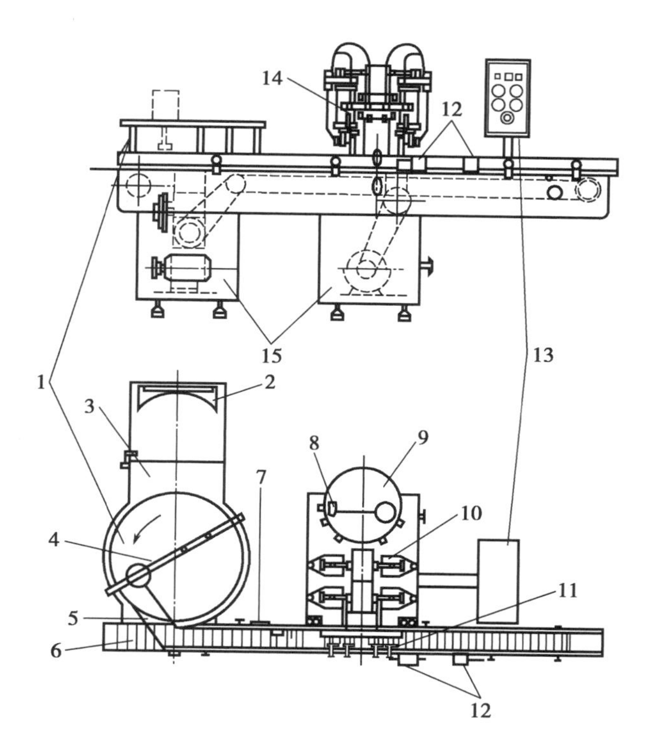

图 7-11　四泵直线式灌装机结构示意图

1. 理瓶圆盘;2. 推瓶板;3. 贮瓶盘;4. 拨瓶杆;5. 输瓶轨道;6. 传送带;7. 限位器;8. 液位阀;9. 贮液槽;10. 计量泵;11. 喷嘴调节器;12. 挡瓶器;13. 控制面板;14. 定向器;15. 电器箱

3. 直线式灌装机的特点

(1)自动化程度高,理瓶、输瓶、挡瓶、灌装等速度可控。

(2)卡瓶、堆瓶、缺瓶能自动停机。

(3)多头计量泵灌装,生产效率高。

(4)适应性广,适用于各种液体,适用于圆形、方形或异形瓶(除倒锥形瓶外)等玻璃瓶、塑料瓶及听、杯等各种容器。

(5)灌注头数相同时,占地面积较回转式灌装机大。

4. 设备的调整

(1)喷嘴调整:喷嘴调整包括喷嘴高度和喷嘴间距的调整。喷嘴高度的调整可以防止药液高速灌注产生泡沫;喷嘴间距是按容器直径大小来调整的。

(2)导轨宽度的调整:容器通过导轨进入灌注工位,调整前后横栅的间距比容器宽 4~5mm 即可使容器进入灌注工位。

(3)容量的调整:通过计量泵的柱塞行程来达到。

(4)挡瓶器的调整:电磁控瓶机构由两只直流电磁铁组成,电磁铁 1 与电磁铁 2 交替动作,使输送带上的瓶子定位及灌装后输出。调整时,先将 4 个容器按照灌装工位中心对称位置放置,固定挡瓶器。使用方形或长方形容器时,应随时检查、调整挡销的位置。

(5)速度调节:①理瓶速度调节:打开理瓶机箱(图 7-11 中的电器箱)盖板,内有三级塔轮,调换带在三级塔轮上的不同位置,可得到 3 种不同的速度(Ⅰ、Ⅱ和Ⅲ),Ⅰ最快,Ⅲ最慢。②输瓶速度调节:打开动力箱(图 7-11 中的电器箱)盖板,通过 4 对不同齿数齿轮的啮合,可以得到 4 种不同的速度。送瓶速度应根据灌装速度进行调节,在满足灌装要求的情况下,应尽量放慢速度。③灌装速度调节:灌装速度主要以产量要求和可能性为选择原则。灌装速度分粗调和细调,粗调由三档带轮调节,细调通过直流电机无级变速确定。为了获得较高的灌装速度,在保证不滴漏的情况下,应尽量选择大口径的喷嘴,但喷嘴外径一般应比瓶口小 2mm 以上,最快灌装速度应以不至于产生过多的泡沫或飞沫为原则。

(6)控制原理:灌装机可利用微动开关来控制挡瓶器、无瓶控制及瓶位中心检查。

5. 设备的使用与保养

(1)开车前必须先用摇手柄转动机器,察看其转动是否有异状,确认正常后再开车。

(2)调整机器时,工具要使用适当,严禁用过大的工具或用力过猛来拆零件,避免损坏机件或影响机器性能。

(3)每当机器进行调整后,一定要将松过的螺丝紧好,用摇手柄转动机器确认其动作是否符合要求后方可以开车。

(4)机器必须保持清洁,严禁机器上有油污、药液或玻璃碎屑,以免造成机器损蚀,故必须:①机器在生产过程中,及时清除药液或玻璃碎屑;②注意蜗轮减速器和动力箱的润滑情况,如发现油量不足应及时添加;③交班前应将机器表面各部清洁 1 次,并在各活动部分加上清洁的润滑油;④每周应大擦洗 1 次,特别将平常使用中不容易清洁到的地方擦净或用压缩空气吹净;⑤每月定期检查 1 次,检查各运转部件如齿轮、轴承等的磨损情况,发现问题及时处理或更换。

6. 常见故障及排除

(1)倒瓶:理瓶盘与瓶底摩擦太大、转速太快或容器的重心不稳。应保持理瓶盘内干燥无水渍,降低转速。

(2)理瓶盘内瓶子堵塞:拨瓶杆调得不合适,盘内瓶子充得过满。排除方法为减少盘内的瓶数,调整拨瓶杆角度或位置。

(3)液体外溢:灌装速度过快,泡沫增加,冲击翻腾而溢出或容器容量偏小等。排除方法为降低灌装速度,大容器灌装可分 2 次灌装。

(4)重灌:其原因是由于挡瓶器失灵,或操作不当或容器直径误差大、轨道过窄,或挡瓶器的位置不对。排除方法为在开车时,先开理瓶和传送带,待瓶布满传送带后再开灌装机。同时严禁从挡瓶器中间取放瓶子或将轨道上的瓶子回推。

(5)误灌:喷嘴与容器中心不对或喷嘴间距小于容器间距;传送带过慢,供不应求;灌液动作过早或过晚;两个挡瓶器间距不当。排除方法为可调整喷嘴间距;调整无瓶控制限位开关;调快传送带速度;调整挡瓶器 12 的位置。

(6)滴漏:小容器低速灌装时,计量泵输出管路选择过粗;浓度高、黏性大的液体管内的压力大,管子变形大,恢复慢;灌装头内传动链条松,曲柄有窜动现象,将喷嘴内的液体振落等均可造成滴漏。排除方法为选用细管或加速灌装速度,排出气泡;或选择高压管以防变形;选用小喷嘴或更换单向阀;旋紧喷嘴导向套上的螺盖,使喷嘴露出导向套 2~4mm。

知识链接

液体灌装机的分类

液体灌装机按灌装原理可分为常压灌装机、压力灌装机、真空灌装机、自动定量液体灌装机。按灌装操作类型可分为全自动液体灌装机和半自动液体灌装机。

1. 常压灌装机　是在大气压力下靠液体自重进行灌装。适用于灌装低黏度不含气体的液体。

2. 压力灌装机　是在高于大气压力下进行灌装，主要采用加压使贮液缸内的压力高于瓶中的压力，液体靠压差流入瓶内，高速生产线多采用这种方法。压力灌装机适用于含气体的液体灌装。

3. 真空灌装机　是在瓶中的压力低于大气压力下进行灌装。这种灌装机结构简单，效率较高，对物料的黏度适应范围较广。

4. 自动定量液体灌装机　速度快、精度高，精密电磁阀计量；灌装量调整方便，在内通过键盘调整灌装时间或更换灌装头连续可调；采用不锈钢及抗腐蚀材料制作，易损件少，清洗、维修、更换物料方便；通过调整工作台高度，可适用于不同大小的包装容器，计量调整范围广；配有自动供料装置及物料回收接口，最大限度地减少浪费。

5. 半自动液体灌装机　采用单头柱塞式定量充填装置，该机是通过调定柱塞运动的距离来实现物料定量供给，同时在计量范围内根据不同的充填量进行任意调节。具有操作简便、定量出料、计量准确、结构简单等特点，采用不锈钢材料制成，用途广泛。

6. 全自动液体灌装机　在原本灌装机系列产品的基础上进行改良设计，并增加了部分附加功能。使产品在使用操作、精度误差、装机调整、设备清洗、维护保养等方面更加简单方便。机器设计紧凑合理、外形简洁美观、灌装量调节方便，可对不同黏度的流体进行灌装。

（三）糖浆剂自动灌装生产线

如图7-12所示为糖浆剂自动灌装生产线。该生产线主要由洗瓶机、直线式灌装机、单头旋盖（轧盖）机、转鼓贴标机组成，可以自动完成冲洗瓶、理瓶、输瓶、计量灌装、旋盖（或轧防盗盖）、贴标签和印字等工序。适合于各种材质的圆形和异形瓶。既能减轻工人劳动强度，又能提高工作效率，其规格件少且更换简单、通用性强、设计先进、机构合理、自动化程度高、运行稳定可靠、实现了机电一体化。

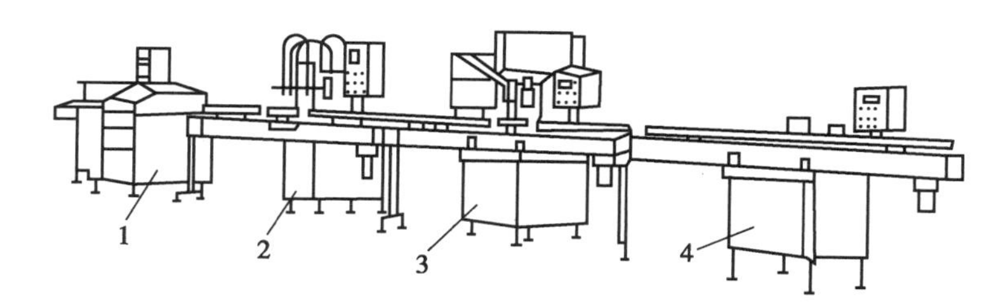

图7-12　液体灌装自动线示意图
1. 洗瓶机；2. 灌装机；3. 旋盖机；4. 贴标机

扫一扫，知重点

边学边练

糖浆剂自动灌装生产线，请见**实训六　参观药厂口服液体制剂车间及其生产设备**。

案例分析

案例

某药厂液体制剂车间生产某药品时，发现装量差异有的合格，有的不合格，分析其原因。

分析

液体灌装机计量泵有多组，任一组计量泵出现问题都会导致装量差异异常，如何增加计量泵的稳定性是解决灌装机装量差异异常的关键。灌装机计量泵的计量范围一般是 20 ~500ml，其计量筒直径越大，越容易导致装量差异异常；计量泵活塞材质和加工精度有偏差，活塞磨损较快造成滴液、漏液、密封不严有空气进入等现象导致装量差异异常。

点滴积累

1. 目前，糖浆剂主要采用自动完成冲洗瓶、理瓶、输瓶、计量灌装、旋盖、贴标签、印字等工序的自动灌装生产线生产。
2. 直线式灌装机自动化程度高，多头计量泵灌装，生产效率高，适应范围广，是制药企业广泛应用的设备。

目标检测

一、单项选择题

1. 制备口服液体制剂的首选溶剂为(　　)
   A. 纯化水　　B. 乙醇　　C. 植物油　　D. 丙二醇
2. 将药材粉末置于容器内，用适当溶剂浸泡后，从容器上部加溶剂，自容器下部收取浸出液的方法称为(　　)
   A. 煎煮法　　B. 浸渍法　　C. 渗漉法　　D. 回流法
3. 液体灌装机装量不准的主要原因是(　　)
   A. 灌注速度太快　　B. 灌注速度太慢
   C. 单向阀阀芯动作不灵活　　D. 药液黏稠度大
4. 倒瓶易出现在(　　)环节
   A. 理瓶　　B. 输瓶　　C. 挡瓶　　D. 灌装
5. 口服液的制备工艺流程是(　　)
   A. 提取→精制→灭菌→配液→灌装
   B. 提取→精制→配液→灭菌→灌装
   C. 提取→精制→配液→灌装→灭菌
   D. 提取→浓缩→配液→灭菌→灌装

二、多项选择题

1. 下列关于口服液的表述正确的是(　　)
   A. 多为复方制剂　　B. 一般采用浓配法制备
   C. 浓度表示方法为百分浓度　　D. 应进行装量差异限度检查
   E. 吸收快,显效迅速
2. 口服液剂生产设备主要是指(　　)
   A. 浸出设备　　B. 蒸馏与蒸发设备　　C. 洗瓶设备
   D. 液体灌装设备　　E. 包装设备
3. 口服液生产联动线的组成有(　　)
   A. 超声波洗瓶机　　B. 隧道式灭菌机　　C. 灌装机
   D. 轧盖机　　E. 贴标签机
4. 糖浆剂生产联动线的组成有(　　)
   A. 洗瓶机　　B. 灌装机　　C. 旋盖机
   D. 灯检机　　E. 贴标机
5. 碎瓶易出现在(　　)
   A. 送瓶机构　　B. 进瓶处　　C. 挡瓶机构
   D. 灌装机构　　E. 出瓶处

三、简答题

1. 试述口服液生产的工艺流程。
2. 口服液灌封机有几种类型?
3. 直线式液体灌封机由哪几部分组成?
4. 回转式口服液灌封机由哪几部分组成?简述其工作过程。
5. 糖浆剂生产设备与口服液生产设备有何不同?

四、实例分析题

在对口服液进行质检时出现以下问题:

1. 部分口服液中有玻璃屑。
2. 装量不准。

试根据本章学习内容分析生产中出现上述两种现象的原因。

(祁永华)

第八章

中药制剂生产设备

导学情景 √

情景描述：

扁桃体炎是儿童的常见病和多发病，往往表现出高热、咽痛剧烈、吞咽困难、全身乏力等，且极易反复发作，因此会给患儿带来极大的痛苦。医生常常在给患儿抗生素治疗的同时加开蒲地蓝消炎口服液辅助治疗，临床数据表明蒲地蓝消炎口服液治疗扁桃体炎具有明显的效果。

学前导语：

蒲地蓝消炎口服液由蒲公英、黄芩、地丁和板蓝根等中药材制成，你知道这些中药材在药厂中是采用什么设备，通过何种方法处理加工制成口服液的吗？本章我们将一起学习药材前处理、提取浓缩等设备的基本结构、原理和基本操作，以及维护保养等相关知识。

第一节　药材前处理设备

一、概述

药材前处理是根据原药材或饮片的具体性质，在选用优质药材的基础上将其经适当的清洗、浸润、切制、选制、炒制和干燥等，加工成具有一定质量规格的中药材中间品或半成品。药材前处理加工的目的是生产各种规格和要求的中药材或饮片，为中药有效成分的提取与中药浸膏的生产提供可靠的保证。

二、净选、切制和炮炙设备

药材前处理的主要生产工艺包括净制、切制、炮炙等过程。对天然药用动植物进行净选、洗涤、软化、切制、炮炙等操作制取饮片的机械称为中药炮制设备。目前使用较多的有滚筒式洗药机、往复式切药机、滚筒式炒药机等。

（一）滚筒式洗药机

滚筒式洗药机是通过将中药材翻滚、碰撞、用饮用水对药材喷射洗涤以去除药材表面的泥沙、细菌、杂质等的设备，适用于一定规格尺寸以上的根茎类、皮类、种子、果实类、矿物质及大部分菌类药材的清洗。

1. 结构　滚筒式洗药机由回转滚筒、电动机、导轮、冲洗管、防护罩、水泵等组成，如图 8-1 所示。

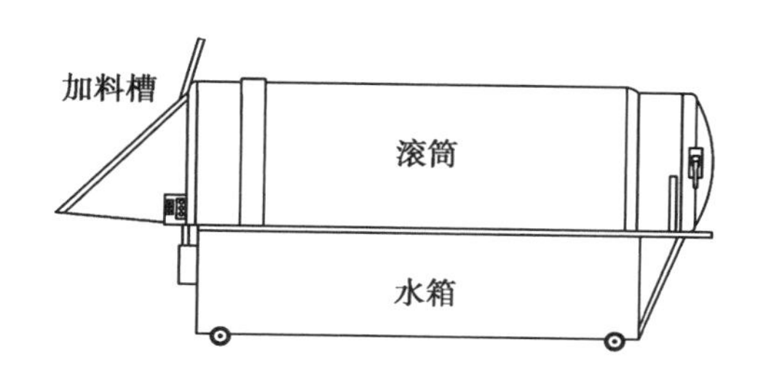

图 8-1　滚筒式洗药机示意图

2. 工作原理　原药材从加料槽加入回转滚筒，内部带有筛孔的回转滚筒在回转时与高压水泵喷淋水产生相对运动，吸附在药材上的杂质随水经筛孔排出，滚筒内有内螺旋导板推进物料，洗净后的药材从另一端排出。

滚筒式洗药机

3. 操作要点

（1）操作前准备：①检查设备各部件连接是否正确，接通电源，空机试运行，打开水泵检查喷淋水系统是否正常；②检查设备清洁情况；③检查设备润滑情况；④检查回转滚筒空转是否正常，圆筒转速为 5～15r/min；⑤检查原药材的质量，是否有异物，是否适合洗药机清洗要求。

（2）运行：①打开电源，设定回转筒转速，开启水泵及喷淋水系统；②从加料口加入原药材；③运行中检查循环清洗水情况，必要时要及时更换；④出料时要注意剩余水的收集、过滤；⑤操作结束后，将清洗水放掉，对设备进行清洁。

4. 清洁标准操作规程

（1）清洁实施的条件和频次：①每批生产结束后；②连续生产每个班次结束后。

（2）清洁液与消毒液：饮用水、纯化水、75%乙醇。

（3）清洁方法：①将回转滚筒内残余的原药材清除干净；②清洗水放掉，并用饮用水或纯化水将循环水系统清洗至无色；③用洁净的抹布擦拭整机，至抹布上无灰尘、无残留物痕迹，整机外观光洁。

5. 维护保养标准操作规程

（1）机器润滑：①查看设备运行记录、润滑记录；②每班次运行后润滑 1 次。

（2）机器保养：①每班使用后对设备整体检查 1 次，每月检查机械 1 次；②定期检查导轮等易损部件，检查其磨损程度，发现缺损应及时更换或修复；③新机运转时，应注意调节皮带的松紧度，确保皮带的寿命，滚动轴承采用油脂润滑，油脂由油杯口注入。

6. 设备常见故障及排除方法　滚筒式洗药机常见故障、产生原因及排除方法见表 8-1。

表 8-1　滚筒式洗药机常见故障、产生原因及排除方法

常见故障	产生原因	排除方法
滚筒转向相反	设备电源线相连接不正确	检查并重新接线
操作中有焦臭味	皮带过松或损坏	调紧或更换皮带
洗药滚筒转动声音沉闷、卡死	加料过快或过多或皮带松	减慢加料速度；调紧或更换皮带
滚筒内有剧烈的金属撞击声	有杂物进入滚筒	停机检查

7. 特点及应用范围　滚筒式洗药机采用整体旋转式，物料由内螺旋导向板向前推进，可以实现连续加料、连续生产，自动出料，对特殊品种可反复精洗，直到洗净为止；结构简单，操作维护方便；配有高压水泵喷淋装置，洗水可用泵循环加压，直接喷淋于药材，也可选用饮用水进行直接冲洗，洗涤时间短，洗涤效率高，适用于长度为 3~15cm 药材的清洗。

（二）往复式切药机

往复式切药机主要用于根茎、果实、叶、草等中药材的切制。

ER-8-2

往复式切药机

1. 结构　往复式切药机由加料盘、传送带、压辊、刀片、曲轴、皮带轮、变速箱、机座等组成，刀架通过连杆与曲轴相连，如图 8-2 所示。

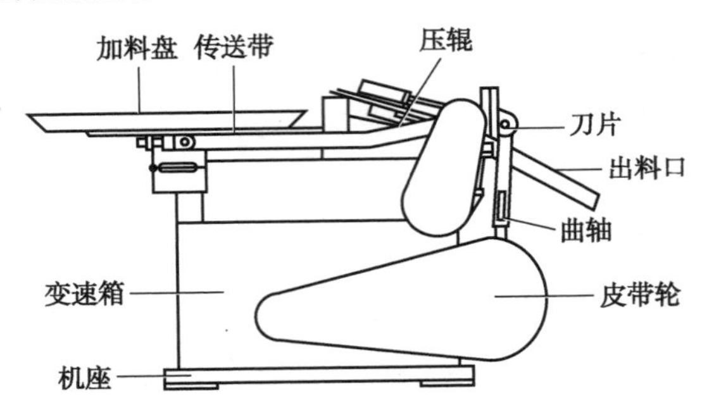

图 8-2　往复式切药机示意图

往复式切药机操作

2. 工作原理　当电动机转动带动皮带轮旋转时，皮带轮上的曲轴带动连杆和切刀做上下往复运动。药材通过传送带输送，在刀床处受到压辊的挤压作用被轧紧，通过刀床送出，在出口受到刀片的截切，切段长度由传送带的传送速度确定。

3. 操作要点

（1）操作前准备：①检查设备是否有合格待用的状态标志；②检查电器设备是否有漏电现象，整个机器各紧固件是否紧固，用于转动的皮带轮有无碰撞及摩擦声；③检查各转动部件是否缺乏润滑油。

（2）运行：①使用前对整机进行检查，零部件是否齐全，刀片是否锋利，常用螺丝是否有遗失或松动；②工作前根据刀片大小，调节螺纹杆，使刀片与刀床保持最佳距离，以保证切成的饮片符合要求；③工作时先让刀片转起来，然后再下料；④下料时，可用专用工具将药材沿下料口向设备内喂送，切药时要注意加料均匀；⑤在切药过程中，如发现有金属物或石块混入其中应及时选出；⑥将洁净的容器放置于出料口处，以便及时收集切好的饮片；⑦切片完成后关闭电源，清理设备，除去其中的药物残料并做好防尘工作，保证制药卫生。

4. 清洁标准操作规程

（1）清洁实施的条件和频次：①更换品种时，或原品种生产结束以后；②同品种更换批号时，或每批次生产结束以后；③连续生产，每班次生产结束以后。

（2）清洁剂：饮用水。

（3）清洁方法及步骤：①开动设备让输送带倒转，用利刀、钩子把卡在输送带上的药材清理干净；②用刷子把机器上的细屑、粉末清理干净；③用湿抹布将设备外部擦洗干净；④检查设备润滑部位是否有堵塞现象，及时清理；⑤清理现场，经检查合格后，挂上设备清洁合格状态标志，并填写清洁记录；⑥用洁净的白色抹布擦传送带、料盘、出料斗以及设备外壁，应无色斑、污点，无残留物痕迹，切药机外观光洁。

（4）清洁工具及其管理：①抹布（无纺布）、利刀（不锈钢）、钩子（不锈钢），刷子；②清洁工具贮于专门的洁具间，各区域清洁工具分开放置并有标志，由清洁工负责保管、领用；③抹布用后加适量洗涤剂清洗，再用饮用水洗净，烘干后放入洁净塑料袋中备用，利刀、钩子和刷子用饮用水清洗干净，放入工具柜；④清洁工具要每周消毒 1 次。

（5）注意事项：①已清洁的设备应在 3 天内使用，超过时限应重新清洁；②同品种生产超过 1 周应按更换品种进行清洁；③清洁后要注意设备的保护：对清洗的设备和部件要按照规定的贮存条件进行贮存，并防止交叉污染。

5. 维护保养标准操作规程

（1）设备润滑：①准备润滑材料和工具，查看设备运行记录、设备润滑记录；②润滑周期：一般机械部分每运行 3 天加 32 号机油 1 次，转动轴承每 3 个月加 1 号钙基润滑脂。

（2）设备保养：①电动机每月检查 1 次，每班使用后对设备整体检查 1 次；②定期检查电器系统中各元件和控制回路的绝缘电阻及接零的可靠性，确保用电安全；③定期检查机械部分（每月进行 1 次），检查轴承、刀片、传送带等部位转动是否灵活和磨损，如发现缺陷及时修复；④设备的传动部分开车前应全部加油 1 次，中途可按各部分的运转情况添加，设备的转动部分轴承和其他部位每班操作前及清场后要各加机油润滑 1 次；⑤设备放置的室内应保持干燥、清洁。

6. 设备运行注意事项　①严防金属或石块等混入物料；②切制过程中如有异常情况，应停机检查，排除故障，绝不可勉强使用；③禁止一切异物放在设备上；④整个检修过程应遵循有关安全的技术规程，保证安全操作，杜绝任何事故发生。

（三）滚筒式炒药机

大部分中药材在净选、切制等处理后都要进行炮炙，常用的炮炙方法有蒸、炒、炙、煅等，其目的是改变或缓和药性、提高临床医疗效果、消除或降低毒性或副作用，便于调剂、制剂、矫味和矫臭。滚筒式炒药机是典型的中药炮炙设备之一，自动化程度相对较高。

1. 结构　滚筒式炒药机由炒药筒、电机、蜗轮蜗杆传动系统等组成，如图 8-3 所示。

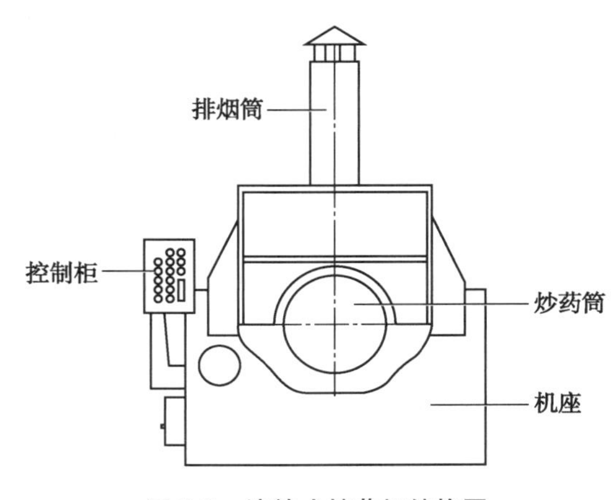

图 8-3　滚筒式炒药机结构图

2. 工作原理　炒药机有卧式滚筒式和立式平底搅拌式，可用于饮片的炒黄、炒炭、砂炒、麸炒、盐炒、醋炒、蜜炙等。通过加热旋转的滚筒，并利用滚筒内的叶片抄板，使物料翻动以便对药材进行炮炙。炒制结束，反向旋转炒药筒，由于抄板的作用，药材即卸出。

3. 操作要点

（1）操作前准备：①检查设备是否有合格待用

的状态标志；②检查电器设备是否有漏电现象，电动机是否运转正常；③检查各紧固件是否松动，运动部位有无障碍物；④工作前需空车运转，检查各运动部位和运转情况是否正常。

（2）设备运行：①打开电源，然后按下主机正转按钮，使空锅正转。②接通加热电源，红灯亮。然后把温控旋钮置于AB手动位置，先启动A或B，或者同时启动，同时预热。如用温度自动控制，可把其中一组电加热（A或B）温控按钮置于自控位置，设定温度，加热自动完成。③当锅体预热后，根据药材性能和炮炙要求，打开上部进料口将药材或辅料按先后次序倒入锅体内（不超过锅体容积的1/3），同时调节风量大小并控制炉膛温度。④药物炒好后，关闭加热电源，同时将锅体反转，倒出药物并将炒好的药物筛去灰屑，放冷，确认无暗火后，将其装入洁净容器。⑤药物倒出后，立即将锅体正转，同时将炉渣从炉膛内清出，再将锅体旋转10~20分钟，方可停车。⑥待锅体冷却后，开始清扫锅体，清洁卫生，清场。⑦严防金属物或石块等杂物混入物料，炒制过程中如有异常情况，应停机检查，排除故障，绝不可勉强使用。

4. 清洁标准操作规程

（1）清洁实施的条件和频次：①更换品种时，或原品种生产结束以后；②同品种更换批号时，或每批次生产结束以后；③连续生产，每班次生产结束以后。

（2）清洁剂：饮用水。

（3）清洁方法及步骤：①炒药机冷却后加入饮用水（不超过容积的1/3），将锅体正转10~20分钟后，反转将水倒出，重复3次；②用抹布蘸饮用水擦洗炒药机表面直至无残留物痕迹；③用湿抹布将设备外部及控制面板擦洗干净；④清理现场，经检查合格后，挂上设备清洁合格状态标志，并填写清洁记录；⑤用洁净的白色抹布擦拭炒药锅壁及其外部设备，应无色斑、污点，无残留物痕迹，锅内无异味，锅外部及控制面板外观光洁。

5. 维护保养标准操作规程

（1）设备润滑：一般润滑部位每班开车前加油1次，滚轮每班加油1次，齿轮箱每6个月换油1次。

（2）设备保养：①每班使用后对设备整机检查1次；②如果设备停用时间较长，需将机身全部擦干净，在其表面抹上防护油，并用塑料套盖上；③放置设备的室内应保持干燥洁净。

6. 特点及应用范围　炒药筒转速采用电磁调速控制，维修操作方便；采用无级变速器，更适用于中药材品种多、性质各异的要求；电加热采用高、低两档自动电热调温、恒温加热装置，加热时能分别启动，亦能同时启动，升温快。备选送风、除尘、除烟装置，能控制火力，适合炒、炙和药材色泽均匀的要求。

点滴积累

1. 中药饮片是将药材经过处理而成片、丝、块、段等并经过炮炙的中药制品。
2. 对天然药用动植物进行净选、洗涤、软化、切制、炮炙等方法制取饮片的机械称为中药炮制设备。
3. 常用的中药炮制设备有洗药机、润药机、切药机、煅药机、滚筒炒药机。

第二节　药材浸出设备

一、概述

中药材中含有生物碱、皂苷、挥发油、鞣质、黄酮、香豆素、树脂、醌、木脂素、游离三萜、多糖等类化合物，其中部分为药用活性成分，部分为无效成分，即杂质。利用不同溶剂对药材中的不同活性成分的溶解性能不同，浸出溶剂将药材中所含有的一种或多种有效成分溶解、浸出，除去无效成分的操作过程称为中药浸提，浸提得到的产品称为浸出药剂。浸提过程一般分为浸润、溶解、扩散、置换4个阶段。用于制备浸出药剂的机械称为浸出设备。为保证浸出药剂的质量，提高浸出效率及经济效益，必须选择适宜的浸出方法与相应的浸出设备。

（一）浸出设备分类

1. 按浸出方法分类

（1）煎煮设备：用煎煮法提取药材有效成分的设备称为煎煮设备。传统的煎煮器有陶器、砂锅、铜罐等，如煎汤剂常用砂锅、熬膏汁常用铜锅等。目前，在中药制剂生产中通常采用敞口倾斜式夹层锅和多功能提取罐等，多为不锈钢材质制成，采用电、蒸汽或高压蒸汽加热，既能缩短煎煮时间，也能较好地控制煎煮过程。

（2）浸渍设备：浸渍设备一般由浸渍器和压榨器组成。传统的浸渍器采用缸、坛等，并加盖密封，如冷浸法制备药酒。浸渍器有冷浸及热浸两种，用于热浸的浸渍器应有回流装置，以防止低沸点溶剂的挥发。目前浸渍器多选用不锈钢罐、搪瓷罐、多功能提取罐等。

（3）渗漉设备：用渗漉法提取药材有效成分的设备称为渗漉器。渗漉器一般为圆柱形或圆锥形，其高度为直径的3~4倍，以水为溶剂及膨胀性大的药材用圆锥形渗漉器，圆柱形渗漉器适用于以乙醇为溶剂或膨胀性小的药材。少量生产时用小型渗漉罐，大量生产时常用的渗漉设备有连续热渗漉器和多级逆流渗漉器等。

（4）回流设备：回流设备是用于有机溶剂提取药材有效成分的设备。通过加热回流能加快浸出速率和提高浸出效率，如索氏提取器、煎药浓缩机及多功能提取罐等。

（5）超临界萃取设备：CO_2超临界萃取是一种物理分离和纯化的方法，它是利用压力和温度对CO_2超临界流体溶解能力的影响而进行的，其萃取过程由萃取和分离组合而成。在超临界状态下，将CO_2与待分离的物质接触，使其按照沸点高低、极性大小和分子量大小将成分依次萃取出来。对应各压力范围所得到的萃取物不是绝对单一的，但可以通过控制条件得到最理想比例的混合成分，然后借助减压、升温的方法使超临界流体变成普通气体，被萃取成分则完全或基本析出，从而达到分离提纯的目的。

（6）超声波提取设备：超声波提取是利用超声波具有的机械效应、空化效应及热效应，通过增大介质分子的运动速度、增大介质的穿透力以提取中药有效成分的方法。

（7）微波提取设备：微波提取技术主要是基于微波的热特性，利用微波能来提高提取率的一种新技术。

2. 按浸出工艺分类

(1)单级浸出工艺设备:单级浸出工艺设备是由一个浸出罐组成的,是将药材和溶剂一次加入提取罐中,经一定时间浸出后收集浸出液,排出药渣的设备,如中药多功能提取罐。单级浸出的浸出速度是变化的,开始速度大,以后速度逐渐降低,最后达到浸出平衡时速度等于0。

(2)多级浸出工艺设备:多级浸出工艺设备由多个浸出罐组成,亦称多次浸出设备。它是将药材置于浸出罐中,将一定量的溶剂分次加入进行浸出。亦可将药材分别装于一组浸出罐中,新溶剂分别先进入第一个浸出罐与药材接触浸出后,浸出液放入第二个浸出罐与药材接触,这样依次通过全部浸出罐,成品或浓浸出液由最后一个浸出罐流入接收器中,如多级逆流渗漉器。

多级浸出的特点在于有效利用固液两相的浓度梯度,亦可减少药渣吸液引起的成分损失,提高浸出效果。

(3)连续逆流浸出工艺设备:连续逆流浸出工艺设备是使药材与溶剂在浸出罐中沿反向运动并连续接触提取,加料和排渣都自动完成的设备。如U形螺旋式提取器、平转式连续逆流提取器等。

连续逆流浸出具有稳定的浓度梯度,且固液两相处于运动状态,属于动态提取过程,浸出率高,浸出速度快,浸出液浓度高。

(二)浸出设备与浸出因素的关系

影响浸出的因素有药材的粉碎度、浓度梯度、温度、浸出成分的分子大小、浸出时间和溶剂的种类、性质、用量及浸出时的压力等,这些因素与浸出设备的设计、选用和使用均有密切关系。

1. 药材的粉碎度越大,表面积越大,接触面积越大,提取效率越高。而不同的设备要求粉碎度不同,煎煮设备与浸渍设备要求粉碎度较大;渗漉设备则要求粉碎度较小,否则易造成堵塞,影响渗漉。中药动态提取要求中药材粉碎成粗颗粒,颗粒与溶剂呈流态化进行浸出,能使中药材的有效成分提取比较完全,浸出速度快。

2. 温度升高,扩散速度增加,浸出效率提高。在浸出设备的设计上采用升温的方法提高浸出效率,如煎药浓缩机、连续热渗漉器及多功能提取罐等。

3. 浓度梯度越大,扩散推动力越大,浸出效率越高。在浸出设备如动态多功能提取罐中装有搅拌装置;渗漉器、多级逆流渗漉器经常更换新溶剂或采取流动溶剂均是为了扩大浓度差,提高浸出效果。

4. 在流动的介质中进行浸出时,药材与溶剂的相对运动速度增高,扩散速度加快,浓度梯度增大,加快浸出,但相对运动速度不宜过快,过快使溶剂的耗用量增加。在浸出设备设计中采用提高药材与溶剂的相对运动速度加快浸出速率如平转式连续逆流提取器等。

5. 提高浸出压力有利于加速药材的浸润过程。对质地坚实而较难浸润的药材,加压后的浸出效果比较明显。在浸出设备中经常使用的加压方法有两种:一种是用泵加压;另一种是用蒸汽升温加压,如多功能提取罐等。

二、常用浸出设备

（一）自动煎药浓缩机

1. 结构　自动煎药浓缩机具有提取和浓缩两项功能，它由组合式浓缩锅改造而成，适用于医院制剂室生产。基本结构由提取筒、浓缩筒、控制器、真空泵等组成，具体结构如图 8-4 所示。

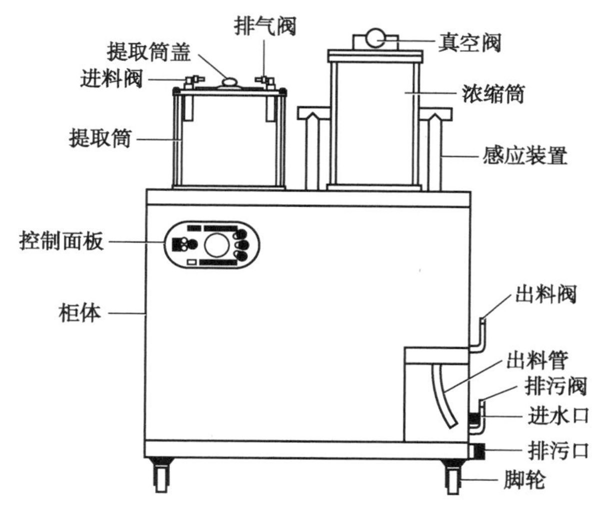

图 8-4　自动煎药浓缩机

2. 工作原理　按中药提取的工艺设计，采用特殊结构的密闭容器和电气控制系统，能对小剂量调配处方进行提取，在高真空下对煎煮水溶液加热，使其中大部分水分低温沸腾后汽化而被除去，从而制得高浓度的药膏。

3. 性能特点

（1）煎药部分：①利用顶部上水系统，对煎药筒玻璃内壁清洗彻底，节省人工，无死角；②上盖具有掀动感应系统，防止误操作引起的筒外喷溅；③常压煎药中产生的废气自动收集于冷凝排放一体系统，大大降低环境中的水气及药味；④采用优质的高硼硅玻璃和不锈钢精滤孔网制作，有利于清楚观察药材的煎制过程，省去了烦琐的药布袋；⑤对仍处于工作中的操作响报警音，及时提示操作人员，有效避免误操作，对煎药桶内无水干烧的情况自动停止加热，保护各电气元件；⑥系统根据煎煮过程中的沸腾状况，自动转换文、武火，有效节省能源。

（2）浓缩部分：①加热汽化分离装置使料液热流与冷流相互转化并持续流动，防止局部过热结垢；②浓缩过程稳定在-0.08MPa 以下的高真空环境，水溶液沸点稳定在 60℃ 左右，减少热敏性物质的分解，增大传热温度差，强化蒸发操作；③喷溅式进液机构使浓缩筒下部形成液面漩涡，上部形成拍击水花，大大增加汽化面积；④浓缩筒采用优质的透明玻璃材料，有利于观察药液汽化过程，观察药膏挂壁状态，控制泡沫产生以及预判产品最终体积；⑤真空、进液、加热、汽化、凝水、排污等浓缩步骤一键式自动完成；⑥自动连续式进液系统，适合批量生产；⑦系统对进液完成至浓缩结束阶段响报警音，及时提示操作人员自主控制产品最终体积。

4. 常见故障及处理方法　自动煎药浓缩机常见故障及处理方法见表 8-2。

表 8-2　自动煎药浓缩机常见故障及处理方法

常见故障	故障原因及处理方法
开机后，煎药部分电控面板灯不亮，按钮无作用	设备正处于检修及蓄水阶段，保障上水通畅的情况下，过几分钟再试
开机后，按上水键后灯不亮，无反应	由于防喷溅功能的限制，关闭煎药筒盖后再试
开机后，按准备键后灯不亮，无泵运转声响	设备正处于检修及蓄水阶段，保障上水通畅的情况下，过几分钟再试
开机后，按煎煮键后灯不亮，无反应	由于煎药采用倒计时且默认值为 0 分钟，设定煎药时间后再试
煎药进行中，数码管显示 E1	煎药筒底部温度过高或干烧，注入冷水降温后再试
准备进行中，按浓缩键后灯亮，但不进液	原料药液热密度低于 1.00kg/L，传感器无法识别，需要在煎煮时增加药材量或降低水量，使原料药液热密度高于 1.00kg/L
浓缩进行中，自动除沫过于频繁，导致真空度降低过大，温度超过 70℃	原料药液属于较易起沫类型，不适合使用最高蒸发速度，可打开箱后盖，关闭一个电机电源
清洗进行中，贮存槽内有部分残水抽不尽	抽水时贮存槽内形成较大漩涡，影响传感器的反应时间，需要人为破坏漩涡形成或再次重复清洗步骤
断路器自动跳闸	箱体内部进水导致电器元件短路，需打开箱后盖擦干漏入水并彻底晾干

（二）渗漉设备

渗漉法是将药材粗粉置渗漉容器中，溶剂从容器上部连续加入并流经药材，渗漉液从下部不断流出，从而浸出药材有效成分的方法。

在渗漉过程中，溶剂相对于药粉流动浸出，属于动态浸出，有效成分浸出完全，溶剂利用率高。因此，渗漉法适合于贵重药材、含毒性成分的药材、高浓度的制剂及有效成分含量较低的药材的提取，但不宜用于新鲜药材、容易膨胀的药材、无组织结构的药材的提取。渗漉提取时溶剂通常为不同浓度的乙醇。

渗漉工艺包括单渗漉法、重渗漉法、加压渗漉法等。

1. 结构　常用渗漉罐内部为圆筒形结构，由罐体、加料口、气动出渣门、筛板、筛网、气动操作台等组成，其底部有滤布等以支持药粉底层。罐体有夹层，可通过热水、蒸汽加热或冷冻盐水冷却，以达到浸出所需的温度，并能常压、加压及强制循环渗漉操作。如图 8-5 所示。具有药材分布均匀、出渣方便等特点。

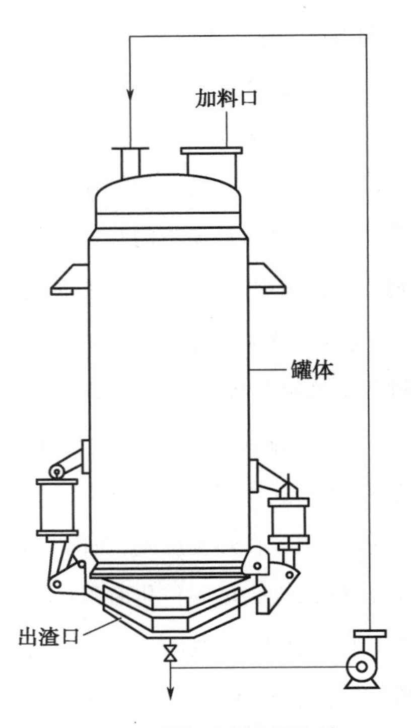

图 8-5　圆柱形渗漉提取罐结构示意图

2. 工作原理　渗漉时，往药材粗粉中不断添加浸取溶剂使其渗过药面从下端出口流出浸取液，溶剂渗入药材的细胞中溶解大量的可溶性物质之后，浓度增加，密度增大而向下移动，上层的浸取溶剂或稀浸液置换位置，形成良好的浓度差，使扩散较好地自然进行，故提取效果优于浸渍法，提取也较完全，而且省去了分离浸取液的操作时间。

3. 设备操作要点

（1）操作前检查与准备：①检查操作间的清场情况以及设备、容器、用具的清洁情况；②检查操作间的环境条件如温度、相对湿度等，应符合工艺规程标准要求；③检查电子台秤等计量器具的状态，应完好清洁，有检定合格证并在有效期内；④岗位操作人员到备料间领料，核对品名、批号、编号、重量。

（2）设备运行：①将经适当粉碎的药材加适当的溶剂均匀湿润，加盖密闭，放置一定时间；②将药材装入渗漉器当中，装筒时应均匀、松紧一致，加入溶剂时尽量排出药材间隙中的空气，溶剂应高出药材面，浸渍适当的时间后进行渗漉；③渗漉时控制适当的速度，每小时流出溶液为渗漉器体积的1/48~1/24，并不断补充溶剂，渗漉用溶剂量视药材不同而定，通常为药材量的10~20倍；④渗漉结束后回收乙醇至渗漉液无醇味，渗漉液另器贮存；⑤岗位操作人员填写生产记录并清场；⑥为了提高渗漉速度，可在渗漉器下边加振荡器或在渗漉器侧加超声波发生器以强化渗漉的传质过程。

（三）多功能提取罐

多功能提取罐是目前生产中普遍采用的一种可调节压力、温度的密闭间歇式提取、蒸馏等多功能设备，可用于水煎煮提取、热回流提取、强制循环提取、挥发油提取、有机溶剂回收等工艺操作。

多功能提取罐按照罐体形状不同分为底部正锥式、底部斜锥式、直筒式、倒锥式、翻斗式及罐底能加热式等多种，如图8-6所示。按照提取过程性质不同分为静态多功能提取罐和动态多功能提取罐。

1. 结构　主要由罐体、加料口、出渣门、气动装置、夹套等组成，如8-6各图所示。罐体一般采用不锈钢材料制造，规格有0.5、1、1.5、2、3和$6m^3$等。夹层可通入蒸汽加热或通水冷却。投料口规格有ϕ300mm、ϕ400mm和ϕ500mm。出渣门规格有ϕ400mm、ϕ600mm、ϕ800mm和ϕ1000mm，门上安装有不锈钢筛网或滤板以分离药渣与药液，排渣底盖通过气动装置控制出渣门的启闭。为了防止药渣在提取罐内膨胀，因拱结（俗称“架桥”）难以排出，有些底部正锥式、底部斜锥式提取罐内装有料叉，可借助于气动装置使提升杆上下往复运行，协助破拱排渣。直筒式，特别是倒锥式一般可借药渣自身重量自行顺利出渣。带有搅拌装置的称为动态多功能提取罐，物料在搅拌下降低周围溶质的浓度，增加了扩散推动力。多功能提取罐的罐内压力为0.15MPa、夹层为0.3MPa，属于压力容器。

2. 工作过程　药材经加料斗进入罐内，加水浸没药材，浸泡适宜时间，向罐内通入蒸汽进行直接加热，当温度达到提取工艺规定的温度后，停止向罐内通蒸汽，改为夹层通蒸汽间接加热，维持罐内温度在规定的时间。提取完毕后，浸出液从罐体下部经滤板过滤后排出收集，药渣再依法煎煮提取1~2次，合并各次滤液，即得。

在提取过程中，为了提高浸出效率，可进行强制循环提取：开启泵，使药液从罐体下部排液口放出，经管道滤过器滤过，由泵打回罐体内循环，直至提取完毕。该法不适宜含淀粉多或黏性大的药材的提取。

3. 操作要点

（1）设备运行前检查：①检查设备是否有清洁合格证；②检查多功能罐出渣门滤网是否完好，管

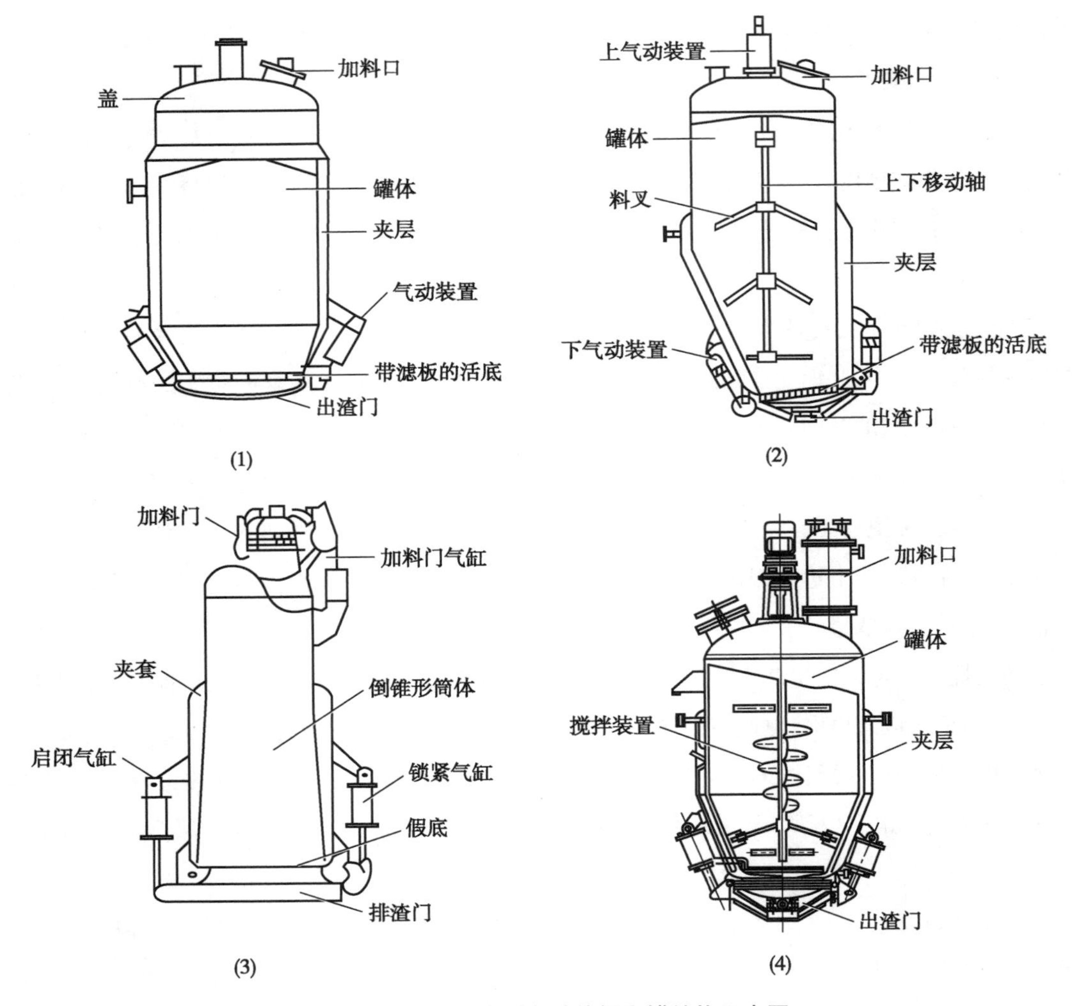

图 8-6　常见不同类型多功能提取罐结构示意图

路是否畅通、清洁；③检查投料门、排渣门工作是否正常，是否顺利到位；④检查安全阀、压力表是否完好，疏水器是否畅通；⑤检查罐体夹层内残留的水是否排尽，行灯是否正常。

（2）设备出渣门的操作：①加料前，打开贮气罐气压总阀门，气压达到 0.8MPa 以上，将右边气动拉阀的拉杆拉出，活塞杆伸出，出渣门缓缓关上，将左边气动拉阀的拉杆拉出，活塞杆伸出，出渣门锁紧圈旋转锁紧；②排渣时，打开气压总阀门，先将左边气动拉阀的拉杆按下，出渣门锁紧圈松开，然后将右边气动拉阀的拉杆按下，出渣门缓缓打开；③操作结束后，关闭气罐进口总阀，并将排气口阀打开，放尽贮气罐内的余气。

（3）煎煮操作：①打开投料门投料，结束后关闭投料门；②打开加水阀门，按工艺标准要求量加水；③打开夹层蒸汽阀门，保持气压不大于 0.3MPa 至沸腾，然后使气压保持 0.02~0.05MPa，保持沸腾状态；④生产结束关闭气阀门，药液排尽后，打开排渣门，排出药渣。

（4）提油操作：①关闭排空阀门、回流管道阀门，打开回收放料阀和进料阀，打开冷凝器进水阀门和回水阀门；②按工艺要求打开夹层气阀门或直通气阀门，升温进行提油操作；③提油操作结束后，关闭夹层气阀门、直通气阀门，打开排空阀门，关闭冷凝水进水阀门和回水阀门，按产品工艺规程要求进行操作。

(5)回流操作:①打开带有冷凝装置的多功能提取罐冷凝阀门和回流阀门,关闭排空阀;②将按工艺要求配制成一定浓度的乙醇液,注入提取罐中;③待罐内乙醇沸腾后,将气压保持在0.02~0.05MPa,保持罐内乙醇沸腾至规定时间,然后关闭夹层气阀门,缓缓打开排空阀,打开出液口阀门,将回流液抽入洁净的储罐中;④根据工艺要求进入下道工序。

4. 清洁规程

(1)清洁实施的条件和频次:①上批生产结束后,下批生产投料前实施清洁;②同一品种每生产1批清洁1次。

(2)清洁地点:在线清洁。

(3)清洁用设施和工具:专用刷、拖把、抹布、皮管。

(4)清洁剂及其配制方法:用 Na_2CO_3 配制成0.5%浓度的水溶液。

(5)清洁方法:①打开进料口和出料口阀门,用饮用水冲洗罐体内、外壁和各管道连接处,并用洁净抹布将外壁擦干;②清洁剂水溶液煮洗2小时后再换饮用水煮洗1小时,重复1次;③饮用水冲洗干净至流出液呈中性,自然晾干。

(6)清洁工具的管理:①清洁工具用完后及时清洗,水桶用后刷洗干净,倒置存放;抹布用后用洗涤剂清洗,再用清水洗净,干燥后存放于洁净的塑料袋中。②清洁工具贮存于专门的清洗间内,各区域使用的清洁工具要分开存放并有标志。③清洁工具每周消毒1次。④清洁效果的评价标准为pH试纸检测流出液为中性,流出液无色。

5. 机器保养

(1)保养周期:①电动机:每月检查1次;②每班使用后,对设备整体检查1次。

(2)保养内容:①定期检查电器系统中各元件和控制回路的绝缘电阻及接零的可靠性,确保用电安全;②定期检查(每周进行1次)多功能提取罐底盖过滤网及过滤器是否堵塞;③每次在操作前都要检查各计量表是否回零;④提取罐各润滑点每3天添加1次润滑油;⑤设备运行过程中夹层气压不得高于0.3MPa;⑥设备运行结束,及时排出夹层冷凝水,检查压力表是否回零;⑦每年定期检查压力表、安全阀是否完好正常。

6. 注意事项　①提取时,夹层气压不得超过0.3MPa;②运行结束后必须放完药液后设备内无残余压力才能打开排渣门;③投料量不超过设备容积的2/3;④使用反冲蒸汽时蒸汽压力必须≤0.07MPa;⑤当出渣门关闭到位并锁紧后,必须将贮气罐进气口阀门完全关闭,并将排气口阀门打开,放尽贮气罐内的余气;⑥气缸的工作介质采用经除水、除尘、调压后的压缩空气,以保证控制阀门和气缸的正常工作。

(四)多级逆流提取方法与设备

1. 多级逆流提取法　多级逆流提取是将一定数量的渗漉罐用输液管道互相连接起来,先后排成一定次序,形成罐组,通过相应的流程配置,逐级将药材中的有效成分扩散至起始浓度相对较低的套提溶液中,以最大限度转移药材中的可溶解成分,缩短提取时间和降低溶剂用量的中药提取技术。浸出过程中由于浸出液与药渣走向相反,故称为逆流提取法。

2. 多级逆流提取设备

(1)结构:多级逆流提取设备一般由5~10个渗漉罐、加热器、泵、溶剂罐、贮液罐等组成,如图8-7所示。

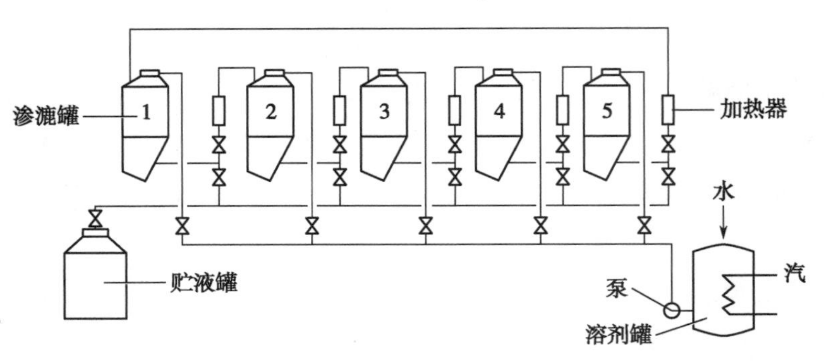

图8-7　多级逆流提取设备结构示意图

(2)工作过程:以5组渗漉罐为例,将经过处理的药材按顺序装入1~5号渗漉罐,用泵将溶剂从贮罐送入1号罐,1号罐渗漉液经加热器后流入2号罐,依次送到5号罐,药液达到最大浓度,进入贮液罐。当1号罐内的药材有效成分渗漉完全后,用压缩空气将1号罐内液体全部压出,1号罐即可卸渣,装新料,成为最末一罐,原来的第5罐变为第4罐,此时,来自于溶剂罐的新溶剂进入2号罐,最后从5号(原1号)罐出液至贮液罐中。以此类推,直至提取完成。

在逆流提取过程中,应根据药材性质、制剂要求,并通过实验筛选,确定渗漉罐的数量和提取工艺流程。

(3)技术特点:在整个操作过程中,每份溶剂从第1罐流入末罐多次使用,使从末罐流出的浸出液的浓度达到最大;罐中的药渣经多次浸出,使有效成分在药渣中的含量降到最低,提取率较高;溶剂总用量大幅减少,降低了后续工艺的能耗及生产成本;设备采用管道化、渗漉罐组单元形式,既可多个单元组合进行多级连续逆流提取,也可各个单元单独进行提取作业。

(五)热回流循环提取浓缩机组

热回流循环提取浓缩机组是中药制药企业使用的新型全封闭连续循环动态提取浓缩机组。该设备主要用于以水、乙醇及其他有机溶剂提取药材中的有效成分、浸出液浓缩、有机溶剂的回收等。

1. 结构　热回流循环提取浓缩机组的基本结构由浸出和浓缩两大部分组成,如图8-8所示。

(1)浸出部分:包括提取罐、消泡器、浓缩冷凝器、提取罐冷却器、油水分离器、过滤器、泵等。

(2)浓缩部分:包括浓缩加热器、浓缩蒸发室、浓缩冷凝器、储罐等。

2. 工作原理　把中药材浸泡在溶媒中,采用蒸汽加热,使溶剂在药材间循环流动。溶剂的循环流动增加了摩擦洗脱力度和浓度差,静压柱加速溶剂对药材的渗透力,一定的温度加快了对有效成分的溶解浸出。经过设定的时间,药液经过滤器过滤后直接放入蒸发器(水提时负压,醇提时常压)浓缩,蒸发器产生的二次蒸汽经冷凝器、切换器可以送回常压提取罐,作为新溶剂和热源使用,形成边提取边浓缩,直到获得符合工艺要求的中间体。提取终点,药渣经回收溶剂排放,溶剂经冷却后放入贮槽。

3. 操作要点

(1)开机前检查:①检查设备是否挂有合格待用的状态标志;②检查上一班次设备运行记录,有

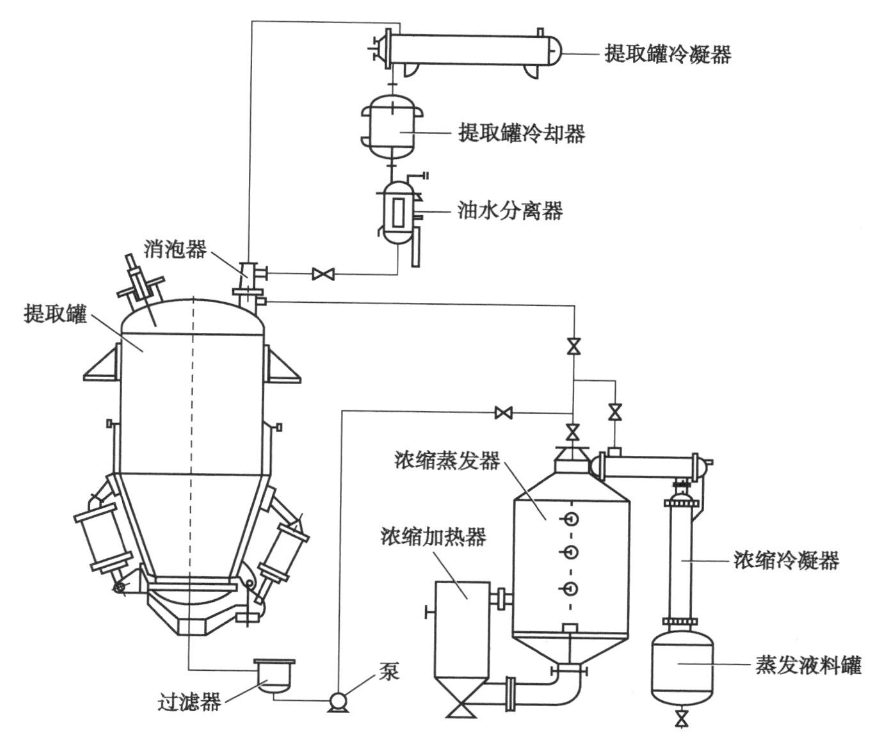

图 8-8　热回流循环提取浓缩机组结构示意图

故障是否已经及时处理，严禁设备带病运行；③检查合格后，填写并悬挂设备运行状态标志。

（2）投料：①关闭提取罐出渣门，插上保险销，打开加料口，投入药材；②关闭加料口，打开放空阀，慢慢加入提取溶剂，中药材与提取溶剂的比例为 1∶4～1∶6，但药材必须被浸没；③提取罐出渣门开启时应先取下保险销，再按控制程序按钮，操作结束后要打开控制箱的旁路阀，把压缩空气排空。

（3）水提法工艺操作步骤（采用常温提取、真空浓缩）：①打开提取罐内的加热器进气阀通入蒸汽，打开提取罐的出料阀，启动循环泵，使水经过滤器、外加热器，回流到提取罐，再打开外加热器蒸汽阀，使水加热，这时提取进入升温阶段；②待升温到设定温度（一般为 95℃），关闭外加热器蒸汽阀，保温（20～60 分钟）；③与此同时打开立式冷凝器的进水阀，使提取罐内的上升蒸汽冷凝成液体流入油水分离器，经分离，中层的水放入回流管，油分出；④关闭循环泵，关闭提取罐的出料阀，打开浓缩器的进料阀，使加热器中的水流入蒸发器，5～10 分钟后关闭加热器进料阀；⑤打开提取罐的出料阀及冷却器的冷却水阀，料液经过过滤器送入蒸发器，待蒸发器液位达到一定的高度（下视镜一半），关闭浓缩器的进料阀，打开冷凝器的出料阀，这时应检查浓缩器到卧式冷凝器的二次蒸汽阀应处在开启状态，立式冷凝器到卧式冷凝器及尾气冷凝器阀门应处于关闭状态，打开切换器控制开关，按启动按钮，这时控制器面板电源指示灯和进料指示灯亮，把状态指示灯开关调整到自动状态，打开真空阀，切换器真空表动作，整个切换器自动系统开始工作，打开卧式冷凝器进水阀，微微开启蒸发器再沸器的蒸汽阀，使料液循环沸腾蒸发；⑥蒸发器产生的二次蒸汽经顶部的气液分离装置分离出液体，纯蒸汽经冷凝器冷凝，经切换器到提取罐的液体分布器，均匀地喷洒在药材表面，新溶剂从顶部到底部经与药材的传质萃取，再送入蒸发器形成了边提取边浓缩的过程，控制好蒸发器的进料量、进料温度、真空度、提取罐的物料温度；⑦经过4~7小时的提取（按品种工艺定），打开过滤器底部的排污阀可检查提取是否完全，提取完成后，切断真空阀，把切换器的控制器状态指示按钮转至手动，再按放料按钮，把切换器中剩余的水放完；⑧打开取样阀，取出少部分药液，测试浓度是否符合工艺要求，如合格，浓缩液由蒸发器底部经出料阀放至下一工序，如测试浓度达不到要求则继续浓缩，直到符合中间体浓度要求。

（4）醇提工艺操作步骤（采用常压提取、常压浓缩）：①打开内加热器进气阀，通入蒸汽，打开提取罐的出料阀，启动循环泵，使乙醇经过滤器、外加热器，回流至提取罐，再打开外加热器蒸汽阀，使乙醇加热，这时提取进入加温阶段；②与此同时打开立式冷凝器的进水阀，使提取罐内的上升蒸汽冷凝成液体流入油水分离器，经分离，中层乙醇排入回流管，油分出；③待升到设定温度（一般75℃，按工艺定），关闭外加热器蒸汽阀，保温（20~60分钟）；④关闭循环泵，关闭提取罐的出料阀，打开加热器的进料阀，打开浓缩器的进料阀，使加热器中的乙醇流入蒸发器，5~10分钟后关闭加热器进料阀；⑤关闭卧式冷凝器通往切换器的进料阀，打开卧式冷凝器通往提取罐的回流阀；⑥开启卧式冷凝器到尾气冷凝器的阀门，打开尾气冷却水阀，并检查浓缩器往卧式冷凝器的二次蒸汽阀，应处于开启状态；⑦开启提取罐出料阀和蒸发器的进料阀，热料经过过滤器送入蒸发器，待蒸发器液体到一定的高度（下视镜的一半），再打开卧式冷凝器的进水阀，慢慢开启蒸发器再沸器的蒸汽阀，使料液循环蒸发；⑧蒸发器产生的二次蒸汽经冷凝器冷凝，直接回到提取罐，均匀地洒在中药表面，乙醇从顶部到底部经与药材的传质萃取，又送入蒸发器，形成了边提取边浓缩的过程，控制好蒸发器的进料量、蒸发温度、提取罐的料温、回流液的温度，整个系统就可以十分方便地稳定操作；⑨经检查，提取完成后，关闭冷凝器到提取罐的阀门，开启冷凝器到油水分离器的阀门，使溶剂经冷却后，流入油水分离器，经分离后，溶剂流回到溶剂贮罐，直到乙醇全部回收完毕，药渣中的乙醇可由提取罐的内加热器继续加热，提取罐上升的蒸汽经立式冷凝器，放到溶剂成品罐贮放；⑩蒸发器中的药液排放到下一工序。

4. 设备清洁标准操作规程

（1）清洁实施的条件和频次：①每个品种生产结束后清洁1次；②连续生产每个班次结束后清洁1次。

（2）清洁液与消毒剂：饮用水、纯化水、75%乙醇溶液。

（3）清洁方法：提取罐和蒸发器设有在线清洗系统（CIP）。提取罐的清洗系统由过滤器、外加热器、泵和提取罐内的环形喷淋管及万向清洗球组成。由泵和蒸发器顶部的清洗球组成蒸发器的清洗系统（如果本厂水压高于0.25MPa，也可直接接入水管，不用泵增压）利用高压的热水对提取罐和蒸发器进行清洗。

（4）清洗过程：①出渣后，关闭出渣门，往提取罐加入一定量的清水，清水经过过滤器、水泵增压，经外加热器，由提取罐内的环形喷淋管喷出，对罐壁和外加热器进行清洗，提取罐封头由万向清洗球冲洗；②关闭水泵出口往外加热器的阀门，打开往蒸发器顶部的清洗管的阀门，即可到蒸发器的清洗；③当清洗蒸发器的水位满到离视镜10cm左右，打开再沸器的蒸汽阀，使清水在再沸器与蒸发器的循环喷射达十几分钟，即可起到对再沸器的清洗效果，但需注意真空管路也必须启动；④再沸器运行10~20天，需打开上、下快开门，检查药物在列管内的结垢情况，如有结垢，用圆柱形钢丝刷刷除结垢冲洗后，即可继续生产；⑤换品种的清洗：建议用0.2%~1%碳酸钠水溶液在75~80℃循环15~20分钟，方法如前，最后用热水冲洗，干净即可最后用75%乙醇擦拭消毒，自然干燥；⑥清理现场，经检查合格后，悬挂清洁合格状态标志，并填写清洁记录。

5. 设备维护保养标准操作规程

（1）设备润滑：①一般润滑部位每班开机前加油1次，中途可根据需要添加1次，每周用20或30号机油润滑对润滑点（轴承、轴套等有相对运动的零部件）润滑1次；②轴承、轴套等润滑点用油枪加入适量润滑油，若因加入过量导致油滴下来，应立即用抹布擦净，以防止污染。

（2）设备保养：①电机、空压机每月检查1次，每班使用后，对设备整体检查1次；②出渣门气缸每运行1个季度，或机组长期停产后开车，应往气缸加入少量的硅油作润滑剂（拔出气管从气缸上进气口加入）；③机组的真空表、压力表、安全阀、温度计按真空表、压力表和安全阀、温度计的保养按校核测试规定进行；④出渣门气缸杆表面和十字头等转动面每半年需加入少量的润滑油；⑤每个班次结束后，若生产中断，需将设备彻底清洗干净并给各滑润点加油润滑，经检查合格后，挂清洁合格状态标志。

6. 特点　①收膏率和有效成分含量比多功能提取罐高；由于在提取过程中热溶剂连续加到药材面上，由上至下高速通过药材层，产生高浓度差，则有效成分提取率高，浓缩又在一套密封设备中完成，损失很小，浸膏有效成分含量高。②设置双路油水分离装置，能使复方中药材在边提取边浓缩过程中得到轻油、重油、水的分离，也能在回收溶剂中得到油、溶剂的分离。③设备占地面积小，节约能源与溶剂，投资少，成本低。

（六）中药多能提取生产线

1. 结构　多能提取生产线由提取罐、泡沫分离器、冷凝器、冷却器、油水分离器、气液分离器和管道过滤器等组成，如图8-9所示。可进行常温浸渍、温浸、热回流等操作；在罐体底部增加一台减速搅拌器进行搅拌，可实现动态提取。

2. 工作原理　提取罐夹套通入蒸汽对罐体内药材及溶剂加热，浸出液中的蒸汽经冷凝、冷却，直接回流入罐，或进入油水分离器分离出挥发油；也可将浸出液经管道过滤器过滤后用底部出口的泵抽出再从罐顶部加入提取罐，进行强制循环提取。

边学边练

中药多能提取生产线操作，请见**实训七　参观中药厂浸出设备、蒸发及蒸馏设备**。

3. 操作要点　①以水为溶剂时，直接向罐内通入蒸汽进行加热，当温度达到提取工艺温度后，停止向罐内进蒸汽，而改向夹层通蒸汽，以维持罐内温度在规定范围内；若以乙醇为溶剂时，采用夹层通蒸汽方式进行间接加热。②回流提取时，在加热提取过程产生的大量蒸汽从蒸汽排出口经泡沫分离器到冷凝器进行冷凝，再进入冷却器进行冷却，然后进入气液分离器，使气体逸出，液体回流到提取罐内，如此循环直至提取终止。③提取挥发油时，加热方式与水提相似，但必须关闭冷却器与气液分离器间的阀门，打开通向油水分离器的阀门，使药液经冷却后直接进入油水分离器进行油水分

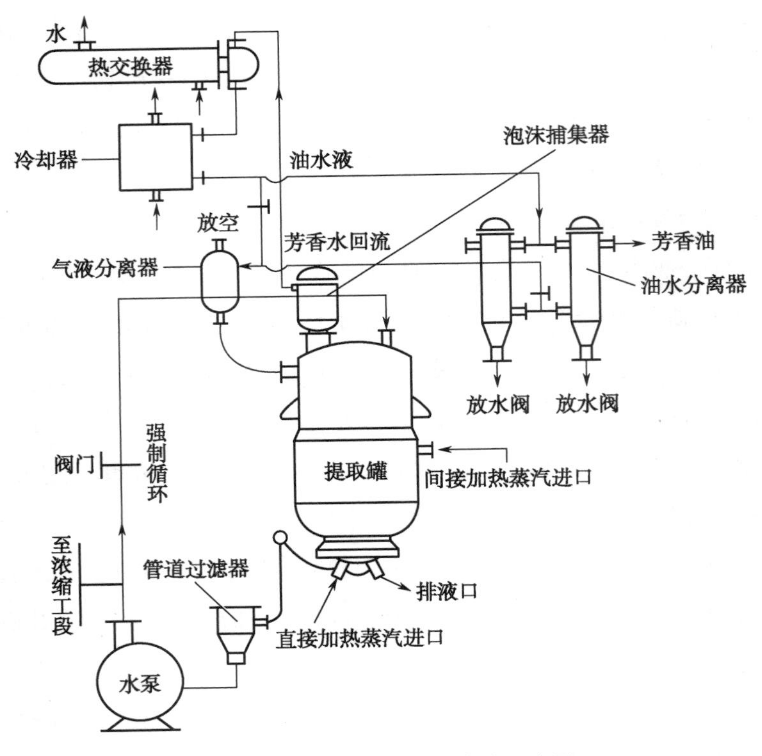

图 8-9　中药多能提取生产线示意图

离，挥发油从油出口放出，芳香水从回流水管经气液分离器进行气液分离，未凝气体排出，液体回流到罐体内，提油进行完毕，对油水分离器内残留而回流不了的部分液体可从底部放水口放出。④提取结束后可进行真空出液，既缩短出液时间，又可将药渣中浸出液抽尽，减少损失，气压自动排渣。

4. 注意事项　①工作时必须使用保险气缸，以免泄压脱钩而发生事故；②在加压操作时或压力没有降至 0 时，严禁触摸加料口手柄，当关闭加料口时，必须使定位销进入沟槽内，罐内加料加液后必须检查出渣门保险气缸是否处于锁定保险状态；③使用乙醇提取时要采用真空操作，或经冷却器冷却后流入提取罐内，不能采用水泵强制循环；④提取生产线安装时必须安装减压阀，安全阀、压力表，通蒸汽进入夹套时需缓慢开启蒸汽阀门，蒸汽压力不能超过 0.2MPa。

（七）超临界流体萃取设备

超临界流体萃取（supercritical fluid extraction，SFE）是用超临界流体作溶剂对目标成分进行萃取和分离的技术。

1. 超临界流体的概念　物质有气体、液体、固体 3 种存在形式。对特定的一种物体，当温度和压力发生变化时，其状态会相互转化。例如水，在常温常压时是液态（水）；冷却至 0℃ 以下为固态（冰）；加热至 100℃ 以上时变成气态——水蒸气。如果将水置于一足够耐热及耐压的容器中持续加热至水全部变成蒸汽，此时，容器内的温度为 374.4℃、压力为 22.2MPa。如果向容器压入同温度的蒸汽增加密度与压力，蒸汽会不会变成水呢。实验证明，只要水的温度超过 374.4℃，水分子就有足够的能量抵抗压力升高的压迫，分子间始终保持一定距离，此距离小于水在液态时分子之间的距离，即使压力大到蒸汽的密度与水的密度相近时，也不会液化成水。此时水的温度称为临界温度，相对应的压力称为临界压力。临界温度与临界压力构成了水的临界点，超过临界点的水称为超临界水，既具有水的液态又有气态的性质，是一种"稠密的气体"，为了与水的一般形态相区别称其为"流体"。因此，超临界流体是指处于临界温度（Tc）和临界压力（Pc）以上的流体，是介于液态和气态之间的一种状态。

2. 超临界流体的特性　与常温常压下的气体和液体比较，超临界流体具有两个特性：一是密度接近于液体，二是黏度接近于气体，扩散系数比普通液体大约100倍。由于同时具有类似于液体的高密度和气体的低黏度，使超临界流体既具有液体对溶质溶解度较大的特点，又具有气体易于扩散和运动的特性，超临界萃取时传质速率远大于其处于液态下的溶剂萃取速率，成为良好的分离介质和反应介质。

由于二氧化碳具有较低的临界温度和适宜的临界压力，其操作压力一般为8～30MPa，温度在30～80℃，且无色、无味、无毒、不易燃、化学惰性、膨胀性低、价格低廉，故目前生产上常用二氧化碳作为超临界流体提取中药材中的有效成分。

3. 超临界流体萃取设备

（1）系统组成：超临界流体提取设备主要包括萃取釜、分离釜（解析釜）、精馏柱、高压泵、CO_2贮罐、温度和压力控制系统等。萃取釜是装置的主要部件，必须耐高压、耐腐蚀、密封。物料通常装在吊篮中，然后将吊篮放入萃取釜中，吊篮上、下有过滤板使CO_2通过，高压泵承担CO_2流体的升压和输送任务。

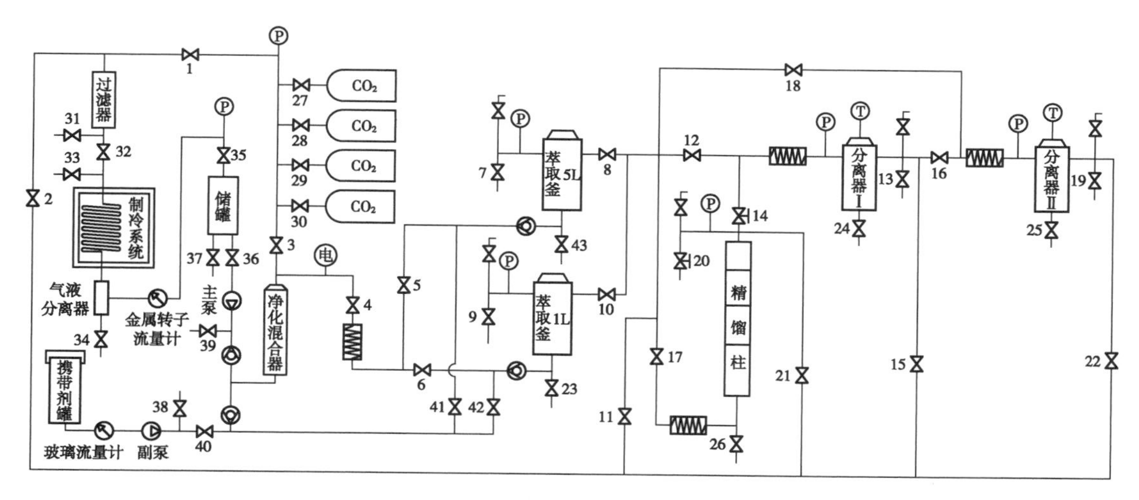

图8-10　超临界二氧化碳提取工艺流程示意图

（2）萃取工艺流程及原理：超临界二氧化碳流体（SFE-CO_2）的基本流程包括萃取和解析两个阶段，见图8-10。萃取阶段是指溶质由药材转移至二氧化碳流体中的过程。当温度、压力调节到超过二氧化碳临界状态以上时，其对药材中的某些特定溶质具有足够高的溶解度而进行溶解。解析阶段是指溶质与二氧化碳分离及不同溶质间的分离。溶解有溶质的二氧化碳流体进行节流减压，其后在热交换器中通过调节温度而变为气体，对溶质的溶解度降低，使溶质析出，当析出的溶质和气体一同进入分离釜后，溶质与气体分离而沉降于分离釜底部，气体进入冷凝器冷凝液化，然后经高压泵压缩升压（使其压力超过临界压力），在流经加热器时被加热（使其温度超过临界温度），重新达到具有良好溶解性能的超临界状态，该流体进入萃取釜中再次进行提取。

超临界 CO_2 流体萃取的工艺参数主要包括萃取压力、萃取温度、二氧化碳流量、萃取时间、药材粉碎度、夹带剂种类及用量等。

（3）超临界流体萃取技术的特点：①提取温度低，适于热敏性药物；②萃取分离可一次完成，提取速度快、效率高；③整个萃取过程处于密闭状态，排除了药物氧化和见光分解的可能性；④提取的产品中没有溶剂残留；⑤用作超临界流体的 CO_2 无毒、无腐蚀性、价廉，可循环使用；⑥适于脂溶性、分子量较小的成分的萃取，对极性较大、相对分子质量较大的物质提取可以通过加入夹带剂或升高压力等措施加以改善；⑦属于高压设备，一次性投资较大。

知识链接

超临界流体的历史

1978 年德国的 Zosel 博士将超临界二氧化碳萃取工艺用于咖啡豆脱除咖啡因而成为超临界萃取的第一个工业化项目。由于超临界二氧化碳脱除咖啡因的工艺明显优于传统的有机溶剂萃取工艺，自此以后，超临界萃取工艺被视为高效节能的提取分离技术在很多领域得到广泛的研究和应用。我国对该技术的研究起步于 20 世纪 80 年代，但发展迅速，到目前为止，已具备小、中试，直至工业化超临界流体萃取设备的能力。某些天然药物活性成分的超临界流体萃取技术已达到工业化生产的规模，如青蒿素浸膏、蛇床子浸膏、姜黄浸膏、辣椒红色素、小麦胚芽油、肉豆蔻精油、深海鱼油等。

（八）超声波提取设备

超声波是指频率高于 20kHz 的声波。超声波提取是利用超声波具有的机械、空化及热效应，通过增大介质分子的运动速度、增大介质的穿透力以提取中药有效成分的方法。超声波提取在中药制剂质量检测中已广泛使用，在中药制剂提取工艺中的应用也越来越受到关注。

1. 结构　超声波提取设备主要由提取罐、超声装置、加料口、冷凝器、冷却器、出料口、控制系统等组成，如图 8-11 所示。超声装置由超声波发生器、超声波振荡器及高频电缆线等组成。将超声波振荡器浸入提取罐，沿罐体中轴线安装，能使提取物充分吸收超声波能，产生均匀的空化，有利于提取物中有效成分的溶出。提取时常用的超声频率在 20～80kHz。超声波提取设备集超声波、热回流为一体，既可用于水提，也可以用于其他有机溶剂的提取。

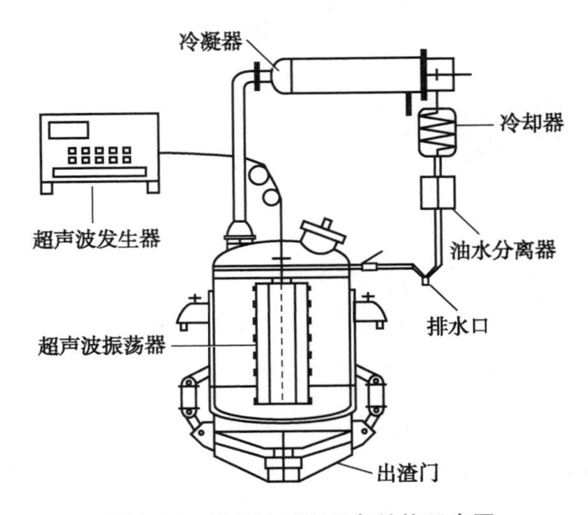

图 8-11　超声波提取设备结构示意图

2. 工作原理　由超声波发生器发出的高频振荡信号，通过超声波振荡器浸入式振合转换成高频机械振荡而传播到介质提取液中，超声波在提取液中疏密相间地向前辐射，使液体振荡，通过强烈的机械效应、空化效应及热效应等，促使物料中所含的有效成分快速、高效率溶出。

超声波提取设备工作原理示意图

3. 特点　①超声提取时不需加热，避免了中药常规煎煮法、回流法长时间加热对有效成分的影响，适用于热敏性物质的提取；②超声提取提高了药物有效成分的提取率，提高了药材的利用率；③工艺简单，操作方便。

此外，超声波还可以产生如乳化、扩散、击碎、化学效应等次级效应，促进了植物体中有效成分的溶解，促使药物有效成分进入介质，并与介质充分混合，加快了提取过程的进行，并提高了药物有效成分的提取率。

知识链接

超声提取的机械效应、空化效应及热效应

1. 机械效应　系指超声波在介质中传播时使介质质点在其传播空间内产生振动，从而强化介质的扩散、传质。超声波在传播过程中产生的辐射压强沿声波方向传播，对物料有很强的破坏作用，可使细胞组织变形、植物蛋白变性；同时，还可给予介质和悬浮体以不同的加速度，且介质分子的运动速度远大于悬浮体分子的运动速度，从而在两者之间产生摩擦，使细胞壁上的有效成分更快地溶解于溶剂之中。

2. 空化效应　通常情况下，介质内部存在一定的微气泡，气泡在超声波作用下产生振动，当声压达到一定值时，气泡由于定向扩散而增大，形成共振腔，然后突然闭合，在其周围产生高达几千个大气压的压力，形成微激波，造成植物细胞壁及整个生物体破裂，使药材在溶液中产生湍动效应，边界层减薄，增大了固液两相的传质面积，促进有效成分的溶出。

3. 热效应　超声波在介质中传播，其声能不断被介质的质点吸收，介质将所吸收能量的全部或大部分转变成热能，导致介质本身和药材组织温度升高，增大了药物有效成分的溶解度，加快了有效成分的溶解速度。由于这种吸收声能引起的药物组织内部温度的升高是瞬时的，因此可以使被提取成分的结构和生物活性保持不变。

（九）微波提取设备

课堂活动

请列举微波在日常生活中的用途。

微波是波长介于 1mm～1m、频率介于 $3\times10^6\sim3\times10^9$Hz 的电磁波。微波提取（microwave-asisted extraction，MAE）是利用微波能来提高提取率的一种新技术。

目前国内的微波辅助提取设备主要包括微波萃取设备、微波低温萃取设备、微波真空萃取设备、微波动态提取设备、连续式微波提取设备、微波逆流提取设备等，可实现水提、醇提等操作。微波提取频率通常为 2450MHz。

1. 结构　微波提取设备主要包括微波提取罐、泡沫捕集器、冷凝器、冷却器、气液分离器、油水分离器、控制与检测系统等。微波提取罐由内萃取腔、微波源、微波抑制器、进液口、回流口、微波加热腔、搅拌装置、排料装置组成。

2. 工作原理　微波提取技术主要是基于微波的热特性。微波透过萃取介质，到达植物药料内部，由于物料的维管束和细胞系统含水量高，水分子吸收微波能量，使细胞内的温度迅速上升，使细胞内部的压力增大。液态水汽化产生的压力超过细胞壁可承受的能力时，细胞破裂，细胞内的有效成分进入萃取剂而被溶解，过滤除去药渣，即可达到萃取的目的。

微波加热的原理有两个途径：一是通过“介电损耗”。具有永久偶极的分子在2450MHz的电磁场中所能产生的共振频率高达4.9×10^9次/秒，使分子超高速旋转，平均动能迅速增加，从而导致温度升高。二是通过离子传导。离子化的物质在超高频电磁场中以超高速运动，因摩擦而产生热效应。热效应的强弱取决于离子的大小、电荷的多少、传导性能及溶剂的相互作用等。一般来讲，具有较大介电常数的化合物如水、乙醇等，在微波辐射作用下会迅速被加热；而极性小的化合物如芳香族化合物和脂肪烃类及高度结晶的物质，对微波辐射能量的吸收性能很差，不易被加热。

不同物质的介电常数、比热、形状及含水量不同，将导致各种物质吸收微波能的能力不同。影响微波萃取的因素有萃取剂、微波功率、微波作用时间、温度、操作压力及溶剂的pH等。

3. 特点　①微波具有很强的穿透力，可以在物料内外部分同时均匀、迅速加热，故微波提取时间短、收率高；②药材不需要干燥等预处理；③热效率高，节省能源；④溶剂用量少，可降低排污量；⑤对极性分子选择性加热的模式，形成了选择性提取的特点；⑥可在同一装置中采用两种以上的萃取剂分别萃取或分离所需的成分。

点滴积累

1. 浸出方法及设备有煎煮法及设备、渗漉法及设备、多级逆流提取法及设备、热回流循环提取浓缩机、超临界提取法及设备、中药多能提取生产线、超声提取法及设备、微波提取法及设备。
2. 煎煮、渗漉、热回流提取、中药多能提取生产线是药材有效成分最基本的提取方式，已广泛应用。多级逆流提取是在渗漉提取的基础上，通过流程配置，以增大提取浓度梯度为手段的提取工艺。超临界流体萃取是采用超临界流体，通过改善溶剂对溶质的溶解特性提高浸出效率。超声波提取及微波提取是在提取过程中分别借助了超声波和微波的辅助作用，强化提取效果。

第三节　蒸发与蒸馏设备

蒸发、蒸馏是中药制剂生产中进行浓缩、分离的两种单元操作。这两种单元操作都是借助热的传递作用来进行的。

课堂活动

请说出你对蒸发、蒸馏的认识：回忆一下，你在以前的学习中，接触过哪些蒸发设备？在哪几门课程中涉及蒸发设备的知识内容？

一、蒸发设备

（一）蒸发方式及蒸发设备的类型

蒸发是利用加热的方法，使溶液中的部分溶剂汽化分离，以提高溶液中的溶质浓度的工艺过程。简单地说是浓缩溶液的单元操作。蒸发工艺所用的设备称为蒸发器。蒸发在制药过程中的应用目的是：

（1）药物溶液的浓缩：各类提取液的浓缩，以便于将其制成各种剂型。

（2）喷雾干燥前预处理：蒸发将药液浓缩到一定浓度再进行喷雾干燥。

（3）减少溶液体积：蒸发减少溶液体积以便于储存和运输。

（4）回收溶剂：蒸发将废液中的溶剂汽化，然后再冷凝回收。

（5）结晶：通过蒸发操作制取饱和溶液，得到结晶产品。

蒸发的方式有自然蒸发和沸腾蒸发，制药生产中多采用沸腾蒸发。沸腾蒸发操作所用的热源多为饱和水蒸气，称为加热蒸汽或一次蒸汽；蒸发过程中从溶剂汽化所生成的水蒸气称为二次蒸汽。二次蒸汽必须从蒸发液面不断移除，以利于蒸发的进行。

1. 蒸发方式

（1）常压蒸发：在 1 个大气压下进行的蒸发。一般在敞口蒸发器中进行，二次蒸汽直接排放到大气中。因不符 GMP 要求，在药剂生产中已很少采用。

（2）减压蒸发：在小于 1 个大气压下进行的蒸发，又称真空蒸发，即在减压下溶液沸点降低而沸腾蒸发的操作过程。化工生产中采用减压蒸发较多。

（3）薄膜蒸发：应用薄膜蒸发器进行减压或常压蒸发的一种操作。它具有蒸发表面大、热的传导快、物料受热均匀、蒸发温度低、蒸发过程受热时间短等特点。适用于蒸发处理热敏性料液，在制剂生产中应用广泛。

2. 蒸发设备的类型 蒸发设备的类型较多，分类方法也有多种。

（1）按蒸发器的效数分类

1）单效蒸发器：蒸发器产生的二次蒸汽不再利用，经冷凝后移除。

2）多效蒸发器：是指蒸发器产生的二次蒸汽用作另一蒸发器的热源。

（2）按蒸发器的型式分类

1）循环型蒸发器：料液在蒸发器中被循环加热蒸发，以提高传热效果，减少溶液结垢。常用的有中央循环蒸发器、外加热式蒸发器、强制循环蒸发器、盘管式蒸发器、列文蒸发器等。本书只介绍常用的前 3 种。

2）单程式蒸发器：料液呈膜状流动而进行传热和蒸发，又称膜式蒸发器。常用的有升膜式蒸发器、降膜式蒸发器、刮板式薄膜蒸发器、离心薄膜蒸发器等。本书只介绍常用的前 2 种。

3. 蒸发设备的选用 蒸发设备的类型较多，结构、性能各异，应根据各种蒸发器的结构、性能及物料液的性质（如黏度、热敏性、发泡性、腐蚀性、是否易于结垢或析出结晶）和蒸发要求等来选用。

（1）对于黏度大的料液，必须选用能使料液流速加快或能使液膜不断地被搅拌的蒸发器，故以选用强制循环型蒸发器、降膜式蒸发器或刮板式薄膜蒸发器等为宜。

(2)对于热敏性料液，应考虑降低料液在蒸发器内的受热温度，缩短在蒸发器内的受热时间，故以选用膜式蒸发器为宜。

(3)对于易结垢或有结晶析出的料液，需选用不在加热管内沸腾蒸发的蒸发器。

(4)对于腐蚀性料液，应从蒸发器的材质，特别是加热管的材质来选择，采用耐腐蚀性材料。

(5)对于发泡性的料液，应设法破坏泡沫，可用管内流速较大，能起到使泡沫有破裂作用的蒸发器，如强制循环式或升膜式蒸发器。

总体来说，选择什么样的蒸发器需视具体情况而定，除了以上几项选用要求外，还应考虑设备结构应简单、操作维护方便、生产成本低等因素。但最终必须满足生产过程、生产能力的要求，必须保证产品质量。

(二) 蒸发设备

蒸发设备常称为蒸发器，主要由加热室、分离室和辅助设备构成。加热室也称沸腾室，分离室也称蒸发室，溶液在加热室受热沸腾，汽化后产生的二次蒸汽(带有大量的液滴)进入蒸发室，利用蒸发室突然增大的蒸发空间使液滴凝聚沉降而与蒸汽分离。根据加热室和蒸发操作时的溶液流动情况，可将间壁式加热蒸发器分为循环型(非膜式)蒸发器、单程型(膜式)蒸发器两大类。辅助设备主要有除沫器(或气液分离器)与冷凝器。

1. 循环型(非膜式)蒸发器

(1)中央循环管式蒸发器：是常见的蒸发器，亦称标准蒸发器。其结构如图8-12所示。

1)主要结构：加热室是由固定在上、下管板之间的一组直立沸腾管(管径 Φ25～Φ40mm，总长 1～2m)与一个直径较大的中央循环管组成的。管内走料液，管间通入加热蒸汽。中央循环管式蒸发器结构紧凑、简明，制造方便，操作可靠，设备投资费用低，但清理和维修麻烦、料液循环速度较低、传热系数小。适用于黏度适中、结垢不严重、有少量结晶析出及腐蚀性较小的料液的蒸发。

2)工作原理：蒸发时，加热蒸汽在管间流动，由于管径悬殊，使管内料液受热程度不同，形成料液在沸腾管内沸腾汽化上升，而中央循环管内料液受热程度较低，料液的相对密度较大而下降，即形成了料液自沸腾管上升经中央管下降，完成自然循环过程。料液在沸腾管上部汽化，二次蒸汽在蒸发室上升，所夹带的液沫在重力作用下沉降，二次蒸汽进入除沫器后经冷凝而移除。

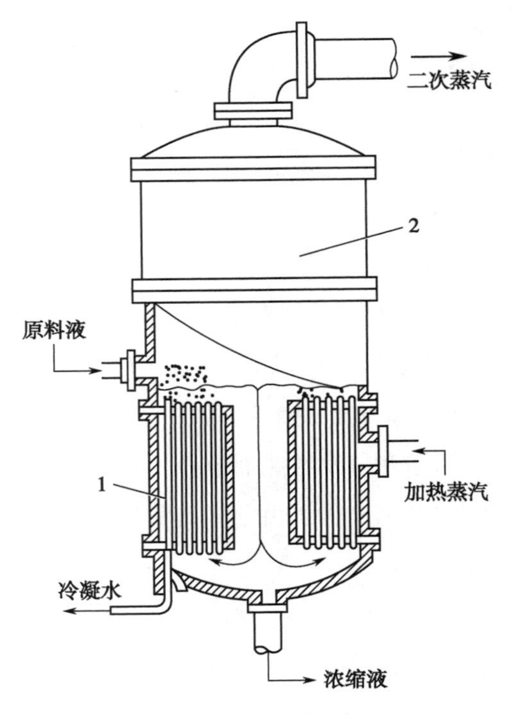

图8-12　中央循环管式蒸发器
1. 加热室；2. 蒸发室

3）操作要点：蒸发浓缩时，先开启真空阀抽真空，再将料液自加热室上部吸入至高于加热管，关闭原料液进口阀门；开启加热蒸汽阀门，通入加热蒸汽于管间，产生的二次蒸汽经除沫后冷凝被移除。停止蒸发时，关闭真空阀与加热蒸汽阀，打开放空阀，使设备恢复常压，浓缩液自下部放出即可。

（2）外循环式蒸发器

1）主要结构：加热室与蒸发室由上、下循环管相连，加热室为列管式换热器，加热管较长，加热室顶部多设有除沫器。蒸发器由于与加热室分开，又称为外加热式。它具有便于清洗、容易更换加热管和降低蒸发器总高度的结构特点，如图 8-13 所示。

2）工作原理：当料液在加热室被加热至沸腾后，部分溶液被汽化沸腾的液体连同汽化的蒸汽快速沿壁进入蒸发室，溶液受离心力作用而旋转降至分离室下部，经下循环管返回加热室，二次蒸汽从上部排出。由于溶液在循环管内流动不受热，使料液在此处的相对密度远大于加热室的相对密度，从而使液体的循环速度加快。为了更有效地防止料液被二次蒸汽夹带形成跑料，常外设分离器，并根据需要，另设回收装置，对有机溶剂进行回收。

3）操作要点：外循环式（加热）蒸发器通常采用真空蒸发工艺。操作时，先开启真空阀门，抽至一定真空度，然后开始进料，进料完毕关闭进料阀，开启蒸汽阀门，通入蒸汽加热并使蒸气压在正常工作压力范围内，使蒸发器进入正常运行状态。当溶液蒸发一定时间后，进行抽样检查，达到规定浓度的浓缩程度后，关闭真空系统、加热蒸汽阀门，并使室内恢复常压后，打开放料阀，将浓缩液放出。

（3）强制循环蒸发器：上述两种是自然循环型蒸发器，由于循环速度较低，导致传热系数较小。为了处理黏度较大或容易析出结晶或结垢的溶液，加快循环速度，以提高传热系数常采用强制循环蒸发器，如图 8-14 所示，它借助泵的外力强制循环蒸发。

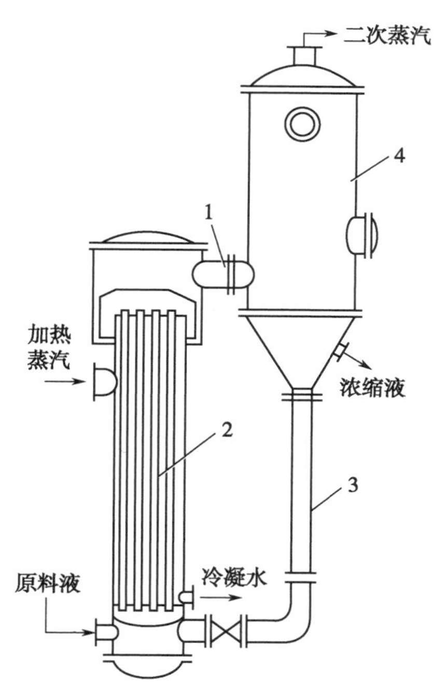

图 8-13　外循环式蒸发器
1、3. 循环管；2. 加热室；4. 蒸发室

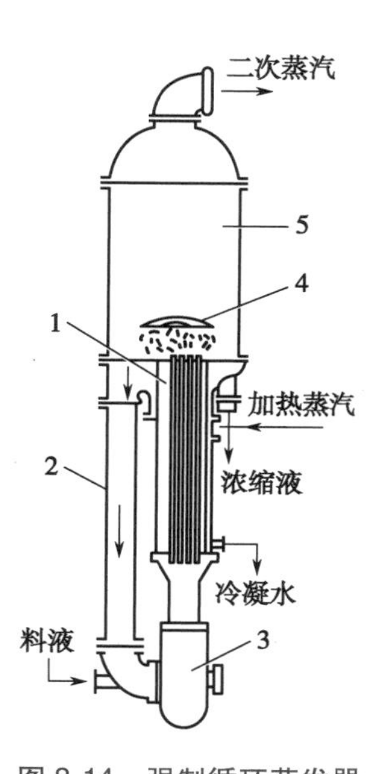

图 8-14　强制循环蒸发器
1. 加热室；2. 循环管；3. 循环泵；4. 除沫器；5. 蒸发室

1）主要结构：有加热室、蒸发室、除沫器、循环管、循环泵等。

2）工作原理：被蒸发的溶液从蒸发器底部用循环泵打出，然后进入蒸发器蒸发，使料液形成不断循环的定向流动。一般速度可达1.5~3.5m/s，有时达到5m/s。

3）操作要点：先开启真空阀门抽真空，然后将料液自料液进口吸入，关闭进料阀，启动循环泵，同时通入加热蒸汽，料液在循环泵的作用下快速流经蒸发室被加热汽化，产生的二次蒸汽经除沫器除沫后，经冷凝而移除。停止蒸发时，先关闭真空阀和加热蒸汽阀门，打开放空阀恢复常压，再开启浓缩液出料阀，使料液在循环泵作用下放出，浓缩液放尽后关闭循环泵即可。

循环型蒸发器的共同缺点：蒸发器内溶液的滞留量大，溶液在高温下停留时间长，不适用于热敏性物料的蒸发。

2. 单程型（膜式）蒸发器　膜式蒸发器的特点是溶液沿加热管呈膜状流动（上升或下降），蒸发速度极快，溶液只通过加热室一次即可浓缩到要求的浓度，在加热管内的停留时间很短（几秒至十几秒）。具有传热效率高、蒸发速率快、溶液在蒸发器内停留时间短、器内存液量少等优点，适用于热敏性药液的浓缩。薄膜蒸发有两种形式：

（1）升膜式蒸发器

1）主要结构：由蒸发室、分离室及附属的高位液槽、预热器等构成，如图8-15所示。

2）工作原理：料液经预热器底部进入加热管，受管外蒸汽加热，使料液在管内迅速沸腾汽化，生成的二次蒸汽于加热管的中部形成蒸汽柱，蒸汽密度急剧变小继而迅速上升，并拉引料液形成薄膜状沿管壁快速向上流动，迅速蒸发。为了使加热管内有效地成膜，上升的蒸汽的速率应在一定值以上，在常压下加热器出口速率一般为20~50m/s，不应小于10m/s，减压下的速率可达100~160m/s或更高。气液两相在分离器中分离，浓缩液由分离器底部排出收集，二次蒸汽则由分离器顶部排出并由管道引至预热器作为热源对料液进行预热。

3）适用范围：升膜式蒸发器不适合高黏度、易结晶和易结垢料液的浓缩，适用于处理蒸发量较大的稀溶液及热敏性或易生泡的溶液。中药提取液可选用此蒸发器进行初步蒸发浓缩，将溶液浓缩到一定的相对密度后，再采用其他蒸发器如刮板式、薄膜式蒸发器来进一步浓缩。

升膜式蒸发器可采用常压蒸发或减压蒸发，其正常操作的关键是让料液在加热管壁上形成连续不断的液膜上爬。产生爬膜的必要条件是要有足够的传热温差和传热强度，使蒸发产生的二次蒸汽量和蒸汽速度达到足以带动溶液成膜上升的程度。

（2）降膜式蒸发器

1）主要结构：由蒸发室、分离器及附设的高位液槽、预热器等组成，如图8-16所示。

2）工作原理：降膜式蒸发器与升膜式蒸发器的区别是料液从蒸发器的顶部加入，通过分布器均匀地进入加热蒸发室，在重力作用下沿管壁呈膜状下降，并在成膜过程中不断被蒸发增浓，在底部进入气液分离室得到浓缩液。为了保证料液在加热管内壁形成均匀的薄膜，并且防止二次蒸汽从管上方窜出，在每根加热管顶部必须设置液体分布装置。

3）特点：与升膜式蒸发器相比较，降膜式蒸发器的特点有蒸汽、冷凝水的耗量小，处理量大，料液停留时间更短，受热影响更小。所以更适用于处理热敏性物料、蒸发浓度较高的溶液或黏度较大的物料，如黏度在 0.05~0.45Pa·s 范围内的物料；不适用于易结晶或易结垢的溶液。

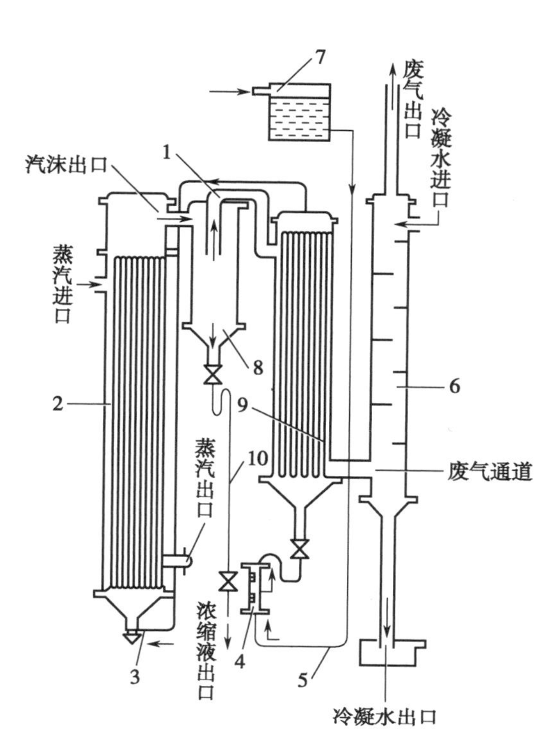

图 8-15　升膜式蒸发器
1. 二次蒸汽导管；2. 蒸发室；3、5. 输液管；4. 流量计；6. 混合冷凝器；7. 高位液槽；8. 气液分离器；9. 预热器；10. 浓缩液导管

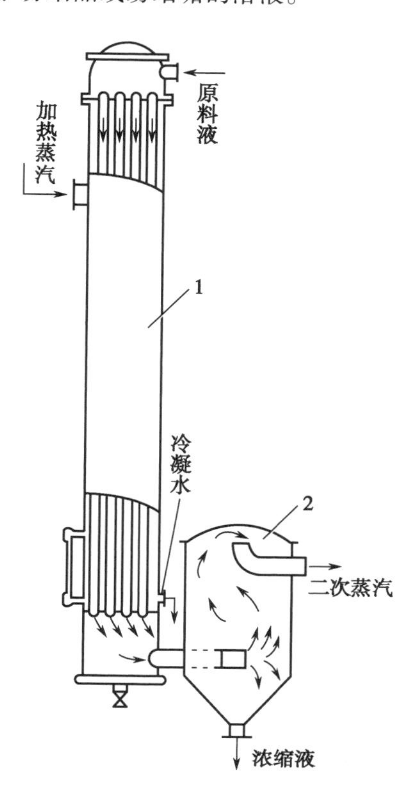

图 8-16　降膜式蒸发器
1. 加热蒸发室；2. 分离器

（三）多效蒸发

1. 多效蒸发的原理　将几个蒸发器顺次连接起来协同操作以实现二次蒸汽的再利用，从而提高加热蒸汽利用率的操作称为多效蒸发。

多效蒸发是利用减压的方法使后一效蒸发器的操作压力和溶液的沸点均较前一效蒸发器低。第一效通入加热蒸汽，从第一效生产的二次蒸汽作为第二效的加热蒸汽，则第二效的加热室成为第一效蒸发器的冷凝器，从第二效生产的二次蒸汽作为第三效的加热蒸汽，以此类推。由于多效蒸发可以节省加热蒸汽用量，所以在蒸发大量水分时广泛采用多效蒸发。

2. 多效蒸发的流程

（1）并流加料法（又称顺流法）：料液与蒸汽的流向相同，如图 8-17 所示。料液与蒸汽都是由第一效依次流到末效。

（2）逆流加料法：料液与蒸汽的流向相反，如图 8-18 所示。料液从末效加入，必须用泵送入前一效；而蒸汽从第一效加入，依次至末效。

（3）平流加料法：料液同时加入各效，完成液同时从各效引出，蒸汽从第一效依次流至末效，如图 8-19 所示。

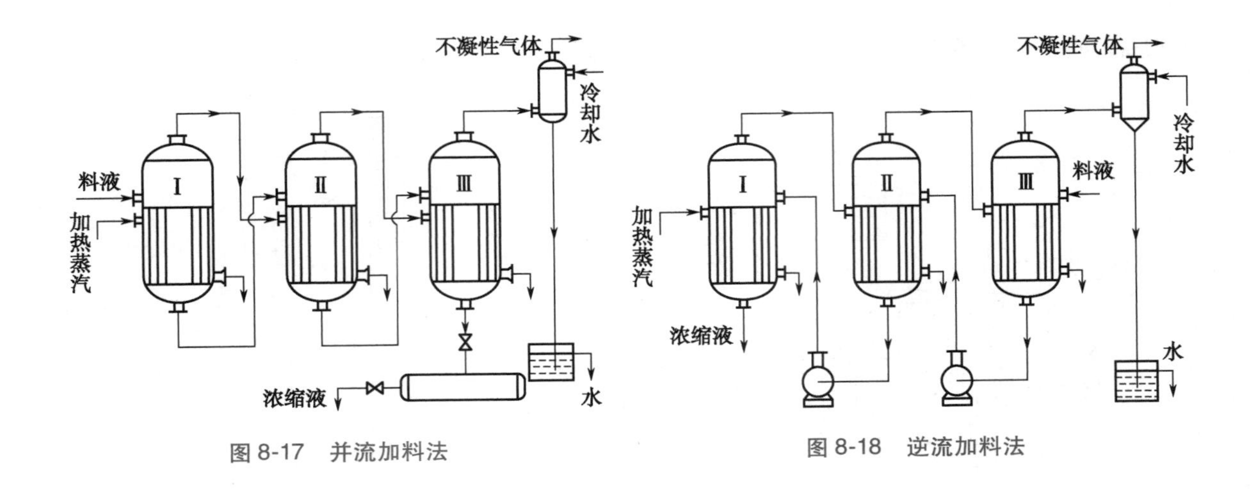

图 8-17　并流加料法

图 8-18　逆流加料法

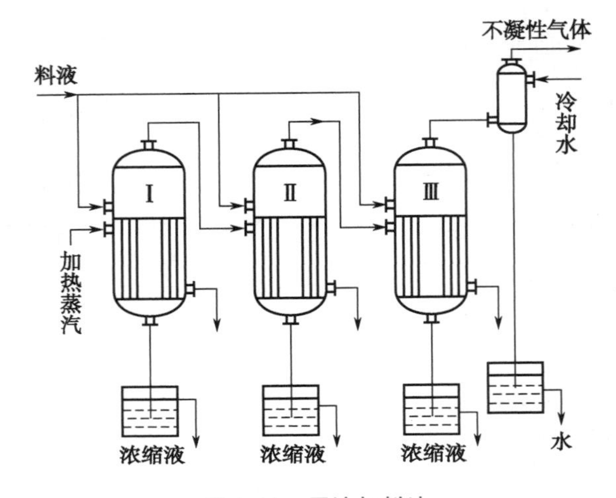

图 8-19　平流加料法

3. 多效蒸发器　常用多效蒸发器的效数为 2~4 效，可根据蒸发水量的多少来选择，当蒸发量为 500kg/h 时可选用单效，500~1500kg/h 时应选用双效，>1500kg/h 时选用三效。常见的有二效、三效、四效外加热式蒸发器，二效升降膜蒸发器，三效降膜蒸发器等多种形式。现以二效外加热式蒸发器、二效升降膜蒸发器为例介绍如下：

（1）二效外加热式蒸发器

1）主要结构：它由一效加热室、一效蒸发室、二效加热室、二效蒸发室、受水器、冷凝器及真空系统等构成，采用平流加料法，如图 8-20 所示。

2）操作要点：操作时，先关闭冷凝水排放阀及放空阀，开启真空系统，使真空度达到规定数值，然后打开进料阀，当料液进入量到达一效、二效蒸发器第二视镜一半以下时，开启循环冷却系统，同时通入一效加热蒸汽将料液加热，料液从喷管喷入一效蒸发室，水迅速被蒸发，被浓缩后的料液从循环管回到加热室，再次受热又喷入蒸发室形成循环。蒸发产生的二次蒸汽进入二效加热室给二效料液加热，进行循环蒸发，二效蒸发器产生的二次蒸汽进入冷凝器被冷却除去，料液的水分不断地被蒸发而浓缩，待达到规定的相对密度后，关闭真空系统、循环冷却水系统，打开放空阀使设备恢复常压，开启出料阀，启动出料泵将浓缩液抽出。出料后，重新再进待浓缩料液，重复进行浓缩操作。

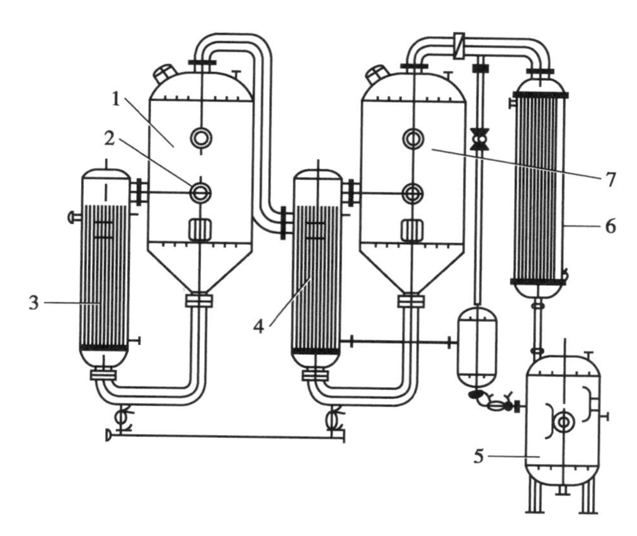

图 8-20　二效外加热式蒸发器示意图

1. 一效蒸发室；2. 视镜；3. 一效加热室；4. 二效加热室；5. 受水器；6. 冷凝器；7. 二效蒸发室

（2）二效升降薄膜蒸发器

1）主要结构：主要由升膜蒸发器、降膜蒸发器、分离器及高位计量罐、预热器等组成，如图 8-21 所示。

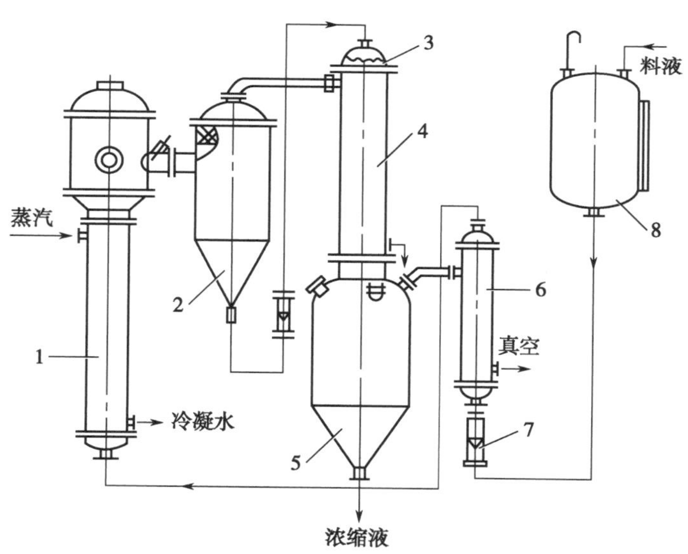

图 8-21　二效升降薄膜蒸发器示意图

1. 升膜蒸发器；2. 一效分离器；3. 液体分布器；4. 降膜蒸发器；
5. 二效分离器；6. 预热器；7. 转子流量计；8. 高位计量罐

2）工作原理：它采用顺流加料法。料液经预热后进入一效升膜蒸发，产生气液混合物，经一效分离器分离出来的料液进入二效继续降膜蒸发浓缩，经二效分离器得到所需的浓缩液。一效产生的二次蒸汽作为二效的热源，而二效蒸发产生的蒸汽再用来预热稀溶液，从而使热能得到充分利用。该设备可用于多泡沫性料液的浓缩。

3）操作要点：操作时，先将料液用泵输入高位计量罐，并保持一定液量，开启真空阀门，抽至规定的真空度，通入加热蒸汽，同时开启进料阀门，使料液自高位计量罐经流量计进入一效进行升膜蒸发，并注意控制适当的进料流量，使从二效分离器得到的浓缩液符合要求。蒸发完成后关闭加热蒸汽及真空系统，恢复常压后，浓缩液由收集器放出即可。

二、蒸馏设备

（一）蒸馏方式及蒸馏设备的类型

蒸馏是指加热使液体汽化，再经冷却复凝为液体的过程。是利用各组分在相同压力、温度下沸点不同使液体混合物分离的单元操作，目的是提纯或回收有效成分。乙醇、三氯甲烷、乙醚等有机溶剂都有汽化的通性，因而可通过蒸馏来回收。对热较稳定的浸出液可采取常压蒸馏回收溶剂，对热不甚稳定的浸出液应采用减压蒸馏，为了获取较高浓度的溶剂，需要分段蒸馏。蒸馏设备在药物制剂生产中应用甚广，如蒸馏水的制备、溶剂的回收、中药挥发性成分的提取等。

1. 蒸馏方式

（1）按蒸馏操作方式可分为间歇蒸馏、连续蒸馏。

（2）按蒸馏方法分为简单蒸馏、平衡蒸馏、精馏、特殊蒸馏。

（3）按蒸馏操作压力分为常压蒸馏、加压蒸馏、减压蒸馏。

2. 蒸馏设备的类型　常用的蒸馏设备有常压蒸馏设备、减压蒸馏设备、精馏设备，还有水蒸气蒸馏设备、分子蒸馏设备等。

3. 蒸馏设备的要求与选用

（1）对蒸馏设备的要求：①生产能力大，满足生产过程的要求，并能确保产品的质量；②分离效率高，回收率高，适用于多种溶剂的回收；③结构简单，操作稳定，维护方便；④耗能低，经济性好。

（2）蒸馏设备的选用：蒸馏设备的选用除了充分考虑上述要求外，还应充分了解各种蒸馏设备的特点，根据被分离液体混合物的沸点、提纯度的要求、混合物的热敏性等方面来考虑设备的选型。

（二）蒸馏设备

1. 常压蒸馏设备

（1）主要结构：由蒸馏器、冷凝器、接收器构成。蒸馏器为不锈钢或铜制的夹层锅，用蒸汽加热，特点是容量大、结构简单、操作方便，可用于乙醇等溶剂的回收，但加热面积较小、提纯分离效果差，且常压下进行蒸馏，蒸馏温度高、时间长，不适用于热敏性料液的蒸馏。如图8-22所示。

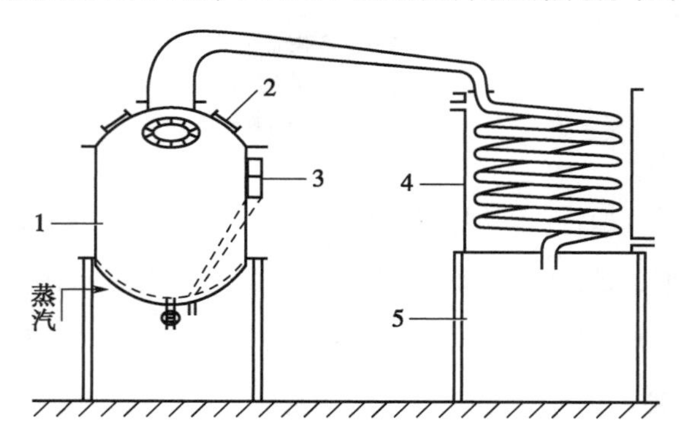

图8-22　常压蒸馏设备示意图
1. 蒸发器；2. 观察窗；3. 温度计；4. 冷凝器；5. 接收器

（2）操作要点：从液体进出口注入待分离混合液至一定容量后，关闭进出口阀门。接通冷凝水，徐徐开启加热蒸汽阀门，控制适量水蒸气于夹层内，使混合液保持适度沸腾。同时开启夹层排水口，以排出回气水。混合液受热产生的蒸汽进入冷凝器冷凝成液体流入接收器中。蒸馏完成时，先关闭加热蒸汽，待片刻再关闭冷凝水，浓缩液可经液体进出口放出。可自观察窗随时观看蒸馏过程，蒸馏温度亦可自温度计读出。

（3）注意事项：料液不能注入太满，一般以容积的 2/3 为度，同时控制加热蒸汽使液体均匀沸腾，冷凝水流量应使产生的蒸汽被充分冷凝。在实际生产中，常采用多功能提取罐进行蒸馏。

2. 减压蒸馏设备

（1）主要结构：减压蒸馏设备由蒸馏器、冷凝器、接收器及附设的真空装置构成。蒸馏器为夹套结构，冷凝器为列管式，多以不锈钢制成。如图 8-23 所示。

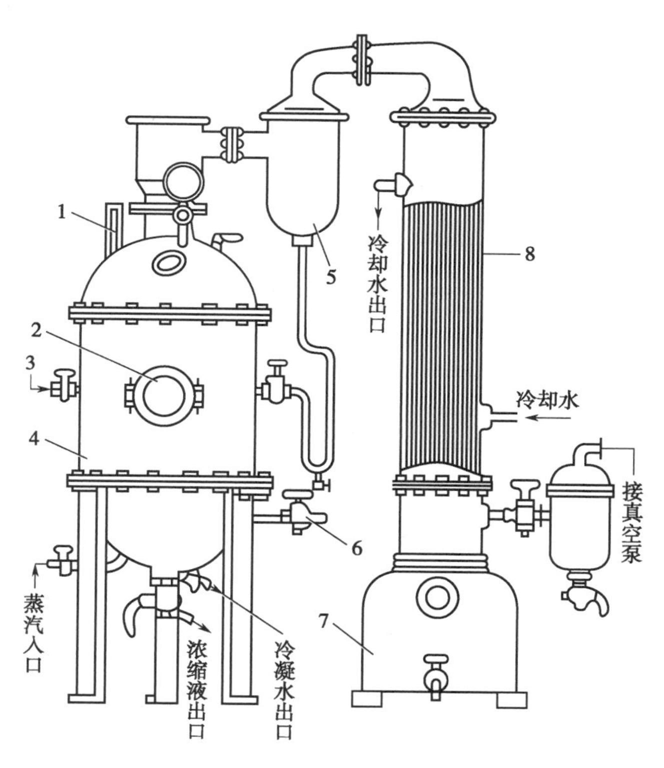

图 8-23　减压蒸馏设备示意图

1. 温度计；2. 观察窗；3. 原料入口；4. 蒸馏器；5. 除沫器；6. 排气阀；7. 接收器；8. 冷凝器

（2）工作原理：在减压条件下将料液加热沸腾，产生的蒸汽经除沫装置除沫后冷凝成蒸馏液。由于降低液面压力，使料液的沸点相应降低，不仅提高蒸馏效率，还可保证料液有效成分的稳定，故主要用于有效成分不耐热的浸出液的浓缩及溶剂的回收。

（3）操作要点：先开启真空装置，将内部部分空气抽出。然后将待蒸馏的混合液自进料口吸入容器内，并继续减压至规定的范围内，徐徐打开蒸汽进口，使容器内的料液适度沸腾。放入蒸汽的同时，应开启废气出口以排出不凝性气体，并开启夹层排水口以排出回气水。待不凝性气体排净，将废气出口关闭，夹层排水口关小，以能保持继续排水为度。被蒸馏混合液的蒸汽经除沫器与液沫分开，进入冷凝器被冷凝进入收集器中。蒸馏完毕后，先关闭真空装置，开启放气阀，使容器内恢复常压，浓缩液即可经阀门放出。

（4）注意事项：①为了保证一定的蒸馏空间，容器内液面应以与观察窗相近为宜；②真空度的高低应根据被蒸馏混合液的性质来确定；③所有阀门的启闭均需缓慢进行，尤其蒸汽阀门及真空阀门的开启更应注意安全；④操作过程中应注意容器内压力与温度的变化。

3. 精馏设备　精馏是利用多次部分汽化和多次部分冷凝，以分离液体混合物的操作过程。根据流程不同，精馏设备分为间歇精馏设备和连续精馏设备。间歇精馏设备较简单、适应性强，多用于小批量、多品种物料的处理。连续精馏设备操作条件稳定、易控制、产品质量稳定、利用率高、产量大，适用于大流量的连续生产，易实现自动化，且能耗较低。在中药制剂生产上精馏设备多用于乙醇的回收，还可用于其他液体混合物的分离。

（1）主要结构：由蒸馏釜、精馏塔、冷凝器与其他辅助设备组成，如图 8-24 所示。

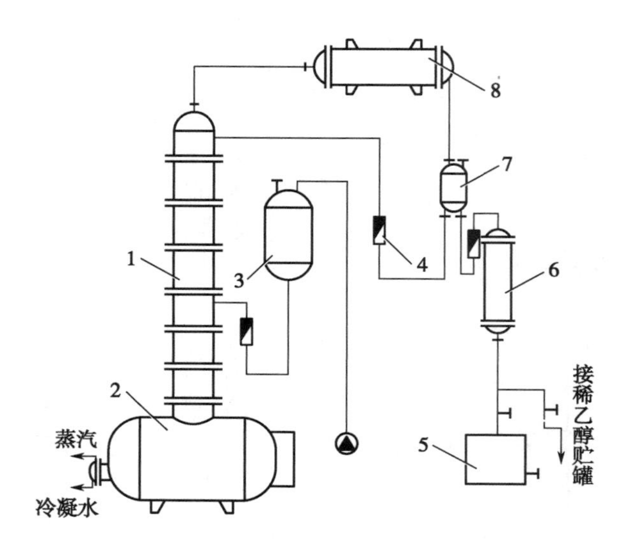

图 8-24　精馏设备示意图

1. 主塔；2. 蒸馏釜；3. 高位槽；4. 流量计；5. 成品槽；6. 冷却器；7. 平衡器；8. 冷凝器

（2）操作要点：采用精馏设备回收乙醇时：①先关闭平衡器与冷却器之间的流量计和蒸馏釜下面的排污阀，然后将稀乙醇自高位槽经流量计注入蒸馏釜，待液面超过蒸馏釜加热管后，开启蒸馏釜加热蒸汽进口阀，同时开启冷却器上的冷却水进口阀，使冷凝水经冷却器进入冷凝器，并把平衡器与塔顶之间的流量计全开启，进行全回流操作一定时间，逐步开启平衡器与冷却器之间的流量计和逐渐关小回流塔顶的冷凝液阀门，使回收的乙醇相对密度合格后，则进入稳定操作；②待成品乙醇的相对密度达不到工艺要求时，关闭进入成品槽阀门，开启不合格乙醇阀，继续蒸馏至釜中残余的乙醇全部蒸出收集于稀乙醇贮罐中，并入下批蒸馏用；③蒸馏结束时，先关闭加热蒸汽阀，待冷却器无精馏液流出后，关闭冷却水，并放出釜中的残液即可完成操作。

点滴积累

1. 蒸发方式有常压蒸发、减压蒸发、薄膜蒸发。
2. 蒸发设备按蒸发器的效数分为单效蒸发器、多效蒸发器；按蒸发器的型式分为循环型蒸发器、单程式蒸发器。
3. 选用蒸发设备应考虑蒸发器的结构、性能及物料液的性质和蒸发要求等因素。
4. 蒸馏有间歇蒸馏、连续蒸馏、简单蒸馏、平衡蒸馏、精馏、特殊蒸馏。
5. 常用的蒸馏设备有常压蒸馏设备、减压蒸馏设备、精馏设备、水蒸气蒸馏设备、分子蒸馏设备。

扫一扫，知重点

目标检测

一、单项选择题

1. 下列设备中，属于中药炮炙设备的是(　　)

A. 切药机　　B. 筛药机　　C. 滚筒式炒药机　　D. 洗药机

2. 微波辅助提取应用最广泛的微波频率为(　　)

A. 50MHz　　B. 2540MHz　　C. 2450MHz　　D. 5800MHz

3. 有关提取工作过程叙述正确的是(　　)

A. 强制浸出液的循环流动不利于提高浸出效果

B. 蒸馏法与超临界流体提取法均可用于中药挥发油的提取

C. 多功能提取罐可用于水煎煮、热回流、挥发油提取等，但不能进行有机溶剂的回收

D. 二氧化碳在超临界状态下具有低密度、高黏度的性质

4. 蒸发器内溶液的滞留量大，以致使溶液在高温下停留时间长，不适用于处理热敏性物料的蒸发器是(　　)

A. 循环式　　B. 外加热式　　C. 多效式　　D. 膜式

5. 精馏设备的关键部位是(　　)

A. 蒸馏釜　　B. 精馏塔　　C. 冷凝器　　D. 真空泵

二、多项选择题

1. 常用的切药机有(　　)

A. 炒药机　　B. 往复式切药机　　C. 转盘式切药机

D. 洗药机　　E. 润药机

2. 影响浸出的因素有(　　)

A. 药材粒度　　B. 药材成分　　C. 浸提温度、时间

D. 浸提压力　　E. 浸提溶剂

3. 热回流循环式提取浓缩机的浓缩部分主要包括(　　)

A. 加热部分　　B. 蒸发室　　C. 冷凝器

D. 冷却器　　E. 蒸发液料罐

4. 以乙醇为浸出溶剂的提取方法有(　　)

A. 浸渍法　　B. 煎煮法　　C. 超临界流体萃取法

D. 渗漉法　　E. 回流法

5. 超临界 CO_2 流体萃取的工艺参数包括(　　)

A. 萃取压力　　B. 萃取温度　　C. 二氧化碳流量

D. 萃取时间　　E. 药材粉碎度

6. 蒸发在制药过程中的应用目的有(　　)

A. 药物溶液的浓缩　　B. 结晶　　C. 减少溶液体积

D. 回收溶剂　　E. 喷雾干燥前预处理

7. 蒸发方法主要有(　　)

A. 常压蒸发　　B. 加压蒸发　　C. 减压蒸发

D. 恒压蒸发　　E. 薄膜蒸发

8. 常用的蒸发器有(　　)

A. 中央循环蒸发器　　B. 外加热式蒸发器　　C. 强制循环蒸发器

D. 盘管式蒸发器　　E. 列文蒸发器

9. 常用的膜式蒸发器有(　　)

A. 升膜式蒸发器　　B. 隔膜蒸发器　　C. 降膜式蒸发器

D. 刮板式薄膜蒸发器　　E. 离心薄膜蒸发器

10. 按蒸馏方式分类,蒸馏可分为(　　)

A. 连续蒸馏　　B. 简单蒸馏　　C. 平衡蒸馏

D. 精馏　　E. 特殊蒸馏

三、简答题

1. 叙述往复式切药机的工作过程。
2. 简述多功能提取罐的结构及应用特点。
3. 试述热回流提取浓缩机的基本组成及工作原理。
4. 叙述中央循环管式蒸发器进行蒸发浓缩时的操作过程。
5. 叙述升膜式蒸发器的工作原理。
6. 叙述减压蒸馏操作时的注意事项。

四、实例分析题

某制药公司长期使用外循环真空蒸馏器进行蒸馏生产，开始生产时蒸馏速度很快，每班次可以蒸馏约20吨液体物料。后来蒸馏速度逐渐减慢，经历1年多的时间，每班次蒸馏量降至5~6吨。请分析造成蒸馏量下降的原因，并提出解决办法。

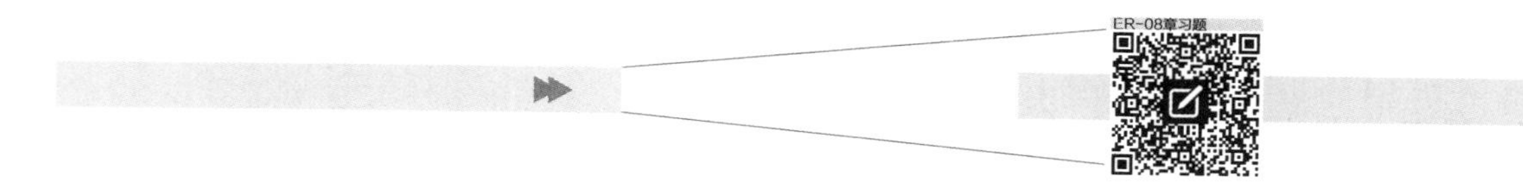

（任红兵）

第九章

药品包装设备

导学情景

情景描述：

小明应聘了多家药企的车间工艺员岗位，后来被一家大型制药企业选中，在面试环节，考官问了他几个专业性的问题，其中一题便是"你知道片剂可以用什么设备来包装吗？"

学前导语：

假如你就是正在参加面试的小明，你会怎样回答考官的问题，为自己赢得工作的机会呢？本章内容涉及药品包装设备的种类、原理、结构、操作等内容，经过该章内容的学习之后，你应该就会找到答案了。

药品包装是药品生产的一个重要环节，是保证药品质量的措施之一。药品包装系指选用适宜的包装材料或容器，利用一定技术对药物制剂的成品进行分（灌）、封、装、贴签等加工过程的总称。对药品进行包装，就是为药品在运输、贮存、管理和使用过程中提供保护、分类和说明。

药品包装不但需具备一切商品包装的共性，还应具有保证药品安全有效和使用方便的特殊要求。我国已颁布了一系列包装的国家标准和行业标准；CFDA 先后颁布了《药品包装用材料、容器管理办法（暂行）》《直接接触药品的包装材料和容器管理办法》，并在 GMP 等法规中列有包装的章节，明确药品包装的规定和要求。

药品包装包括药品的包装（即药品包装材料、容器和辅助物）、包装药品（即药品包装方法和技术），通过药品包装设备完成药品包装过程。药品包装设备是指完成全部或部分包装过程的设备，药品包装过程包括充填、裹包、封口等主要包装工序，以及与其相关的前后工序如清洗、堆码和拆卸等。此外，还包括盖印、计量等附属设备。

药品包装机械具备包装机械的特点，包括 8 个组成要素：

1. 药品的计量与供送装置　指对被包装的药品进行计量、整理、排列，并输送到预定工位的装置系统。

2. 包装材料的整理与供送系统　指将包装材料进行定长切断或整理排列，并逐个输送至锁定工位的装置系统。有的还完成容器竖起、定型、定位。

3. 主传送系统　指将被包装药品和包装材料由一个包装工位传送到下一个包装工位的装置系统。单工位包装机无主传送系统。

4. 包装执行机构　指直接进行裹包、充填、封口、贴标、捆扎和容器成型等包装操作的机构。

5. 成品输出机构　指将包装成品从包装机上卸下、定向排列并输出的机构。有的机器是由主传送系统或靠成品自重卸下。

6. 动力传动系统　指将动力源的动力与运动传递给执行机构和控制元件，使之实现预定动作的装置系统。一般由机、电、光、液、气等到多种形式的传动、操纵、控制以及辅助等装置组成。

7. 控制系统　由各种自动和手动控制装置等组成。它包括包装过程及其参数的控制、包装质量、故障与安全的控制等。

8. 机身　用于支撑和固定有关零部件，保持其工作时要求的相对位置，并起一定的保护、美化外观的作用。

药品包装设备从功能上和原理上都类似于装配设备，但因其工艺原理有一定的特殊性，故形成一种独立的设备类型。片剂、胶囊剂、散剂等固体制剂常用的包装设备有泡罩包装机、制袋充填封口包装机、瓶包装设备等；注射剂安瓿包装生产线主要由开盒机、印字机、喷码机、装盒关盖机等联动而成。药品包装设备在发展专用机种的同时，为满足现代药品包装的实际需要，正在不断扩大其通用能力，积极开发各种新型的通用包装机。

第一节　包装材料

包装材料在药品包装中有着非常重要的作用。首先，药品包装材料是药品包装的物质基础，在现代药品包装工业中，包装材料更是包装整体质量的决定性因素，是制约医药包装工业发展速度和水平的主要因素。此外，药品包装材料是实现药品保护功能的重要保证。质量较好的包装材料可以有效地减少药品的破损，提高对药品的保护功能，以确保药品的有效期。因而对不同药品应合理选择恰当的药品包装材料和包装形式，将有可能真正实现药品包装材料的保护功能。另外，新型包装材料的出现并应用于药品包装中，更进一步促进了药品包装技术、包装机械水平的提高和发展。众多新型药品包装材料例如收缩包装、蒸煮袋、真空充气包装、冷冲压成型包装等，已经应用于药品生产并促进了药品包装新技术、新工艺的改革，推动了包装设计装潢在造型、构件、印刷等方面的全面革新。

药品包装材料的性能要求主要包括化学稳定性、成型性能、物理性能、力学性能、卫生性和环保性 6 个方面。

1. 化学稳定性　化学稳定性主要是指药品包装材料在外界条件下不易发生老化、锈蚀等化学变化的性能。其中老化多是针对高分子材料而言，锈蚀则是指金属药用包装材料的稳定性问题。

2. 成型性能　药品包装材料的成型性能的好坏直接决定了包装的外形是否能够达到设计图的效果，对产品的市场推广意义重大。

3. 物理性能　药品包装材料的物理性能主要包括密度、耐寒性、耐热性、阻隔性、吸湿性等。而密度则是药品包装材料评价的重要参数指标，它不仅有助于判断这些药品包装材料的多孔性和紧密度，而且对实际生产时原料投料量的计算、价格性价比的衡量都有重要意义。

4. 力学性能　药品包装的力学性能主要包括弹性、韧性、塑性、脆性、强度。力学性能对药品包装材料意义重大，例如弹性因素决定了包装材料缓冲性能的优劣，塑性因素决定了药品包装受到外力作用后是否能够保持原有的外形，无破裂、破损等现象。

5. 卫生性　卫生性是指药品包装材料必须是无毒、无菌、无放射性的安全材料。总之，其必须对人体不产生伤害、对药品无污染、对治疗无影响，要具有高的生物惰性功能。

6. 环保性　要求药品包装材料对自然界无污染、能自然分解且易于回收再利用。现已引起世界各国的广泛关注，对一些会造成环境损害的包装材料已明确禁止使用。

一、高分子材料

高分子材料是以高分子化合物为基础的材料，包括橡胶、涂料、纤维、塑料等。按其来源可分为天然、合成和半合成高分子材料。

（一）橡胶材料

1. 橡胶的种类　橡胶属于高弹性的高分子材料，分为天然橡胶和合成橡胶两种。

（1）天然橡胶：综合性能优于多数合成橡胶，延伸强度高，弹性大，电绝缘性和抗撕裂性好，易于加工，方便与其他材料黏合。其缺点在于容易老化变质，耐油性、耐溶剂性不好，耐热性、耐酸性差。适用温度为-60～+80℃。

（2）合成橡胶：是由人工合成的高弹性聚合物，也称合成弹性体。其种类很多，按使用特性可分为通用型橡胶和特种橡胶。通用型橡胶是合成橡胶的主要品种，性能接近于天然橡胶，其质地较天然橡胶均匀，耐老化性、耐热性超过天然橡胶。缺点在于抗屈挠、抗撕裂性能差，弹性小，加工性能、自黏性能差。适用温度为-50～+100℃。特种橡胶具有耐高温、耐油、耐臭氧、耐老化等优点，一般用于特殊场合。

2. 橡胶包装材料的特性　橡胶制品在医药上的应用十分广泛，丁基橡胶、天然橡胶等都可以用来制造医药包装系统的基本元素——药用瓶塞。其固有特性是：①高弹性，可获得良好的密封性能和再密封性能；②低透气性和透水性；③良好的物理和化学性能；④耐灭菌；⑤与药品的相容性好。

（二）塑料材料

塑料是一种人工合成的高分子化合物。与玻璃、纸、金属等相比，塑料包装有其独特的优点。塑料包装可以做成各种规格的瓶、罐、袋、管，亦可做成泡罩包装等。

1. 塑料的基本组成　塑料是以合成或天然的高分子树脂为主要材料，添加助剂后，在一定温度及压力下具有延展性，冷却之后可以固定其形状的一类材料。塑料可以分为热塑性塑料和热固性塑料。可以多次反复进行熔融成型加工而基本能保持其特性的塑料为热塑性塑料，例如聚丙烯、聚氯乙烯、聚乙烯；热固性塑料是指只能进行一次熔融成型的塑料，例如酚醛塑料、环氧树脂塑料。

2. 常用塑料种类

（1）聚乙烯（PE）：聚乙烯无臭，无毒，手感似蜡，最低使用温度可达-100～-70℃，化学稳定性好，耐大部分酸碱的侵蚀，电绝缘性能优良。可分为三大类，即高密度聚乙烯（HDPE）、中密度聚乙烯（MDPE）和低密度聚乙烯（LDPE）。

（2）聚氯乙烯（PVC）：聚氯乙烯本色为微黄色半透明状，有光泽。透明度较聚乙烯、聚丙烯强，较聚苯乙烯差。按助剂用量不同，分为软、硬聚氯乙烯。软聚氯乙烯手感黏，柔而韧；硬聚氯乙烯的硬度高于低密度聚乙烯，却低于聚丙烯，在曲折处会出现白化现象。

二、玻璃容器

我国将玻璃分为十一大类。按照制造工艺过程，药用玻璃属于瓶罐玻璃类；按照性能及用途，药用玻璃属于仪器玻璃类。

（一）玻璃容器的分类

按照制造方法分类可分为模制瓶和管制瓶。

1. 模制瓶　模制瓶一般包括模制抗生素玻璃瓶、钠钙玻璃模制注射剂瓶、玻璃输液瓶、钠钙玻璃输液瓶、玻璃药瓶和钠钙玻璃药瓶，它们都具有相应的标准。

2. 管制瓶　管制瓶一般包括安瓿、硼硅玻璃安瓿、低硼硅玻璃安瓿、管制抗生素玻璃瓶、低硼硅玻璃管制注射剂瓶、管制口服液瓶、低硼硅玻璃管制口服液瓶及药用玻璃管，其也都具有相应的标准。

（二）药用玻璃容器

不同剂型的药品对药用玻璃的选择应满足以下要求：①化学稳定性好，药品在保质期内不应受玻璃化学性质的影响；②适宜的抗温度急变性，适应药品的灭菌、冷冻、高温干燥等制备环节；③良好的机械强度；④适宜的避光性能。

药用管制玻璃瓶

各类玻璃容器与剂型的适用范围为小容量注射剂、大输液、口服液、粉针剂通常分别适用于管制注射剂瓶及安瓿、输液瓶、口服液瓶、模制和管制注射剂瓶。

三、金属材料

金属包装材料已广泛应用于工业产品包装，正成为各种包装容器的主要材料之一。我国的金属包装材料占包装材料总量的20%左右，数量仅次于塑料包装，占据第3位。目前每年以2%的速度增长，对金属包装材料的需求处于上升趋势。

（一）金属包装材料的分类

1. 按材料厚度分类　厚度≥0.2mm的叫板材，主要用于运输包装、制造集装箱等，也可用于销售包装及制造金属罐、金属盒等；而厚度<0.2mm的叫箔材，可用于制造商品包装、复合材料的组分等。

2. 按材质分类　按材质可分为铝系和钢系。铝系主要包括铝合金薄板和铝箔；钢系主要包括镀锌薄钢板、镀锡薄钢板等。

（二）金属包装材料的主要性能

金属包装材料广泛应用于铝塑泡罩包装的药用铝箔、粉针剂包装的铝盖，以及膏剂及气雾剂的瓶身、药罐等。金属包装材料的主要优点包括：①货架寿命长，综合保护性能好，极好的阻隔性能能有效地避免紫外线等有害因素的影响；②力学性能优良，强度高，刚性好，机械强度优于其他包装材料，适合于危险品的包装；③作为主要金属包装材料的铁和铝，蕴藏量丰富；④具有自己独特的金属光泽，印刷装潢美观；⑤金属包装容器一般可以回炉再生，循环使用，废弃物处理性好。

（三）常用金属材料

1. 铝　铝是最常用的金属包装材料，氧化物无毒，不生锈，不易污染药品；防水性、遮光性好；无磁性，无回弹性，易开封，导热性大，光泽度好，耐热、耐寒性能佳，加工性能好，易与塑料、纸复合，经过处理后的铝具有很好的密封性和延展性。但铝制包装的缺点在于容易被腐蚀，且铝制品的制造成本较其他材料高。

2. 锡　锡是一种富有延展性的银白色金属，常包附在很多金属的表面，亦可作为医药包装材料。

四、复合膜材

复合膜包装材料是指将多种包装材料采用复合手段整合在一起从而形成的一种新型包装材料。该材质有利于延长产品的保质期，因其挺度好、有光泽漂亮的外观，更能迎合消费者的喜好。

（一）复合膜的基本组成

复合膜是用黏合体系将基材和聚乙烯薄膜组合起来的多层结构。而药品用复合膜一般由基材、热封材料、胶黏剂、阻隔材料、保护层涂料和印刷墨层组成，结构组成为表层-胶黏剂层-阻隔层-胶黏剂层-热封层。

1. 表层　表层材料应具有优良的印刷装潢性，较强的耐热性、耐摩擦性、耐刺穿性等性能，对中间层起保护作用。

2. 胶黏剂　其作用主要是使相邻两种材料黏合在一起。

3. 中间阻隔层　要求具有较好的避光性、良好的阻隔性。常用材料为铝箔、镀铝膜等，能很好地阻止内外气体或液体的渗透。

4. 热封层　要求化学性能稳定，无毒性，热封性能好，且耐热、耐寒。常用材料有聚乙烯、聚丙烯等。

5. 保护性涂层　一般是指在表印之后，印刷层表面涂布一层无色透明的上光油，待干燥后，起到保护印品及增加印品光泽度的作用。

（二）常用复合膜

1. 普通复合膜　产品特点为具有良好的印刷适应性，可提高产品档次；具有良好的气体阻隔性。主要应用于药品如片剂、颗粒剂及散剂的包装，亦可作为其他剂型药品的外包装。

2. 药用条状易撕包装材料　产品特点是具有良好的易撕性，方便药品的取用；具有良好的气体阻隔性，保证药品较长的保质期；具有良好的降解性。可用于泡腾片、胶囊等药品的包装。

3. 纸铝塑复合膜　产品特点是具有良好的降解性，有利于环保；具有良好的印刷适应性，适合个性化印刷，有助于提高产品档次；对气体阻隔性好，可以保证药品较长的保质期；具有良好的挺度，保证了产品好的成型性。

点滴积累

1. 药品包装材料的性能要求主要包括化学稳定性、成型性能、物理性能、力学性能、卫生性和环保性6个方面。
2. 各类玻璃容器与剂型的适用范围为小容量注射剂、大输液、口服液、粉针剂通常分别适用于管制注射剂瓶及安瓿、输液瓶、口服液瓶、模制和管制注射剂瓶。
3. 金属包装材料广泛应用于铝塑泡罩包装的药用铝箔、粉针剂包装的铝盖，以及膏剂及气雾剂的瓶身、药罐等。

第二节 药用铝塑泡罩包装机

泡罩包装又称穿透包装，底面是加热成泡罩的PVC硬片，上面覆盖一层PTP铝箔，一定数量的药片单独封合包装在其中；使用时，用力压下泡罩，药片即可穿破铝箔取出。泡罩包装的重要环节是药片排列形式和板块尺寸的确定。目前，每个泡罩中有1、2或3粒药品；每个板块上排列泡罩10、12个，个别有20个。常见的板块尺寸是78mm×56.6mm、35mm×110mm、64mm×100mm和48mm×110mm等。

课堂活动

仔细观察药品的泡罩式包装，试说出泡罩包装所用的材料包括哪些？ 体会并试述泡罩式包装的优点。

药用铝塑泡罩包装机又称热塑成型泡罩包装机，简称为泡罩式包装机，是进行泡罩包装的高效率包装设备。泡罩包装机是工业发达国家20世纪60年代发展起来的独特包装机械，其主要优点是：①实现连续自动包装作业，简化包装生产工艺，降低污染；②单个成形药品分别包装，药品之间相互隔离，防止互相摩擦；③药品包装后气密性较好，质量稳定；④携带和服用方便；⑤包装材料资源丰富，生产成本较低。药用铝塑泡罩包装机唯一的不足是有的塑料泡罩的防潮性能较差，随着塑料业的发展、新型材料的开发，防潮性能已得到改善。药用铝塑泡罩包装机在药品包装生产中已经得到广泛应用，主要用来包装各种几何形状的口服固体制剂如片剂、胶囊剂、丸剂等。近年来，它还向多种用途发展，还可用于包装安瓿、抗生素瓶、药膏、注射器、输液袋等。

一、泡罩包装的包装材料

1. PVC硬片 药用聚氯乙烯塑料硬片简称PVC硬片，是泡罩包装的成泡基材，为药用铝塑泡罩包装机使用的最主要的包装材料之一。依据被包裹药品的形状和泡罩深度确定片材厚度，常用的片材厚度为0.25~0.35mm。PVC硬片具有较好的热塑性和热封性，常温下具有一定的硬度，对药品具有一定的支撑保护作用。PVC硬片材料资源丰富，价格便宜，对环境无污染，目前被认为是一种比较理想的药用包装材料。

2. PTP铝箔 泡罩包装的覆盖材料是单面涂覆黏合剂的铝箔（称为药品泡罩包装用铝箔，亦称PTP铝箔），厚度约0.02mm。铝箔化学性质稳定，对药品质量无影响。铝箔上面可以印字，起标签标示作用。PVC 硬片可与铝箔热合,热合后密封效果较好,对保护药品的质量稳定性具有积极意义。

PVC 硬片和铝箔直接接触药品,对药品质量几乎无影响。

二、泡罩式包装机的工作原理

1. 泡罩式包装机的工艺流程　泡罩式包装机首先在成型模具上加热使 PVC 硬片变软,利用真空或正压,将其吸(吹)塑成形状和尺寸与待装药物外形相近的泡罩,再将药物(单粒或双粒)放置于泡罩中,以铝箔覆盖后,用压辊将无药处(即无泡罩处)的塑料片与贴合面涂有热熔胶的铝箔挤压黏结成一体,然后根据药物的常用剂量,按若干粒药物的设计组合单元切割成一个板块(多为长方形),完成铝塑包装过程。

泡罩包装机需要完成 PVC 硬片输送、加热、泡罩成型、加料、盖材印刷、压封、批号压痕、冲裁等工艺过程,如图 9-1 所示。其中,关键步骤是 PVC 硬片加热、泡罩成型及压封。

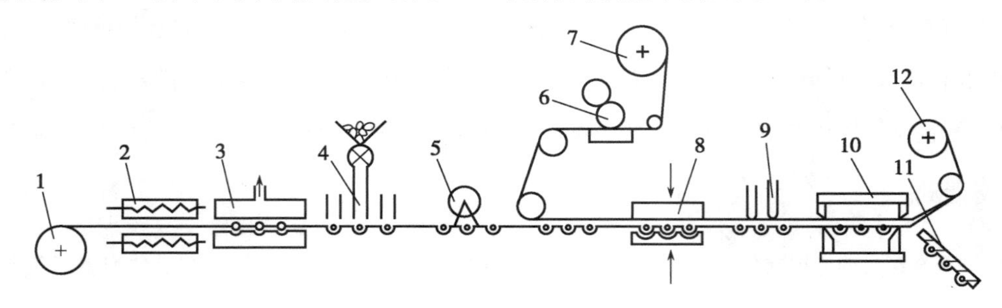

图 9-1　泡罩包装机工艺流程图

1. PVC 辊;2. 加热器;3. 成型装置;4. 布药机构;5. 检整装置;6. 盖材印字;7. 铝箔辊;8. 热封装置;9. 压痕;10. 裁切装置;11. 成品;12. 余料辊

2. PVC 硬片加热方法　PVC 硬片较易成型的温度范围为 110~130℃,此温度范围内 PVC 硬片具有足够的热强度和伸长率。温度的高低对热成型加工效果和包装材料的延展性有影响,因此要求控制温度应相当准确。

国产泡罩包装机的加热方式有辐射加热和传导加热。大多数热塑性包装材料吸收 3.0~3.5μm 波长的红外线发射的能量,因此最好采用辐射加热方法对 PVC 硬片加热,如图 9-2(a)所示。传导加热又称接触加热,这种加热方式是将 PVC 硬片夹在成型模与加热辊之间,如图 9-2(b)所示;或者夹在上、下加热板之间,如图 9-2(c)所示。

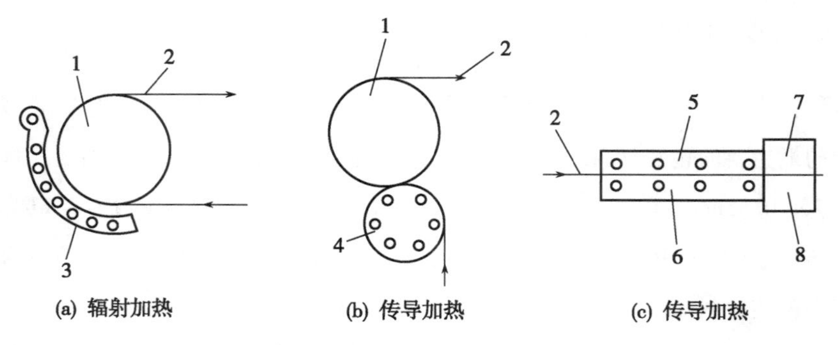

图 9-2　PVC 硬片加热方式示意图

1. 成型模;2. PVC 硬片;3. 远红外加热器;4. 加热辊;5. 上加热板;6. 下加热板;7. 上成型模;8. 下成型模

3. 泡罩成型方法　泡罩成型是泡罩包装过程的重要工序。泡罩成型方法有以下 4 种：

（1）吸塑成型（负压成型）：利用抽真空将加热软化了的 PVC 硬片吸入成型模的窝坑内呈一定的几何形状，从而完成泡罩成型，如图 9-3（a）所示。吸塑成型一般采用辊式模具，成型泡罩尺寸较小，形状简单，泡罩拉伸不均匀，泡罩顶和圆角处较薄，泡易瘪陷。

（2）吹塑成型（正压成型）：利用压缩空气形成 0.3~0.6MPa 的压力，将加热软化了的 PVC 硬片吹入成型模的窝坑内，形成需要的几何形状的泡罩，如图 9-3（b）所示。模具的凹槽底设有排气孔，当 PVC 硬片变形时膜模之间的空气经排气孔迅速排出。为使压缩空气的压力有效地施加到塑料膜上，加气板应设置在对应模具的位置上，并且使加气板上的吹气孔对准模具的凹槽。正压成型的模具多制成平板形，在板状模具上开有行列小矩阵的凹槽，平板的尺寸规格可根据生产能力的要求确定。

（3）冲头辅助吹塑成型：借助冲头将加热软化的 PVC 硬片压入凹模腔槽内，当冲头完全压入时，通入压缩空气，使薄膜紧贴模腔内壁，完成成型加工工艺，如图 9-3（c）所示。冲头尺寸为成型模腔的 60%~90%。合理地设计冲头的形状尺寸、推压速度和距离，可以获得壁厚均匀、棱角挺实、尺寸较大、形状复杂的泡罩。冲头辅助成型多用于平板式泡罩包装机。

（4）凸凹模冷冲压成型：当采用的包装材料刚性较大（如复合铝）时，采用凸凹模冷冲压成型方法（凸凹模合拢）对膜片进行成型加工，如图 9-3（d）所示。凸凹模之间的空气由成型凹模的排气孔排出。

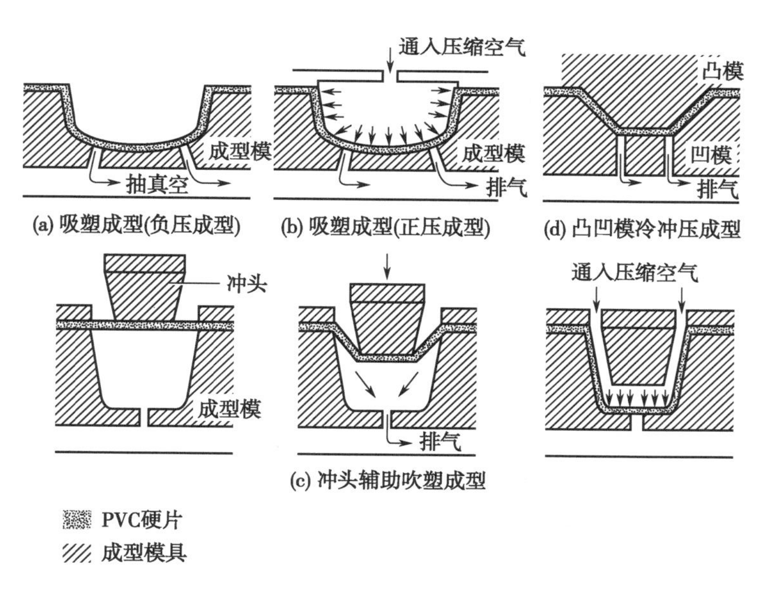

图 9-3　泡罩成型方式示意图

4. 热封方法　成型泡窝内充填好药物，然后覆盖铝箔膜于其上，再将承载药物的底材和盖材封合。其基本原理是使内表面加热，然后加压使其紧密接触，形成完全焊合，在很短的时间内完成热封动作。为确保压合表面的密封性，结合面上以菱形密点或线状网纹封合。热封有两种形式：辊压式和板压式。

（1）辊压式：将准备封合的材料通过转动的两辊之间，使之连续封合，如图 9-4 所示。热封辊的圆周表面有网纹，在压力封合时还需伴随加热过程，无动力驱转，可随气动或液压缸控制支持架有一定摆角的接触或脱开，有保持恒温的循环冷却，需预热。主动轮有动力，有载药窝孔，无网纹，无冷却。热封辊与主动辊靠摩擦力做单纯滚动，两辊间的接触面积很小，盖材和底材进入两辊间，边压合，边牵引，故热压封合所需要的正压力较低。

ER-9-2
平板式铝塑泡罩包装机

（2）板压式：当准备封合的材料到达封合工位时，通过加热的上热封板和下热封板与封合表面接触，将其紧密压在一起进行焊合，然后迅速离开，完成一个包装工艺循环，如图 9-5 所示。板式模具热封包装成品比辊式模具的成品平整，但由于封合面积较辊式热封面积大得多，故封合所需的压力往往很大。

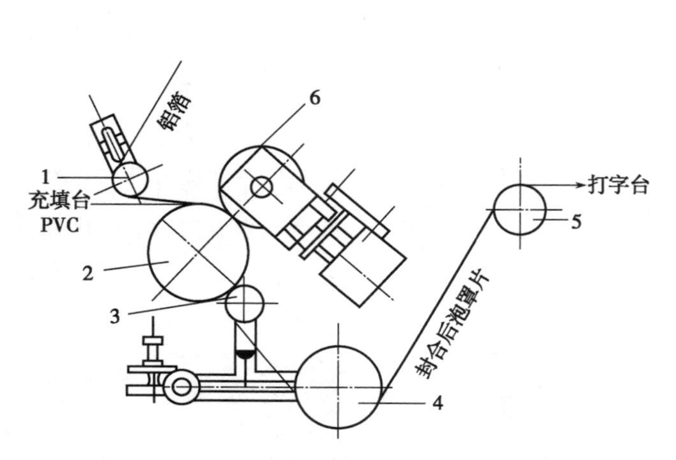

图 9-4　辊压式热封结构图
1、3、5. 导向辊；2. 驱动辊；4. 重力游辊；6. 热封辊

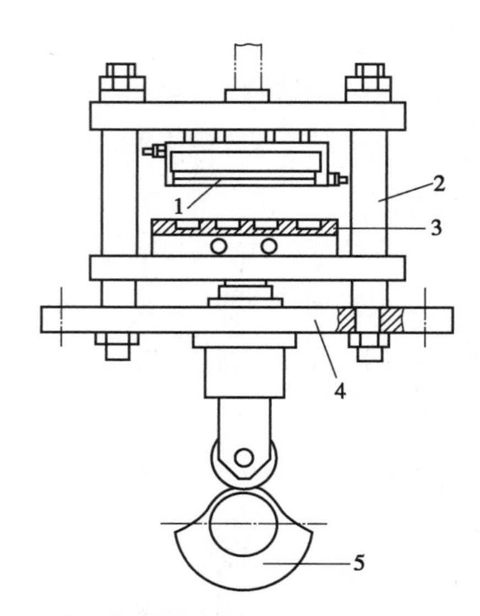

图 9-5　板压式热封结构图
1. 上热封板；2. 导柱；3. 下热封板；
4. 底板；5. 凸轮

三、泡罩式包装机的种类

泡罩式包装机是将透明塑料硬片加热、成型、药品填充、与铝箔热压封合、印字（或打印批号）、冲裁等多种功能在同一台机器上完成的高效率包装设备。按其结构形式可分为辊筒式泡罩包装机、平板式泡罩包装机和辊板式泡罩包装机 3 类。

辊筒式泡罩包装机是药品包装应用最早的泡罩式包装机；平板式泡罩包装机是目前应用较为广泛的铝塑包装机；辊板式泡罩包装机结合了辊筒式泡罩包装机和平板式泡罩包装机的优点，克服了两种机型的不足，目前认为是一种比较理想的药品包装设备。3 种不同结构形式的泡罩式包装机的工作原理、组成部件均基本相同，但各有其不同特点，见表 9-1。

辊筒式铝塑泡罩包装机

表 9-1　辊筒式、平板式和辊板式泡罩包装机的特点

形式 项目	辊筒式	平板式	辊板式
成型方式	辊式模具，吸塑（负压）成型	板式模具，吸塑（正压）成型	板式模具，吸塑（正压）成型
成型压力	<1MPa	>4MPa	可>4MPa
成型面积	成型面积小，成型深度为10mm左右	成型面积较大，成型深度达36mm。可成型多排泡罩；采用冲头辅助成型，也可成型尺寸大、形状复杂的泡罩	成型面积较大，可成型多排泡罩
封合方式	辊式热封，线接触，封合总压力较小	板式热封，面接触，封合总压力较大	辊式热封，线接触，封合总压力较小
PVC硬片输送方式	连续-间歇	间歇	间歇-连续-间歇
生产能力	生产能力一般，冲裁频率为45次/分	生产能力一般，冲裁频率为40次/分	生产能力高，冲裁频率为120次/分
结构	结构简单，同步调整容易，操作维修方便	结构较复杂	结构复杂
应用	适合形状较小的固体制剂（各类片剂、胶囊剂、栓剂、水丸等）	适合形状较大的固体制剂（大蜜丸等）或特殊形状物品的包装	各类

知识链接

铝塑泡罩包装机的发展动态

20世纪50年代德国最早发明了辊筒卧式第一代泡罩包装机，主要用于药品包装。20世纪70年代意大利IMA公司推出辊板式泡罩包装机。近年来，主要致力于设备结构简化；提高自动化程度、生产能力和操纵性；扩大用途和提高产品可靠性。

1. 新型泡罩式包装机的结构特点　①由电子程序设定的3个独立的伺服电机分别应用于加热成型和热封工位、膜材传送工位、压断裂线和冲裁工位；②加热、成型、热封合、冷却工位的各动作做往复运动，塑料膜匀速传送，保证了泡罩质量和药品充填；③加热板外覆陶瓷可保证塑膜不黏、不破；④热封压力可在不停机下进行调整；⑤热封工位与密封的驱动装置为一体，不影响主驱动装置；⑥泡罩热成型后，在固定泡罩下，冷却板将其冷却，可保证泡罩膜不弯曲；⑦冲裁下的板块不需输送带即可与装盒机连接；⑧一机多用，能适合多种包装材料。

2. 包装材料的进展　PVC硬片虽具备优异的二次加工性能、良好的刚性、透明度及使用等优点，但其阻隔性不理想，使用受到限制，已趋于淘汰。取而代之的有PVC/PVDC、PE/PVC复合膜材。无公害药用包装材料PP替换PVC也渐成趋势。

四、辊板式泡罩包装机结构及工作过程

辊板式泡罩包装机是近年来工业发达国家广为流行的一种高速泡罩式包装机，具有高效率、节省包装材料、泡罩质量好等特点，适合于各种药品的包装。

辊板式泡罩包装机采用平板式成型装置吹塑成型（正压成型），辊筒式封合装置封合，PVC 硬片和 PTP 铝箔的封合为线接触，有高速运转的打字、打孔（断裂线）和无槽边废料冲裁机构。

辊板式铝塑泡罩包装机

辊板式泡罩包装机由送塑机构、加热台、成型工作台、步进机构、充填台、上料机构、热封机构、打字和压断裂线机构、冲裁机构、盖材机构、气动系统、冷却系统、电控系统、传动机构和机架等组成，见图 9-6。

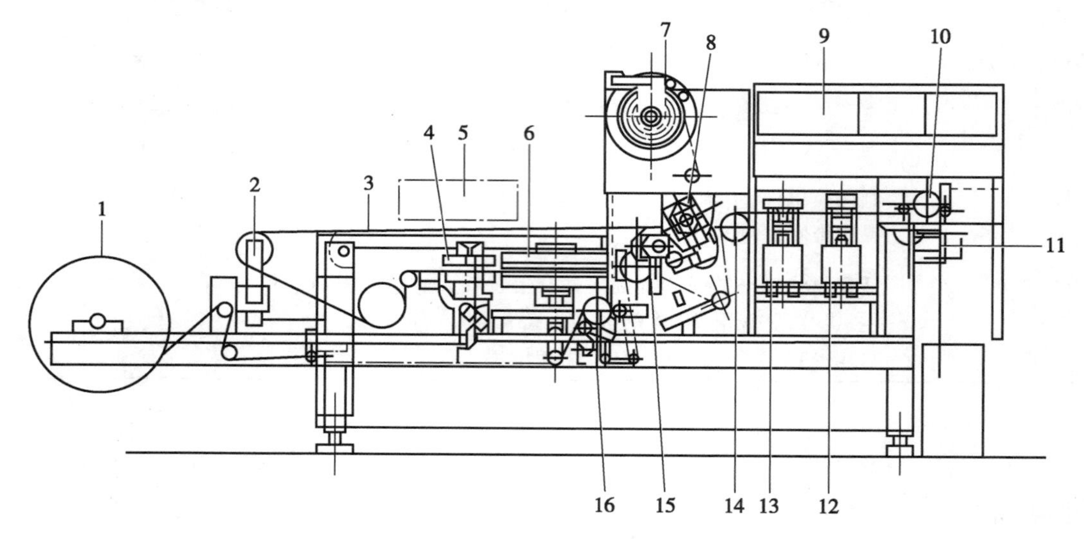

图 9-6　辊板式泡罩包装机结构示意图

1. PVC 硬片；2、14. 张紧辊；3. 填充平台；4. 成型上模；5. 上料机；6. 上加热器；7. 铝箔；8. 热压辊；9. 显示器；10. 步进辊；11. 冲裁装置；12. 压断裂线装置；13. 打印装置；15. 机架；16. PVC 硬片送片装置

1. 加热台　板式模具吹塑成型属于间歇加热和成型。PVC 硬片通过加热台被加热，再移动到成型工作台进行成型。

（1）从加热台移出来的 PVC 硬片温度一般为 120℃左右，高于成型温度，以抵消移动过程中接触空气所致的温度降低，确保 PVC 硬片充分软化；加热板的长度是成型模具的 2~2. 5 倍。

（2）加热板与成型模具间的距离在确保模具上下运动的情况下，距离越近越好，一般不超过 5mm，位置调好后用挡块锁紧。

（3）机器运行时，两块加热板之间的间隙大小是根据膜材材质、厚度通过螺栓进行调节的，停机和开机前加热时，上加热板利用气缸被打开。

（4）热传导板由螺丝固定在加热板上，拆卸更换方便。

2. 成型工作台、热封机构　成型工作台是利用压缩空气将已被加热台加热的 PVC 硬片在模具中（吹塑）成型。完成泡罩成型的 PVC 泡罩片再利用步进机构拉出来，送到充填台进行药品填充；充

填药品后利用热封合机构进行热封合。

热封合属于辊式封合，热封部分由驱动辊、摆动辊、热压辊及若干支承辊组成。在热压辊的压力下，PVC 片和 PTP 铝箔封合在一起，使得药品得到良好的密封。

热压辊和驱动辊保持直线接触，确保封合质量。热压辊表面有凸格状的网纹或凸点，驱动辊表面也有与成型模具相一致的孔型，凸点式封合效果不如网纹封合效果好。热封合过程中，热压辊的热量传导给驱动轮，使其温度升高，当驱动辊的表面温度高于 50℃时，不仅影响包装板块质量，甚至会影响整机运行，因此驱动辊要进行冷却，冷却方式有风冷和水冷两种。

依靠气缸动力热压辊压向驱动辊，此时，驱动辊的转动使 PVC 泡罩片和铝箔前进，靠摩擦力使热压辊跟随转动，达到热封合的目的。

3. 打字、压断裂线和冲裁装置　打字、压断裂线装置的功能虽不同，均包括传动、壳体、支柱以及上、下座板等部件。其基本结构相似，和冲裁行程同步进行运动。

打字装置的主要部件有夹字头体、顶槽、压印刃模等，是根据产品的不同需求按各自的要求设计制作的。

冲裁装置是泡罩式包装机的关键部分之一。冲裁装置包括有 PVC 硬片同步进给机构、壳体与驱动机构、高速无槽边冲裁机构、板块收集和废料箱组成。冲裁装置是将 PVC 泡罩片通过凸凹模时冲切成板块，并将纵向废料边切成碎块，可以节省包装材料。

辊板式泡罩包装机的工作过程如下：

（1）PVC 硬片经平板式加热装置加热软化，在平板式成型装置中利用压缩空气将软化的 PVC 硬片吹塑成形状和尺寸与待包装药品外形相近的泡罩。

（2）充填装置将药品充填入泡罩内。

（3）然后经辊筒式热封合装置，在合适的温度及压力下，利用 PVC 硬片的热封性将 PTP 铝箔挤压黏结成一体，将药品密封在泡罩内。

（4）再经打字、压印装置打印上批号及压出折断线，最后冲切装置根据药品临床用量设计组合单元冲裁成一定尺寸的包装板块。冲裁下成品板块后的边角余料仍为带状，利用废料辊的旋转将其回收。

点滴积累

1. 铝塑泡罩包装机主要用于有一定几何形状的固体制剂的包装，应用广泛。所用的成泡基材为 PVC 硬片，覆盖材料为 PTP 铝箔。
2. 泡罩包装机按结构形式分为辊筒式、平板式和辊板式泡罩包装机三大类，其中辊板式泡罩包装机较为理想。
3. 辊板式泡罩包装机采用平板成型装置，正压吹塑成凹泡，利用辊筒式热封合装置将 PTP 铝箔封合在带泡罩的 PVC 硬片上；成型面积大、生产能力高、应用范围广。

第三节　制袋充填封口包装机

制袋充填封口包装机又称制袋包装机，是利用可热封的薄膜材料自动进行制袋、充填、封口和切断的多功能机械。制袋充填封口包装机是药物制剂比较常用的包装设备，多用于颗粒剂的包装，亦可用于散剂、茶剂、片剂、硬胶囊剂、水丸、糊丸及液体药剂的包装。

袋包装所用的包装材料为复合材料卷材，其主要材料是聚乙烯塑料、聚丙烯塑料、聚酯塑料（又称涤纶）、塑料膜镀铝及纸、玻璃纸等。

复合膜的气密性、热封性和印刷性均较好，且质轻、价廉。复合膜制成的袋可防潮、耐腐蚀，既可以用于包装药品、食品，也可以用于包装其他类物品，用途比较广泛。复合膜可以制成各种规格，制袋充填封口包装机一般可适用的复合膜宽度范围为30~115mm，特殊需要可与包装设备生产企业协商订购。

制袋充填封口包装机的基本包装工序为：

（1）制袋：包装材料引入、成型、纵封，制成一定形状的袋。

（2）计量与充填：将药物按一定量充填到已制好的袋中。

（3）封口：将已充填药物的袋完全封口。

（4）切断：将已封口的袋切成单个包装袋，切断与封口亦可同时进行。

（5）检测、计数：对包装袋检测并计数，有的机型无此工序。

制袋充填封口包装机按制袋的运动形式分为间歇式和连续式，其成品袋主要有扁平袋、枕形袋和直方袋。扁平袋比较常见的封口方式为三边封口和四边封口。三边封口自动制袋包装机应用最为广泛，在药物制剂中尤其以颗粒剂应用最多，散剂、搽剂、片剂、硬胶囊剂、水丸、糊丸等剂型也有适量应用。四边封口自动制袋包装机可用于生产批量较小的液体药剂或其他药物制剂的包装生产。

课堂活动

收集一些袋包装形式的药品、食品（包括固体状态、液体状态），试区分三边封口、四边封口。

制袋充填封口包装机按制袋方式分为立式和卧式两类，国内广泛采用立式自动制袋充填包装机包装片剂、冲剂、散剂等。立式连续制袋充填包装机整机包括传动系统、膜供送装置、袋成型装置、纵封器、横封器及切断器、物料供给装置以及电控检测系统七大部分，见图9-7。

立式自动制袋充填包装机

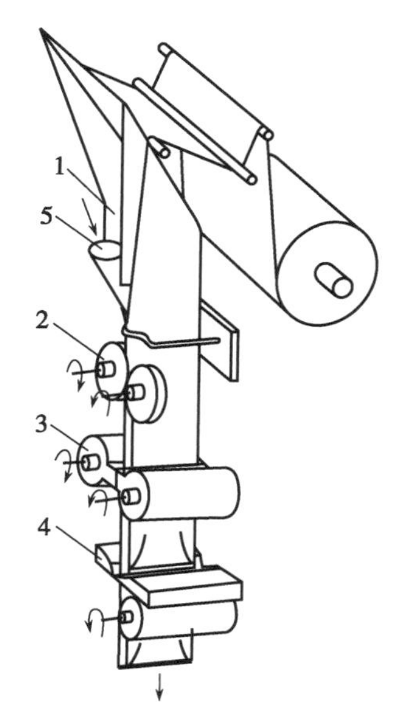

图 9-7　立式自动制袋充填包装机示意图

1. 成型器;2. 纵封器;3. 横封器;4. 切断器;5. 充填管

一、袋成型器

袋成型器是将复合膜卷材折叠成所需袋型的形状,以使其封口装袋的装置,是制袋的关键部件。袋成型器有多种设计形式,如图 9-8 所示,可以根据包装机、复合膜及袋型等来选择。袋成型器的主要部件是一个定向导槽,它使复合膜由平展逐渐形成筒形。定向导槽通过支架固定在安装架上,可以调整位置。在操作中,需要正确调整定向导槽对应纵封辊的相对位置,确保复合膜纵向封合完好。

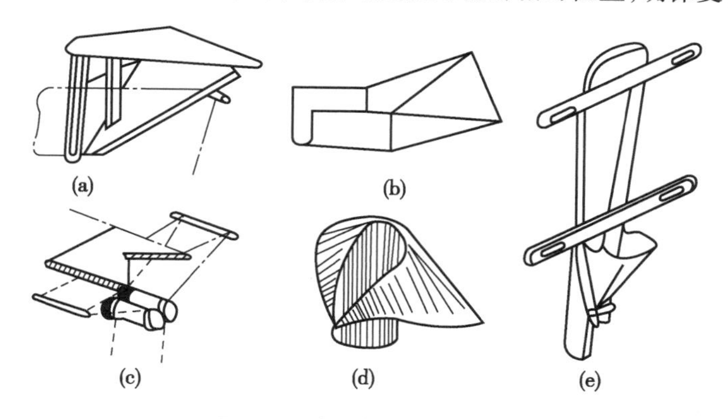

图 9-8　常见袋成型器类型

(a)三角形;(b)U 形;(c)缺口平板式;(d)翻领式;(e)象鼻式

二、纵封器

纵封器有辊式和板式,辊式为连续式,板式为间歇式。

辊式纵封器主要是一对相对旋转的纵封辊,见图 9-9。两辊在齿轮带动下相对回转,辊的间隙及压力可调,在封口的同时,将袋牵引,进行纵边封合。即纵封辊有两个作用:一是对复合膜进行牵引拉动,二是对复合膜成型后的对接纵边进行热压封合,这两个作用是同时进行的。

纵封辊外周开有网纹，封口宽度一般为5~20mm；其内装加热元件，热封温度一般在130℃左右，由测温探头和温控仪控制。应调节纵封辊的牵引袋速，使袋子的切断刚好位于两袋之间。

板式纵封器由气缸控制钳口的开合进行往复运动，实现袋筒的间接纵封。其加热方法可采用电阻加热、脉冲加热、高频加热封接。其中电阻加热方法简单，不适用于聚丙烯、聚氯乙烯等遇热易收缩的薄膜。

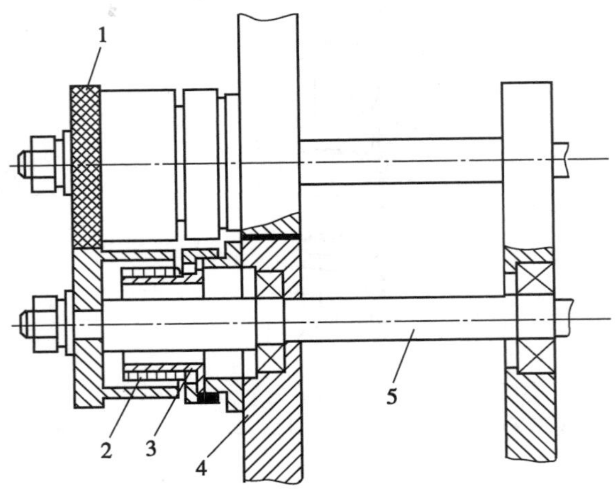

图 9-9　纵封器示意图

1. 纵封辊；2. 电热丝；3. 电热套座；4. 轴承座板；5. 纵封辊轴

三、横封器和切断器

横封器也有连续式和间歇式两种，结构分别为辊式及板式。

连续式横封器由齿轮带动两个热封辊相向同速回转，每个热封辊上装有1~2个热封头。热封辊每回转1周，热封头接近1或2次，便完成薄膜的热封。间歇式横封器的加热方法与纵封器相同。

横封器的作用也有两个：其一是对复合膜进行横向热压封合；其二是切断包装袋，这是在热压封合的同时完成的。在两个横封辊的封合面中间，一侧装嵌有刀刃及刀板，在两辊压合热封的同时切断复合膜。在一些机型中，横封和切断是分开的，即在横封辊下另外配置有切刀，包装袋先横封再进入切刀分割，切刀与横封辊同步运行。有的热切元件与横封头组合在一起，在横封的同时将包装袋切断。另外，复合膜袋的长度由横封辊转速决定，一般袋长度为40~150mm。

制袋充填封口包装机的制袋、物料填充及袋分割协调进行，具体工作过程是复合膜进入定向导槽对折成筒状，不停地通过纵封辊纵向封合成筒。封合后复合膜继续下行，超过横封辊时横向封合。此时，物料从上方落入袋中（设备设计横封后物料落下），装入物料的袋继续下行，待横封辊旋转过来进行袋上方封合，将袋完全密闭。切刀可以设定在横封中央切割，切割部位是前一个袋的顶、下一个袋的底。

本包装机的印刷、色标检测、打批号、加温、纵封和横封切断等操作是由传动部分的凸轮组合微动开关分别控制的，实现机械的步进功能动作及其相互协调。在无充填物料时薄膜不供给。

▶▶ 边学边练

铝塑泡罩包装机和制袋充填封口包装机的操作及维护保养，请见**实训八　药品包装设备实训**。

点滴积累

1. 制袋充填封口包装机利用复合材料卷材对药品进行包装；防潮、耐腐蚀，多用于颗粒剂的包装。
2. 制袋充填封口包装机的工艺流程包括制袋、计量与充填、封口、切断、检测和计数，主要部件为袋成型器、纵封器、横封器和切断器。
3. 袋成型器的主要部件是一个定向导槽，它使复合膜由平展逐渐形成筒形。正确调整定向导槽对应纵封辊的相对位置，确保复合膜纵向封合完好。
4. 纵封器、横封器均有辊式（连续式）和板式（间歇式）两种形式。

第四节　带状包装机与双铝箔包装机

一、带状包装机

带状包装(亦称条式包装、条带热封合包装、SP 包装)是将一个或一组药品封在两层连续的带状包装材料之间,通过药品周围热封合成一个单元的包装方法。其主要用于片剂、胶囊剂之类的小型药品的小剂量包装,也可用于包装少量的液体、粉末或颗粒状药品。带状包装机(又称条形包装机、条带热封合包装机)可连续作业,特别适合大批量自动包装。

片剂带状热封包装机采用机械传动,皮带无级调速,电阻加热自动恒温控制。片剂条形热封包装机每个包装单元多为两片或单片片剂,其结构见图 9-10,由贮片装置、控片装置、热压轮、切刀等组成,通过理片、供片、热合和剪裁工序完成包装过程。

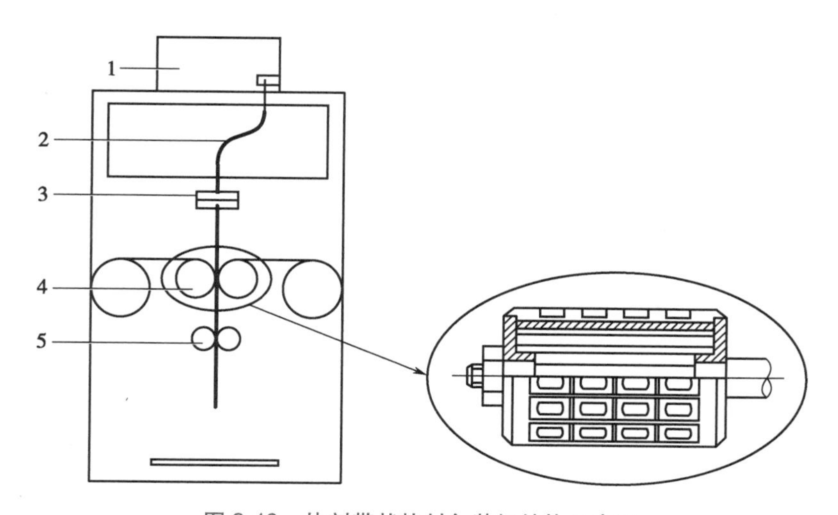

图 9-10　片剂带状热封包装机结构示意图
1. 贮片装置;2. 方形弹簧;3. 控片装置;4. 热压轮;5. 切刀

1. 贮片装置　将料斗中的药片在离心盘作用下向周边散开,进入出片轨道,经方形弹簧下片轨道进入控片装置。

2. 控片装置　将片剂经往复运动，利用带有缺口的牙条逐片地供出，进入下片槽。

3. 热压轮　热压轮共有两个，由压轮、铝套、炉胆、电热丝等组成。其中一个热压轮的压轮和铝套上并联一组热敏电阻，是控制回路的感温元件；另一个压轮内装有半导体温度计的插头，用以显示热封温度。两个热压轮相向旋转，热压轮的外表面均匀分布若干个长凹槽，用以容纳药片，轮表面有花纹；铝套起均匀散热作用；炉胆内装有电阻丝，两端有绝缘云母片以防漏电。

片剂带状热封包装机

二、双铝箔包装机

双铝箔包装机的全称为双铝箔自动充填热封包装机，热封的方式近似于带状包装机，产品的形式为板式包装。双铝箔包装密封、避光，可用于包装片剂、丸剂等，还可包装胶囊、颗粒、粉剂和异形片等。双铝箔包装材料成本偏高，双铝箔包装机生产效率偏低，因此双铝箔包装一般用于包装中、高档产品。双铝箔包装机也可用于纸/铝包装。

（一）包装材料

双铝箔包装机所采用的包装材料包括涂覆铝箔、铝塑复合膜或纸塑复合膜，市场上比较常见的是涂覆铝箔。包装材料的宽度一般为100～350mm，厚度为0.05～0.15mm。涂覆铝箔化学性质稳定，对药品质量无影响，遮光性能很好。涂覆铝箔上面可以印字，起标签标示作用。双层涂覆铝箔热压封合，密封效果较泡罩式包装机PVC硬片/铝箔要好，对保护药品的质量稳定性具有积极意义。

（二）双铝箔包装机的工作原理与过程

双铝箔包装机属于四边封口自动制袋包装机，由于使用的包装材料比较特殊，封口和裁切方式与泡罩式包装机相似，经常单独讲述。双铝箔包装机的机型很多，结构和工作原理基本相同，其基本结构如图9-11所示。双铝箔包装机采用变频调速，裁切尺寸大小可以任意设定，最大宽度为160mm，

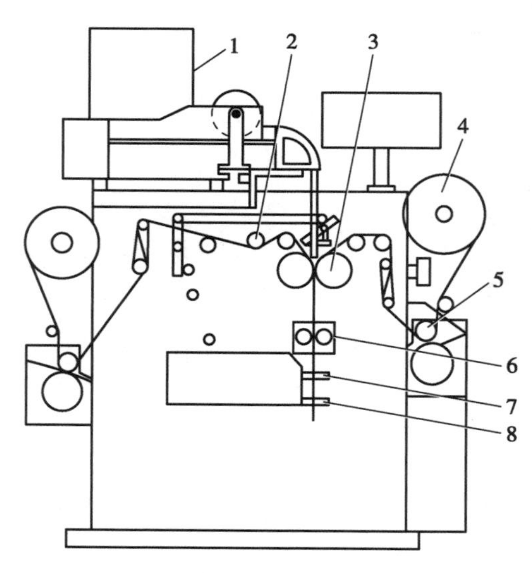

图9-11　双铝箔包装机结构示意图

1. 振动给料器；2. 预热辊；3. 模轮；4. 包装材料；5. 印刷装置；6. 切割机构；7. 压痕切线；8. 裁切机构

配振动式整列送料机构与凹版印刷装置，能在两片铝箔外侧同时对版印刷，自动充填、热封、压痕、打印批号、裁切等工序连续完成。整机采用微机控制，大屏幕液晶显示，可自动剔除废品、统计产量及协调各工序之间的操作。

双铝箔包装机

（三）双铝箔包装机的操作及使用注意

1. 检查环境和设备清洁状态，保持完好。

2. 将模轮松开，包装材料（注意涂覆层或塑料层向内）分别按适当程序送入模轮中央，对齐，调紧模轮，将包装材料挤住，固定。

3. 接通电源，设定包装规格；设定包装印刷内容及位置。

4. 设定预热辊热封温度，开始加热。

5. 待预热辊达到预热温度，开机空运行，注意慢速运行。

6. 检查印刷内容是否准确、印刷位置是否合适，及时调整。检查热封情况，并调节预热辊温度，直至封口四边平直、牢固。

7. 加料，开机运行。逐渐加快设备运行速度，检查包装封合状态，随设备运行速度加快适当提高封合温度，控制设备在稳定状态下运行。

8. 包装结束，停机。停机顺序为设备运行速度调至0→停止加料→停止加热→切断电源开关。

9. 清洁设备，清洁环境。

点滴积累

1. 带状包装（SP 包装）适合小型药品（片剂、胶囊剂等）的小剂量（1 或 2 片）包装。
2. 带状包装机特别适合大批量自动包装，由贮片装置、控片装置、热压轮、切刀等组成，通过理片、供片、热合和剪裁工序完成包装过程。
3. 双铝箔包装机（双铝箔自动充填热封包装机）热封的方式近似于带状包装机；产品的形式为板式包装；包装材料为涂覆铝箔。能在两片铝箔外侧同时对版印刷，自动充填、热封、压痕、打印批号、裁切等工序连续完成。

第五节　辅助包装设备

许多固体、液体制剂广泛采用玻璃瓶、塑料瓶包装，其包装质量、密封效果均很好，有利于药品的稳定性。瓶包装可以实现机械化生产，生产成本较低，有利于药品营销。瓶包装是药物制剂的主要包装形式。片剂瓶包装设备主要有封口机、贴标机及印字机等，见图 9-12。

注射剂包装工序需要完成安瓿印字、装盒、加说明书等多项操作。我国大多采用机器与人工相配合的半机械化安瓿印包生产线，该生产线通常由开盒机、印字机或喷码机、装盒、关盖机等单机联动而成，其流程如图 9-13 所示。

自动装瓶生产线

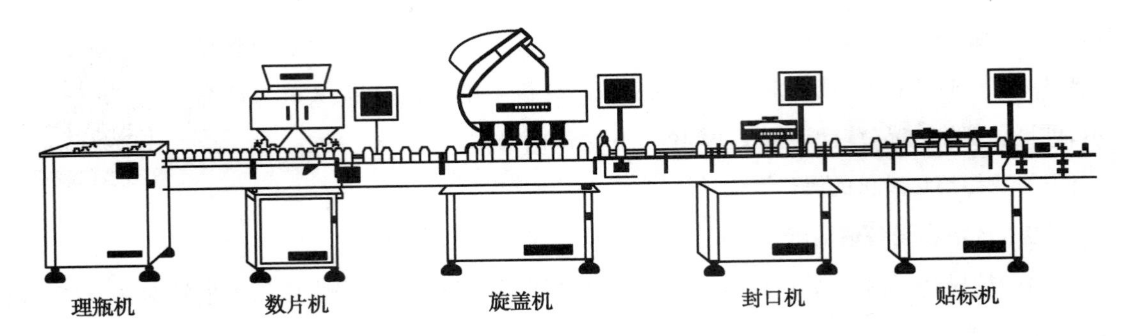

图 9-12　装瓶生产线示意图

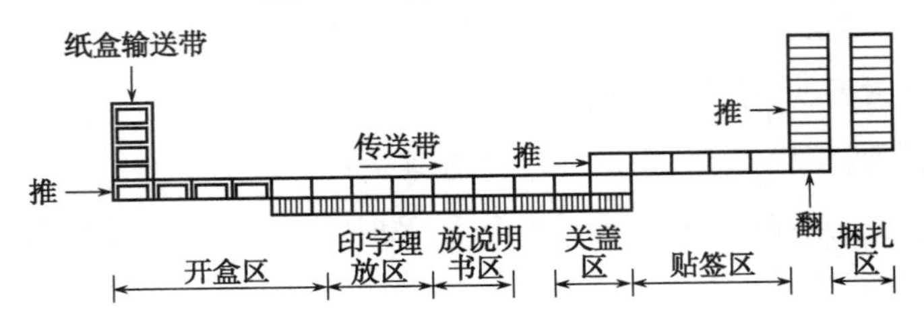

图 9-13　安瓿印包生产线示意图

一、封口机

瓶包装封口形式有压盖封口、旋盖封口、卷边封口、开合轧盖封口、压塞封口、电磁感应封口等多种形式。近年来，对瓶口的密封提出更高的要求，采用复合铝箔封口取得很好的效果。在瓶口表面密封一层铝箔或纸塑等复合材料可提高容器的气密性、防潮性，并具有防伪、防盗功能。其封口方法有热封、脉冲、超声波、高频、电磁感应等，其中电磁感应封口质量较高。电磁感应封口机操作方便，适用于玻璃瓶、塑料瓶等多种形式的容器的铝箔封口。

电磁感应是一种非接触式加热方法，位于药瓶封口区上方的电磁感应头内置有线圈，当线圈通以 20～100kHz 频率的交变电流时，线圈产生交变磁力线并穿透瓶盖作用于铝箔，铝箔感应到交变磁力线后，在铝箔上形成一个闭合电路，使电能转换成热能，铝箔受热而黏合于瓶口。

用于药瓶封口的铝箔复合层由纸板/蜡层/铝箔/聚合胶层组成，如图 9-14 所示。铝箔受热后，黏合铝箔与纸板的蜡层融化，蜡被纸板吸收，铝箔与纸板分离，纸板起垫片作用，同时铝箔上的聚合胶层也受热融化，将铝箔与瓶口黏合在一起。

电磁感应封口机由频率发生器、电磁感应工作线圈、循环水冷却器（或风冷却器）及配套装置组成。

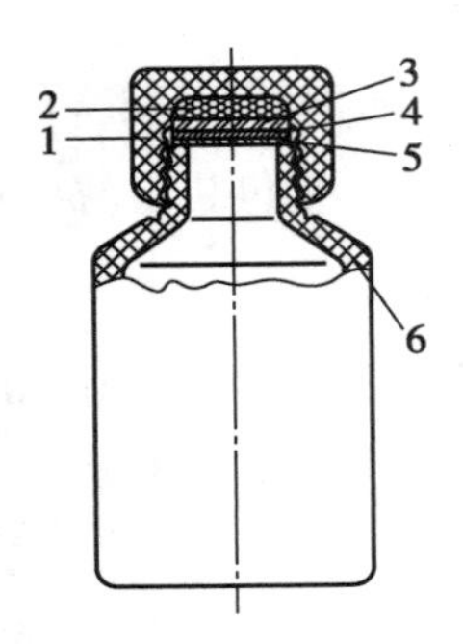

图 9-14　电磁感应封口瓶盖结构示意图

1. 瓶盖；2. 纸板；3. 蜡层；4. 铝箔；5. 聚合胶层；6. 瓶

电磁感应封口机

二、贴标机

标签是药品包装的一部分，作为标示产品的说明。标签可用纸或其他材料印刷，也可直接印在包装容器上。目前较新型的标签有压敏胶标签、热黏性标签及收缩筒形标签等。

课堂活动

想一想、找一找、说一说药瓶上的标签有哪些形式？

压敏胶又称不干胶，由聚合物、填料及溶剂等组成。其中聚合物多为天然橡胶、丁苯橡胶等，通常称为橡胶型压敏胶。涂有压敏胶的标签（称含胶标签）由黏性纸签与剥离纸构成，使用方便，应用日益广泛。应用于贴标机的压敏胶标签在印刷厂以成卷的形式制作完成，即在剥离纸上定距排列标签，然后绕成卷状，使用时将标签与剥离纸分开，标签即可贴到瓶上。

压敏胶贴标机主要由标签卷带供送装置、剥标刀、卷带轮、贴标轮、光电检测装置等组成。贴标的主要过程为剥标刀将剥离纸剥开，标签由于较坚挺不易变形，与剥离纸分离，径直前行与容器接触，经滚压被贴到容器表面，如图 9-15 所示。压敏胶贴标机结构简单，生产能力大，且可满足不同形状和大小的容器的贴标。

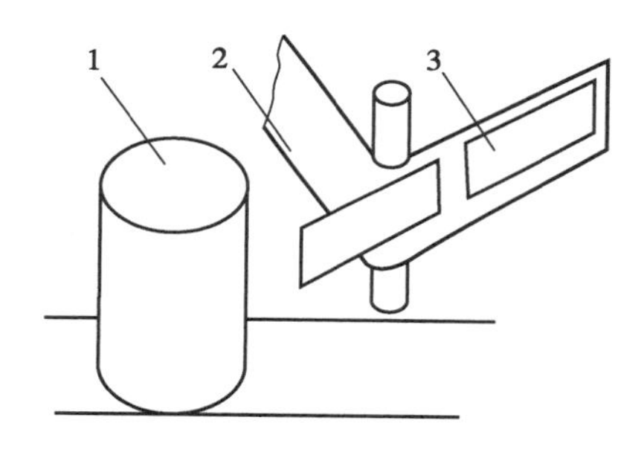

图 9-15　压敏胶贴标示意图
1. 瓶体；2. 剥离纸；3. 压敏胶标签

贴标机

点滴积累

1. 瓶包装封口形式有压盖封口、旋盖封口、卷边封口、开合轧盖封口、压塞封口、电磁感应封口等多种形式。
2. 压敏胶贴标机主要由标签卷带供送装置、剥标刀、卷带轮、贴标轮、光电检测装置等组成。

扫一扫，知重点

目标检测

一、单项选择题

1. 泡罩式包装机采用的包装材料是(　　)。

A. 铝箔　　B. PVC 硬片

C. PVC 硬片和 PTP 铝箔　　D. PTP

2. PVC 硬片软化成型的温度范围为(　　)。

A. 100~110℃　　B. 110~120℃　　C. 110~130℃　　D. 100~120℃

3. 泡罩式包装机的工作过程是(　　)。

A. 成型→加料→密封→压痕→冲裁　　B. 成型→加料→密封→压痕→冲裁

C. 加料→成型→密封→压痕→冲裁　　D. 压痕→成型→加料→密封→冲裁

4. 关于双铝箔包装机叙述错误的是(　　)。

A. 采用的包装材料只有涂覆铝箔

B. 热封的方式近似带状包装机

C. 产品的形式为板式包装

D. 生产效率高、一般用于包装中、高档产品

二、多项选择题

1. 药品包装具有哪些作用(　　)

A. 对药品具有保护作用　　B. 提高药品的疗效　　C. 标示作用

D. 便于使用和携带　　E. 有利于药品营销

2. 泡罩式包装机按结构形式可分为几大类(　　)

A. 立式　　B. 卧式　　C. 平板式

D. 辊筒式　　E. 辊板式

3. 泡罩成型的方法有(　　)

A. 吸塑成型(负压成型)　　B. 吹塑成型(正压成型)

C. 冲头辅助吹塑成型　　D. 凸凹模冷冲压成型

E. 凹模冷冲压成型

4. 压敏胶贴标机的主要组成有(　　)

A. 标签卷带供送装置　　B. 剥标刀　　C. 卷带轮

D. 贴标轮　　E. 光电检测装置

5. 关于辊板式泡罩包装机的叙述正确的是(　　)

A. 采用平板式成型装置吹塑成型　　B. 采用辊筒式封合装置封合

C. 成型面积大　　D. 生产能力高

E. 应用范围广

6. 电磁感应封口机所用的铝箔复合层的组成材料包括(　　)

A. PVC　　B. 纸板　　C. 蜡层

D. 铝箔　　E. 聚合胶

7. 制袋充填封口包装机的装置包括(　　)

A. 袋成型器　　B. 泡罩成型器　　C. 纵封器

D. 横封器　　E. 切断器

三、简答题

1. 固体制剂包装有哪些主要形式？

2. 简述泡罩式包装机的工艺过程，其有哪几种结构形式？

3. 简述制袋充填封口包装机的工艺过程，其有哪些种类？

(祁永华)

第十章

其他制剂生产设备

导学情景 √

情景描述：

小明在学校打篮球时一不小心跌倒了，同学将他送至医院，通过相应检查无大碍，只是膝盖有一点擦伤和软骨组织损伤，医生给他开了一些药，其中有丸剂、气雾剂、软膏剂，1 周的用药后小明痊愈了。

学前导语：

丸剂、软膏剂、气雾剂是日常生活中常用的制剂，临床使用非常广泛。但是，你可知道丸剂、软膏剂、气雾剂在药厂中是采用什么设备，通过何种方法生产出来的？本章我们将一起学习丸剂、软膏剂、气雾剂生产设备的基本结构、原理和基本操作，以及维护保养等相关知识。

第一节 丸剂生产设备

丸剂是指药物细粉或药材提取物中加适宜的黏合剂或辅料制成的球形或类球形制剂。按赋形剂分类，可分为蜜丸、水蜜丸、水丸、糊丸、蜡丸和浓缩丸等；按制备方法分类，可分为塑制丸、泛制丸、滴制丸。

塑制法常用的设备有槽型混合机、炼药机、中药制丸机、撒粉机、隧道式微波干燥器、离心式选丸机等。

泛制法常用的设备有泛丸机（荸荠包衣机）、滚筒式筛丸机等。

滴制法常用的设备有滴丸机、集丸离心机、筛选干燥机等。

一、塑制法制丸设备

目前中药丸剂生产广泛采用塑制法，塑制法的生产工序为药物粉碎→配料搅拌→混合→炼制→制丸→撒粉→整型（搓圆）→滚筒式筛丸→隧道式微波干燥→凉丸→离心式选丸→包衣上光。撒粉的目的是在黏性的药丸表面裹敷粉料，防止药丸相互粘连，从而顺利进入下一道工序。

（一）炼药机

炼药机用于制丸生产的前期加工，药粉加黏合剂（水、蜜、提取液或膏）通过槽型混合机混合搅拌均匀后，放入炼药机内可炼合成组织均匀、软硬相同、密度一致的物料。该机的结构如图 10-1 所示。如一台机器上采用多层结构，可连续对物料进行搓揉炼制，生产效率更高。

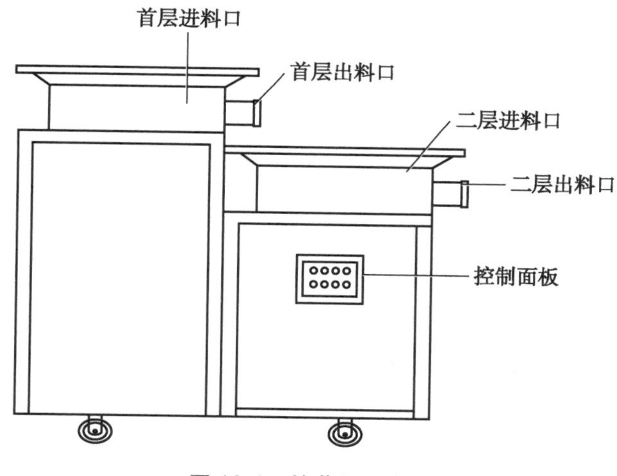

图 10-1　炼药机示意图

全自动炼药机

（二）中药制丸机

中药制丸机是目前常用的制丸设备，可将炼制好的物料制成大小均匀的药丸，用于生产不同规格的水丸、水蜜丸、蜜丸、浓缩丸等中药丸剂。

1. 结构　中药制丸机由电机、料台、进料槽、搅拌桨、螺旋推进器、制条器、测速电机、控制面板、减速控制器、酒精罐、送条轮、顺条器、刀轮、出料槽等组成，如图 10-2 所示。制条器是带有 3~12 个圆孔的不锈钢圆形板，通过进料槽内搅拌桨和螺旋推进器的挤压作用，使物料从圆孔处压出形成药条。

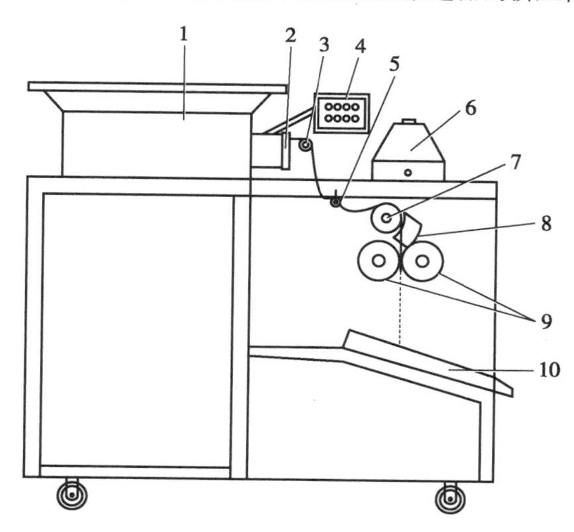

图 10-2　中药制丸机结构示意图

1. 料台及进料槽；2. 制条器；3. 测速电机；4. 控制面板；5. 减速控制器；6. 酒精罐；7. 送条轮；8. 顺条器；9. 刀轮；10. 出料槽

中药制丸机

2. 工作原理　将炼制好的物料送入料台内，在螺旋推进器的挤压下，制出 3~12 根规格相同的药条，经过送条轮、顺条器同步进入制丸刀轮中，经过快速切搓，制成大小均匀的药丸。从酒精罐滴头滴在送条轮上的酒精可润滑药条，防止药丸黏在刀轮上。可根据需要更换不同规格的制条器和刀轮，制出所需直径的药丸。

课堂活动

在实训课上，一名女同学长发披肩，在进行中药制丸机的操作练习，请问这样对吗？ 为什么？

3. 设备标准操作规程　以 YUJ-16A 中药制丸机为例。

(1)开机前检查:①检查各部件安装是否牢固,拧紧螺丝;②检查设备清洁状况;③检查设备润滑情况;④检查酒精罐内是否有酒精;⑤接通电源,低速检查机器运行是否正常,然后关闭电源。

(2)安装部件:①将搅拌桨装入料槽内,使搅拌桨与转轴上的卡口吻合;②安装螺旋推进器、制条器,紧固螺母;③安装制丸刀轮,安装时应使两刀轮牙尖对齐;④安装毛刷。

(3)开机操作:①用加料勺将软材加入进料槽中;②工作选择开关调到“手动”,把调频开关打到“关”;③将“伺服机速度调节”和“制条机调频”旋钮逆时针调到最低位,接通电源;④按搓丸电机启动钮,启动搓丸电机;⑤按伺服电机启动钮,启动伺服电机,等电压表和电流表指示灯亮起时,转动调速旋钮,使伺服电机开始转动,指示灯未亮起禁止转动调速旋钮;⑥按制条电机启动钮,启动制条电机,把调频开关扳向“开”,顺时针转动调频,使制条频率达到所需的速度;⑦开启酒精罐开关,用酒精润湿制丸刀轮,再调整酒精罐位置,使酒精滴在送条轮上;⑧将一条挤压出的药条放在测速电机轮上,并从减速控制器下面穿过,再放到送条轮上,通过顺条器进入刀轮,刀轮切割并搓圆制出药丸;⑨根据药条的行进速度调整制条机的速度;⑩检查制出药丸的外观,外观合格后再将另外几条药条放上送条轮送入刀轮,用准备好的洁净容器接收药丸,制好的丸剂要及时进行干燥。

(4)操作结束:①工作完毕,切断药条,关闭酒精罐;②先按逆时针方向转动调速旋钮和调频旋钮至最低位置,并把调频开关扳向关;③依次关闭制条机、搓丸机、伺服机;④关闭电源。

(5)操作注意事项:①加料时严禁用手或工具接触搅拌桨以防受伤或损坏设备;②制条电机和伺服电机出现过载情况,应及时调整;③遇紧急情况按急停按钮后,必须等 5 分钟后才能通电重新启动设备,以免损坏变频器。

4. 清洁规程

(1)清洁实施的条件和频次:①每批生产结束后;②连续生产每个班次结束后。

(2)清洁液与消毒剂:饮用水、纯化水、75%乙醇溶液。

(3)清洁地点:在线清洁,拆下的部件移至工具清洗间清洁。

(4)清洁方法:①拆除制条器固定螺母,启动制条机挤出制条器,对料头进行回收,然后停止制条机,关闭电源;②取下进料槽内的搅拌桨和螺旋推进器,连同刀轮、毛刷和制条器送至清洗间用饮用水冲洗;③用软毛刷擦洗料台和进料槽,擦洗时要注意,防止水流入机架内部电器中;④将整机用抹布擦洗,必要时用液体洗涤剂;⑤清洁各器件及整机均需用饮用水清洗 3 次、纯化水清洗 2 次,然后用干燥抹布或毛巾用 75%乙醇消毒;⑥清理现场,待检查合格后,挂上设备清洁合格状态标志,并填写清洁记录。

(5)标准及检查方法:用洁净的白色抹布抹料台、进料槽、搅拌桨、螺旋推进器、制条器、制丸刀轮、顺条器、出料槽及设备外部等,应无色斑、污点、油迹,整机外观光洁。

5. 维护保养规程

(1)机器润滑:①进料槽内的搅拌桨每班前加注食用油;②油箱需保证油面高度,应高于油窗中心线,低于中心线应加油,油号为25#机油,每半年换油1次;③减速机为油浴式润滑,正常油面以高于油标中线为止,每3~6个月更换1次。

(2)机器保养:①各紧固件应每班前检查并及时紧固;②检查和确认本设备平衡并接地。

6. 设备常见故障及排除方法 中药制丸机常见故障、产生原因及排除方法见表10-1。

表10-1 中药制丸机常见故障、产生原因及排除方法

常见故障	产生原因	排除方法
制条速度慢	螺旋推进器间隙过大;物料黏性过大,不符合要求	更换推进器;使用符合要求的物料
药丸的圆整度和光洁度差	刀轮牙尖没有对齐	对齐刀轮牙尖再固定
丸条下垂或被折断	制条和搓丸速度不协调	手动状态下进行微调
丸粒黏在刀轮上	物料黏性太大;酒精罐滴头没对准送条轮,没有酒精润湿的丸粒太黏	使用符合要求的物料;调整酒精罐的位置使其滴头对准送条轮

边学边练

通过中药制丸机操作实训(实训九),能更进一步熟悉中药制丸机的结构、工作过程,掌握其正确操作要求。

(三)离心式选丸机

离心式选丸机主要用于对药丸或球形物料的筛分,整机为螺旋式塔形结构,如图10-3所示。该机器的工作原理是从高处料斗放出的药丸,靠自身重量顺螺旋轨道向下自然滚动,圆整的药丸转速快,从外侧的出料口滚出,而不规则的异形丸、双丸转速慢,从内侧的出料口滚出,达到分选优、劣丸的目的。

离心式选丸机

图10-3 离心式选丸机示意图

知识链接

CUJ-20B 中药选丸机的保养

1. 日常保养

（1）开机前检查各单机加油点的润滑情况，使各加油点润滑良好，对设备进行空运转检查、并进行清扫和擦拭，使设备处于整齐、清洁、安全、良好的状态。

（2）下班后由设备操作工对分管的设备进行 1 次表面擦拭，目视检查和加油润滑、防锈，保持设备整洁、清洁、润滑、安全。

2. 一级维护保养

（1）包括日常保养的内容。

（2）一级保养由设备操作工，对分管的设备进行清洁维护、加油润滑、紧固、调整、除锈。

（3）检查三角带是否完好（A2000 两根、A1168 两根）。

（4）检查并调整控制开关。

（5）检查振动器工作情况，更换振动器前端的四氟乙烯斧子。

（6）检查搅龙供料情况是否正常。

3. 二级维护保养

（1）包括一级维护保养的全部内容。

（2）由维修工对设备进行全方位检修：对设备进行解体，更换磨损严重的备件，保养电机。

（3）更换减速机润滑油，检修或更换减速机 W2SE80-1/30-C。

（4）更换电器控制元件，更换电磁调速电机 YCT-132-4B。

（5）更换转动轴承。

二、泛制法制丸设备

（一）泛丸机

目前主要使用荸荠包衣机进行泛丸，其结构及工作原理已在第四章中介绍，不再重复。

（二）滚筒式筛丸机

滚筒式筛丸机主要用于筛选泛制丸、塑制丸等球状物料，可完成对湿丸或干丸直径大小的分选，保证成品丸剂的均匀度。该机的外形如图 10-4 所示。

滚筒式筛丸机由两或三级不同孔径的筛网构成滚筒，药丸在筒内呈螺旋滚动，通过不同孔径的筛网落入各级出料口，达到按药丸直径分选的目的。

滚筒式筛丸机示意图

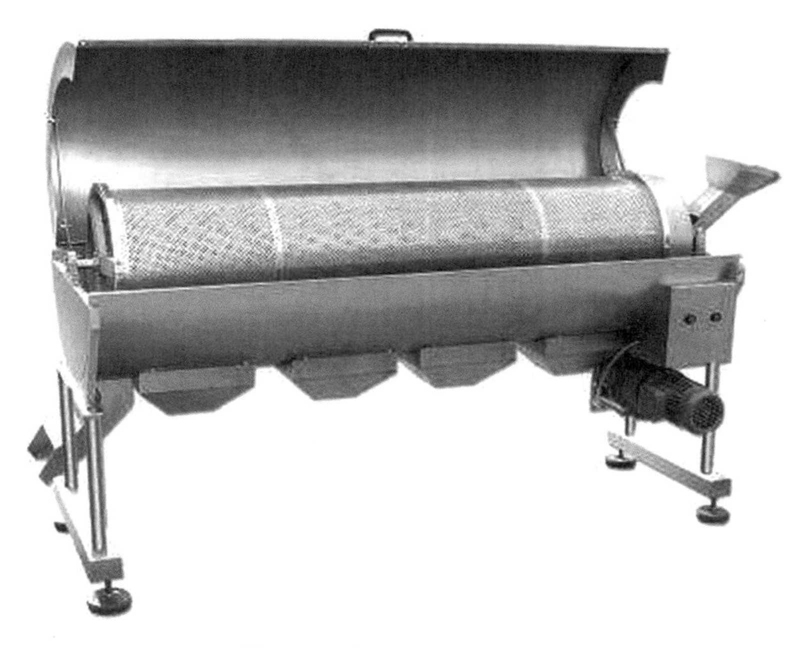

图 10-4　滚筒式筛丸机示意图

三、滴制法制丸设备

（一）滴制法概述

滴制法制丸是将药物溶解、乳化或混悬于适宜的熔融基质中，通过滴管滴入另一与之不相混溶的冷却剂中，在表面张力作用下液滴收缩成球形并冷却凝固而成丸的方法。

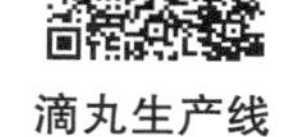

滴丸生产线

滴丸生产线由滴丸机、集丸离心机和筛选干燥机等设备组成，可组合成联动生产线，如图 10-5 所示。该生产线可实现调料、上料、滴制成型以及收集滴丸、离心去油、筛选干燥等工序。

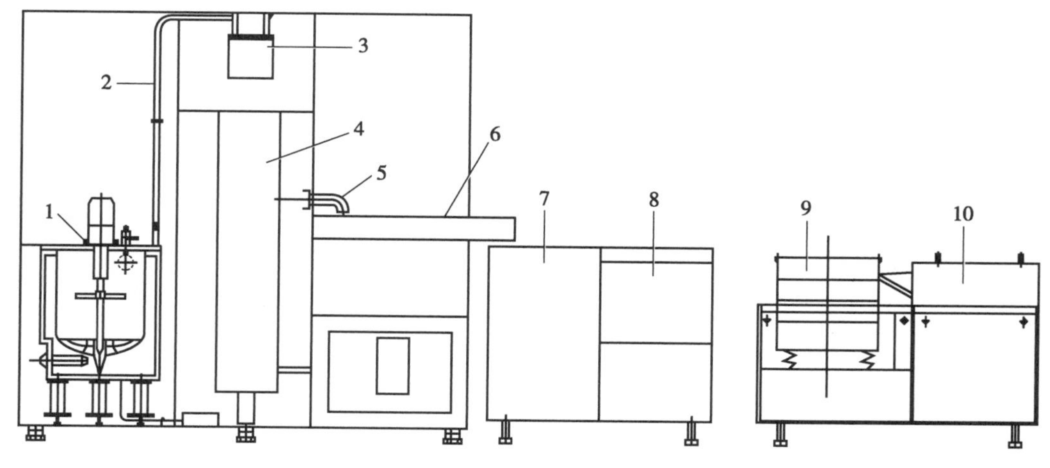

图 10-5　滴丸生产线示意图
1. 调料罐；2. 保温药液输送管道；3. 药液滴罐；4. 冷却柱；5. 出丸管；
6. 传送带；7. 集丸器；8. 离心机；9. 振动筛；10. 干燥机

（二）滴丸机

1. 结构　滴丸机由药物调剂供应系统、滴制收集系统、循环制冷系统、电气控制系统四大部分组成。该设备的结构如图10-6所示。

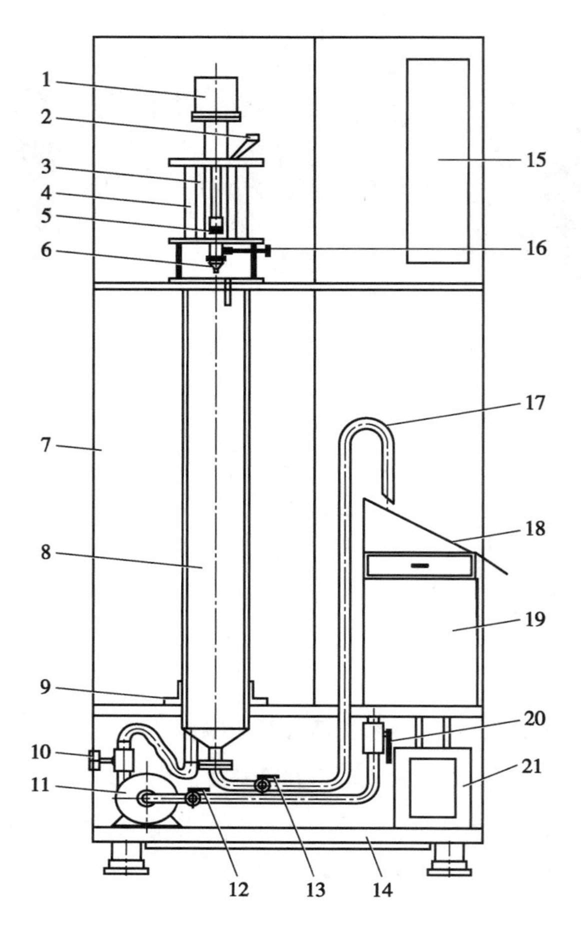

图10-6　滴丸机结构示意图

1. 搅拌电机；2. 加料口；3. 药液；4. 导热油；5. 搅拌器；6. 滴头；7. 机柜；8. 冷却柱；9. 升降装置；10. 液位调节装置；11. 油泵；12. 进油阀；13. 放油阀；14. 接油盘；15. 控制面板；16. 滴速控制手柄；17. 出料管；18. 出料槽；19. 邮箱；20. 邮箱阀；21. 制冷机组

2. 工作原理　药物与基质（聚乙二醇、明胶等）经调料罐加热、搅拌制成混合药液，由滴头滴入冷却剂（液状石蜡、植物油、甲基硅油等）中，药滴在表面张力作用下收缩成球形，并冷凝成丸。制冷机组使冷却剂在吸收液滴的热量后保持温度不变，油泵强制冷却剂循环，使冷却柱内的冷却剂保持固定的温度梯度（温度由上到下降低）和液面高度，以保证滴丸的圆整度。

滴丸机

3. 设备标准操作规程　以DWJ-2000型滴丸机为例。

（1）开机前检查：①检查设备是否挂有合格待用的状态标志；②检查设备是否清洗干净；③检查上一班次的设备运行记录，有故障是否已经及时处理，严禁设备带故障运行；④检查油箱内冷却用的石蜡油是否足够，如不足应及时补充；⑤检查合格后，填写并悬挂设备运行状态标志。

（2）设备运行：①关闭滴头开关，打开电源开关，接通电源，设置生产所需的制冷温度，“油浴温度”和“滴盘温度”设为40℃进行预热；②按下制冷开关，启动制冷系统；③按下油泵开关，启动油泵，并调节柜体左侧下部的液位调节旋钮，使冷却剂进入冷却柱内，控制液面在冷却柱上口之下，达到稳定状态；④按下滴罐加热开关，启动加热器为滴罐内的导热油进行加热，再按下滴盘加热开关，启动加热盘为滴盘进行加热保温；⑤待“油浴温度”和“滴盘温度”均显示达到40℃时，关闭滴罐加热和滴盘加热开关，等待10分钟，使导热油和滴盘热量适当传导后，再将“油浴温度”和“滴盘温度”调整至所需的温度，然后重新开启“滴罐加热”和“滴盘加热”；⑥当药液温度达到所设的温度时，将滴头拆下，用开水加热浸泡5分钟后，戴手套装入滴罐下方；⑦将加热熔融好的药液从滴罐上部加料口处加入，然后关闭加料口盖；⑧启动搅拌开关，调节调速按钮，搅拌5分钟后，停止搅拌，等待消泡10分钟；⑨待制冷温度、药液温度和滴盘温度显示达设定值后，缓慢扭开滴罐上的滴头开关，需要时可调节面板上的气压或真空旋钮，使滴头下滴速度符合工艺要求，药液稠时调气压旋钮，药液稀时调真空旋钮；⑩药液滴制完毕时，关闭滴头开关，关闭面板上的“制冷”“油泵”“滴罐加热”和“滴盘加热”开关。

课堂活动

想一想、说一说，常见的有哪些滴丸剂？

4. 清洁规程

（1）清洁实施的条件和频次：①每批生产结束后；②连续生产每个班次结束后。

（2）清洁液与消毒剂：饮用水、纯化水、75%乙醇溶液。

（3）清洁方法（先拆后洗、先内后外）：①将回收清洗残液的漏斗放置在滴罐清洗口下，将滴罐移至清洗口位置；②按加料方法，将准备好的80℃饮用水加入滴罐内，对滴罐进行清洗工作，清洗时，打开搅拌开关，对滴罐内的热水进行搅拌，使残留的药液溶于热水中，打开滴头开关，将热水从滴头排出，如此反复几次至滴罐洗净为止；③如滴制特殊药液后无法将滴罐内部清洗干净，可拆下滴罐上部的法兰和搅拌电机底座的连接毛刷进行清洗，至干净后重新装好，以备下次使用；④清洗完成后，关闭电源开关，清理设备表面；⑤用洁净的白抹布擦拭工作台等部件，抹布上应无色斑、污点，无残留物痕迹，整机外观光洁；⑥清理工作现场，经检查合格后，悬挂清洁合格状态标志，并填写清洁记录。

5. 维护保养规程

（1）机器润滑：①一般机件每班开机前加油1次，中途可根据需要添加1次；②每周对润滑点润滑1次；③润滑点用油枪加入，以油不滴下来为宜，若油滴下来，应立即用抹布擦净，以防止污染。

（2）机器保养：①保养周期：电机、空压机每月检查1次；每班使用后对机器整体检查1次；开车前必须对设备进行全面检查，发现故障立即排除。②保养内容：每班使用结束后，检查工作面是否黏有残渣，如有应清扫干净；每个班次结束后，若生产中断，应将设备彻底清洗干净并给各滑润点加油润滑，经检查合格后，挂清洁合格状态标志；更换模具时，应轻扳、轻放，以免变形损坏；机器使用场所应保持清洁。

6. 滴丸生产中的常见问题及排除方法　滴丸生产中的常见问题、产生原因及排除方法见表10-2。

表 10-2　滴丸生产中的常见问题、产生原因及排除方法

常见问题	产生原因	排除方法
粘连	冷却油温度偏低，黏性大，滴丸下降慢	升高冷却油温度
表面不光滑	冷却油温度偏高，丸形定型不好	降低冷却油温度
滴丸带尾巴	冷却油上部温度过低	升高冷却油温度
滴丸呈扁形	①冷却油上部温度过低，药液与冷却油面碰撞呈扁形，且未收缩成球形已成型 ②药液与冷却油密度不相符，使液滴下降太快影响形状 ③药液过稀，滴速过快 ④压力过大使滴速过快 ⑤药液太黏稠，搅拌时产生气泡 ⑥药液太黏稠，滴速过慢 ⑦压力过低使滴速过慢	①升高冷却油温度 ②改变药液或冷却油密度，使两者相符 ③适当降低滴罐和滴盘温度，使药液黏稠度增加 ④调节压力旋钮或真空旋钮，减小滴罐内压力 ⑤适当增加滴罐和滴盘温度，降低药液黏度 ⑥适当升高滴罐和滴盘温度，使药液黏稠度降低 ⑦调节压力旋钮或真空旋钮，增大滴罐内的压力

点滴积累 √

1. 丸剂按制备方法可分为塑制丸、泛制丸、滴制丸，塑制法制丸应用最广泛。
2. 塑制法常用的设备有槽型混合机、炼药机、中药制丸机、撒粉机、滚筒式筛丸机、隧道式微波干燥器、离心式选丸机等。
3. 滴制法常用的设备有滴丸机、集丸离心机、筛选干燥机等。

第二节　软膏剂生产设备

软膏剂是指药物与油脂性、水溶性或乳剂型基质混合制成的均匀的半固体外用制剂。用于皮肤或黏膜后起保护、润滑和局部治疗，甚至也可适用于全身治疗的作用。

软膏剂的生产工序一般包括基质制备、主药制备、混合配制、灌装封尾、装盒、贴签、装箱、成品检验等。

▶ 课堂活动

想一想、说一说，常见的有哪些软膏剂？ 软膏剂的包装有哪些特点？

一、软膏剂配制设备

软膏剂常用的配制方法有研合法、熔合法、乳化法。

(1)研合法：软膏基质由半固体和液体组分组成或主药不宜加热，且在常温下通过研磨即能均匀混合时可用此法。配制时先取药物与部分基质或适宜液体研磨成细糊状，再递加其余基质研匀。常用的生产设备有三辊研磨机等。

（2）熔合法：软膏基质的熔点不同，在常温下不能均匀混合时可采用此法。配制时先将熔点较高的基质熔化后，再加入其他低熔点的组分，最后加入液体组分。常用的生产设备有配料锅等。

（3）乳化法：将油溶性组分混合加热（水浴或夹层锅）熔融，另将水溶性组分溶于水，加热至与油相温度相近（80℃左右）时逐渐加入油相中，边加边搅拌，待乳化完全后，搅拌至冷凝。常用的生产设备有真空乳化搅拌机组、胶体磨。

（一）三辊研磨机

1. 结构　三辊研磨机由水平方向平行安装的3个辊和传动系统组成，如图10-7所示。

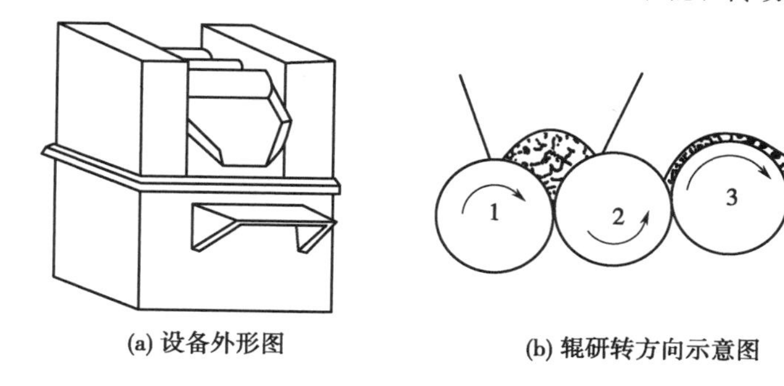

图10-7　三辊研磨机示意图

ER-10-7

三辊研磨机

2. 工作原理　机器上3个辊的转速、转向各不相同，从加料处至出料处辊速依次加快；物料在辊间的间隙可调节，从加料处至出料处逐渐减小。物料在辊间被压缩、剪切、研磨而被粉碎混合，同时第3个辊还可沿轴线方向往返移动，使软膏受到辊的辗与研磨，更加均匀细腻。第3个辊后端与其平行处有一刮板，可将研磨好的膏体刮下。

（二）配料锅

配料锅主要用于制备基质，如制备乳剂型基质，配料锅也可用作油锅或水锅。

1. 结构　配料锅由电机、减速器、真空装置、搅拌器、温度计、加热装置、出料阀等组成，如图10-8所示。

2. 工作原理　将各基质和主药依次投入锅内后，进行充分的加热、保温和搅拌，使各组分混合均匀。

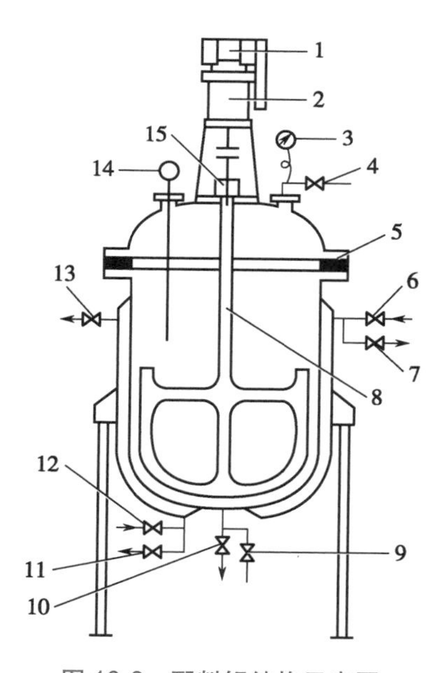

图10-8　配料锅结构示意图

1. 电机；2. 减速器；3. 真空表；4. 真空阀；5. 密封阀；6. 蒸汽阀；7. 排水阀；8. 搅拌器；9. 进泵阀；10. 出料阀；11. 排气阀；12. 进水阀；13. 放气阀；14. 温度计；15. 密封装置

（三）真空乳化搅拌机组

1. 结构　真空乳化搅拌机组由主锅、油锅、水锅、电器控制系统、真空系统、机架等组成，主锅由乳化锅、搅拌装置、传动装置、升降装置、真空装置、倒料装置等组成，如图10-9所示。

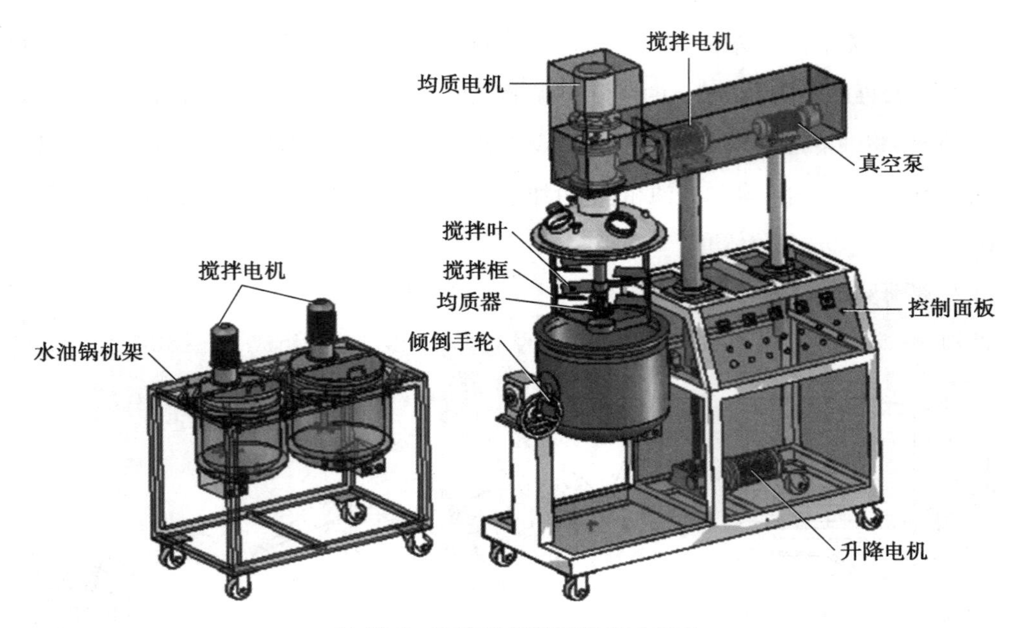

图 10-9　真空乳化搅拌机组示意图

2. 工作原理　油相和水相物料分别在水锅、油锅中通过加热、搅拌进行混合反应后，由真空泵吸入乳化锅，通过乳化锅内上部的中心搅拌、聚四氟乙烯刮板始终刮净挂壁黏料，使被刮取的物料不断产生新界面，再经过框式搅拌器的剪切、压缩、折叠，使其搅拌、混合而向下流往锅体下方的均质器处，再通过高速旋转的转子与定子之间所产生强力的剪切、冲击、乱流等过程，物料在切缝中被切割，迅速破碎成微粒，短时间内完成物料微粒化、乳化、调匀。由于乳化锅内处于真空状态，物料在搅拌过程中产生的气泡被及时抽走。

真空乳化搅拌机组

3. 设备标准操作规程　以 TZGZ 系列真空乳化搅拌机组为例。

(1)开机前检查：①检查电、气、水各接口是否接好，是否处于接通状态；②查看液压箱的油位是否在视镜范围内；③查看真空泵水箱中的自来水是否加至溢位口位置；④打开电器柜，合上所有开关，旋开控制面板上的电源开关，进入操作画面，打开各相应的开关，确认是否有相应动作回应。

(2)设备运行：①打开电源，进入工艺操作画面，打开主锅、油锅、水锅的冷却按钮，加水是观察各锅体上的夹套视镜，水加至视镜中间即可；②关闭锅盖上的所有阀门，观察锅底的所有阀门应处于关闭状态；③分别将油相和水相物料投入油锅、水锅，设定油锅、水锅的加热温度，并开启油锅、水锅搅拌；④待油锅、水锅内的物料加热至工艺要求并充分溶解后，打开真空泵；⑤待真空度达到 -0.03MPa以上时，打开加料阀门，用加料软管分别从油锅、水锅吸入物料至乳化锅，吸完关闭吸料阀；⑥设定乳化锅的加热温度以及高速乳化速度、时间和慢速搅拌速度、时间；⑦开启主锅加热按钮，并打开慢速搅拌，待温度上升至乳化所需的温度时，开启快速乳化；⑧慢速搅拌时间一般设定为 1 小时、速度为 50r/min，快速乳化时间一般为 10 分钟、速度为 2000～3000r/min；⑨物料在充分乳化和搅拌后，打开主锅冷却按钮，同时打开慢速搅拌，加快冷却速度；⑩待物料冷却至 25～30℃时即可出料，可打开压缩空气从锅底阀门出料或翻转锅体倾斜出料，操作结束后关闭所有阀门和电源开关。

（3）操作注意事项：①乳化切削头转速极高，不得在空锅状态下运转，以免局部发热后影响密封程度；②每次搅拌启动前都应点动，检查搅拌刮壁是否有异常，如有应立即排除；③真空泵在乳化锅密封状况下方可启动运转，如有特殊需要通大气启动泵，运转不能超过3分钟；④严禁在设备运行中将手伸入锅内，以防发生意外。

4. 清洁规程

（1）清洁实施的条件和频次：每批生产结束后。

（2）清洁液与消毒剂：饮用水、纯化水、75%乙醇溶液。

（3）清洁方法：①合上锅盖，接入0.5MPa热水，打开清洗阀门；②待锅内有1/3的热水时，打开控制面板上的慢速搅拌和快速乳化按钮；③清洗完毕，打开底阀将水排出，如此循环3~5次；④清洗完成后，关闭电源开关，用洁净的白抹布擦拭工作台等部件，抹布上应无色斑、污点，无残留物痕迹，整机外观光洁；⑤清理工作现场，经检查合格后，悬挂清洁合格状态标志，并填写清洁记录。

5. 维护保养规程

（1）机器润滑：①液压装置使用的油为46#液压油，每2年更换1次；②慢速搅拌齿轮使用膨润土润滑脂2号，每4个月加油1次。

（2）更换密封件：①更换周期：每年1次；②操作方法：旋开螺钉，打开端盖，取出密封件，安装新的密封件后，锁紧螺钉。

6. 设备常见故障及排除方法　真空乳化搅拌机组常见故障、产生原因及排除方法见表10-3。

表10-3　真空乳化搅拌机组常见故障、产生原因及排除方法

常见故障	产生原因	排除方法
真空度不能建立	①阀门未关闭，锅盖的抽真空阀未打开 ②密封圈已损坏造成泄漏 ③真空泵未正常运转	①关闭各个阀门 ②更换密封圈 ③检修真空泵
泵不能产生真空	①无工作液 ②系统泄漏严重 ③泵叶轮旋转方向错	①检查工作液 ②修复泄漏处 ③更换任两根导线，改变旋转方向
搅拌、均质电机不启动或电机过载	①电源断路 ②绕组短路 ③均质转子烧结 ④有异物卡住搅拌器或均质头 ⑤电机轴承故障 ⑥均质转子滑动轴承损坏	①检查接线 ②检查电机绕组（线圈） ③检查均质转子转动是否灵活 ④清除异物 ⑤更换电机轴承 ⑥更换滑动轴承
刮板运转时不刮壁或运转时有金属声响	①搅拌桨偏心较严重 ②刮板座转动不灵活，卡在不合适的位置 ③刮板磨损	①调整搅拌桨位置 ②去除刮板座中的污物，更换销轴 ③更换刮板
真空泵中的工作液进入净化器及锅内	关闭真空泵时真空泵上的真空阀未关闭	关闭真空泵时先关闭真空泵上的真空阀

知识链接

如何使用软膏剂、乳膏剂

软膏剂、乳膏剂在使用前，最好将皮肤浸入温水中，或用干净的湿布湿润皮肤，2~3分钟后擦干，再按说明书涂搽薄薄一层的药，轻轻按摩搽药部位，使药物进入皮肤。乳膏剂含油脂少，不易弄脏衣服，也适用于头皮和身体的多毛部位。干性皮肤则以用软膏为宜。

专家告诫：如果医生要求在使用软膏或乳膏剂后将皮肤盖上，应使用透明的塑料覆盖于涂药的局部，以使药物附着在皮肤上并保持湿润，使药物易被吸收。注意未经医生同意，不要使用覆盖物，有分泌物的破损处尽量不要使用覆盖物。

二、软膏剂灌封设备

软膏剂常用的容器有金属管、塑料管、塑料复合管和铝塑复合管，灌封工序包括送管、软管清洁、对标定位、充惰性气体（选用）、灌装、封尾、打码、成品送出等。常用的设备是自动灌装封尾机。

ER-10-9
自动灌装封尾机

1. 结构　自动灌装封尾机由送管装置、软管清洁装置、软管对标定位装置、灌装装置、封尾装置、打码装置、出管装置等组成。该设备的外形如图10-10所示。

图10-10　自动灌装封尾机示意图

2. 工作原理　放置在料仓上的软管通过自动送管装置整理后，倒置插入管座内，并随转盘转动，并停留在不同的工位上，锥形料桶内的软膏通过柱塞泵定量灌装到软管内，转盘将灌注了软膏的软管送至封尾工位进行密封，然后打码机将生产日期等字码印在管尾上，经出管机构将成品送出。塑料管的灌封转盘工作流程如图 10-11 所示。

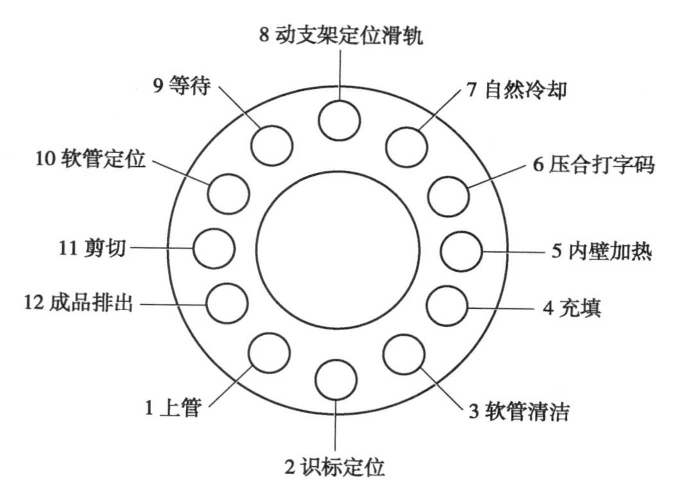

图 10-11　塑料管的灌封转盘工作流程示意图

（1）光电对标定位机构：软管插入转盘上的管座后，便随转盘移动至对标定位工位上，软管上的图案可依据色标位置转向同一方位，再进行灌装及封尾。该机构的工作原理是反射式光电开关在识别软管上色标的过程中，控制步进电机带动管座转动，并控制步进电机的转角，当软管转到合适方位时，步进电机制动，使管座停止转动。

（2）装量调节：改变柱塞泵中活塞的行程，可调节装量。

（3）封尾机构：金属管和塑料管由于材质不同，应采用不同的封尾方式，塑料管和复合管一般采用热压合封尾方式，金属管则采用折边封尾方式。折边封尾又可分为两折边、三折边、马鞍形折边等不同的折边形式。两折边封尾的流程如图 10-12 所示。

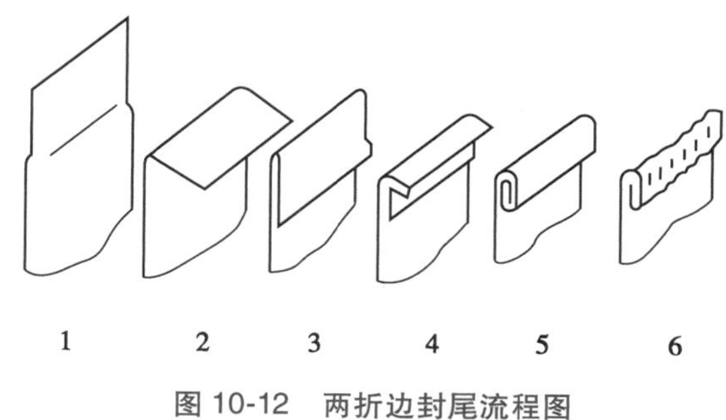

图 10-12　两折边封尾流程图

1、3、5. 压平；2、4. 折边；6. 轧花

3. 设备标准操作规程　以 SGF-50 塑料软管灌装封尾机为例。

（1）开机前检查：①检查机器表面有无异常物品；②检查冷却水管是否接到冷却水泵上；③检查软管和物料是否准备好。

（2）设备运行：①打开电器控制箱，合上电源总开关，然后打开钥匙总开关；②打开冷却水泵开关，确认冷却水从排水管流出；③打开触摸屏上的手动运行窗口，打开加热开关，根据所封软管的材料、主机速度及环境温度，设定热风器的加热温度，并确认热风温度是否已达到工艺温度；④如有保温和加热系统，打开保温开关，并在保温加热控制仪表上设定保温所需的温度，然后打开搅拌开关；⑤打开气泵开关或接通气源，调节调压阀，确认气压表显示的数字为设定气压（气压数值一般为0.35~0.45MPa）；⑥拉开上管导板上的手动挡管开关，软管将自动滚到上管扶手上；⑦点动主机3分钟，同时检查各部位的工作情况，确认一切正常后，将主机速度调整到工艺要求的转速；⑧打开上管开关，上管扶手自动将软管送到管座上，在转盘的带动下，自动完成对标定位、灌装、封尾、打码工作；⑨当机器出现故障停机或按紧急停车按钮停机检修时，必须关闭电源总开关，并将所有开关复位，故障排除后，应按以上程序重新启动主机。

4. 清洁规程

（1）清洁实施的条件和频次：①每批生产结束后；②连续生产每个班次结束后。

（2）清洁液与消毒剂：饮用水、纯化水、75%乙醇溶液。

（3）清洁方法：①料斗：松开灌装阀体上的料斗紧固螺钉，拆下料斗，用饮用水清洗干净，必要时可用洗涤剂溶液清洗并冲净，用75%乙醇溶液擦洗料斗内壁，晾干待装；②注料头及注料嘴：松开注料头紧固卡箍，将注料头卸下，再旋下注料嘴，清洗注料头及注料嘴，清洗方法同上；③灌装阀体：松开阀体快装卡箍，卸下灌装阀，将灌装阀芯轴轻轻推出（拆卸阀体和芯轴时，不要损坏阀芯密封圈及碰伤阀体内腔），将阀体和芯轴分开清洗，清洗方法同第1项；④清洗完成后，用洁净的白抹布擦拭工作台等部件，抹布上应无色斑、污点，无残留物痕迹，整机外观光洁；⑤清理工作现场，经检查合格后，悬挂清洁合格状态标志，并填写清洁记录。

5. 维护保养规程

（1）机体：每班工作完成后，应关闭电源，用浸有药用乙醇的脱脂棉清理擦拭注料嘴、管座、旋转工作盘、封尾及打码钳口，使各部位保持无尘洁净。

（2）封尾部分：钳杆上的滚针轴承、支撑钳杆的向心球轴承每3个月加注1次润滑脂。

（3）分度机构：大盘立柱套管及分度机构每半年更换1次润滑脂，并每周检查注油1次。

（4）减速器：每周检查1次油面，如低于视窗的1/2，应及时加注30#机油。

（5）传动系统：机台底部的主传动系统、链条、凸轮盘要每周检查注油1次。

（6）长时间停机：再次开机前，要检查各部位的螺丝有无松动，做必要的紧固和调整；检查各传动部位的润滑情况，待一切检查完毕再启动主机。

6. 设备常见故障及排除方法　自动灌装封尾机常见故障、产生原因及排除方法见表10-4。

表10-4　自动灌装封尾机常见故障、产生原因及排除方法

常见故障		产生原因	排除方法
装量差异	时多时少	①吸料阀的弹簧变形或损坏 ②出料阀的弹簧变形或损坏 ③有异物卡住吸料阀或出料阀，使其不能紧闭或打开 ④管道接头松动导致漏气 ⑤活塞密封圈损坏	①更换弹簧 ②更换弹簧 ③清除异物 ④检查并拧紧各管道接头 ⑤更换活塞密封圈

续表

常见故障		产生原因	排除方法
装量差异	越来越多	开始灌装时计量泵内有空气，后来空气被逐渐排出	待灌装一定数量使装量稳定后，再调整计量
	越来越少	①料内有气泡 ②料斗内物料量太少，导致吸物时吸进空气	①物料除气，脱泡 ②保证料斗内的物料量在1/3以上
灌装	①转盘与灌装不同步 ②灌装提前或滞后 ③有管时不灌装 ④无管时灌装 ⑤灌装时不出料 ⑥灌装完后漏料	①光电探头延迟时间发生变化 ②光电探头的位置偏前或偏后 ③光电探头损坏或与软管距离太大 ④微动开关挪位 ⑤吸料阀或出料阀卡死；清洁后吸料阀或出料阀的阀芯装反 ⑥凸轮与计量板的相对位置挪位	①拿掉一支管，或整机断电后再开机 ②调整光电探头到合适位置 ③更换光电探头或调整其到合适位置 ④调节微动开关位置 ⑤检查吸料阀和出料阀，使其阀芯活动；重新安装阀芯 ⑥调节凸轮与计量板的相对位置
异响	①顶出杆响声 ②分度盘响声 ③槽轮机构响声	①顶出杆导向套润滑不够 ②分度盘松动 ③基板上大齿轮和小齿轮之间的间隙或槽轮与拨轮之间的间隙过大	①导向套加润滑 ②分度盘固定螺母拧紧 ③将基板下的大螺母松开，调整槽轮位置
封合不牢		①封合时间过短，管壁外侧温度无法完全传递到内层 ②加热温度过低 ③气压过低 ④加热带与封合带高度不一致 ⑤管壁上不清洁	①适当延长加热时间 ②适当调高加热温度 ③气压调到规定值 ④调整加热带与封合带高度 ⑤保证管壁清洁
封合尾部外观不美观		①加热部位夹合过紧 ②封合温度过高 ③加热封合切尾工位高度不一致	①仔细调整加热头夹合缝隙 ②适当降低加热温度并延长加热时间 ③仔细调整各工位高度
字母、日期打印不清晰		打码工位顶杠偏高或偏低	调整顶杠到适合位置

点滴积累

1. 软膏剂的生产工序包括基质制备、主药制备、混合配制、灌装封尾、装盒、贴签、装箱、成品检验等。
2. 软膏剂的制备方法有研合法、熔合法、乳化法，常用的生产设备有三辊研磨机、配料锅、真空乳化搅拌机组。
3. 常用的软膏剂灌封设备是自动灌装封尾机。

第三节　栓剂生产设备

栓剂是指以药物和适宜基质制成的供腔道内给药的固体制剂。其形状与重量因给药腔道不同而异，在常温下其外形应光滑完整、无刺激性，有适宜的硬度及弹性。

栓剂的制备方法有搓捏法、冷压法和热熔法，其中热熔法应用最广泛，生产工序包括配料、灌装、冷却、封口、打码和剪切等。以下重点介绍热熔法制备栓剂的生产设备。

一、栓剂配料设备

目前栓剂配料常用且较为先进的设备是栓剂高效均质机，该机是栓剂药品灌装前的主要混合设备，用于药物与基质按比例混合后搅拌、均质、乳化。设备的外形如图 10-13 所示。

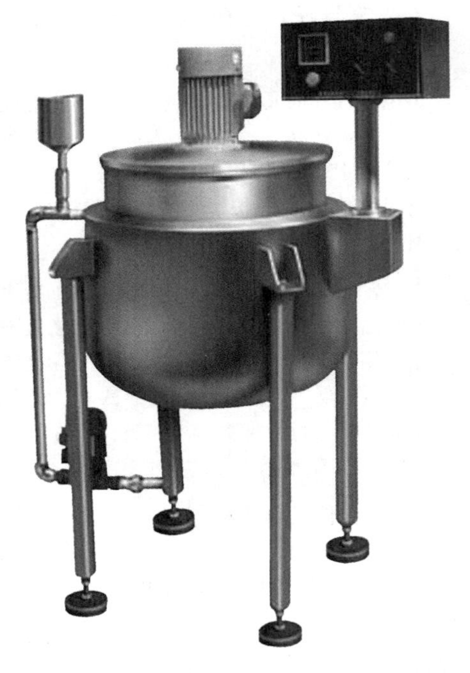

图 10-13　栓剂高效均质机示意图

1. 结构　该设备主要由夹层保温罐、罐外强制循环泵、搅拌均质机构、电气控制系统等组成。

2. 工作原理　基质与药物加入罐内后，经夹层蒸汽或热水加热熔化，通过高速旋转的特殊装置，将药物与基质从容器底部连续吸入转子区，在强烈的剪切力作用下，物料从定子孔中抛出，与容器内壁接触改变方向落下，同时新的物料被吸进转子区，开始新的工作循环，经过不断的均质和循环作用，药物与基质混合均匀。

3. 特点及应用范围　高效均质机结构简单，适用于不同物料的混合，药物与基质混合充分，使栓剂成型后不分层，灌注时不产生气泡和药物分离，是配料罐的替代产品。

二、栓剂灌封设备

（一）BZS-Ⅰ型半自动栓剂灌封机组

BZS-Ⅰ型半自动栓剂灌封机组可自动完成灌注、低温定型、封口整型和单板剪断等工序，生产速度一般为3000~6000粒/小时。机组的外形如图10-14所示。其工作原理是先将配好的药液灌入存液桶内，存液桶设有恒温系统、搅拌装置及液面观察装置，药液经蠕动泵打入计量泵内，然后由6个灌注嘴同时进行灌注，并自动进入低温定型部分，实现液-固态转化，最后进行封口、整型及剪断成型。

该机组具有以下特点：①采用PLC可编程控制，可适应各种形状、不同容量的栓剂的生产；②采用特殊计量结构，灌注精度高，计量准确，不滴药，耐磨损，适用于灌注难度较大的中药制剂和明胶基质；③配有蠕动泵连续循环系统，保证停机时药液不凝固。

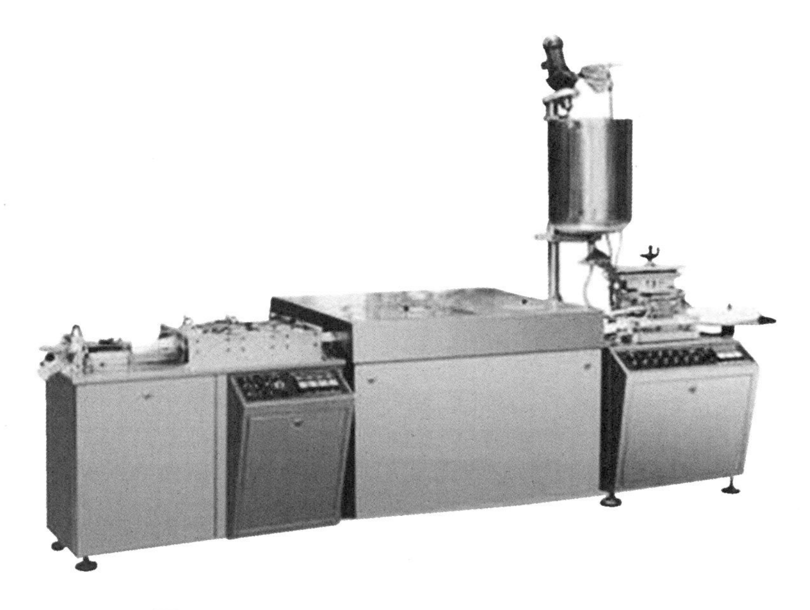

图10-14　BZS-Ⅰ型半自动栓剂灌封机组示意图

（二）ZS系列全自动栓剂灌封机组

1. 结构　该机组主要由栓剂制带机、栓剂灌注机、栓剂冷冻机、栓剂封口机四部分组成，能自动完成制壳、灌注、冷却成型、封口工序，生产速度一般为6000~10 000粒/小时。

2. 工作原理　成卷的塑料片材（PVC、PVC/PE）经栓剂制壳机正压吹塑成型制成空壳后，自动进入灌注工序，已搅拌均匀的药液由高精度计量泵灌注到空壳内，然后被剪成多条等长的片段，经过若干时间的低温定型，实现液-固态转化，变成固体栓粒，最后经整型、封口、打批号和剪切工序，制成成品栓剂。

栓剂灌封的具体工序为成卷塑料片材→预热→焊接→滚花→吹塑成型→灌注→冷却定型→预热→封口→打批号→打撕口线→切底边→齐上边→计数剪切。

3. 特点及应用范围　ZS系列全自动栓剂灌封机组采用插入式灌注，位置准确，不滴药，不挂壁，计量精度高；适应性广，可适应各种基质、各种黏度及各种形状的药品，甚至是黏度较大的明胶基质和中药制品栓剂的灌封。

根据厂房布局，可设计成U型和直线型两种形式。U型占地面积小，便于操作；直线型单面操作，视野较好。两种机型的外形如图10-15所示。

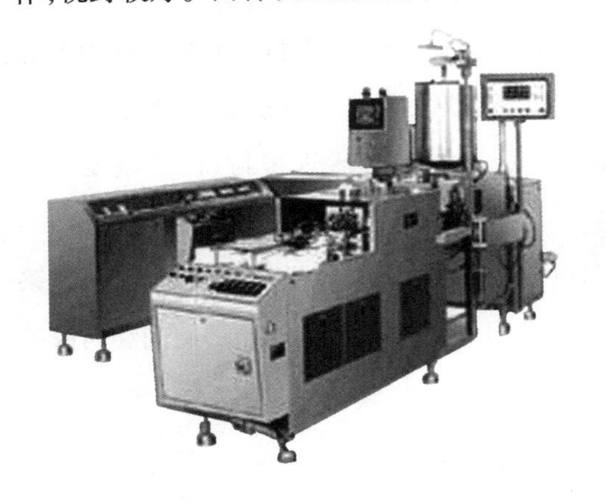

(a) U型机组外形图

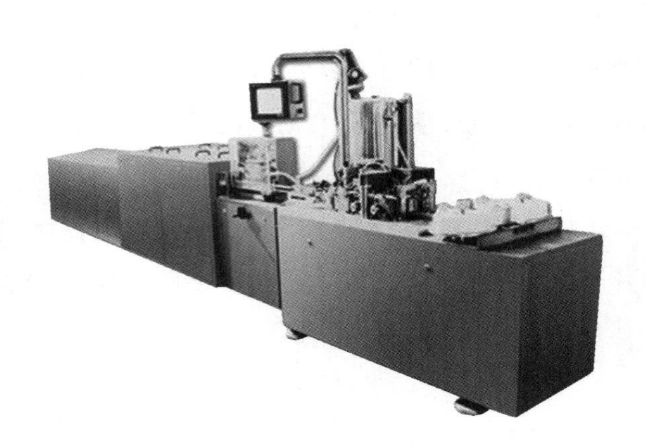

(b) 直线型机组外形图

图10-15　ZS系列全自动栓剂灌封机组外形示意图

点滴积累

1. 热熔法生产栓剂的工序包括配料、灌装、冷却、封口、打码和剪切。
2. 常用的栓剂生产设备有高效均质机、半自动栓剂灌封机组、全自动栓剂灌封机组。
3. 全自动栓剂灌封机组能完成制壳、灌注、冷却成型、封口工序。

第四节　气雾剂生产设备

气雾剂是将药物及抛射剂共同封装于带有阀门的耐压容器中，使用时利用抛射剂的压力将药物呈细雾状喷出的一种剂型。

1. 气雾剂的组成　气雾剂由药物与附加剂、抛射剂、耐压容器和阀门系统组成。抛射剂与药物一同装在耐压容器中，部分抛射剂汽化使容器内产生压力，若打开阀门，则药物、抛射剂一起喷出而形成雾滴。雾滴的大小决定于抛射剂的类型及用量、药液的黏度和阀门类型等。

2. 气雾剂的包装　气雾剂的包装是指容器及其阀门，容器应为能承受抛射剂的液化压力的耐压容器，其制造及测试均有安全规定，通常要求在50℃下承受1MPa的压力时不变形。

3. 气雾剂的制备　气雾剂的制备包括以下工序：①容器及阀门的洁净处理。金属容器成型及防腐处理后，应按常规洗净、干燥或气流吹净备用。阀门在组装前，铝盖、橡胶零件、塑料零件及弹簧等部件均需用热水冲洗干净，弹簧应用碱水煮沸后用热水冲净。洗净后的零件置于一定浓度的乙醇中备用。②配制药液。③在无菌条件下灌装至容器中。④在容器上安装阀门和轧口。⑤在压力条件下将液化的抛射剂压入容器中。⑥检测耐压和泄漏情况，试喷检测阀门使用效果。⑦加套防护罩，贴标签，装盒，装箱。

一、气雾剂容器及阀门

（一）气雾剂容器

1. 铝制容器　铝可经挤压和拉伸制成无缝容器，外表光滑美观，应用最广泛。但由于铝的化学性质活泼，常需做阳极极化处理，以达到防腐的目的。

2. 马口铁容器　马口铁是两面镀锡的薄钢板，由其制成的容器内衬由两层树脂组成，底层用坚韧的乙烯基树脂，内层用环氧树脂涂敷。容器由主体、顶盖和底盖三部分组成，如图 10-16(a)所示。三部分分别用板材冲制下料成型，再经折边焊封接口，顶盖上的小孔用于装配阀门。

3. 不锈钢容器　不锈钢容器大多用薄不锈钢板冲制出带底的主体，再加封顶盖，如图 10-16(b)所示。由于不锈钢的耐腐蚀性能好，内壁可不涂防腐内衬，但其价格相对较高。

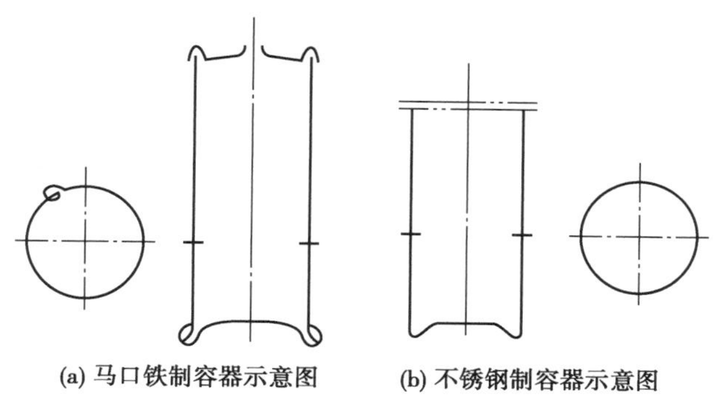

(a) 马口铁制容器示意图　　(b) 不锈钢制容器示意图

图 10-16　金属制气雾剂容器的结构示意图

4. 玻璃容器　玻璃容器结构灵活，耐腐蚀，且价格低廉。常外涂塑料附加层，以保证强度及使用安全。

5. 塑料容器　塑料制成的气雾剂容器多以聚丁烯对苯二甲酸酯树脂和乙缩醛共聚树脂为材料，一般要利用模具使瓶口的造型满足安装喷雾阀门的形状，以便于安装喷嘴。

（二）阀门

气雾剂常用的阀门有定量阀门和非定量阀门两种。定量阀门可控制药物的用量，使用更广泛。如图 10-17 所示，定量阀门由按钮、阀杆、金属封盖、密封环、定量杯、弹簧、引液管等组成。

定量阀门的工作原理是按压按钮 1 时，阀杆 2 下行，弹簧 6 压缩[图 10-17(b)]，定量杯中的药液和抛射剂通过阀杆上部的孔道(膨胀室)与大气相通，汽化后进入膨胀室，并充分膨胀、雾化，使药物从按钮的小孔中喷向患处，此时定量杯下端的密封环将引液管与定量杯隔离，容器内的液体不能进入定量杯；当松开按钮时，弹簧使阀杆上升[图 10-17(a)]，定量杯与大气隔离，并与引液管相通，抛射剂将药液通过引液管压入定量杯。定量杯的容积决定每次喷出的药液量。

如定量杯下端不安装密封环，当按下按钮时，容器内的药液通过定量杯和膨胀室与大气相通，构成不定量阀门，按下按钮后连续有药液喷出。

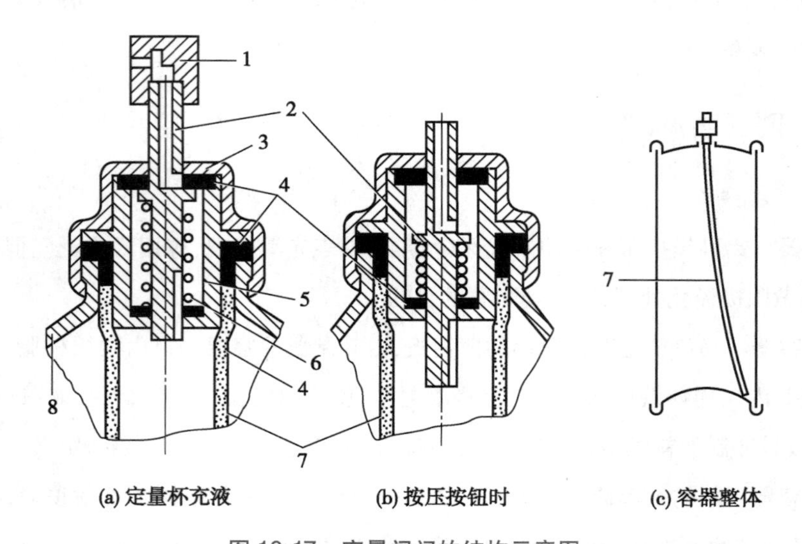

图 10-17　定量阀门的结构示意图

1. 按钮；2. 阀杆；3. 金属封盖；4. 密封环；5. 定量杯；6. 弹簧；7. 引液管；8. 容器外壳

二、气雾剂的灌装设备

气雾剂的灌装一般按以下步骤进行：①在常压下将药液灌入容器；②安装喷雾阀门；③通过高压将液化的抛射剂灌入容器。

气雾剂灌装机应具备以下功能：

（1）吹气：以洁净的压缩空气或氮气，吹除容器内的尘埃。

（2）灌药：定量灌装配制好的药液。

（3）驱气：在灌装药液时，通入适量的抛射剂，待其挥发时可带走容器内的空气。

（4）放置阀门：将预先组装好的阀门插入容器内。

（5）轧盖：在真空或常压下轧压阀门封盖。

（6）压装抛射剂：定量灌装抛射剂。

（7）安装按钮。

（一）全自动气雾剂灌装机

该设备由直线式气动理罐机、气动步进输送带、液体灌装机、封口机、抛射剂灌装机、增压泵等组成，外形如图 10-18 所示。本设备装填精度高，可灌装国际通用的 1 寸罐口规格的马口铁或铝质气雾罐，适用于灌装水、油乳液溶剂等，并适用 LPG、F_{12}、DME、N_2 等多种抛射剂的装填；生产能力为 1800~2400 罐/小时，比半自动生产线效率高、节省劳动力；采用压缩空气驱动，安全性较高。

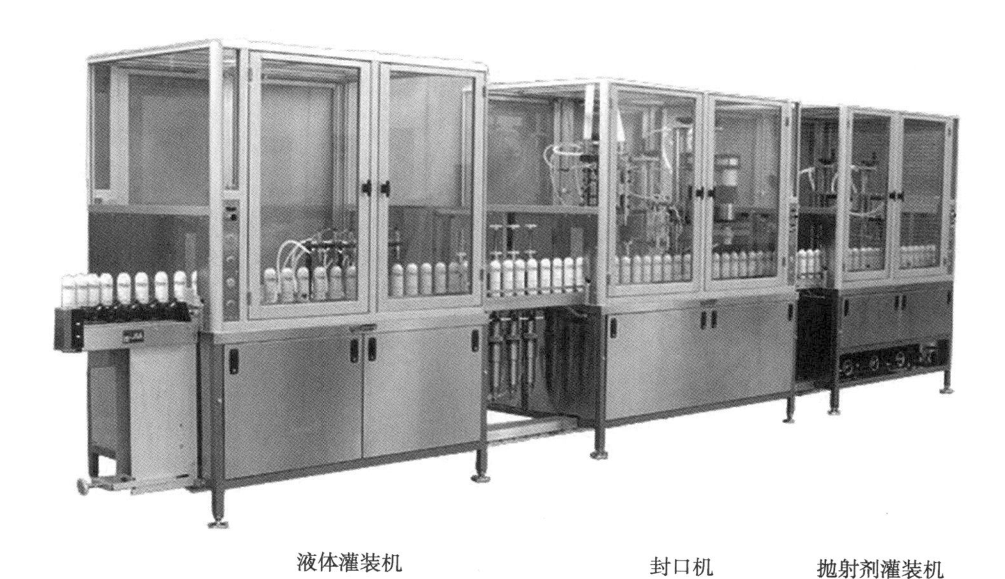

图 10-18　全自动气雾剂灌装机示意图

（二）半自动气雾剂灌装机

半自动气雾剂灌装机将半自动内容物灌装机、半自动封口机、半自动抛射剂灌装机（含增压泵）结合在一个工作台上，外形如图 10-19 所示。可任意单机工作或任意两机联动工作，本设备的生产能力为 1200 罐/小时，单台适合于每月生产 10 万罐气雾剂的中、小型厂家使用。

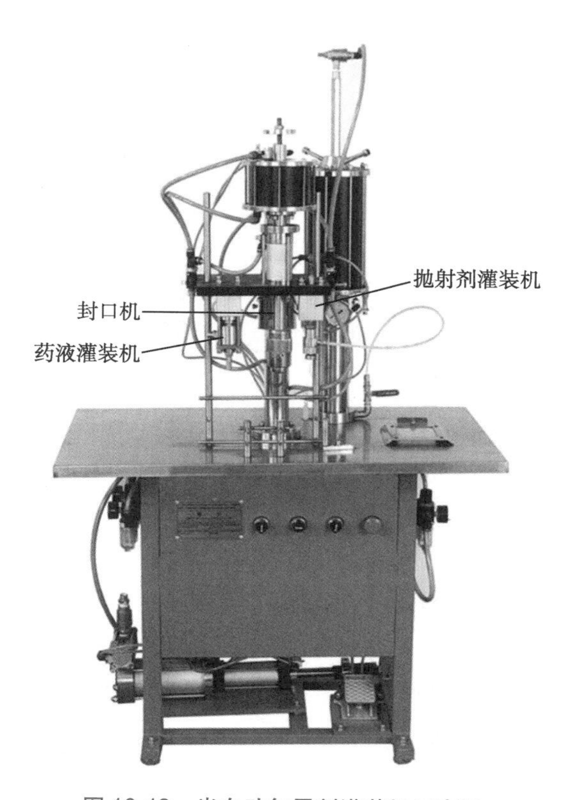

图 10-19　半自动气雾剂灌装机示意图

边学边练

通过参观药厂的软膏剂、栓剂、气雾剂生产过程及设备（实训九），能更进一步熟悉本章软膏剂、栓剂、气雾剂的生产过程和设备的结构、工作过程，掌握其正确操作要求。

点滴积累 √

1. 气雾剂由药物与附加剂、抛射剂、耐压容器和阀门系统组成。
2. 气雾剂的灌装包括以下步骤：在常压下将药液灌入容器，安装喷雾阀门，通过高压将液化的抛射剂灌入容器。
3. 全自动气雾剂灌装机由直线式气动理罐机、气动步进输送带、液体灌装机、封口机、抛射剂灌装机、增压泵等组成。

扫一扫，知重点

目标检测

一、单项选择题

1. 塑制法制丸工序中撒粉的目的是(　　)

A. 增加丸剂的重量　　B. 防止药丸粘连

C. 使丸剂大小均匀　　D. 降低软材的黏性

2. 以下不属于滴丸生产线的设备的是(　　)

A. 滴丸机　　B. 集丸离心机

C. 炼药机　　D. 筛选干燥机

3. 以下对真空乳化搅拌机组的操作叙述错误的是(　　)

A. 乳化切削头是精密部件，每次生产前都应空锅状态下运转 3 分钟，检查运作是否正常

B. 每次搅拌启动前都应点动，检查搅拌刮壁是否正常

C. 真空泵在乳化锅密封状况下方可启动运转

D. 设备运行中严禁将手或工具伸进锅内

4. 软膏剂灌装封尾机增加装量的方法是(　　)

A. 增加机器的转速　　B. 增加料斗内软膏剂的量

C. 延长软管在灌装工位停留的时间　　D. 增加柱塞泵活塞的行程

5. 以下关于软膏剂容器的描述中错误的是(　　)

A. 软膏剂常用的容器有金属管、塑料管和复合管等

B. 根据软管材质的不同，软膏的灌装可分为顶部灌装和底部灌装

C. 塑料管在灌装后采用热压合的方式密封

D. 金属管在灌装后采用折边的方式密封

6. 以下生产栓剂的工序正确的是(　　)

A. 配料→冷却→灌装→打码→封口→剪切

B. 配料→冷却→灌装→封口→打码→剪切

C. 配料→灌装→封口→冷却→打码→剪切

D. 配料→灌装→冷却→封口→打码→剪切

7. 以下不属于全自动栓剂灌封机组的功能的是(　　)

A. 制壳　B. 灌注　C. 封口　D. 装盒

8. 以下不属于全自动气雾剂灌装机的部件的是(　　)

A. 液体灌装机　B. 封口机　C. 真空泵　D. 抛射剂灌装机

二、多项选择题

1. 塑制法制丸常用的设备有(　　)

A. 炼药机　B. 中药制丸机　C. 集丸离心机

D. 离心式选丸机　E. 槽型混合机

2. 塑制药丸黏住中药制丸机的刀轮的原因有(　　)

A. 两个刀轮挤压力度太大　B. 没有打开酒精罐润滑丸条

C. 软材黏性太大　D. 安装刀轮时没对齐牙尖

E. 搓丸速度太慢

3. 以下属于软膏装量差异大的原因的是(　　)

A. 有异物卡住吸料阀或出料阀　B. 管道接头松动导致漏气

C. 活塞密封圈损坏　D. 吸料阀的弹簧变形

E. 出料阀的弹簧损坏

4. 以下关于气雾剂阀门的描述中,正确的是(　　)

A. 气雾剂常用的阀门有定量阀门和非定量阀门两种

B. 定量阀门和非定量阀门都可控制每次喷出的药液量

C. 定量阀门中定量杯的容积决定每次喷出的药液量

D. 如定量杯下端不安装密封环,定量阀门可用作非定量阀门

E. 定量阀门中的定量杯和膨胀室一直保持相通状态

5. 以下需连接压缩空气管道的设备是(　　)

A. 中药制丸机　B. 滴丸机

C. 真空乳化搅拌机组　D. 全自动气雾剂灌装机

E. 离心式选丸机

三、简答题

1. 简述塑制法生产丸剂的工序和常用的生产设备。

2. 简述中药制丸机的组成及其工作原理。

3. 列举真空乳化搅拌机组的组成部分。

4. 列举软膏塑料管封合不牢的原因及解决方法。

5. 对比全自动栓剂灌封机组和半自动栓剂灌封机组在功能上的区别。

四、实例分析题

1. 某药厂用塑制法生产中药丸,发现丸剂圆整度不合要求,且表面不够光滑。请根据本章所学内容,分析原因,并找出解决方法。

2. 某药厂使用自动灌装封尾机生产软膏剂时,发现装量差异波动较大,造成装量不准确。请根据本章所学内容,分析造成装量不准确的原因,并找出解决方法。

（谢　亮）

第十一章

净化空调设备

导学情景

情景描述：

同学们，炎热的夏季、寒冷的冬天，你家里应该开空调吧？ 接下来，你不妨想想，在药品生产过程中，在我们未来工作的药物制剂生产车间，所用的空调是否也和你家里的空调一样呢？

学前导语：

事实上，药物制剂生产车间所用的空调和我们的家用空调还是有很大差别的。 通过本章的学习，同学们会逐渐了解药物制剂生产车间（即通常所说的洁净厂房）的净化空调设备的基本组成是怎样的，是如何实现空气调节及空气净化的。

第一节 洁净厂房概述

洁净厂房是指生产工艺有空气洁净要求的厂房，是由空气净化技术来实现的。空气净化是指去除空气中的污染物质，使空气洁净的过程，是由处理空气的空调净化设备、输送空气的管路系统和用来进行生产的洁净室三大部分共同完成的。

洁净室是指根据需要，对空气中的尘粒（包括微生物）、温度、湿度、压力和噪声进行控制的密封空间，并以其洁净度等级符合 GMP 规定为主要特征。无菌洁净室是指对空气中的悬浮微生物按无菌要求管理的洁净室。洁净区是指由洁净室（含通道）组成的区域。

洁净厂房

一、空气洁净度级别

空气洁净度是指洁净环境中的空气含尘量和含菌量多少的程度。2010 年修订版 GMP 附录一第八、第九条将空气洁净度级别分为 A、B、C 和 D 四个级别，参见表 11-1。

第八条 洁净区的设计必须符合相应的洁净度要求，包括达到“静态”和“动态”的标准。

第九条 无菌药品生产所需的洁净区可分为以下 4 个级别：

A 级：高风险操作区，如灌装区、放置胶塞桶和与无菌制剂直接接触的敞口包装容器的区域及无菌装配或连接操作的区域，应当用单向流操作台（罩）维持该区的环境状态。单向流系统在其工作区域必须均匀送风，风速为 0.36~0.54m/s（指导值）。应当有数据证明单向流的状态并经过验证。

表 11-1　洁净室(区)空气洁净度级别、空气悬浮粒子标准

洁净度级别	悬浮粒子最大允许数/立方米			
	静态		动态[3]	
	≥0.5μm	≥5.0μm[2]	≥0.5μm	≥5.0μm
A 级[1]	3520	20	3520	20
B 级	3520	29	352 000	2900
C 级	352 000	2900	3 520 000	29 000
D 级	3 520 000	29 000	不作规定	不作规定

注:(1)为确认 A 级洁净区的级别,每个采样点的采样量不得少于 $1m^3$。A 级洁净区的空气悬浮粒子的级别为 ISO4.8,以≥5.0μm 的悬浮粒子为限度标准。B 级洁净区(静态)的空气悬浮粒子的级别为 ISO5,同时包括表 11-1 中两种粒径的悬浮粒子。对于 C 级洁净区(静态和动态)而言,空气悬浮粒子的级别分别为 ISO7 和 ISO8。对于 D 级洁净区(静态),空气悬浮粒子的级别为 ISO8。测试方法可参照 ISO14644-1。

(2)在确认级别时,应当使用采样管较短的便携式尘埃粒子计数器,避免≥5.0μm 的悬浮粒子在远程采样系统的长采样管中沉降。在单向流系统中,应当采用等动力学的取样头。

(3)动态测试可在常规操作、培养基模拟灌装过程中进行,证明达到动态的洁净度级别,但培养基模拟灌装试验要求在"最差状况"下进行动态测试。

在密闭的隔离操作器或手套箱内可使用较低的风速。

B 级:指无菌配制和灌装等高风险操作 A 级洁净区所处的背景区域。

C 和 D 级:指无菌药品生产过程中重要程度较低操作步骤的洁净区。

以上各级别空气悬浮粒子的标准规定参见表 11-2。

表 11-2　洁净区微生物监测的动态标准

洁净度级别	浮游菌 cfu/m^3	沉降菌（φ 90mm）cfu/4h	表面微生物	
			接触（φ 55mm）cfu/碟	5 指手套 cfu/手套
A 级	<1	<1	<1	<1
B 级	10	5	5	5
C 级	100	50	25	-
D 级	200	100	50	-

注:cfu 表示菌落成形单位

原料药、中药制剂、西药制剂和生物制剂生产过程的不同工序对洁净度有不同的具体要求,应以国家 GMP 的有关具体规定为准。

空气洁净是实现 GMP 的一个重要因素。同时应该看到空气洁净技术并不是实施 GMP 的唯一决定因素,而是一个必要条件。没有成熟先进的处方和工艺,再有多么高的空气洁净度级别,也生产不出合格的药品。

二、洁净室的特点

空气净化过程首先由送风口向室内送入干净空气,室内产生的尘菌被干净空气稀释后强迫其由回风口进入系统的回风管路,在空调设备的混合段和从室外引入的经过过滤处理的新风混合,再经

过空调机处理后又送入室内。室内空气如此反复循环，就可以在相当长的一个时期内把污染控制在一个稳定的水平上。

因此，可以看出，作为空气洁净技术主体的洁净室具有以下三大特点：

1. 洁净室是空气的洁净度达到一定级别的可供人活动的空间，其功能是能控制微粒的污染。

这表明洁净室的洁净是达到了一定程度的空气洁净度级别，并且具有控制微粒污染、抵抗外界干扰的能力。在我国制药行业，最低级别是D级。

2. 洁净室是一个多参数、多专业的综合整体。

影响洁净室的参数很多，如空气洁净度、细菌浓度以及空气的量（风量）、压（压力）、声（噪声）、光（照度）等。其中，空气洁净度要进行定期检测，主要检测悬浮尘埃粒子、沉降菌、浮游菌、表面微生物、温度、相对湿度、风速及换气次数等。悬浮尘埃粒子数检测中，主要是监测≥0.5μm和≥5μm的两种粒子。

洁净室涉及建筑、空调、净化、纯水、纯气等多专业学科，以纯气来说，工艺用气体是要经过净化处理的，否则会影响空气洁净度，进而影响生产。

3. 对于洁净室的质量来说，在重要性方面，设计、施工和运行管理各占1/3，也就是说洁净室本身也是通过从设计到管理的全过程来体现其质量的，这也符合GMP的全过程控制精神。

案例分析

案例

有一生产一次性注射器医用设备的厂家，生产的一次性注射器质量不符合要求，尘粒和微生物指标超标。

分析

由于车间排出压缩空气的空气过滤器破损，每次生产成型时，机器排出大量未充分净化的压缩空气，使空气洁净度为B级的车间超过C级，故将成型的产品污染。解决办法是将使用和排出的压缩空气都要经过滤净化处理，就可以解决污染问题。

三、洁净室的分类

（一）按用途分类

1. 生物洁净室　以有生命微粒的控制为对象，又可分为以下两类。

（1）一般生物洁净室：主要控制有生命微粒对工作对象的污染，同时其内部材料要能经受各种灭菌剂的侵蚀，内部一般保持正压。实质上这是一种结构和材料允许进行灭菌处理的工业洁净室，可用于制药工业（高纯度、无菌制剂）、食品工业（防止变质、生霉）、医疗设施（手术室、各种制剂室、调剂室）、动物实验设施（无菌动物饲育）和研究实验设施（理化、洁净实验室）等部门。

（2）生物学安全洁净室：主要控制工作对象的有生命微粒对外界和人的污染，内部保持负压，用于研究实验设施（细菌学、生物学洁净实验室）和生物工程（重组基因、疫苗制备）。

2. 工业洁净室　以无生命微粒的控制为对象，主要控制无生命微粒对工作对象的污染，其内部一般保持正压。它适用于精密工业（精密轴承等）、电子工业（集成电路等）、宇航工业（高可靠性）、化学工业（高纯度）、原子能工业（高纯度、高精度、防污染）、印刷工业（制版、油墨、防污染）和照相工业（胶片制版）等部门。

（二）按气流流型分类

1. 单向流洁净室　在整个洁净室工作区（一般定义为距地 0.7~1.5m 的空间）的横截面上通过的气流为单向流。单向流是流向单一、速度均匀、没有涡流的气流流动，过去也曾称为层流。

2. 非单向流洁净室（也称乱流洁净室）　在整个洁净室工作区的横截面上通过的气流为非单向流。非单向流（乱流）是方向多变、速度不均、伴有涡流的气流流动，习惯称乱流、紊流。

3. 辐流洁净室　在整个洁净室的纵断面上通过的气流为辐流。辐流是由风口流出的为辐射状的不交叉流动气流。辐流也称为矢流、径流。

4. 混合流洁净室　在整个洁净室内既有乱流又有单向流。混合流是同时独立存在乱流和单向流两种不应互扰的气流流动的总称。混合流不是一种独立的气流流型。

点滴积累

1. 2010 年修订版 GMP 将空气洁净度级别分为 A、B、C 和 D 四个级别。
2. 洁净区是指由洁净室（含通道）组成的区域。
3. 空气净化是指去除空气中的污染物质，使空气洁净的行为。
4. 洁净室按用途类型分为生物洁净室、工业洁净室；按气流类型分为单向流洁净室、非单向流洁净室、辐流洁净室、混合流洁净室。

第二节　洁净室的平面布置

一、洁净室布置的一般要求

（一）合理布局

1. 洁净等级要求相同的房间应尽可能集中布置在一起，以利于通风和空调的布置。洁净区与非洁净区之间、不同级别的洁净区之间的压差应当不低于 10Pa，必要时，相同洁净度级别的不同功能区域（操作间）之间也应当保持适当的压差梯度。

2. 洁净等级要求不同的房间之间的联系要设置防污染设施，如气闸、风淋室、缓冲间及传递窗等。

3. 在有窗的洁净厂房中，一般应将洁净等级要求较高的房间布置在内侧或中心部位。若窗户的密闭性较差，且将无菌洁净室布置在外侧时，应设一封闭式的外走廊作为缓冲区。

4. 洁净等级要求较高的房间宜靠近空调室，并布置在上风向。

（二）管路布置

洁净室内的管路很多，如通风管路，上、下水管路，蒸汽管路，压缩空气管路，物料输送管路以及电器仪表管线等。为满足洁净室内的洁净等级要求，各种管路应尽可能采用暗铺。明铺管路的外表面应光滑，水平管线宜设置技术夹层或技术夹道，穿越楼层的竖向管线宜设置技术竖井。此外，管路的布置应与通风夹墙、技术走廊等结合起来考虑。

（三）室内装修

洁净室内的装修应便于进行清洁工作。洁净室内的地面、墙壁和顶层表面均应平整光滑、无裂缝、不积聚静电，接口应严密、无颗粒物脱落，并能经受清洗和消毒。墙壁与地面、墙壁与墙壁、墙壁与顶棚等的交界连接处宜做成弧形或采取其他措施，以减少灰尘的积聚，并有利于清洁工作。

（四）防止污染

1. GMP 要求在满足生产工艺要求的前提下，要合理布置人员和物料的进出通道，其出入口应分别独立分开设置，并避免交叉、往返。

2. 应尽量减少洁净车间的人员和物料出入口，以利于全车间洁净度的控制。

3. 进入洁净室（区）的人员和物料应有各自的净化用室和设施，其设置要求应与洁净室（区）的洁净等级相适应。

4. 洁净等级不同的洁净室之间的人员和物料进出，应设置防止交叉污染的设施。

5. 若物料或产品会产生气体、蒸汽或喷雾物，则应设置防止交叉污染的设施。

6. 进入洁净厂房的空气、压缩空气和惰性气体等均应按工艺要求进行净化。

7. 输送人员和物料的电梯应分开设置，且电梯不宜设在洁净区内，必须设置时，电梯前应设气闸室或其他防污染设施。

8. 根据生产规模的大小，洁净区内应分别设置原料存放区、半成品区、待验品区、合格品区和不合格品区，以最大限度地减少差错和交叉污染。

9. 不同药品、规格的生产操作不能布置在同一生产操作间内。当有多条包装线同时进行包装时，相互之间应分隔开来或设置有效地防止混淆及交叉污染的设施。

洁净地漏

10. 更衣室、浴室和厕所的设置不能对洁净室产生不良影响。

11. 要合理布置洁净区内水池和地漏的安装位置，以免对药品产生污染。

（五）安全出口

工作人员需要经过曲折的卫生通道才能进入洁净室内部，因此必须考虑发生火灾或其他事故时工作人员的疏散通道。

二、洁净室的平面布置设计

1. 人员净化　人员净化是指人员在进入洁净区前必须经过净化处理，简称“人净”。在洁净厂房内众多的污染源中，人是主要的污染源之一，尤其是工作人员在洁净环境中的活动，会明显地增加洁净环境的污染程度。洁净环境内工作人员的发尘量与其衣着情况、不同的动作形式和幅度以及洁净服的内着服装的材质等因素有关。工作人员所散发的尘粒一般是呈辐射状向外扩散的，距离人体越近，空气中的含尘浓度越高。

为了在操作中尽量减少人活动产生的污染，人员在进入洁净区之前要更换洁净服，戴手套或手消毒,戴帽子和口罩,有的还要淋浴、空气吹淋等。平面上的人身净化布置应有以下几部分:更衣(含鞋)、盥洗、缓冲。

2. 物料净化 物料净化是指各种物件在送入洁净区前必须经过净化处理,简称"物净"。有的物件只需一次净化,有的需二次净化。一次净化不需室内环境的净化,可设于非洁净区内;二次净化要求室内也具备一定的洁净度,故宜设于洁净区内或与洁净区相邻。

物料路线与人员路线应尽可能分开;如果物料与人员只能在同一处进入洁净厂房,也必须分门而入,物料先经粗净化处理;对于生产流水性不强的场合,在物料路线中间可设中间库;如果生产流水性很强,则采用直通式物料路线。平面上的"物净"布置包括以下几部分:脱包、传递和传输。

3. 防止昆虫进入 昆虫是造成污染特别是交叉污染的一个重要因素,除了在门口设置灭虫灯外,还可采取设置隔离带和空气幕等措施。

4. 安全疏散 洁净厂房具有空间密闭、平面布置曲折,并有通风装置等特点,易发生火灾。洁净厂房应设置安全出口,洁净区(室)的安全出口不能少于两个,并有明显的引导标志和紧急照明。安全出口应分散并在不同方向,最好是相对方向上布置,从生产地点至安全出口不得经过曲折的人员净化路线。人净入口不应作安全出口。安全出口的门不能锁,应从里面能开启。安全门内面如有玻璃隔离,必须配备能敲碎玻璃的用具,以备急用。无窗的洁净厂房应在适当位置设门或窗,并要有明显标志,作为供消防人员进入的消防口。

点滴积累

1. 应合理布置有洁净等级的房间,管路尽可能暗铺,室内装修应利于清洁,防止污染或交叉污染。
2. 洁净室的平面布置设计应做到人身净化、物料净化,应有安全疏散、防止昆虫进入的设施。

第三节 净化空调系统

一、净化空调系统的特征与划分原则

(一)净化空调系统的特征

空气净化系统

洁净室用净化空调系统与一般空调系统相比有以下特征:

1. 净化空调系统所控制的参数除一般空调系统的室内温度、湿度之外,还要控制房间的洁净度和压力等参数,并且温度、湿度的控制精度较高。

2. 净化空调系统的空气处理过程必须对空气进行预过滤、中间过滤、末端过滤等,还必须进行温度和湿度处理。

3. 洁净室的气流分布、气流组织方面,要尽量限制和减少尘粒的扩散,减少二次气流和涡流,使洁净的气流不受污染,以最短的距离直接送到工作区。

4. 为确保洁净室不受室外污染或邻室的污染，洁净室与室外或邻室必须维持一定的压差（正压或负压），这就要求有一定的正压风量或一定的排风。

5. 净化空调系统的风量较大，相应的能耗就大，系统造价也就高。

6. 净化空调系统的空气处理设备、风管材质和密封材料根据空气洁净度等级的不同都有一定的要求。风管制作和安装后都必须严格按规定进行清洗、擦拭和密封处理等。

7. 净化空调系统安装完毕后应按规定进行调试，对各个洁净区域的综合性能指标进行检测，达到所要求的空气洁净度等级；对系统中的高效过滤器及其安装质量均应按规定进行检测等。

（二）净化空调系统的划分原则

洁净室用净化空调系统应按其所生产产品的工艺要求确定，一般不应按区域或简单地按空气洁净度等级划分。净化空调系统的划分原则如下：

1. 一般空调系统、两级过滤的送风系统与净化空调系统要分开设置。

2. 运行班次、运行规律或使用时间不同的净化空调系统要分开设置。

3. 产品生产工艺中某一工序或某一房间散发的有毒、有害、易燃易爆物质或气体对其他工序或房间产生有害影响或危害人员健康或产生交叉污染等，应分别设置净化空调系统。

4. 温度、湿度的控制要求或精度要求差别较大的系统宜分别设置。

5. 单向流系统与非单向流系统要分开设置。

6. 净化空调系统的划分要考虑送风、回风和排风管路的布置，尽量做到布置合理、使用方便，力求减少各种风管管路交叉重叠；必要时，对系统中的个别房间可按要求配置温度、湿度调节装置。

知识链接

洁净室空气的温湿度控制

洁净室的温湿度控制是为了满足产品质量要求和操作人员的舒适性要求。现行我国 GMP 对不同工艺、药品、步骤都有不同的温湿度标准，企业经过验证证明该温湿度可以生产出质量可控的药品。

1. 空气的增湿方法

（1）往空气中直接通入蒸汽。

（2）喷水，使水以雾状喷入不饱和的空气中，使其增湿。

2. 空气的减湿方法

（1）喷淋低于该空气露点温度的冷水。

（2）使用热交换器把空气冷却至其露点以下。这样原空气中的部分水气可冷凝析出，以达到空气减湿的目的。

（3）空气经压缩后冷却至初温，使其中的水分部分冷凝析出，使空气减湿。

（4）用吸收或吸附方法除掉水气，使空气减湿。

（5）通入干燥空气，所得的混合空气的湿含量比原空气低。

3. 空气的温度控制　空气温度的控制较为简单，通过常规的制冷、制热即可实现。由于空气温度的变化会影响湿度的变化，故温度的控制需与湿度的控制相联动。

二、净化空调系统的分类

净化空调系统包括送风系统、回风系统、排风系统以及除尘系统组成，一般可分为集中式和分散式两种类型。集中式净化空调系统是净化空调设备（如冷却器，加热器，加湿器，初、中效过滤器，风机等）集中设置在空调机房内，用风管将洁净空气送给各个洁净室。分散式净化空调系统是在一般的空调环境或低级别的净化环境中设置净化设备或净化空调设备，如洁净工作台、空气自净器、净化单元、层流罩等。

（一）集中式净化空调系统

1. 单风机系统和双风机系统　单风机系统和双风机系统的基本形式分别如图 11-1 和图 11-2 所示。单风机系统的最大优点是空调机房占用的面积小，但相对双风机系统而言，其风机的压头大，噪声、振动大。采用双风机可分担系统的阻力，此外在药厂等生物洁净室，其洁净室需定期进行灭菌消毒，采用双风机系统在新风、排风管路设计合理时调整相应的阀门，使系统按直流系统运行，便可迅速带走洁净室内残留的刺激性气体。

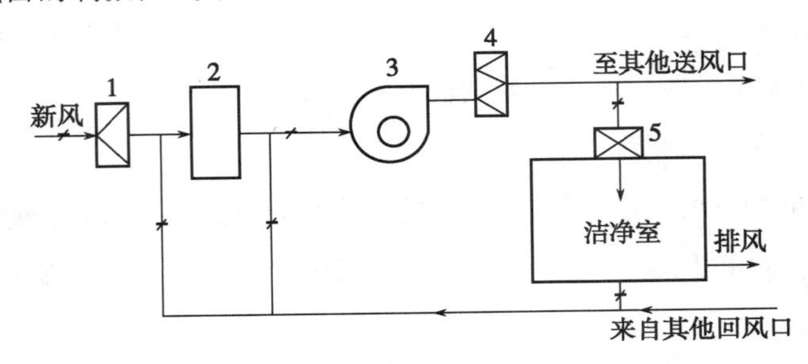

图 11-1　单风机净化空调系统示意图

1. 初效过滤器；2. 温湿度处理室；3. 风机；4. 中效过滤器；5. 高效过滤器

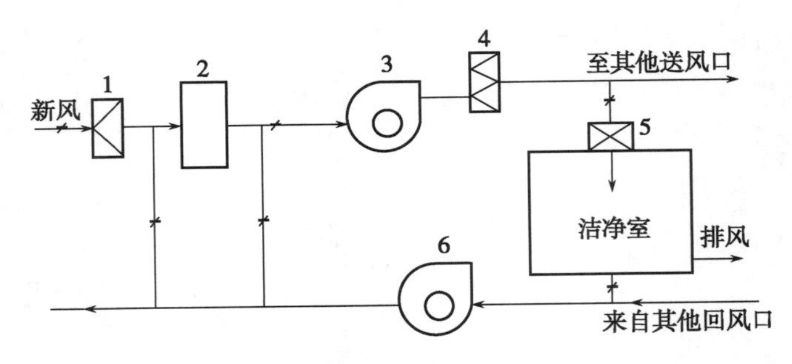

图 11-2　双风机净化空调系统示意图

1. 初效过滤器；2. 温湿度处理室；3. 风机；4. 中效过滤器；5. 高效过滤器；6. 回风机

2. 风机串联系统和风机并联系统　在净化空调系统中，通常空气调节所需的风量远远小于净化所需的风量，因此洁净室的回风绝大部分只需经过过滤就可再循环使用，而无须回流至空调机组进行热、湿处理。为了节省投资和运行费，可将空调和净化分开，空调处理风量用小风机，净化处理风量用大风机，然后将两台风机再串联起来构成风机串联的送风系统，其示意图如图 11-3 所示。

当一个空调机房内布置有多套净化空调系统时，可将几套系统并联，并联系统可共用一套新风机组，并联系统的运行管理比较灵活，几台空调设备还可以互为备用以便于检修。如图 11-4 所示。

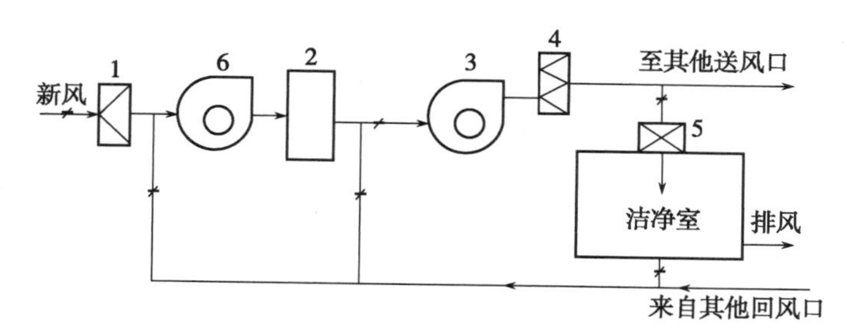

图 11-3　风机串联净化空调系统示意图
1. 初效过滤器；2. 温湿度处理室；3. 风机；4. 中效过滤器；5. 高效过滤器；6. 回风机

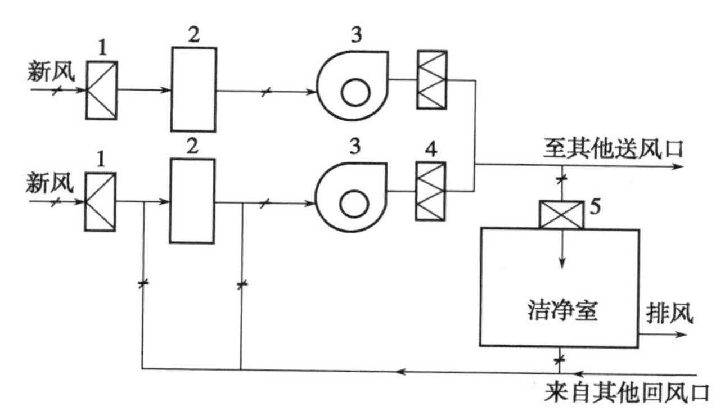

图 11-4　风机并联净化空调系统示意图
1. 初效过滤器；2. 温湿度处理室；3. 风机；4. 中效过滤器；5. 高效过滤器

设有值班风机的净化空调系统也是风机并联的一种形式，如图 11-5 所示。值班风机是系统主风机并联一个小风机，其风量一般按维持洁净室正压和送风管路漏损所需的空气量选取，风压按在此风量运行时送风管路的阻力确定。非工作时间，主风机停止运行而值班风机投入运行，使洁净室维持正压状态，室内的洁净度不至于发生明显变化。

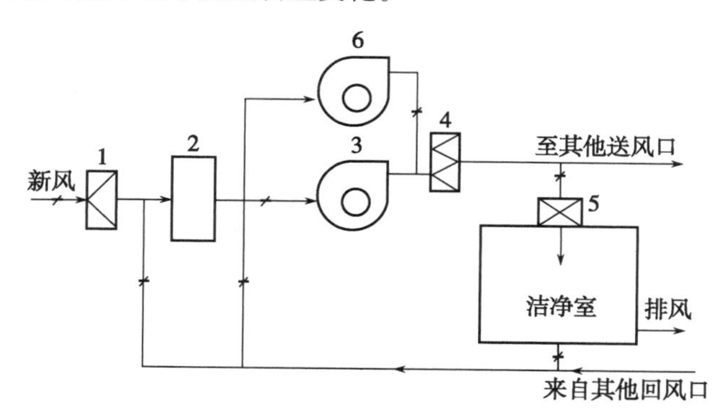

图 11-5　设有值班室的净化空调系统示意图
1. 初效过滤器；2. 温湿度处理室；3. 正常运行风机；4. 中效过滤器；5. 高效过滤器；6. 值班风机

（二）分散式净化空调系统

1. 在集中空调的环境中设置局部净化装置（微环境/隔离装置、空气自净器、层流罩、洁净工作台、洁净小室等）构成分散式送风净化空调系统，也可称为半集中式净化空调系统，如图 11-6 所示。

2. 在分散式柜式空调送风的环境中设置局部净化装置（高效过滤器送风口、高效过滤器风机机组、洁净小室等）构成分散式送风的净化空调系统，如图 11-7 所示。

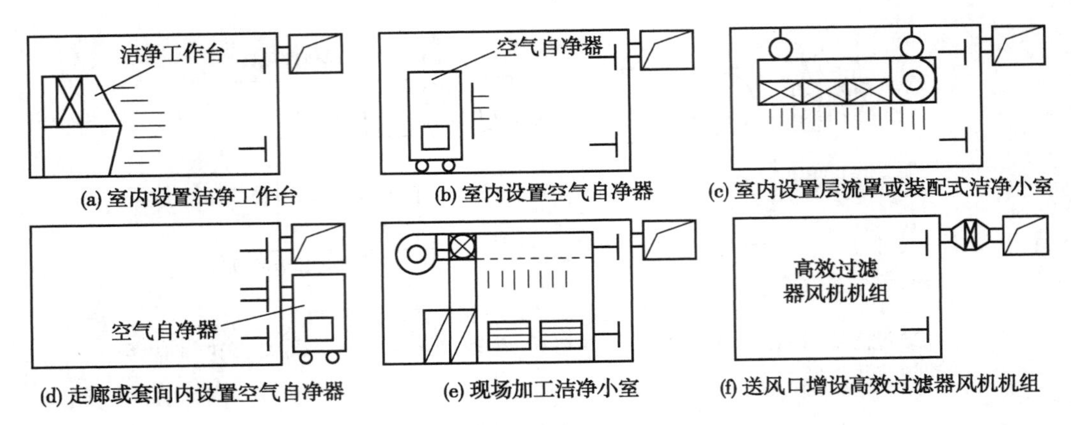

图 11-6　分散式净化空调系统基本形式(一)

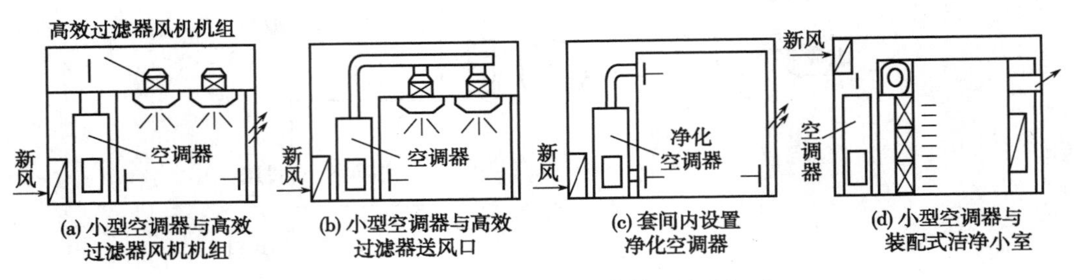

图 11-7　分散式净化空调系统基本形式(二)

(三) 净化空调系统的操作与维护

1. 空气净化系统操作规程

(1)开机前的检查准备工作:在开机前,要做好设备卫生和机房卫生,打开出风阀,关闭回风阀和新风阀。需要逐一检查的项目有传动皮带松紧度、润滑油量、各种流体管和阀门的连接密封性、温度计和压力表的指示准确度等;还要检查初、中和高效过滤器是否完好;应确定框架连接处有无松动,空调器上所有的门是否关闭牢固。

(2)开机运行

1)开启运行:挂上设备运行标志,合上配电柜的电源,启动空调器风机,运行达到全速无异常现象后,慢慢开启回风主阀,开启度为50%,然后再开启新风阀到确定的位置,并锁定新风阀开关,再观察电流,又慢慢开启回风主阀,直到稳定在额定电流范围内为止。

2)通冷水降温:先开启低温水进口阀门,启动水泵,再开启低温水泵出口阀门,压力控制在0.1MPa。

3)通蒸汽升温:开启蒸汽疏水器的旁通阀,然后慢慢开启蒸汽主阀,压力控制在0.02MPa,待蒸汽管内的凝结水排干净后,关闭旁通阀,慢慢继续开启蒸汽主阀到0.2MPa。

4)开启排气风机:空调系统调整正常后,开启净化区内的排气风机。

(3)停止运行:首先停止净化区内的排风风机,关闭冷水(蒸汽)泵(阀),关闭风机停止运行,关闭回风主阀、新风阀。填写好记录,挂好设备停止标志和完好标志。

2. 空气净化系统清洁规程

(1)清洁频次:新风过滤网、回风过滤网每月清洗1次;初、中效过滤器当实际压差>初始压差的

2倍时予以清洗,当检漏不合格时予以更换;亚高效过滤器的压差>400Pa、高效过滤器的压差>450Pa时必须更换。

(2)清洁方法:初、中效过滤器用清水和洗涤剂反复挤压洗涤,再用清水漂洗至水不浑浊、无泡沫时即可,自然晾干或甩干后备用;亚高效、高效过滤器直接更换。

(3)空气净化系统的消毒方式:采用甲醛熏蒸、臭氧消毒。

3. 净化空调系统的维护保养规程

(1)检查:每次运行过程中和运行完毕后,检查初、中效过滤器与框架的连接是否松动,是否被尘埃堵塞;电机与风机的传动皮带是否过松或过紧,风机轴承润滑油是否加满,空调箱内的接水盘出水孔是否畅通,表冷器、加热器的管道接头、法兰是否漏水、漏气等。如检查到不正常情况应对有故障的设备进行检修,保证设备处于完好运行状态,满足生产需要。

(2)轴承维护:每年定期检查风机和电机轴承1次,每3个月加润滑脂1次。

边学边练

净化空调系统的操作与维护,请见**实训十　参观药厂洁净厂房和空调设备**。

点滴积累

1. 洁净室用净化空调系统与一般空调系统相比有以下特征:净化空调系统除可以调控温度、湿度之外,还要控制房间的洁净度和压力等,并且温度、湿度的控制精度较高。
2. 净化空调系统的空气处理是必须对空气进行预过滤、中间过滤、末端过滤等。
3. 净化空调系统分为集中式净化空调系统和分散式净化空调系统。

第四节　空气净化设备

一、空气过滤器

空气过滤器是空气洁净技术的主要设备,是创造各类洁净环境不可缺少的设备。

根据过滤器的过滤效率分类,通常可分为初效、中效、亚高效和高效4类。

1. 初效过滤器　从主要用于首道过滤器考虑,应该截留大微粒,主要是5μm以上的悬浮性微粒和10μm以上的沉降性微粒以及各种异物,防止其进入系统,所以初效过滤器的效率以过滤5μm为准。

2. 中效过滤器　由于其前面已有预过滤器截留了大微粒,它又可作为一般空调系统的最后过滤器和高效过滤器的预过滤器,所以主要用以截留1~10μm的悬浮性微粒,它的效率即以过滤1μm为准。

3. 亚高效过滤器　既可以作为洁净室的末端过滤器使用,达到一定的空气洁净度级别;也可以作为高效过滤器的预过滤器，进一步提高和确保送风洁净度；还可以作为新风的末级过滤，提高新风品质。所以，和高效过滤器一样，它主要用于截留1μm以下的亚微米级的微粒，其效率即以过滤0.5μm为准。

4. 高效过滤器　它是洁净室最主要的末级过滤器，以实现0.5μm的各洁净度级别为目的，但其效率习惯以过滤0.3μm为准。如果进一步细分，若以实现0.1μm的洁净度级别为目的，则效率就以过滤0.1μm为准，这习惯称为超高效过滤器。

初效过滤器

中效过滤器

亚高效过滤器

高效过滤器

二、洁净工作台

洁净工作台是一种设置在洁净室内或一般室内，可根据产品生产要求或其他用途的要求，在操作台上保持高洁净度的局部净化设备。主要由预过滤器、高效过滤器、风机机组、静压箱、外壳、台面和配套的电气元器件组成。

从气流形式对洁净工作台进行分类，通常分为水平单向流和垂直单向流；按气流的循环方式分为直流式和循环式；按用途分类，可分为通用型和专用型等。洁净工作台的滤过效率通常为0.3或0.5μm，可达A级。因洁净工作台内产生的污染物不会排向室内，所以这类工作台使用广泛，但不宜用于要求操作者不能遮挡作业面的场所。在实际使用中，根据用途的不同，可按使用单位的要求设计制作各种类型的专用洁净工作台，如化学处理用洁净工作台、实验室用洁净工作台，此类工作台通常采用垂直单向流方式，工作台内设有给水(纯水或自来水)、排风装置等；贮存保管用洁净工作台通常应根据贮存物品的性质、隔板形式等分别采用垂直单向流或水平单向流以及是否需设排风装置等；还有灭菌操作洁净工作台、带温度控制的洁净工作台等。

不论何种洁净工作台，都应具备以下基本功能：①采用足够的送风量、合适的气流流型，选择可靠的过滤装置，确保所需的空气洁净度等级；②工作台内操作面上的气流分布应均匀可调；③有排风装置时，应选用必要的排气处理装置或技术措施，达到对室内外的环境不污染或达到允许的排放要求；④噪声低、振动小，满足相关标准、规范的要求；⑤操作面相关表面光滑、平整、无凹凸，防止积尘；⑥工作台内的过滤器拆装方便；⑦工作台的工作和空气洁净度以及其他特殊要求等宜采用自动控制进行操作，至少应装设必要的显示仪表显示工作台的工作状态。

三、层流罩

层流罩是垂直单向流的局部洁净送风装置，局部区域的空气洁净度可达A级或更高级别的洁净环境，洁净度的高低取决于高效过滤器的性能。层流罩按结构分为有风机和无风机、前回风型和后回风型；按安装方式分为立(柱)式和吊装式。其基本组成有外壳、预过滤器、风机(有风机的)、高效过滤器、静压箱和配套电器、自控装置等。

层流罩的出风速度多数为 0.35~0.5m/s，噪声≤62dB。其单体的外形尺寸一般为 700mm×1350mm~1300mm×2700mm，层流罩可单体使用，也可多个单体拼装组成洁净隧道或局部洁净工作区，以适应产品生产的需要。

层流罩

点滴积累

1. 空气过滤器按过滤效率分为初效过滤器、中效过滤器、亚高效过滤器、高效过滤器。
2. 净化空调设备不仅在药品生产中应用，在食品工业、生物工程、精密工业、电子工业、宇航工业、化学工业、原子能工业等的应用更为广泛，因此学习净化空调设备对我们将来在生产、生活中解决实际问题具有积极意义。

目标检测

ER-11-9

扫一扫，知重点

一、单项选择题

1. GMP 要求药品生产用空气净化系统应检测（　　）
   A. 悬浮粒子、相对湿度、真菌、浮游菌、静压差、风速等
   B. 悬浮粒子、温度、沉降菌、浮游菌、静压差、风速等
   C. 悬浮粒子、温度、沉降菌、送风压强、静压差、风速等
   D. 送风压力、温度、沉降菌、静压差、风速、浮游菌等
2. 无菌洁净区是指（　　）
   A. A 级　　B. E 级　　C. C 级　　D. D 级
3. 2010 年版 GMP 对尘埃粒子数的检测中，主要是监测（　　）
   A. <0.5μm 和 5.0μm 的粒子　　B. ≥0.5μm 和 5.0μm 的粒子
   C. ≤0.05μm 和 5.0μm 的粒子　　D. >0.05μm 和 5.0μm 的粒子
4. 洁净区与非洁净区的压差要求是（　　）
   A. ≥10Pa　　B. <10Pa　　C. ≤10Pa　　D. >10Pa
5. 空气净化系统包括（　　）
   A. 送风系统、排风系统、回风系统、制冷系统
   B. 送风系统、排风系统、回风系统、加热系统
   C. 送风系统、排风系统、回风系统、除尘系统
   D. 送风系统、排风系统、回风系统、除湿系统

二、多项选择题

1. 制药洁净车间布置的一般要求有（　　）
   A. 合理布置有洁净等级要求的房间　　B. 管路尽可能暗铺
   C. 防止污染或交叉污染　　D. 设置安全出入口

E. 室内装修应利于清洁

2. 洁净室的平面布置设计的要求有(　　)

A. 人身净化　　B. 物料净化　　C. 防止昆虫进入

D. 安全疏散　　E. 层流罩

3. 洁净室是指根据需要,对下列哪几项进行控制的密封空间(　　)

A. 空气中尘粒(包括微生物)　　B. 温度

C. 相对湿度　　D. 压力

E. 噪声

4. 空气净化系统的消毒方式采用(　　)

A. 甲醛熏蒸　　B. 75%乙醇喷洒　　C. 臭氧消毒

D. 苯扎溴铵喷洒　　E. 甲醛消毒

5. 空气过滤器包含(　　)

A. 初效过滤器　　B. 中效过滤器　　C. 高效过滤器

D. 亚高效过滤器　　E. 超高效过滤器

三、简答题

1. 怎样才能防止污染或交叉污染?
2. 洁净工作台应具备哪几项基本功能?
3. 净化空调系统的划分原则是什么?
4. 净化空调系统有哪些特征?
5. 请回答空气过滤器按过滤效率的分类情况。

四、实例分析题

1. 某药厂生产一批药品,时间紧,厂长要求车间安排24小时轮流生产。十几天后,出现净化车间控制区和非控制区之间的压差达不到GMP规定要求,车间技术人员立即查找原因,首先排除不是机器动力部分的原因,在车间技术人员的努力下很快找到和排除故障,恢复了生产,受到厂长的表扬。根据你所学的知识,请问车间技术人员是怎样很快找到和排除故障的?

2. 某药厂在某气候条件下生产吸湿性较强的颗粒剂产品,经多次检查成品均出现水分含量偏高,产品不合格。经检查其原辅材料水分含量符合规定,主要是由于该产品的吸湿性较强,在包装时出现吸湿结块现象。请你用本章学到的知识,从生产环境中想办法,找出该产品出现水分含量偏高的原因,并提出解决办法。

(王　泽)

实训部分

实训一　粉碎、筛分和混合设备实训

【实训目的】

1. 掌握粉碎、筛分、混合设备的结构、工作原理。
2. 学会粉碎、筛分、混合设备的正确操作和清洁方法。
3. 熟悉粉碎、筛分、混合设备的维护保养要求、安全注意事项。
4. 了解设备常见故障及解决方法。

【实训内容】

1. 万能粉碎机、旋振筛、三维运动混合机的结构、工作原理。
2. 万能粉碎机、旋振筛、三维运动混合机的操作、清洁以及维护保养。

【实训步骤】

（一）20B 型万能粉碎机的操作及维护保养

1. 实训前认真复习第二章的相关内容，做好实训前的各项准备。
2. 观察 20B 型万能粉碎机的结构，熟悉其工作原理。
3. 20B 型万能粉碎机的操作、清洁以及维护保养操作（规程参见教材正文）。

（二）ZS-515 型旋振筛的操作及维护保养

1. 实训前认真复习第二章的相关内容，做好实训前的各项准备。
2. 观察 ZS-515 型旋振筛的结构，熟悉其工作原理。
3. ZS-515 型旋振筛操作、清洁以及维护保养操作（规程参见教材正文）。

（三）HS-50 型三维运动混合机的操作及维护保养

1. 实训前认真复习第二章的相关内容，做好实训前的各项准备。
2. 观察 HS-50 型三维运动混合机的结构，熟悉其工作原理。
3. HS-50 型三维运动混合机的操作、清洁以及维护保养操作（规程参见教材正文）。

【思考题】

1. 20B 型万能粉碎机先开机空转，再投料的原因是什么？
2. ZS-515 型旋振筛在安装时要注意各排料口应错开一定角度，原因是什么？
3. HS-50 型三维运动混合机的操作注意事项有哪些？

（王健明）

实训二　制粒、干燥设备实训

【实训目的】

1. 掌握摇摆式颗粒机、高效混合制粒机、沸腾干燥机的结构、工作原理。

2. 学会摇摆式颗粒机、高效混合制粒机、沸腾干燥机的正确操作和清洁方法。

3. 熟悉摇摆式颗粒机、高效混合制粒机、沸腾干燥机的维护保养要求、安全注意事项。

4. 了解设备常见故障及解决方法。

【实训内容】

1. 摇摆式颗粒机、高效混合制粒机、沸腾干燥机的结构、工作原理。

2. 摇摆式颗粒机、高效混合制粒机、沸腾干燥机的操作、清洁以及维护保养。

【实训步骤】

（一）YK-160 型摇摆式颗粒机的操作及维护保养

1. 实训前认真复习第三章的相关内容，做好实训前的各项准备。

2. 观察 YK-160 型摇摆式颗粒机的结构，熟悉其工作原理。

3. YK-160 型摇摆式颗粒机的操作、清洁以及维护保养操作（规程参见教材正文）。

（二）HLSG-10 高效混合制粒机的操作及维护保养

1. 实训前认真复习第三章的相关内容，做好实训前的各项准备。

2. 观察 HLSG-10 高效混合制粒机的结构，熟悉其工作原理。

3. HLSG-10 高效混合制粒机的操作、清洁以及维护保养操作（规程参见教材正文）。

（三）GFG40A 型沸腾干燥机的操作及维护保养

1. 实训前认真复习第三章的相关内容，做好实训前的各项准备。

2. 观察 GFG40A 型沸腾干燥机的结构，熟悉其工作原理。

3. GFG40A 型沸腾干燥机的操作、清洁以及维护保养操作（规程参见教材正文）。

【思考题】

1. 摇摆式颗粒机制得的颗粒大小不均匀是什么原因造成的？

2. 使用高效混合制粒机混合时发生物料粉从缸盖逸出是什么原因？

3. 沸腾干燥机的电器操作顺序如何？为什么必须严格按此顺序操作？

（王健明）

实训三　高速压片机实训

【实训目的】

1. 掌握 HZP-28 型高速压片机的结构、工作原理。

2. 学会 HZP-28 型高速压片机的操作以及维护保养操作。

【实训内容】

1. HZP-28型高速压片机的结构、工作原理。

2. HZP-28型高速压片机的操作以及维护保养操作。

【实训步骤】

1. 实训前认真复习第四章的相关内容,做好实训前的各项准备。

2. 观察HZP-28型高速压片机的结构,熟悉其工作原理。

3. HZP-28型高速压片机的操作以及维护保养操作。

(1)操作前准备

1)准备好物料,并加入压片机料斗中。

2)如果是更换冲模后第1次开机,应先用手盘车,检查机器各部件是否齐全有效、是否运转自如。

3)接通电源将所有安全装置检查1次,无异常方可进行操作。

4)启动除尘器和除粉器。

(2)开车

1)接通电脑电源。

2)根据冲头的尺寸和形状来调整液压的压力,根据产量调整压片机转速到合适位置。

3)将填充靴电机选择开关置于"手动"位置,调节填充靴叶片速度调整旋钮,使转速合适,并运转10分钟,然后将开关转回"自动"位置。

4)调整装料手轮,将装料刻度调至适当位置。

5)调整预压轮调节手柄,使上预压力轮刚刚接触上冲头。

6)调整片厚,将药片厚度调节轮的刻度值定在与填充手轮刻度值同样的数值。

7)起动主电机,看转盘旋转有无异常。

8)缓慢地减小药片厚度,直到达到预定的药片参数为止。

9)检测药片厚度,并进一步校准填充和厚度。

10)最后调整预压力,使上预压力轮刚接触上冲头,然后逆时针转动预压力手轮,使上预压轮从转动到不转为止,再顺时针转动预压力手轮,使上预压轮从不转到刚刚转动为止,调整好后,以后一般不再需要调整预压力。

11)上述各步调好后,可取样,天平称重,如不符合要求,可适当调节直到符合要求为止。

12)将工作方式由"调试"拨至"自动",设备自动压片。

(3)关机

1)等料斗内所剩的颗粒不多时,将速度降低,一方面尽可能地保证合格片子压出,另一方面保护冲头。完成压片后,将加料开关拨至手动,断开电脑电源,工作方式拨至"调试"方式。

2)可打开加料靴插板将所剩的物料放出到规定的容器中。

3)停下主机,断开电源,清理卫生,如需清场,可按清场SOP进行。

4)关闭除尘器和除粉器,清理设备及环境卫生。

(4)安全操作

1)避免机器不压药片时空转,如果需要,则充填和药片厚度调节器一定要预先调节到最大值。

2)刚启动时不准直接开高速,要缓慢调速直到合适为止。在停机之前应将压片速度降到最低后再停机。

3)出现故障马上停机,排除后方可开车。

4)机器设备上的保护开关不可随意拆卸。

(5)维护保养

1)随时保持设备各部件完整可靠。

2)当润滑油不足信号灯亮时,对机器进行检查加油。

3)每班检查1次无级变速器和减速箱的油位,不足加以补充,必要时更换润滑油。

4)各润滑脂注油点每周加油1次。

【思考题】

1. 压片过程中出现松片、裂片以及崩解延缓的原因是什么?如何处理?

2. 高速压片机和普通的旋转式压片机工作原理和操作方法有何不同?

(王 泽)

实训四 制药用水设备实训

任务一 考察制药企业制水设备的配置

【实训目的】

1. 掌握各种制水设备的基本操作过程及注意事项。

2. 明确制药用水的水质标准,能体会水质监控的重要意义。

3. 熟悉各种制水设备的名称、结构、工作原理、工作流程、特点、清洁及维护。

4. 了解企业的制水设备配置是否与企业的用水要求相匹配,了解制水车间的布局。

【实训内容】

1. 参观考察制药企业的制水车间,认真听取工作人员的讲解。

2. 观看制水设备,写出各种制水设备的结构、工作原理、工作流程和特点。

3. 在工作人员的指导下,对各种制水设备进行模仿操作,领悟各种制水设备的基本操作过程及注意事项。

4. 学习制药用水质量监控管理的相关规章制度、措施。

5. 向工作人员及带教老师提问。

【注意事项】

1. 参观考察前 认真复习教材第五章制药用水设备中的相关内容，查阅制药企业制水车间制水生产的相关资料。

2. 参观考察时 认真听取工作人员的讲解，做好笔记；积极主动参与模仿操作；大胆提问；参观过程中要严格遵守厂方的规章制度，服从安排。

3. 参观考察后 懂得所参观的各种制水设备的名称、结构、工作原理、工作流程、特点、清洁及维护，能说出各种制水设备的基本操作过程及注意事项，并进行分组讨论，总结参观体会。

【思考题】

1. 简述所参观的各种制水设备的名称、结构、工作原理、工作流程、特点、清洁及维护。

2. 叙述所参观的各种制水设备的基本操作过程及注意事项。

3. 所参观制药企业的制药用水质量管理的相关规章制度有哪些？制药企业为什么要制定这些规章制度？

4. 结合参观体会，谈谈你对制药用水生产的看法。

【实训测试】

参观结束后，结合思考题完成参观药厂实训报告。

任务二　利用反渗透制水设备制备合格的纯化水

【实训目的】

1. 明确纯化水制水岗位的任务和职责。

2. 能说出二级反渗透制水设备的结构、工作原理、工作流程。

3. 能正确使用二级反渗透制水设备制备合格的纯化水。

4. 在制水过程中，会在不同的取水点取水检测，对水的质量进行监控，能审核生产记录、分析和处理异常现象。

5. 能按要求进行清场，并会正确填写生产记录和清场记录。

6. 培养学生严格执行操作规程的习惯及如实填写生产记录的态度与作风。

【实训内容】

1. 解读纯化水制水岗位的任务和职责。

2. 识别二级反渗透制水设备的结构、工作原理、工作流程。

3. 按照二级反渗透制水设备的 SOP 进行制水操作。

4. 观察并记录二级反渗透制水设备的各项运行参数，并能按规定调整设备的运行参数。

5. 按清场 SOP 进行清场并正确填写生产记录和清场记录。

6. 明确二级反渗透制水设备的膜组件清洗程序。

7. 明确纯化水生产线及其输送管道的清洗消毒程序。

8. 明确纯化水生产线的维护保养程序。

【实训步骤】

1. 实训前认真复习第五章第一节的内容，做好实训前的各项准备。

2. 解读纯化水制水岗位的任务和职责。

(1)纯化水制水岗位的任务：使用反渗透制水设备制备合格的纯化水，并输送到各生产车间。

(2)制水岗位的职责：①上岗前按规定着装，做好生产间、设备及容器的清洁卫生，做好操作前的一切准备工作；②严格按纯化水生产岗位操作法和反渗透制水设备的SOP进行操作；③应定时按SOP检查纯化水水质、进水量、出水量，保证及时供应合格的纯化水；④认真及时填写生产记录，做到字迹清晰、内容真实、数据完整，不得任意涂改和撕毁；⑤定期按清洗消毒SOP对纯化水生产线及其输送管道进行清洗消毒；⑥经常检查设备运转情况，注意设备保养，非本设备操作人员不得操作设备，操作时发现故障应及时上报；⑦工作期间应集中注意力，严禁串岗，不得做与本岗位无关的事务，不得擅自离岗；⑧保持本岗位清洁卫生合格；⑨做好清场工作，及时关闭水电，按要求挂上状态标识牌。

3. 识别二级反渗透制水设备的结构、工作原理、工作流程。

4. 按照二级反渗透制水设备的SOP进行制水操作。二级反渗透制水设备的操作流程为开机前准备→开机操作→停机操作。

(1)开机前准备：①检查经预处理的原料水是否达到规定指标，如达不到要求，必须加强预处理工艺；②将操作室内的温度调至20~30℃(不得低于10℃和高于40℃)；③检查进水压力表高压泵吸水段的压力(不得低于0.2MPa)；④检查高压泵旋转方向及转动部分是否灵活；⑤将渗透组件出水阀全部打开，取样阀全部关闭；⑥关闭清洗水泵出水阀；⑦打开高压泵出口阀、浓水排放阀、纯化水出口阀的电导仪电源。

(2)开机操作：①开原料水泵，至一级高压泵进水段压力>0.1MPa并保持稳定后，再开启一级高压泵；②开启一级高压泵后，缓慢调节出水阀，使水压缓慢上升，直至到规定的压力，待一级反渗透主机稳定工作后，再开启二级高压泵，缓慢调节二级排水阀，使压力达到工艺要求(操作过程中特别要注意高压水进入膜元件应缓升和缓降，切忌压力急剧升与降，否则易造成膜破裂)；③调节浓水出口阀门的大小，使纯化水出水量与浓水出水量有适当的比例(二级浓水可以排回原料水箱，以降低产水的电导率并且提高水利用率)。

(3)停机操作：①逐步打开浓水出水阀，使工作压力逐渐降低(严禁突然降压，应每下降0.5MPa，运行5分钟)；②压力降至0.8MPa时，首先关闭二级高压泵，然后再关闭一级高压泵，最后关闭原料水泵；③关闭所有电源。

5. 观察并记录二级反渗透制水设备的各项运行参数，并能按规定调整设备的运行参数。

二级反渗透制水设备运行生产操作记录

设备名称							
日期：　年　月　日	时间						
原水流量/(m^3/h) 进水压力/MPa 膜前压(一级)/MPa 膜后压(一级)/MPa 淡水流量(一级)/(m^3/h) 浓水流量(一级)/(m^3/h) 一级电导率/(μS/cm) 膜前压(二级)/MPa 膜后压(二级)/MPa 淡水流量(二级)/(m^3/h) 浓水流量(二级)/(m^3/h) 二级电导率/(μS/cm) pH							

操作人：　年　月　日

6. 按清场SOP进行清场并正确填写生产和清场记录。

(1)纯化水制备工序清场程序：①按《纯化水系统设备清洁消毒程序》《纯化水箱、输送管道清洁标准操作规程》对二级反渗透制水设备、纯化水箱、输送管道进行清洁；②按一般生产区清场要求对生产设备外壁、地面、门窗、内墙、工具、器具、容器、废物储器进行清洁；③填写清场记录；④清场结束，由QA人员对清洁结果进行检查。

(2)填写纯化水制备岗位操作记录表。

纯化水制备岗位操作记录表

纯化水制备起止时间			纯化水输送时间			
日常监控记录						
检测项目 / 检测时间	酸碱度	氯化物	氨	进水电导 μS/cm	出水电导 μS/cm	终端水质
下班前处理						

操作人：　年　月　日

7. 明确二级反渗透制水设备的膜组件清洗程序。

(1)清洗频次：每6个月清洗1次。

(2)清洗液用量：一次用量用200kg反渗透产品水配制成清洗溶液。膜组件清洗液配方：①清洗液Ⅰ：4.1kg枸橼酸+200kg反渗透产品水(无游离氯)，用氨水调节pH至3.0；②清洗液Ⅱ：4.1kg三聚磷酸钠+1.7kg EDTA四钠盐+200kg反渗透产品水(无游离氯),用硫酸调节pH至10.0。清洗液Ⅰ和清洗液Ⅱ轮换使用。

(3)清洗方法:①用泵将干净、无游离氯的反渗透产品水从清洗水箱打入压力容器中并排放5分钟;②用干净的产品水在清洗水箱中配制清洗液;③将清洗液在压力容器中循环1小时;④清洗完成后,排净清洗水箱中的清洗液并进行冲洗,然后向清洗水箱中充满干净、无游离氯的产品水;⑤用泵将产品水从清洗水箱打入压力容器中并排放5分钟;⑥在冲洗反渗透系统后,在产品水排放阀打开状态下运行反渗透系统15~30分钟,直到产品水无泡沫且酸碱度、电导率、氯离子、氨盐符合《纯化水日常监控及检测管理制度》中的相应要求。

8. 明确纯化水生产线及其输送管道的清洗消毒程序。

(1)多介质过滤器和活性炭吸附器除了按《纯化水生产线操作规程》进行必要的反冲洗外,每天运行之前必须正洗10分钟后方可进行后续操作。

(2)加药箱每次加药前用纯化水清洗2遍。

(3)活性炭吸附剂每3个月反洗1次,每年更换1次。

(4)中间水箱每15天用纯化水冲洗2遍。

(5)纯化水箱及其输送管道的清洗消毒:清洗消毒频次为每15天清洗消毒1次,消毒剂用3%过氧化氢溶液,临时配制临时使用,消毒剂的一次用量为1000kg。

(6)清洗消毒后,质检部做一次纯化水的检测,包括微生物含量的测定,全部符合《中国药典》(2015年版)二部对纯化水的要求后方能交付使用。如不符合要求则重新进行冲洗直至合格,取样时,除纯化水箱必须取样外,各用水点随机取样2个点。

(7)如实填写纯化水生产线清洗记录表、纯化水箱及其输送管道清洗消毒记录表。

纯化水生产线清洗记录表

清洗部件名称	清洗液名称及用量	清洗方法	清洗起止时间	操作人	备注

操作人:　　年　　月　　日

纯化水箱及其输送管道清洗消毒记录表

消毒剂名称		消毒剂用量	
消毒起止时间		消毒后清洗起止时间	
消毒后质保部检测结果			
备注			

操作人:　　年　　月　　日

9. 明确纯化水生产线的维护保养程序。

（1）严格遵守设备操作规程，按《纯化水生产线操作规程》进行操作。

（2）严格控制原料水水质，保证原料水符合《中国药典》（2015 年版）二部的饮用水标准。

（3）夏季水温偏高，在保证后处理对进水含盐量要求的前提下，适当降低操作压力，实施减压操作。

（4）设备不得长时间停运，每天至少运行或冲洗 2 小时，如准备停机 72 小时以上，应用化学清洗装置向组件内充灌 1%亚硫酸氢钠溶液实施保护。

（5）停机时，关闭总进水阀及总电源，并把各设备的进、出水阀关闭，打开所有排气阀，以防意外。

（6）多介质过滤器和活性炭吸附器除了必要的反冲洗以外，每天运行之前必须正洗 10 分钟后方可进到后续设备。

（7）及时给加药箱加药，及时更换二级反渗透制水设备的膜组件，并做好记录。

（8）按《纯化水生产线及其输送管道清洗消毒程序》搞好设备的清洁工作。

（9）如实填写纯化水生产线维护保养记录表。

纯化水生产线维护保养记录表

维护保养内容	结果

维护保养时间：　　　　　　　　维护保养操作人：

【思考题】

1. 请说出二级反渗透制水设备的结构、工作原理、工作流程。
2. 请说出使用二级反渗透制水设备制备纯化水的操作过程。
3. 如何清洗二级反渗透制水设备的膜组件？
4. 如何对纯化水生产线及其输送管道进行清洗消毒？
5. 如何对纯化水生产线进行维护保养？

（任红兵）

实训五　无菌制剂生产设备实训

任务一　安瓿灌封机操作实训

【实训目的】

1. 掌握安瓿灌封机的结构、工作原理。
2. 学会安瓿灌封机的操作和设备清洁、消毒操作以及维护保养操作。

【实训内容】

1. 安瓿灌封机的结构、工作原理。

2. 安瓿灌封机的标准化操作规程。

3. 安瓿灌封机的维护保养和清洁消毒。

【实训步骤】

1. 实训前认真复习第六章第一节安瓿灌封机的内容,做好实训前的各项准备。

2. 观察安瓿灌封机的结构,熟悉其工作原理。

3. 安瓿灌封机标准操作规程。

(1)开机前准备:①检查设备的清洁情况,是否挂有合格待用的状态标识,各部件是否正常,有无损坏或松动现象,是否需要上润滑油;②检查药液澄明度,待检查合格后,再对贮液罐进行检查;③应先用手轮摇动机器,检查各运动部件运转是否正常,待正常后,拔出手轮,接通电源,方可开机;④检查管路和针头是否通畅、有无漏气,检查调整好针头(充药针头、吹气针头、通惰性气体针头),并在日光灯下挑选安瓿,剔除不合格的安瓿(裂纹、破口、掉底、丝细、丝粗等),将选好的安瓿轻轻放入进瓶斗中;⑤先轻微开启燃气阀点燃灯火,再开助燃气调整火焰,检查灌药和封口情况,看是否有擦瓶口、漏药、容量不准、通气不均等现象,并取出灌封后的安瓿20~30支,检查安瓿封口是否严密、圆滑及药液可见异物是否合格,检查合格后才能正常工作。

(2)开机操作:①先打开电源开关、抽风开关、燃气和助燃气开关,打开点火安全阀点燃喷嘴,打开液泵开关,再按主机启动;②在生产中,应及时清理设备上的碎玻璃及药液,严禁机器上有油污,必须保持清洁;③充填惰性气体时,应根据产品要求选择二氧化碳或氮气,通气量大小一般以药液面微动为准;④在生产中应根据安瓿的规格及灌注的药液量来调节火焰的大小;⑤要随时剔除焦头、泡头、漏水等不合格品。

(3)停机:先关电源开关,再依次关助燃气和燃气、抽风和液泵开关,关时应避免拉丝钳停留在火焰区,以免拉丝钳口长时间受高温而损伤。按照该机的清洁消毒规程清洁设备,保持设备各部位润滑良好。

4. 维护保养

(1)应经常检查燃气头,以火焰的大小判断是否影响封口质量。燃气头的小孔在使用一定时间后,易被积炭堵塞或小孔变形而影响火力。

(2)安瓿灌封机应在火头上安装排气管,用于排出热量及燃气中的少量灰尘,保持室内温度、湿度和清洁,有利于产品质量和工作人员的健康。

(3)必须保持安瓿灌封机的清洁。生产过程中应及时清除药液和玻璃碎屑,严禁设备上有油污。交班前应将设备各部件清洗1次,加油1次;每周应大擦洗1次,特别是擦净平时使用中不易清洗到的地方,并可用压缩空气吹净。

(4)在设备使用前后,应按说明书等技术资料检验设备性能。

5. 清洁和消毒

(1)清洁实施的条件和频次

1)实施条件:每班结束后;设备维修后;超过清洁效期重新使用时。

2)清洁效期:48 小时。

3)清洁范围

a. 灌封机外部:面板、固定齿板、传动齿板、下料斗、拔丝组件、灌装组件。

b. 输送药液系统:贮液瓶、活塞、泵浦、缓冲球、硅胶管、三通、针头等。

4)清洁地点:就地清洁,可移动(拆卸)的设备应在清洗间内进行。

5)清洁工具:抹布、毛刷、镊子。

6)清洁剂及其配制:注射用水。

(2)清洁程序

1)清洁机器外部:当日工作结束后,用镊子将缝隙里所存的玻璃屑清理干净。传动齿板、固定齿板、面板、下料斗、出料斗等用抹布擦干净,若黏有药液用注射用水反复擦拭干净。

2)清洁输送药液系统

a. 拆下贮液瓶、活塞、泵浦、缓冲球、三通等玻璃制品,用注射用水冲洗干净,沥干后用 1%氢氧化钠溶液浸泡(或振荡)15 分钟后,用注射用水将洗液冲洗干净,再用注射用水冲洗 3 遍。

b. 拆下硅胶管、针头,用注射用水反复冲洗干净。

c. 将冲洗好的零部件和硅胶管放于清洗间内的指定位置或带盖容器内妥善保存,备用。

d. 下一班工作前,用 0. 1MPa、121℃的蒸汽将各零部件和硅胶管灭菌 15 分钟,安装后用注射用水冲洗 5 分钟。

e. 新贮液瓶、活塞、泵、缓冲球、三通的处理方法按规定方法进行。

3)清洗结束:清洗结束后用洁净抹布将设备表面擦拭干净。

4)定期消毒:按规定定期用消毒剂对设备进行消毒。

(3)清洁工具的清洗、干燥及存放:按“洁净区洁具清洁规程”进行。

(4)清洁效果评价:洁净、无异物。

【思考题】

1. 描述安瓿灌封机的结构、工作原理。

2. 什么是安瓿灌封机的标准化操作规程?

任务二 参观药厂

【实训目的】

1. 掌握安瓿灌封机的结构、原理、使用方法和封口质量的控制;掌握玻璃瓶大容量注射剂生产设备的原理、使用方法;掌握粉针剂生产设备的原理和使用方法。

2. 熟悉注射剂生产线的生产工艺流程。

3. 熟悉药厂的注射剂生产及质量要求。

4. 熟悉塑料袋装大容量注射剂设备的结构、原理、使用方法、主要操作步骤及操作注意事项。

5. 了解注射剂生产常用设备的种类以及注射剂车间布局。

6. 了解注射剂设备的生产管理要求。

【实训内容】

1. 注射剂生产车间布局安排、人流与物流走向、管线布置及卫生要求等，画出车间布局示意图。

2. 注射剂生产工艺流程及洁净度要求，画出生产工艺流程简图。

3. 注射剂生产设备的种类、用途及结构原理，画出设备的结构图或传动示意图，并标注部件名称，标示出设备铭牌内容。

4. 观察其他与注射剂生产配套的附属设施、设备，注射剂生产中的GMP要求、验证内容等。

【实训要求】

1. 认真学习和遵守药厂的相关生产管理与质量管理制度和生产操作规程。

2. 按车间洁净度级别要求，在规定地点穿、换洁净服装（帽、衣、鞋、口罩等）。

3. 实训中注意安全，未经允许不得随意触摸各类机器设备设施和药品。

4. 实训中应结合所学内容认真观察，倾听药厂技术人员的讲解，实训结束后应根据个人所见、所知撰写实训报告，提升对实训认知的高度与深度。

【思考题】

1. 注射剂生产设备有哪些？简述其结构和原理。

2. 注射剂生产车间布局有何要求？

3. 注射剂车间的生产如何管理？

（杨宗发）

实训六　参观药厂口服液体制剂车间及其生产设备

【实训目的】

1. 熟悉药厂口服液及糖浆剂生产线、工艺流程、主要设备的原理、结构和使用与维护操作方法。

2. 熟悉口服液及糖浆剂生产线每一环节的生产工艺操作规程、卫生要求及人员职责等GMP相关要求。

3. 了解生产区域的划分和车间的布局。

【实训内容】

1. 主要参观口服液及糖浆剂生产设备，讲出设备各部件的名称。观察口服液及糖浆剂生产设备的种类、型号、结构、性能、工艺布局及安装环境。

2. 熟悉口服液及糖浆剂生产过程中洗瓶机、干燥机、灌封机、轧盖机、贴标机等工序的联动设备岗位的目的、内容、责任、标准操作规程、清洁规程、维护保养规程及相应的规章制度，了解生产安全的措施。

3. 了解口服液及糖浆剂生产设备的验证文件，了解设备的验证方法。

【注意事项】

1. 参观前，认真复习教材第七章中的有关内容，熟记常用的口服液及糖浆剂生产设备及流水线。按药厂的有关规定进入制剂车间，做好安全着装的准备工作。

2. 参观时认真听取技术人员的讲解，做好笔录。整个过程必须严格遵守对方的规章制度，服从安排，不影响生产秩序。

3. 参观结束后，将参观的生产流水线绘制成图，在图中标明各种设备的名称、主要性能及操作要点，并进行分组讨论，总结参观体会。

【实训要求】

1. 参观前，认真复习教材中的相关内容。

2. 参观过程中，应结合所学过的知识，认真观察，注意倾听厂方技术人员的讲解，并做好参观笔记，记下所见设备的名称、规格型号、主要技术参数。

3. 遵守药厂的纪律及有关规定，注意安全。

【思考题】

1. 口服液体制剂生产车间的布局及洁净度有何要求？

2. 结合参观内容，说明该厂口服液和糖浆剂生产设备目前的使用情况。

（祁永华）

实训七　参观中药厂浸出设备、蒸发及蒸馏设备

【实训目的】

1. 熟悉中药生产企业的中药浸出生产线，熟悉中药浸出工艺流程及主要设备的原理、结构和基本操作。熟悉常用蒸发与蒸馏设备的类型、结构、工作原理、使用与维护操作方法。

2. 熟悉中药提取生产线每一环节的生产工艺操作规程、卫生要求及人员职责等 GMP 相关要求。

3. 了解生产区域的划分和车间的布局。了解中药厂蒸发、蒸馏车间的环境及通风要求。

【实训内容】

1. 参观中药浸提车间，主要观察各类浸出设备，讲出设备各部件的名称。观察蒸发与蒸馏设备的结构、性能、工艺布局及安装环境。

2. 熟悉多功能提取罐、提取浓缩机组、敞口浓缩锅、外循环蒸发器、醇沉罐、蒸发与蒸馏设备等岗位的目的、内容、责任、标准操作规程、清洁规程、维护保养规程及相应的规章制度，了解生产安全的措施。

3. 了解中药生产企业各类浸出设备、蒸发与蒸馏设备的验证文件，了解设备的验证方法。

【实训步骤】

1. 参观前，认真复习教材第八章第二、第三节中的有关内容，熟记常用的浸提设备及流水线。按药厂的有关规定进入制剂车间，做好安全着装的准备工作。

2. 参观时认真听取技术人员的讲解，做好记录。整个过程必须严格遵守企业的规章制度，服从安排，不影响生产秩序。

3. 参观结束后，将参观的生产流水线绘制成图，写出所看见的中药浸提设备、蒸发及蒸馏设备的名称、工作原理、主要结构、特点、使用注意及适用范围，并进行分组讨论，总结参观体会。

4. 根据目标要求，结合参观内容，写出参观实训报告。

【思考题】

1. 阐明所参观的浸提生产流水线的作用和生产区域划分的意义。

2. 简述所参观的主要浸提设备的名称、结构、原理、清洁、使用维护和注意事项。

3. 简述所参观药厂的各蒸发与蒸馏设备工作岗位的操作规程、岗位制度。

4. 试述所参观药厂的常用蒸发与蒸馏设备的工作原理、结构和使用注意事项。

5. 结合参观体会，谈谈你对中药生产企业中药浸提设备、蒸发及蒸馏设备的使用、维护要求或改进建议。

（任红兵）

实训八　药品包装设备实训

【实训目的】

1. 了解药品铝塑泡罩包装机的结构、工作过程；掌握其正确操作要求及安全注意事项；学会利用药用铝塑泡罩包装机对药品进行包装；具备一定的识别及解决其常见故障的能力。

2. 了解制袋充填封口包装机的结构、工作过程；掌握其正确操作要求及安全注意事项；学会利用其对药品进行包装；具备一定的识别及解决其常见故障的能力。

【实训内容】

1. 观察、掌握药用铝塑泡罩包装机、制袋充填封口包装机的结构和工作过程。

2. 熟悉药用铝塑泡罩包装机、制袋充填封口包装机的使用、维护和保养标准操作规程。

3. 利用药用铝塑泡罩包装机、制袋充填封口包装机对药物制剂进行包装操作。

4. 对药用铝塑泡罩包装机、制袋充填封口包装机进行检查、清洁及维护操作。

【实训步骤】

（一）药用铝塑泡罩包装机的使用操作过程

1. 模具更换与同步调整　当被包装药物的品种、数量及包装板块的尺寸、规格发生改变时，需要更换模具和相应零件。更换完毕后同时需进行同步调整。

（1）更换的部位与部件

1）当只有被包装药物的种类和数量改变，而包装板块的尺寸和规格不变时，只需更换成型模具及上料装置。

2）当包装板块的尺寸改变时，要进行成型模具、导向平台、热封板、冲裁装置等的完全更换。

（2）模具更换步骤

1)关掉加热开关;切断水源、气源;将全部开关旋钮拧至“0”位。

2)卸掉成型模具、PVC 硬片和 PTP 铝箔;用点动按钮使各工位开启到最大值;找准所需更换的部位,待装置冷却到室温后进行更换。

3)按点动按钮,使机器进行短时间的运行,检查往复运动,要求运行平稳、无冲击。

(3)同步调整:同步调整就是使各工位的工作位置准确,保证泡罩不干涉对应机构。即对成型后 PVC 硬片上泡罩板块的整数位置的调整,以保证冲裁出的板块尺寸及泡罩相对板块位置的准确。一般是将热封装置固定在机架上,以此为基准来调整热封装置、打印和压痕装置、冲裁装置的位置达到同步要求。

2. 操作及使用

(1)准备工作

1)备好药品、包材。

2)更换批号,安装好 PVC 硬片及铝箔。

3)检查冷却水,认真清洁设备。

(2)开机:打开电源送电,接通压缩空气。

(3)按下加热键,并分别将加热和热封温控表调至合适温度。

(4)将 PVC 硬片经过通道拉至冲切刀下,将 PTP 铝箔拉至热封板下。

(5)加热板和热封板升至合适温度时,将冷却温度表调至合适温度(一般应为 30℃)。

(6)待药品布满整个下料轨道时,按下电机绿色按钮,开空车运行,待吹泡、热封和冲切都达到要求后,按下下料开关。

(7)调节下料量,使下料合乎要求,进行正常包装。

(8)包装结束后,按以下顺序关机:按下下料关机按钮→按下电机红色按钮→主机停→关闭总电源开关→关闭进气阀→关闭进水阀。

(9)清理机器及现场,保养包装设备。

(二)制袋充填封口包装机的操作及使用注意事项

1. 检查环境和设备清洁状态,保持完好。

2. 松开纵封调节旋钮,使两个纵封辊分开。将复合膜沿导槽送至纵封辊附近,两端对齐,旋紧纵封调节旋钮,挤紧复合膜。

3. 调整纵封辊、横封辊温度控制器旋钮,设定所需的温度,一般在 105~115℃(依复合膜材质和厚度确定)。接通电源开关,纵封辊与横封辊加热器即可通电加热。

4. 待纵封辊、横封辊均达到设定温度时,开机运行制空袋,并检查空袋质量。一般空袋要平直,黏结要牢固(如果空袋黏结不牢固,说明封合温度低;如果空袋黏结后出现皱缩,说明封合温度高。根据实际情况调节纵封辊、横封辊的温度,保证空袋平直、牢固)。通常纵封辊和横封辊的实际封合温度是不一致的,略有差异。

5. 手动按钮,送复合膜入横封辊(如使复合膜有光标,使其位于横封热合中间,将光电头对准复合膜的光标,接通光电面板电源开关)。

6. 设定生产批号，接通裁刀离合器、转盘离合器，调整供料时间。

7. 被包装药物装入料斗，开机试包装。试包装产品可回收处理利用。随时检查复合膜封合状态、裁切位置等，发现问题，及时调整。

8. 待设备运转正常、装量符合要求后，正式开机生产。运行过程中，检查复合膜封合状态。适当提高纵封辊、横封辊温度；适当加快设备运行速度。

9. 设备运行时，时常会有脱落物黏结在纵封辊和横封辊上，影响复合膜成袋效果，可用不锈钢钢刷及时清理。

10. 停机顺序为切断转盘离合器→切断裁刀离合器→切断电机开关（停机时要注意在横封辊分开时切断电机开关）→切断电源开关。

11. 按设备清洁标准操作规程清洁设备，清洁环境。

（祁永华）

实训九　其他制剂生产设备实训

任务一　中药制丸机操作实训

【实训目的】

1. 掌握 YUJ-16A 中药制丸机的结构、工作原理。
2. 学会 YUJ-16A 中药制丸机的操作、设备清洁及维护保养操作。

【实训内容】

1. 观察 YUJ-16A 中药制丸机的结构，学习其工作原理。
2. 熟悉 YUJ-16A 中药制丸机的标准操作规程。
3. 熟悉 YUJ-16A 中药制丸机的清洁规程和维护保养规程。

【实训步骤】

1. 根据实物，指出 YUJ-16A 中药制丸机的各个组成部分，说出设备的工作原理。
2. YUJ-16A 中药制丸机的操作（标准操作规程参见教材正文）。
3. YUJ-16A 中药制丸机的清洁操作（清洁规程参见教材正文）。
4. YUJ-16A 中药制丸机的维护保养操作（维护保养规程参见教材正文）。
5. 分析实训中碰到的问题，并提出解决方法。

【思考题】

1. YUJ-16A 中药制丸机在丸剂生产工序中发挥什么作用？整个生产工序还有哪些配套设备？
2. YUJ-16A 中药制丸机的结构和工作原理是什么？

任务二　参观药厂的软膏剂、栓剂、气雾剂生产过程及设备

【实训目的】

通过参观软膏剂、栓剂、气雾剂生产车间：

1. 了解真空乳化搅拌机组、自动灌装封尾机、栓剂高效均质机、全自动栓剂灌封机组、全自动气雾剂灌装机的结构、工作原理以及操作、清洁、维护保养规程。

2. 了解软膏剂、栓剂、气雾剂生产其他常用设备和配套设施设备的种类和用途。

3. 了解软膏剂、栓剂、气雾剂生产车间的布局。

【实训内容】

1. 了解软膏剂、栓剂、气雾剂生产车间的布局。

2. 熟悉各种软膏剂、栓剂、气雾剂生产设备的用途。

3. 观察各种软膏剂、栓剂、气雾剂生产配套的附属设施、设备。

4. 了解软膏剂、栓剂、气雾剂生产设备的基本操作流程和清洁、维护保养流程。

【实训要求】

1. 参观前，认真复习第十章中的有关内容，熟记软膏剂、栓剂、气雾剂常用生产设备的种类和结构。

2. 认真学习和遵守企业的相关生产管理与质量管理制度和生产操作规程。

3. 按车间洁净度级别要求，穿戴规定的洁净服装（帽、衣、鞋）。

4. 参观时认真聆听技术人员的讲解，做好笔录。整个过程必须严格遵守企业的规章制度，服从安排，不影响生产秩序。

5. 参观结束后，将参观的生产流水线绘制成图，写出所见设备的名称，并完成实训总结。

【思考题】

1. 简述所参观软膏剂、栓剂或气雾剂的生产流程及所使用的主要设备的名称。

2. 结合参观内容，分析参观企业软膏剂、栓剂或气雾剂生产设备的使用情况。

3. 结合本章所学内容，分析讨论参观企业对生产设备的使用和管理等方面是否有需要改善的地方。

（谢　亮）

实训十　参观药厂洁净厂房和空调设备

【实训目的】

1. 熟悉净化空调系统及操作规程。

2. 熟悉净化空调设备。

3. 了解洁净厂房的布局、基本要求。

4. 了解制药洁净车间的布局要求。

5. 了解洁净室的平面布置设计。

【实训内容】

1. 观察药厂洁净厂房的布局，画出示意图。

2. 观察制药洁净车间的布局和洁净室的平面设计，画出示意图。

3. 观察净化空调系统和净化空调设备。

4. 了解净化空调系统操作规程、维护保养规程、清洁规程和各种相关记录。

【实训要求】

1. 参观前，应认真复习第十一章的有关内容，并做好准备工作（干净的鞋、帽、洁净的工作服、口罩、笔和记录本等）。

2. 遵守药厂的规章制度，应注意在规定地点穿、换工作服、鞋、帽等。

3. 参观过程中服从安排，遵守纪律，注意安全，未经允许不得随意触摸各类机器设备设施和药品。

4. 参观时应结合所学过的内容认真观察，认真倾听药厂技术人员的讲解，并做好参观笔记。

5. 参观后，组织讨论，写出参观实训报告。

【思考题】

1. 你所参观的洁净厂房的设计布局有何特点？

2. 根据参观，叙述你所观察到的净化空调系统或净化空调设备的类型。

3. 根据参观，叙述你所观察到的主要净化空调设备的基本结构、工作原理。

（王 泽）

参考文献

1. 邓才彬,王泽.药物制剂设备.第2版.北京:人民卫生出版社,2013
2. 张健泓.药物制剂技术实训教程.第2版.北京:化学工业出版社,2014
3. 谢淑俊.药物制剂设备(下册).北京:化学工业出版社,2005
4. 唐燕辉.药物制剂生产设备及车间工艺设计.北京:化学工业出版社,2006
5. 王沛.制药设备与车间设计.北京:人民卫生出版社,2014

目标检测参考答案

第一章 绪 论

一、单项选择题

1. A;2. D;3. A;4. C

二、多项选择题

1. ABCD;2. ABCDE;3. ABCD;4. ABD

三、简答题(略)

第二章 粉碎、筛分和混合设备

一、单项选择题

1. C;2. B;3. D;4. A;5. C;6. A;7. B;8. B;9. D;10. D

二、多项选择题

1. ABC;2. ABD;3. ABC;4. ABD

三、简答题(略)

四、实例分析题

提示:

1. 浸膏黏结主要是受热和吸潮所致,要解决这些问题,应从粉碎过程的冷却措施、控制粉碎间的相对湿度、更换粉碎设备等方面考虑。

2. 影响混合均匀度的因素包括各种物料的粒度与密度差、设备装量、混合时间、混合设备运行速度、混合过程产生静电等,可从以上因素展开分析。

第三章 制粒、干燥设备

一、单项选择题

1. B;2. D;3. B;4. D;5. D;6. A;7. A;8. C;9. B

二、多项选择题

1. ADE;2. BE;3. BCDE;4. ABDE;5. ABCDE

三、简答题(略)

四、实例分析题(略)

提示:物料只有少量沸腾,主要是风量过小、气体分布装置堵塞、物料含水量大造成过黏或结块等原因,可停机进行检查,根据现象选择对应的解决办法。

第四章 口服固体制剂生产设备

一、单项选择题

1. B;2. A;3. B;4. D;5. B;6. D;7. D;8. C;9. D;10. C

二、多项选择题

1. ABCD; 2. ABC; 3. ACD; 4. CD; 5. ABC; 6. ABCE; 7. CDE; 8. BCDE; 9. ABC; 10. ABCD; 11. AC;12. ABCD

三、简答题(略)

四、实例分析题(略)

第五章 制药用水设备

一、单项选择题

1. C;2. B;3. A;4. D;5. B;6. D;7. B;8. C;9. D;10. B;11. C;12. C

二、多项选择题

1. ACDE;2. ABCD;3. BCDE;4. ABCDE;5. ABCD;6. CDE;7. BCD;8. BCDE

三、简答题(略)

四、实例分析题

提示:原因:二级反渗透制水设备多天没有使用,在设备内长期停留的水长出了青苔,使原水预处理器内的织物滤棒受堵,导致原料水出水量过小。预防措施:①保持每天开机;②二级反渗透制水设备停用1周以上要用1%甲醛封入;③严格控制原料水的质量。

第六章 无菌制剂生产设备

一、单项选择题

1. C;2. D;3. D;4. C;5. A;6. B;7. D;8. B;9. A;10. A;11. D;12. C;13. D;14. C;15. A;16. B

二、多项选择题

1. ABCD;2. ABCD;3. CD;4. AC;5. ACD;6. ABC;7. AC;8. ABCDE;9. BDE

三、简答题(略)

四、实例分析题

提示：

1. 在小容量注射剂的生产过程中出现焦头和泡头现象，是小容量注射剂生产过程中一种常见的质量问题，常发生于冲液和束液不好和燃气太大、火力太旺时。要解决这一问题，应从灌封机灌装针头的调节、安瓿的质量、燃气的大小、火头的位置、药液的挥发性等相关因素出发去分析。

2. 在用计量泵注射式灌装机生产液体制剂的过程中，装量差异出现波动是经常发生的事，如果差异在现行版《中国药典》容许范围以外，则必须排除故障，使装量差异在容许范围以内。要解决装量差异不合格的问题，应从活塞的密封是否严密、是否有渣子堵塞、密封圈是否磨损造成漏液、调节活塞行程的螺母是否滑丝、活塞到灌封头之间的管道接头是否严密等入手分析产生的原因。

第七章　口服液体制剂生产设备

一、单项选择题

1. A；2. C；3. C；4. A；5. C

二、多项选择题

1. ADE；2. CD；3. ABCDE；4. ABCE；5. ABE

三、简答题（略）

四、实例分析题

提示：

1. 口服液中的玻璃屑多为爆瓶使玻璃渣溅入别的瓶中所致。分析其原因应从两个方面着手：①设备方面：理瓶、输瓶过程中瓶子交接速度不一致，进瓶螺杆磨损，进瓶拨轮磨损，倒瓶等；②瓶子方面：规格不一、质量差等。

2. 目前液体灌装机多采用容积计量，单向阀阀芯动作不灵活、缸内活塞密封不好均能造成装量不准。

第八章　中药制剂生产设备

一、单项选择题

1. C；2. C；3. B；4. A；5. B

二、多项选择题

1. BC；2. ABCDE；3. ABCDE；4. ADE；5. ABCDE；6. ABCDE；7. ACE；8. ABCDE；9. ACDE；10. BCDE

三、简答题（略）

四、实例分析题

提示：

蒸馏量下降的原因：每次生产时物料挂在外循环加热管内壁上，没有及时清洁干净，日积月累，造成加热管堵塞。

解决办法：加强对外循环真空蒸馏器的清洁工作。使用外循环真空蒸馏器后，除其他正常操作外，必须用清水蒸馏 30 分钟，目的就是要把外循环加热管进行彻底清洁，保证药品质量和生产效率。

第九章　药品包装设备

一、单项选择题

1. C；2. C；3. A；4. A

二、多项选择题

1. ABCDE；2. CDE；3. ABCD；4. ABCDE；5. ABCDE；6. BCDE；7. ACDE

三、简答题（略）

第十章　其他制剂生产设备

一、单项选择题

1. B；2. C；3. A；4. D；5. B；6. D；7. D；8. C

二、多项选择题

1. ABDE；2. BC；3. ABCDE；4. ACD；5. BCD

三、简答题（略）

四、实例分析题

提示：

1. 塑制丸圆整度不合要求，应从软材质量和设备操作方面去分析。常见原因有软材黏性不足，制成丸后有药粉脱落；软材中纤维过多，经过中药制丸机分粒、搓圆后，又发生弹性变形；安装刀轮时没有对齐牙尖；制丸后没有撒粉，导致丸粒黏结成团，造成变形。

2. 参考表 10-4。

第十一章　净化空调设备

一、单项选择题

1. B；2. A；3. B；4. D；5. C

二、多项选择题

1. ABCDE；2. ABCD；3. ABCDE；4. AC；5. ABCD

三、简答题（略）

四、实例分析题

提示：

1. 引起原因:初效、中效过滤器未及时清洗,堵塞严重或送风管漏风所致。解决办法:清洗初效、中效过滤器或修补风管。

2. 引起原因:气候变化,相对湿度偏高所致。解决办法:采用空气减湿方法,降低室内的相对湿度。

药物制剂设备课程标准

药品生产技术、药物制剂技术、制药设备应用技术、中药生产与加工

ER-课程标准